“十二五”国家重点出版规划

先进燃气轮机设计制造基础专著系列

"十二五"国家重点出版规划

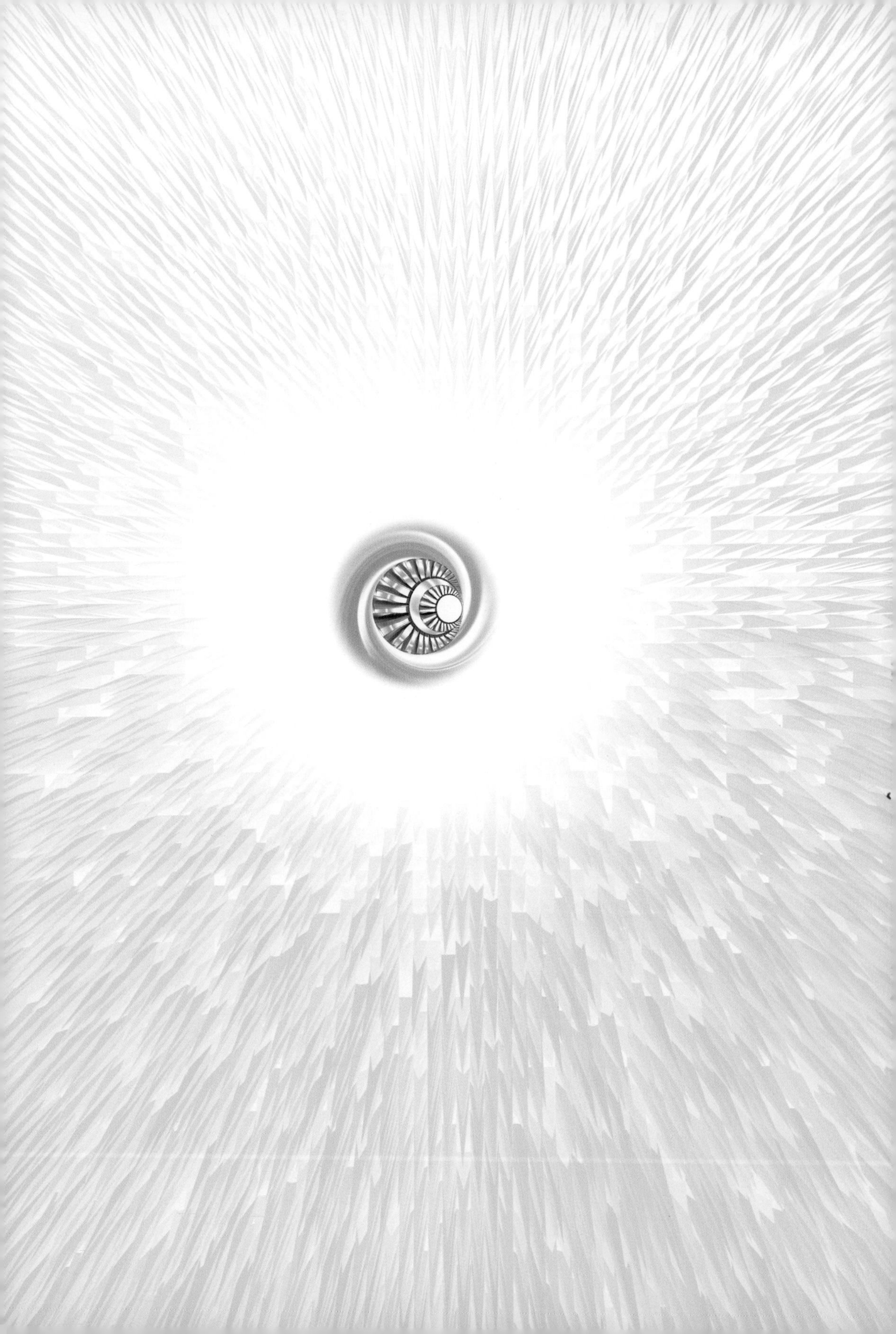

"十二五"国家重点出版规划

先进燃气轮机设计制造基础专著系列

丛书主编 王铁军

热力透平密封技术

李 军 晏 鑫 李志刚 著

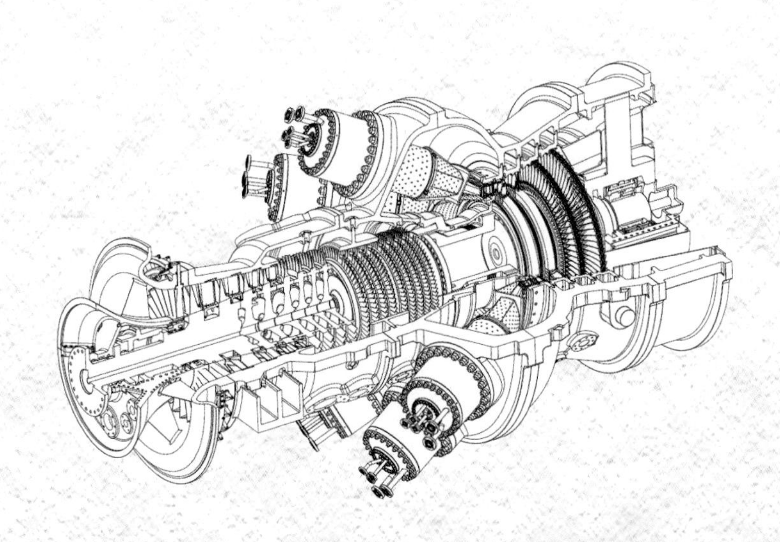

内容简介

本书针对目前燃气轮机、航空发动机和汽轮机等热力透平机械动静间隙的密封技术流热固耦合机理和数值模拟与实验测量的热点以及未来发展高性能密封技术的需求，介绍了非接触式典型迷宫密封技术、蜂窝/孔型阻尼密封技术、袋型阻尼密封技术和接触式刷式密封技术的泄漏特性、传热性能和气流激振转子动力特性的数学模型与数值方法、试验测量技术和理论分析结论。相关研究为解决热力透平机械动静间隙密封技术的性能分析和研发低泄漏和高阻尼密封结构提供了新的技术路线和设计思路，具有重要的学术研究意义和工程应用价值。

本书主要为从事热力透平机械动静间隙密封技术研发设计和性能分析研究的高等院校科研人员和行业工程技术人员提供新方法和新技术参考。

图书在版编目(CIP)数据

热力透平密封技术/李军，晏鑫，李志刚著. —西安：西安交通大学出版社，2015.12
(先进燃气轮机设计制造基础专著系列/王铁军主编)
ISBN 978-7-5605-8193-4

Ⅰ.①热… Ⅱ.①李… ②晏… ③李… Ⅲ.①透平机械-机械密封-研究 Ⅳ.①TK05

中国版本图书馆 CIP 数据核字(2015)第 309443 号

书　　名　热力透平密封技术
著　　者　李　军　晏　鑫　李志刚
责任编辑　刘雅洁

出版发行　西安交通大学出版社
（西安市兴庆南路 10 号　邮政编码 710049）
网　　址　http://www.xjtupress.com
电　　话　(029)82668357　82667874(发行中心)
(029)82668315(总编办)
传　　真　(029)82668280
印　　刷　中煤地西安地图制印有限公司

开　　本　787mm×1092mm　1/16　**印张** 22　**彩页** 4　**字数** 473千字
版次印次　2016 年 12 月第 1 版　　2016 年 12 月第 1 次印刷
书　　号　ISBN 978-7-5605-8193-4
定　　价　205元

读者购书、书店添货，如发现印装质量问题，请与本社发行中心联系、调换。
订购热线：(029)82665248　(029)82665249
投稿热线：(029)82669097　QQ：8377981
读者信箱：lg_book@163.com

"十二五"国家重点出版规划

先进燃气轮机设计制造基础专著系列

编 委 会

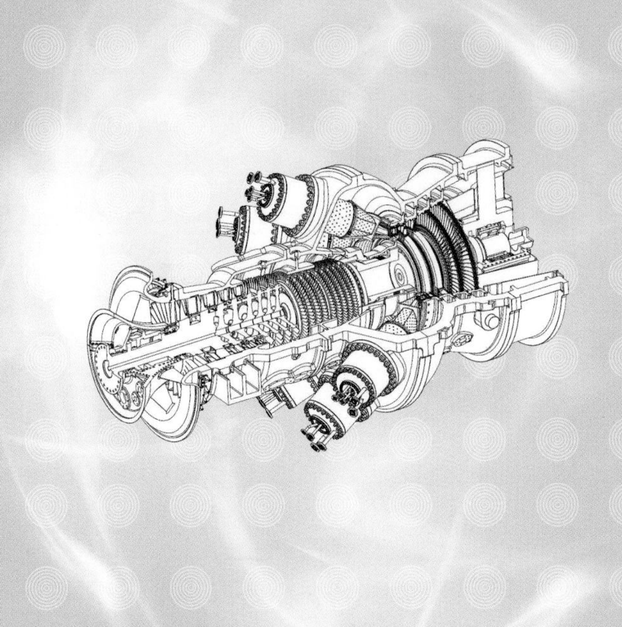

总序

20世纪中叶以来，燃气轮机为现代航空动力奠定了基础。随后，燃气轮机也被世界发达国家广泛用于舰船、坦克等运载工具的先进动力装置。燃气轮机在石油、化工、冶金等领域也得到了重要应用，并逐步进入发电领域，现已成为清洁高效火电能源系统的核心动力装备之一。

发电用燃气轮机占世界燃气轮机市场的绝大部分。燃气轮机电站的特点是，供电效率远远超过传统燃煤电站，清洁、占地少、用水少，启动迅速，比投资小，建设周期短，是未来火电系统的重要发展方向之一，是国家电力系统安全的重要保证。对远海油气开发、分布式供电等，燃气轮机发电可大有作为。

燃气轮机是需要多学科推动的国家战略高技术，是国家重大装备制造水平的标志，被誉为制造业王冠上的明珠。长期以来，世界发达国家均投巨资，在国家层面设立各类计划，研究燃气轮机基础理论，发展燃气轮机新技术，不断提高燃气轮机的性能和效率。目前，世界重型燃气轮机技术已发展到很高水平，其先进性主要体现在以下三个方面：一是单机功率达到30万千瓦至45万千瓦，二是透平前燃气温度达到1600～1700 ℃，三是联合循环效率超过60%。

从燃气轮机的发展历程来看，透平前燃气温度代表了燃气轮机的技术水平，人们一直在不断追求燃气温度的提高，这对高温透平叶片的强度、设计和制造提出了严峻挑战。目前，有以下几个途径：一是开发更高承温能力的高温合金叶片材料，但成本高、周期长；二是发展先进热障涂层技术，相比较而言，成本低，效果好；三是制备单晶或定向晶叶片，但难度大，成品率低；四是发展先进冷却技术，这会增加叶片结构的复杂性，从而大大提高制造成本。

整体而言，重型燃气轮机研发需要着重解决以下几个核心技术问题：先进冷却技术、先进热障涂层技术、定（单）向晶高温叶片精密制造技术、高温高负荷高效透平技术、高温低 NO_x 排放燃烧室技术、高压高效先进压气机技术。前四个核心技术属于高温透平部分，占了先进重型燃气轮机设计制造核心技术的三分之二，其中高温叶片的高效冷却与热障是先进重型燃气轮机研发所必须解决的瓶颈问题，大型复杂高温叶片的精确成型制造属于世界难题，这三个核心技术是先进重型燃气轮机自主研发的基础。高温燃烧室技术主要包括燃烧室冷却与设计、低 NOx 排放与高效燃烧理论、燃烧室自激热声振荡及控制等。高压高效先进压气机技术的突破点在于大流量、高压比、宽工况运行条件的压气机设计。重型燃气轮机制造之所以被誉为制造业皇冠上的明珠，不仅仅由于其高新技术密集，而且在于其每一项技术的突破与创新都必须经历“基础理论→单元技术→零部件试验→系统集成→样机综合验证→产品应用”全过程，可见试验验证能力也是重型燃气轮机自主能力的重要标志。

我国燃气轮机研发始于上世纪 50 年代，与国际先进水平相比尚有较大差距。改革开放以来，我国重型燃气轮机研发有了长足发展，逐步走上了自主创新之路。“十五”期间，通过国家高技术研究发展计划，支持了 E 级燃气轮机重大专项，并形成了 F 级重型燃气轮机制造能力。“十一五”以来，国家中长期科学和技术发展规划纲要（2006～2020 年），将重型燃气轮机等清洁高效能源装备的研发列入优先主题，并通过国家重点基础研究发展计划，支持了重型燃气轮机制造基础和热功转换研究。

2006 年以来，我们承担了“大型动力装备制造基础研究”，这是我国重型燃气轮机制造基础研究的第一个国家重点基础研究发展计划项目，本人有幸担任了项目首席科学家。以F级重型燃气轮机制造为背景，重点研究高温透平叶片的气膜冷却机理、热障涂层技术、定向晶叶片成型技术、叶片冷却孔及榫头的精密加工技术、大型盘式拉杆转子系统动力学与实验系统等问题，2011年项目结题优秀。2012年，“先进重型燃气轮机制造基础研究”项目得到了国家重点基础研究发展计划的持续支持，以国际先进的J级重型燃气轮机制造为背景，研究面向更严酷服役环境的大型高温叶片设计制造基础和实验系统、大型拉杆组合转子的设计与性能退化规律。

这两个国家重点基础研究发展计划项目实施十年来，得到了二十多位国家重点基础研究发展计划顾问专家组专家、领域咨询专家组专家和项目专家组专家的大力支持、指导和无私帮助。项目组共同努力，校企协同创新，将基础理论研究融入企业实践，在重型燃气轮机高温透平叶片的冷却机理与冷却结构设计、热障涂层制备与强度理论、大型复杂高温叶片精确成型与精密加工、透平密封技术、大型盘式拉杆转子系统动力学、重型燃气轮机实验系统建设等方面取得了可喜进展。我们拟通过本套专著来总结十余年来的研究成果。

第1卷：高温透平叶片的传热与冷却。主要内容包括：高温透平叶片的传热及冷却原理，内部冷却结构与流动换热，表面流动传热与气膜冷却，叶片冷却结构设计与热分析，相关的计算方法与实验技术等。

第2卷：热障涂层强度理论与检测技术。主要内容包括：热障涂层中的热应力和生长应力，表面与界面裂纹及其竞争，层级热障涂层系统中的裂纹，外来物和陶瓷层烧结诱发的热障涂层失效，涂层强度评价与无损检测方法。

第3卷：高温透平叶片增材制造技术。重点介绍高温透平叶片制造的3D打印方法，主要内容包括：基于光固化原型的空心叶片内外结构一体化铸型制造方法和激光直接成型方法。

第4卷：高温透平叶片精密加工与检测技术。主要内容包括：空心透平叶片多工序精密加工的精确定位原理及夹具设计，冷却孔激光复合加工方法，切削液与加工质量，叶片型面与装配精度检测方法等。

第5卷：热力透平密封技术。主要内容包括：热力透平非接触式迷宫密封和蜂窝/孔形/袋形阻尼密封技术，接触式刷式密封技术相关的流动，传热和转子动力特性理论分析，数值模拟和实验方法。

第6卷：轴承转子系统动力学（上、下册）。上册为基础篇，主要内容包括经典转子动力学及一些新进展。下册为应用篇，主要内容包括大型发电机组轴系动力学，重型燃气轮机组合转子中的接触界面，预紧饱和状态下的基本解系和动力学分析方法，结构强度与设计准则等。

第7卷：叶片结构强度与振动。主要内容包括：重型燃气轮机压气机叶片和高温透平叶片的强度与振动分析方法及实例，减振技术，静动频测量方法及试验模态分析。

希望本套专著能为我国燃气轮机的发展提供借鉴，能为从事重型燃气轮机和航空发动机领域的技术人员、专家学者等提供参考。本套专著也可供相关专业人员及高等院校研究生参考。

本套专著得到了国家出版基金和国家重点基础研究发展计划的支持，在撰写、编辑及出版过程中，得到许多专家学者的无私帮助，在此表示感谢。特别感谢西安交通大学出版社给予的重视和支持，以及相关人员付出的辛勤劳动。

鉴于作者水平有限，缺点和错误在所难免。敬请广大读者不吝赐教。

《先进燃气轮机设计制造基础》专著系列主编 王铁军
机械结构强度与振动国家重点实验室主任

2016年9月6日于西安交通大学

前 言

透平机械技术水平的不断提高，与密封装置的不断改进和更新密切相关。无论是小到如硬币大小的厘米级微透平，还是大到如半个足球场大小的百万千瓦等级核电汽轮机，密封的应用无处不在。在大多数情况下，密封装置工作在存在磨损、沉积、氧化以及高热应力的环境中，通过牺牲自身的完整性，以保证其它重要部件的安全运行和发挥最大的效用。所以，密封行业对摩擦学和材料学提出的研究要求是如何保证密封界面的耐久性和有效性；对转子动力学领域提出的要求是如何保证转子的稳定性以消除流体诱发的振动；对传热学提出的要求是如何防止高温燃气入侵内部冷却气流通道并降低热端部件的热应力；对于流体动力学提出的要求是如何有效地控制泄漏量，提高叶轮机械的气动效率……可见，透平机械密封技术的提高是一个多学科技术相互协调、共同进步的过程，密封技术的研究是一个十分复杂且有意义的课题。

作者及研究团队在透平机械旋转动密封技术的流动、传热和转子动力特性方面的研究至今已有十余年，所做的研究只是近年来我国透平机械通流设计研究与发展工作的一小部分，并且主要研究对象是超临界和超超临界汽轮机、燃气轮机和航空发动机的通流设计。为了更好地总结研究工作，推进研究成果的交流与应用，作者将团队的研究成果与相关文献介绍的研究进展结合起来，较系统地撰写成此专著，团队所作的研究成果对我国高性能透平机械通流部分设计和制造、电厂汽轮机的机组改造和运行以及燃气轮机和航空发动机的自主研究具有参考价值。由于作者水平的限制，书中缺点和错误在所难免，敬请读者和同行批评指正。

作者衷心感谢国家自然科学基金委相关项目(51406144、51376144、51106122、50976083、50506023)的资助；感谢东方汽轮机厂有限公司、上海汽轮机有限公司、哈尔滨汽轮机厂有限责任公司对有关合作科研项目的资助；感谢国家重点基础研究发展计划的资助；感谢西安交通大学能源与动力工程学院叶轮机械研究所的邱波博士、孔胜如硕士、陈春新硕士、黄阳子硕士、雷建硕士、张志勇硕士、翟璇硕士、王敢慈硕士在旋转密封方面所做的工作和对本书的贡献。西安交通大学能源与动力工程学院俞茂铮教授审阅全书并提出修改意见，在此表示感谢。

本书由西安交通大学能源与动力工程学院叶轮机械研究所李军、晏鑫、李志刚共同编著，全书由李军统稿。

李　军

2015 年 7 月于西安

主要符号表

a	椭圆轨迹长轴/mm
A	密封间隙泄漏面积/mm^2
b	椭圆轨迹短轴/mm
C_D	密封流量系数
C_{xx}	X 方向直接阻尼/N·s·m^{-2}
C_{xy}	X 方向交叉阻尼/N·s·m^{-2}
C_{yy}	Y 方向直接阻尼/N·s·m^{-2}
C_{yx}	Y 方向交叉阻尼/N·s·m^{-2}
C_{avg}	平均直接阻尼/N·s·m^{-2}
C_{eff}	有效阻尼/N·s·m^{-2}
D_x	X 方向位移/m
D_y	Y 方向位移/m
D_{xx}	X 方向激励在 X 方向产生的位移/mm
D_{xy}	X 方向激励在 Y 方向产生的位移/mm
D_{yy}	Y 方向激励在 Y 方向产生的位移/mm
D_{yx}	Y 方向激励在 X 方向产生的位移/mm
F_x	X 方向流体激振力/N
F_y	Y 方向流体激振力/N
F_{xx}	Y 方向激励在 X 方向产生的流体激振力/N
F_{xy}	X 方向激励在 Y 方向产生的流体激振力/N
F_{yy}	Y 方向激励在 Y 方向产生的流体激振力/N
F_{yx}	Y 方向激励在 X 方向产生的流体激振力/N
f	涡动频率/Hz
H	无量纲腔室深度
H_{xx}	X 方向直接阻抗/N·m^{-1}
H_{xy}	X 方向交叉阻抗/N·m^{-1}
H_{yy}	Y 方向直接阻抗/N·m^{-1}
H_{yx}	Y 方向交叉阻抗/N·m^{-1}

m	泄漏流量/kg·s^{-1}
Mu	周向马赫数
n	转子转速/rpm
p	压力/Pa
R	转子半径/mm
r	圆轨迹半径/mm
R_g	气体常数/J·kg^{-1}·K^{-1}
S	密封间隙/mm
T	温度/K
U	转子面旋转速度/m·s^{-1}($\omega \cdot R$)
U_{gas}	气体旋转速度/m·s^{-1}
K	旋流强度(U_{gas}/U)
K_{xx}	X 方向直接刚度/N·m^{-1}
K_{xy}	X 方向交叉刚度/N·m^{-1}
K_{yy}	Y 方向直接刚度/N·m^{-1}
K_{yx}	Y 方向交叉刚度/N·m^{-1}
K_{avg}	平均直接刚度/N·m^{-1}
K_{eff}	有效刚度/N·m^{-1}
ω	转子旋转角速度/rad/s
π	压比($p_{stat,out}/p_{tot,in}$)
π	圆周率
Ω	涡动角速度/rad·s^{-1}
θ_k	袋型腔室周向方位角/deg
θ_1	袋型腔室周向起始角/deg
θ_2	袋型腔室周向终止角/deg
ξ	有效密封间隙系数
ζ_{geo}	几何效应系数
ζ_{dis}	粘性耗散系数
φ	流量系数
ψ	压力系数
δ	直线轨迹幅值/mm

目录

第1章 绪 论

1.1 引 言

密封问题的设计研究在科学和技术领域具有非常重要的意义，密封技术广泛应用于发电行业中的汽轮机和燃气轮机、航空发动机以及石油化工和过程装备行业，对火力发电的主要设备汽轮机和燃气轮机以及航空和航天发动机等透平机械的设计尤为重要。现代火力发电技术对动力装置越来越高的技术经济性要求推动了透平机械密封技术的不断发展，先进的转子和静子间的旋转动密封技术可显著提高透平机械的工作效率和可靠性。例如，汽轮机的漏汽损失占其效率损失的22%左右，采用先进密封设计可大大减小泄漏量，显著改善转子运行的稳定性。燃气轮机的压气机部件和燃气透平部件的密封系统结构由于冷却气流和高温燃气两套流动系统而更加复杂（Chupp，2006）。

作为透平机械的重要组成部件，密封性能的改进将直接影响到透平机械的效率和燃料的消耗水平。在航空领域，Ludwig（1980）在研究中发现，通过流体膜密封（fluid film sealing）技术的改进，每年能节约15.54亿加仑（1加仑=3.785升）的燃料，这相当于美国每年能源消耗量的0.3%（1977年数据）。Moore（1975）的研究则表明，航空发动机的燃油消耗量每减少1%，能使得特殊燃料的消耗率（SFC，specific fuel consumption）下降0.4%，相当于每年为美国节约0.33亿加仑（1977年数据）到0.55亿加仑（2004年数据）的航空燃料，为全世界节约2.8亿加仑的航空燃料。从密封间隙的改变方面看，Lattime和Steinetz（2004）引用的数据表明，高压透平（HPT，high-pressure turbine）的叶顶间隙每减小0.0254 mm，SFC减少约0.1%，排气温度会下降1℃，这可以使得美国每年节约0.2亿加仑的航空燃料。Chupp等（2006）认为通过更新压气机的密封可使得热耗率减少0.2%～0.6%，输出功率增加0.3%～1%。对于大型陆用燃机，这些数据将意味着节约大量的燃料以及使整个能源系统的收益增加。

对于汽轮机而言，张延峰等(2007)认为通过将汽轮机内的迷宫密封更新为蜂窝阻尼密封，冲动式汽轮机的内效率可以提高1.2%左右，而反动式30万千瓦国产引进型机组的内效率可以提高1.8%左右；并且，轴端汽封供气量会减少50%以上。西门子公司(Siemens)2007年在中国作了多场报告，报告中指出：高压缸的二次流损失约占总损失的30%～40%，泄漏流损失约占总损失的10%～18%；中压缸的二次流损失约占总损失的20%～30%，泄漏流损失约占总损失的8%～15%。这里的二次流损失既包括通道涡损失，还包括泄漏流对主流的扰动损失。张延峰等(2007)的统计数据表明，汽轮机组的泄漏损失约占级内损失的29%，其中动叶顶部的泄漏损失约占总漏气损失的80%。宁哲等(2009)通过分析国外相关资料表明，对高中压缸功率和热耗影响最大的因素是汽封(包括轴封、隔板汽封、动叶叶顶汽封)，汽封所引起的损失占总损失的67%；其次是表面粗糙度，它所引起的损失占总损失的31%；通流部分所造成的损失仅占2%。可见，通过采用先进的密封技术来降低透平机械中的漏气损失，对提高透平机械的经济性和节能减排都有着十分积极的作用。

随着运行时间的推移，迷宫密封的动静部件会发生碰磨，使得密封间隙增大、实际的漏气量超出设计值，不利于运行的控制。例如，能量回收透平的泄漏量超出设计值，就需要额外买进计划外更多的气源，使得机组经济性下降。另外，假若由于碰磨伤害到转子或叶顶的程度过大，将会造成难以预期的损失(晏鑫，2010)。

密封性能的退化以及由此引发的发动机结构故障是引起飞机计划外更换发动机的主要原因之一。飞机在过渡工况时，密封动静部件将发生较大的碰磨，密封面临着恶劣的强度问题。国内曾于1970年～1976年对1956年制造的低涵道比、1965年制造的中涵道比和1970年制造的高涵道比涡扇发动机出现的故障进行过统计，结果发现由密封所引起的发动机计划外故障占30%～35%。1988年，一架B-B_1轰炸机中的F101发动机由于高压涡轮后轴封齿环发生断裂而失事，受到该事件的教训，在1989年新生产的发动机中将密封齿的设计间隙增大一倍，但在1994年7月间，F-16战机却因为间隙过大引起密封齿环断裂而摔机4架(埃及空军和以色列空军各2架)，从而导致350架F-16、部分B-2轰炸机和F-14D战机停飞。另外，自20世纪60年代以来钛合金在航空发动机上应用广泛，但不合理的密封设计会使衬套磨穿，钛制零件摩擦着火，引起惨痛的事故(陈光，2006)。这些事件说明，应用密封装置时应考虑它实际的工作环境，简单的密封结构远远不能满足人们对叶轮机械性能的要求，需要发展更为可靠的密封结构。同时也可以看出密封在航空领域的重要作用，一旦密封性能退化就会直接引起发动机不能正常工作。

在航空发动机中，高温燃气和叶栅表面存在着强烈的复合换热，使得热量从叶片传递到涡轮盘。涡轮盘工作在高温和高的温度梯度的环境中，再加上涡轮盘的高速旋转对盘腔内的气流剪切做功生热，使得此区域的流动换热比较复杂，工作条件十分恶劣。这就需要保证足够的内部冷却气流进入涡轮盘腔，控制内部冷却气流对第一级动叶片的根部进行冷却。在内部冷却通道中，密封起着阻隔高温燃气入侵冷却系统以及控制不同部位处冷却气流流量的作用。例如，涡轮盘的高速旋转会使得盘腔内的空气被“泵出”，盘腔内的空气减少，压力降低。假若没有冷却气流的流入，就会使得叶栅通道的高温燃气倒灌入盘腔中，影响热端部件的安全。所以设计者应当确保盘腔中有足够的冷气进入以吹除高温燃气，这股吹除气流的流量在很大程度上是由密封结构决定的(Allcock et al, 2002)。

透平机械转子系统中的密封在防止流体泄漏的同时，还会产生显著的流体激振力，影响转子的振动稳定性。汽轮机汽流激振力主要来自动叶顶部间隙激振力、密封蒸汽激振力和作用在转子上的静态蒸汽力。动叶顶部间隙激振力是叶轮在偏心位置时，由于动叶顶部间隙沿圆周方向不同，蒸汽在不同间隙位置处的泄漏量不均匀，使作用在叶轮各个位置的圆周切向力不同，引起作用在叶轮中心的间隙激振力。在一个振动周期内，当系统阻尼消耗的能量损失小于间隙激振力所做的功，这种振动就会被激发起来。动叶顶部间隙不均匀产生出的间隙激振力大小与叶轮的级功率成正比，与动叶的平均直径、高度和工作转速成反比。间隙激振易发生在大功率汽轮机的高压转子上。密封蒸汽激振力是由于转子的动态偏心引起轴封和隔板密封内蒸汽压力周向分布不均匀，产生垂直于转子偏心方向的合力。主要由下列几种效应引起：①轴承气体效应；②Lomakin 效应；③Alford 效应，亦称气体弹性效应；④螺旋形流动效应；⑤三维流动效应。作用在转子上的静态蒸汽力是由于高压缸进汽方式的影响，高压蒸汽产生一作用于转子的蒸汽力，该力一方面可以影响轴颈在轴承中的位置，改变轴承的动力特性而造成转子运行失稳；另一方面可使转子在汽缸中的径向位置发生变化，引起通流部分间隙的变化。密封中流体膜动力特性中的交叉刚度是促使转子做非同步低频涡动的激振力来源；同时，动特性中的直接阻尼可以产生对这种低频涡动的抑制力

(Childs, 1993; Vance, 2010)。由以上所述可知,透平机械旋转动密封特性的研究涉及到泄漏特性、鼓风和传热特性以及转子动力特性方面,是一个典型的耦合流动、传热和结构的流热固耦合的多学科交叉的研究领域。

1.2 透平机械密封技术

透平机械的密封系统包括静密封和旋转动密封。控制交界面间隙是改善透平机械性能最经济有效的方式。密封控制透平机械的泄漏,冷却气流的流动,有助于增加整个系统的转子动力稳定性。在很多情况下,密封接触界面和涂层是可耗的,如润滑剂一样,为了部件的安全性损失了这些密封的完整性。这些密封要遭受磨损、腐蚀、氧化、侵入摩擦、外物损伤和沉积,还要在热力学、机械力学、空气动力学和冲击载荷等方面的极端条件下工作。摩擦副的材料决定这些摩擦界面怎样才能更好地持久地对流动进行有效控制(Chupp, 2006;Flitney, 2007)。

1.2.1 透平机械静密封

静密封主要用于静止或转速相对较低的界面间泄漏流的控制,如燃烧室、喷管、围带面等。静密封设计的原则是应能承受一定程度的振动,以保证在设计寿命年限内密封部件的磨损程度最小;此外,静密封还应能适应一定程度的热膨胀和密封环面偏心以及密封齿错位。研究表明,提高透平静密封性能不仅能有效提高透平的效率以及增加机组出力,还能改善主气道内的温度分布(Chupp, 2006)。

目前,透平中应用的静密封主要有3类:一类是金属密封(metallic seal),主要用于相对运动较小的间隙中;一类是金属衣状密封(metallic cloth seal),主要用于相对运动较大的间隙中;还有一类是衣状或索状密封(cloth or rope seal),主要用在高温的环境中。由于本书主要研究对象是动密封,有关这3类静密封的详细结构特点和性能,请参阅文献(Chupp, 2006)。

1.2.2 透平机械常见旋转动密封

旋转动密封是现代透平机械中的关键部件,先进的旋转动密封技术可显著提高透平机械的工作效率和可靠性。在透平机械中,静子部件与转子部件之间的工质泄漏是其主要损失源之一,例如,汽轮机的漏汽损失占其效率损失的22%左右。因此,减小泄漏量是提高透平机械效率的一个有效途径,是现在和未来透平机械设计的一个主要目标(Chupp, 2006)。旋转动密封设计研究中的首要目标是控制工质通过动静间隙从高压区域流向低压区域,有效地减小泄漏量以及泄漏流对主流的影响。透平机械转子系统中的旋转动密封在防止流体泄漏的同时,还会产生流体激振力,从而影响转子的稳定性(Vance, 2010)。旋转动密封设计研究中的另一个重要目标是提高阻尼和减小交叉刚度,保证和增强转子-轴承系统的稳定性。随着透平机械向高参数(高温度、高压力、高转速)方向发展,传统的迷宫密封虽然能有效的控制泄漏流动,但由于其不理想的转子动力特性(低阻尼)常常引起透平机械转子系统失稳。因此,低泄漏和高阻尼性能的旋转动密封技术是进一步提高透平机械能量转换效率和运行稳定性最有效和最经济的关键革新技术(Childs, 1994)。目前透平机械应用的主要旋转动密封包括非接触式迷宫密封(Stocker, 1978)、蜂窝/孔型阻尼密封(Childs, 1985)、袋型阻尼密封(Vance, 1993)和接触式刷式密封(Ferguson, 1988)。

1. 迷宫密封

迷宫密封由于其结构相对简单和成本低,是透平机械中最常用的密封装置。其密封原理是密封齿与转子间形成的一系列间隙和耗散空腔,当泄漏流体流经间隙时,其部分压力能转化为速度能,速度能随即在耗散空腔中由于湍流涡旋耗散为热能,由于流体产生节流与热力学效应,泄漏流的压力逐渐降低而达到密封效果。在汽轮机的高压端,缸内蒸汽压力高,为减少蒸汽的泄漏量,一般采用高低齿密封。在低压端,常采用光轴密封,以适应转子和汽缸较大胀差的需要。图1-1给出了迷宫密封三维结构图。

2. 蜂窝阻尼密封

蜂窝阻尼密封是可磨耗的先进阻尼密封结构,目前工业应用中较常见的蜂窝密封由高温合金密封与背板组成,通过高温真空钎焊连接;也有的采用整体加工,电火花成孔。蜂窝材料可以是耐高温合金(Hastelloy-X),也可以是不锈钢箔材,还可以是铝质材料,主要应用于航空发动机、燃气轮机、汽轮机和其他透平机械的轴封、叶顶间隙密封。蜂窝阻尼密封由蜂窝部分和支持部分组成,两部分通过高温真空钎焊工艺连接。蜂窝材料是高温合金或不锈钢箔材。背板、环座用于钎焊蜂窝和安装,其结构与安装方式有关,多个蜂窝密封弧段组成一个密封环,直径较小时可以是两个半圆或整环。在大多数情

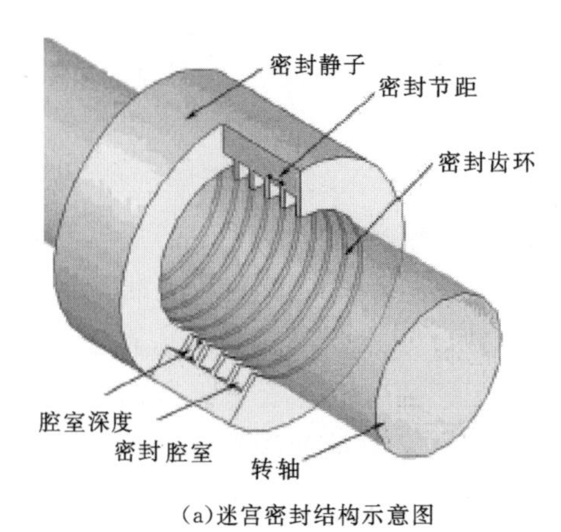

(a)迷宫密封结构示意图

(b)迷宫密封静子

图 1-1　迷宫密封结构图(Gamal 和 Vance，2007)

况下，蜂窝密封安装在静止部件上，如汽轮机的缸体、静叶和隔板套上。蜂窝阻尼密封与转动部件的界面一起构成密封结构。主要结构型式是蜂窝-光滑面、蜂窝-迷宫齿两种，两者分别应用于不同透平机械的密封位置和工作条件中。图 1-2 是典型蜂窝阻尼密封静子结构图。蜂窝阻尼密封技术最初应用于石化行业，随后在美国的航空航天领域得到应用，并逐步推广到汽轮机行业。经过各国科研工作人员的不懈努力，迄今为止，蜂窝阻尼密封技术已成为世界各国叶轮机械行业关注的焦点，并逐渐用于解决各类工程实际问题(张延峰，2007)。

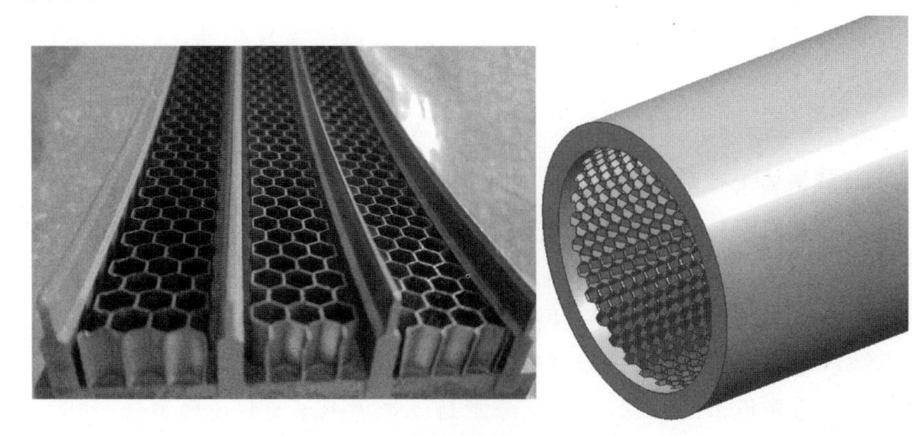

图 1-2　蜂窝阻尼密封静子结构

相对于迷宫密封，蜂窝阻尼密封具有如下优点：

(1)能在最小的材料质量下保证密封具有最大的强度,从而允许在高压降条件下应用而不增加密封的尺寸,此外还简化了叶轮机械安装和修理时的装配工作。

(2)蜂窝阻尼密封的蜂窝材料质地较软,常见的由 0.05～0.10 mm 厚的镍基耐高温薄板制成,具有可磨性,所以径向间隙可以控制得比迷宫密封小。再加上蜂窝阻尼密封具有无数个蜂窝孔状芯格结构,与转子接触时是若干个点形成的面式接触,使得密封碰磨时动静间摩擦力很小,不会产生较大的转子弯曲变形,具有安全可靠的性能(张延峰,2007)。

(3)破坏性耐磨试验结果表明,蜂窝阻尼密封对轴的摩擦损伤程度仅是铁素体迷宫密封的 1/6。所以,即使在运行的过程中蜂窝阻尼密封的动静发生摩擦,也不会伤及轴颈(张延峰,2007)。

(4)蜂窝阻尼密封是一种利用漩涡耗散能量型的密封,沿轴向进入密封腔室的气流会立即充满蜂窝芯格,蜂窝芯格内的漩涡会对泄漏气流产生阻碍作用,因此蜂窝阻尼密封具有很好的密封效果。

(5)密封内泄漏流对转子的周向力是转子产生涡动的主要因素,由于蜂窝芯格具有阻尼作用,所以对气流的周向流动发展具有一定的阻碍作用。因此,蜂窝阻尼密封具有良好的转子动力特性,对于抑制转子的同步振动和亚同步振动有明显效果(张延峰,2007)。

(6)在蒸汽轮机中,将蜂窝阻尼密封用于汽轮机末级、次末级、次次末级叶顶,具有收集微小水滴去湿的功能。能减轻水滴对叶片的水蚀,提高叶片的可靠性。

3. 孔型阻尼密封

虽然蜂窝阻尼密封具有十分优良的性能,但也是有缺点的。蜂窝的焊接和密封的安装耗费十分长的时间,导致交货期较长,加工成本高,工序复杂。另外,假若转子面发生磨损,对蜂窝阻尼密封的破坏程度较大(Childs,2004)。为了弥补蜂窝阻尼密封的这些缺点,研究人员发明了孔型阻尼密封,如图 1-3 所示(Chochua,2007)。孔型密封和蜂窝密封在几何外形上十分接近,两者唯一的区别是前者静子面上开有圆形孔,而后者静子面上开有正六边形孔。可以说,孔型阻尼密封和蜂窝阻尼密封其实就是同类密封。孔型密封和蜂窝密封的加工工艺、安装位置和方法均相同。2004 年 Childs 报道,在压气机中已经能够采用电火花加工工艺在铝质静子面上生成蜂窝孔,而孔型密封的电火花加工方法比蜂窝密封更为简单。虽然目前蜂窝阻尼密封在工业应用中更为广泛和普及,但文献(Childs, 2004)指出,孔型阻尼密封在不久的将来会成为蜂窝阻尼密封的替代产品广泛应用于叶轮机械中。

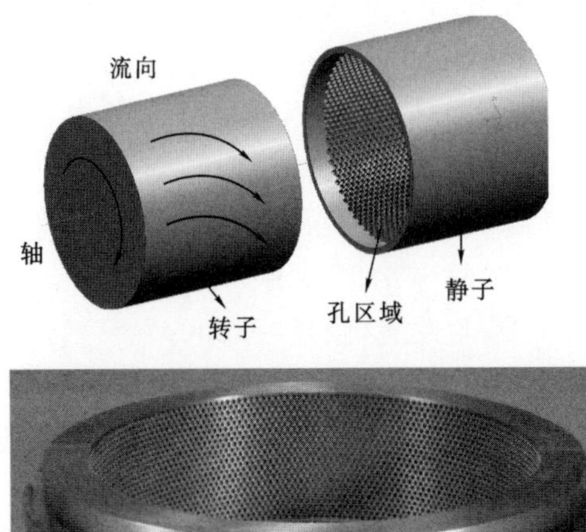

图 1-3 孔型阻尼密封静子照片(Chochua, 2007)

孔型阻尼密封的应用时间不长,目前相关的研究较少。在试验和应用领域,Yu 和 Childs(Yu, 1998)采用铝质材料设计了三种具有不同孔面积比的孔型密封,试验揭示了孔型阻尼密封具有和蜂窝阻尼密封相近的泄漏特性和转子动力特性,可以作为蜂窝阻尼密封的替代结构。Moore(2004)报道了在压气机中采用孔型密封取得了优良的效果:在不同的压差下,压气机的稳定性得到了较大的提高。Holt(Holt,2002)测试了两组不同孔深的孔型密封,进口压力范围为6.9~17.2bar。试验发现:有效刚度随孔深的增大而增大,而有效阻尼随孔深的增大而减小。泄漏量会随着孔深的增大而减小。Childs(2004)指出:当前国外许多离心压气机厂商比较倾向于铝质的孔型静子面,逐渐不太愿意采用蜂窝静子面。而在国内,暂时还未有相关厂家生产孔型密封。

4. 袋型阻尼密封

Vance 和 Shultz(Vance,1993)详细介绍了传统袋型阻尼密封的结构与迷宫密封的区别。不同于迷宫密封,传统的袋型阻尼密封在轴向被密封齿分隔为一系列交替排列的有效腔室和无效腔室。有效腔室沿周向等弧度布置有周向挡板，将其分隔为等弧度的孤立的袋型腔室，其能够有效地抑制流体的周向流动，提供较大的阻尼，所以称之为“有效腔室”。无效腔室为周向贯通的环形腔室，对袋型阻尼密封总的有效阻尼贡献很小，所以称之为“无效腔室”。在密封有限的轴向长度下，为使袋型阻尼密封具有更大的阻尼，传统袋型阻尼密封的有效腔室设计有比无效腔室更大的轴向长度。传统袋型阻尼密封的有效腔室常设计为发散型密封间隙，主要通过两种方式实现发散型密封间隙结构：一种方法是减小有效腔室出口的密封齿高度，使其具有更大的齿顶间隙，在早期的袋型阻尼密封设计中均采用这一方法；另一种方式是在有效腔室出口的密封齿顶加工凹槽结构，增大密封间隙，由于这一方法加工方便、对密封泄漏特性影响小，在目前袋型阻尼密封设计中广泛采用。

目前袋型阻尼密封的设计中，还有一种贯通挡板袋型阻尼密封结构。贯通挡板袋型阻尼密封的周向挡板从密封的进口到出口穿过了所有密封腔室，因此所有的密封腔室均为周向孤立的等弧段袋型腔室，没有“有效”和“无效”的区分。沿轴向交替排列有基本腔室和二次腔室，基本腔室具有较大的轴向长度，能够提供较大的阻尼。通过在基本腔室的出口密封齿顶加工凹槽，贯通挡板袋型阻尼密封的基本腔室可设计为发散型密封间隙结构，而同时二次腔室具有收敛型密封间隙结构。Li(Li,2002)最先通过实验比较了传统袋型阻尼密封和贯通挡板袋型阻尼密封的转子动力特性。实验结果表明贯通挡板袋型阻尼密封能够提供更大的阻尼和正刚度。

与迷宫密封易引起转子失稳不同，袋型阻尼密封的周向挡板阻隔了流体的周向流动，转子振动使流体在孤立的袋型腔室内受到压缩或膨胀，从而在袋型腔室内形成了很大的动态压力。所以袋型阻尼密封能够提供足够的有效阻尼，显著提高透平机械转子系统在密封件处的阻尼，使得转子系统的稳定性得到增强。与蜂窝阻尼密封和孔型阻尼密封相比，袋型阻尼密封具有结构简单、制造成本低、安装方便、耐腐蚀、寿命长等优点，而且对迷宫密封进行简单改造(在周向加挡板)便可获得，可很方便地实现对迷宫密封的改造升级。

实验研究和工程应用均表明袋型阻尼密封能够有效地减小转子振动幅值。目前，袋型阻尼密封主要代替迷宫密封应用于高压多级离心压气机中解决转子系统亚同步振动问题，提高转子系统的稳定性(Vance,1996;Ertas,2011)。袋型阻尼密封主要安装在背对背式离心压气机的中心密封处和直通式压气机的平衡活塞密封处。因为平衡活塞密封和中心密封承受着最大的压降和流体密度，而且此处的转子振动幅值较大，特别是中心密封处具有最大的转子振动幅值，所以此处的不稳定流体激振力极易引起转子涡动失稳。目前工程实际中常用蜂窝/孔型阻尼密封和袋型阻尼密封作为离心压气机的平衡活塞密封和中心密封。

5. 刷式密封

刷式密封是具有优良密封性能的接触式动密封，可使透平机械的泄漏损失大幅度降低，并改善转子运行的稳定性（Ferguson，1988；Chupp，2006）。刷式密封是由前夹板、刷丝束和后夹板三部分组成，如图1-4所示。刷丝束是由排列紧密的柔软而纤细的刷丝层叠构成。前夹板起到固定和保护刷丝束的作用。后夹板对刷丝束起到支撑的作用，使刷丝束在较大压差的作用下避免产生大的轴向变形，保持稳定的密封性能。刷丝束在安装时与转子具有微小的初始干涉量。因此气流只能通过刷丝间的微小孔隙泄漏通过，泄漏量极低。此外，刷丝束是沿着转子转动方向以一定倾斜角（30°～60°）与转子表面相接触。这种特殊的结构设计不仅可以有效地减缓刷丝的磨损速度，而且使刷丝束对转子的径向变形和偏心涡动有极强的适应性。在转子发生径向偏移时，刷丝束可以产生弹性退让，避免刷丝过度磨损，当转子从偏心位置恢复时，刷丝又会在弹性恢复力的作用下及时地跟随转子，从而保证良好的封严性能。即便是刷式密封经过长时间高频率与转子碰磨后形成永久性密封间隙，刷丝束也会在气动力的作用下向转子面移动，自动地减小或者关闭密封间隙，维持良好的封严性能，这称之为刷式密封的吹闭效应（blow down effect）。此外，刷丝与转子具有一定倾角，还便于刷式密封的安装替换。

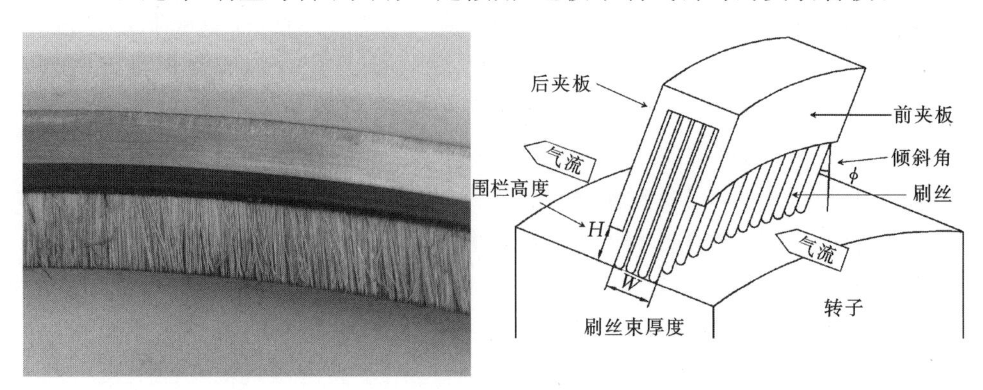

图1-4 刷式密封

刷丝束是决定刷式密封性能的关键。刷式密封经常在非常严酷的条件下工作，温度可达850℃，压力可达0.8 MPa，相对接触速度可达350 m/s，因此刷丝束材料的选择尤为重要(Demiroglu, 2004)。最常用的刷丝材料是钴基合金,这种合金在高温下具有很好的耐磨和耐腐蚀特性。刷式密封在工作时,转子面一般需要光滑硬质涂层,这样可以降低刷式密封对转子的磨损,避免产生裂纹。航空发动机中常用陶瓷涂层,包含碳化铬和氧化铝。对于陆用燃气轮机和汽轮机,转子直径大,对涂层没有统一要求。近年来出现了非金属纤维(Kevlarc、Zylonc)制造的刷丝用于一些特殊的场合(Ingistov, 2007)。例如,金属材料的刷式密封不适用于轴承油封,因为刷丝磨损产生的金属颗粒会对精密轴承造成损害,同时存在潜在的火花。而纤维材料的刷式密封便能克服这些缺点,替代迷宫密封,几乎不产生泄漏。

设计刷式密封时需要选取合适的刷丝直径 d、刷丝密度 N、刷丝束厚度 w、刷丝与转子径向干涉量 Δr。金属刷丝常见的刷丝直径为 0.05~0.20 mm。非金属刷丝常见的刷丝直径为 0.01~0.15 mm。选取较大的刷丝直径有利于提高刷式密封的承压能力并增强其耐磨性。刷丝密度决定着刷丝束的孔隙率 ε,决定刷式密封的封严性能,沿圆周方向刷丝密度一般为 90~180 根/mm。刷丝束厚度的选取需要确保刷丝束具有足够高的轴向刚度,以承受轴向压差,一般为 0.6~2.0 mm。刷丝与转子应具有微小的径向干涉量,确保刷丝束与转子完全接触,一般在0.2 mm以下。过大的干涉量容易造成严重的摩擦热效应,不利于转动部件的安全和密封寿命。后夹板与转子面之间的径向间隙 H(刷丝束围栏高度)是刷式密封一个关键的几何参数。根据转子在各种运行工况下的膨胀特性和动力特性,选取合适的围栏高度确保后夹板在任何工况下不会与转子面发生碰磨。围栏高度不宜选取过大,否则泄漏量会有所增加。前夹板位于刷丝束上游,对刷丝束起到固定、压紧作用,同时保护刷丝束不受上游气流的影响。

目前,世界各大透平公司的技术创新和发展,都把刷式密封技术研究作为重要内容之一。刷式密封已在许多先进的工业用燃气轮机、航空发动机和汽轮机中得到了应用,如 Siemens Westinghouse 的 501E 燃气轮机,空中客车 A320 发动机,欧洲的幻影 2000,美国的 F-15、F-16 以及 F-22 战机中的发动机等。刷式密封已经成为迷宫密封潜在的替代品。早在 1955 年,GE 公司就在 J-47 发动机中进行了刷式密封试验。20 世纪 80 年代,Rolls Royce 在实验型发动机中成功完成了试验,并于 1987 年在实际的 RB-199 发动机中进行了试验。同年将刷式密封应用于 IAE V2500 发动机中的高压压气机出口及前轴承腔的压力平衡密封。目前该发动机安装于空中客车 A320 中,并已投入了商业运行。

美国于1988年实施了一项发展高性能透平技术的计划，要在15年内，使发动机的推力提高100%。其主要技术途径是发展4项技术：即三维叶片、刷式密封、复合材料轴承和数字化集成控制等。目前，前两项技术已经用于商业领域，其中的刷式密封则已经用于军事领域。

进入上世纪90年代，高温、高相对接触速度刷式密封的研究取得了很大进展，可以承受的转子线速度已经超过305 m/s，运行温度达690 ℃。1990年Allison在T406 Plus发动机中大量应用了刷式密封。1994年Pratt和Whitney在装备于F-15和F-16战机的F-119发动机中应用了刷式密封。1995年，安装于波音777的PW4084发动机，在高压压气机出口与卸荷腔间以及高压涡轮1级工作叶片根部与1级导叶间的密封应用了刷式密封，使发动机的推力提高了2%，相应的耗油率降低了约2%。1996年，波音747、767以及MD11、A300等客机上的PW4000系列发动机进行了同样的改装。同时，GE公司也在其用于B777客机的GE90发动机低压涡轮中应用了3套刷式密封。

在工业燃气轮机方面，传统迷宫密封的间隙一般高达2 mm。利用刷式密封，可显著降低泄漏损失，提高效率，而费用比改造其它部件要少得多。1992年Siemens Westinghouse将刷式密封作为一项先进技术，应用于160MW的501F燃气轮机中，并将在501D的改造及501G的生产中也应用该技术(Chupp，1993)。在汽轮机方面，已经在汽轮机轴封和动叶顶部处应用了刷式密封，并取得了很好的经济效益(袁玮，2004)。

工业透平机械中的刷式密封，一般为分段结构，以适应水平中分式壳体，而且都是和迷宫密封一起使用，以增加初期使用的可靠性。同时刷式密封的结构尺寸也适当放大，以增加长期使用所必需的强度和耐久性。实践经验表明：与传统的迷宫密封相比，刷式密封造成的轴表面磨损是最小的。

刷式密封的刷丝束和转轴表面涂层材料的基本选用原则是以保护轴涂层为前提，并要求刷丝磨损量达到最小。根据大量长期试验的结果，可能适用于刷丝的材料为钴基合金和镍基合金两类。几种可能适用于轴表面涂层的材料有(Ferguson，1988)：

(1)铬基合金：耐高温能力较好，热膨胀系数接近金属转子，其主要成分为65%(92Cr+8C)、35%(80Ni+20Cr)。

(2)钨基合金：适用于低温工况，热膨胀系数良好，其主要成分为83%W、14%Co、3%C。

(3)Al_2O_3 陶瓷：耐高温能力强，热膨胀系数较低。

(4)ZrO_2 陶瓷：耐高温能力强，热膨胀系数接近金属转子。

对比试验研究表明:刷丝与涂层材料的组合性能,受温度的影响很大。例如,在发动机进气侧的低温区,钨基涂层比铬基涂层耐磨;在涡轮附近的高温区,铬基涂层的磨损量比钨基涂层少。电子显微镜下的观察表明,涂层表面的磨损主要是由轻微的粘结磨损造成的。刷丝为钴基合金时,如haynes25,即海纳25钴铬镍超级耐热合金,涂层为铬基合金,是工程应用中一种常见的材料组合。多种陶瓷材料的对比研究表明,ZrO_2 的综合性能最好。ZrO_2 具有陶瓷材料中最接近金属材料的热膨胀系数,其导热系数是 Al_2O_3 的1%左右;该材料具有较高的抗弯强度和断裂韧性,尤其是部分稳定的 ZrO_2 特有的微裂纹和相变增韧机制,使其抗热冲击性能非常好。

1.2.3　其它新型旋转动密封

随着密封技术的不断进步,许多新的密封结构不断涌现并用于密封行业,例如技术相对比较成熟的指式密封和叶式密封等,本节依据相应文献简要介绍指式密封和叶式密封这两类密封,其它应用较少的密封结构和工作原理可参考Chupp(2006)等相应的文献。

1. 指式密封技术

指式密封是一种柔性接触密封,是目前透平机械中相对较新的密封结构。主要用于对燃气轮机气道和轴承腔进行封严(Chupp,2006;陈国定,2012)。据报道:相对于常规迷宫密封,相同条件下工作的指式密封泄漏量只有迷宫密封的1/3~1/2。在相同的封严效果下,指式密封的功率损失与刷式密封相近,但制造成本仅为刷式密封的40%~50%,相对于刷式密封,指式密封的断丝和磨损问题可以得到改善(Proctor, 2004a;2004b)。

指式密封由许多精密加工的薄钢片叠置而成,在密封端部,指式密封片相互铆接在一起。密封的前后端用前盖板和后盖板压紧。在前盖板的后面是前隔片,然后是指式单元、后隔片和后盖板。前隔片是一个带装配孔和径向槽的环状隔片,在密封内径附近有压力平衡孔。

指式密封的特点是指尖具有柔性,当转子由于离心力膨胀、热应力变形或转子动力学特性改变时,指尖能像悬臂梁一样弯曲以避开转子的碰磨。气流通过指式密封时,一部分气流通过指式密封指尖和转子之间的间隙,另一部分气流沿密封片之间的间隙径向流动。当密封前后存在压差时,指式密封的"指尖"在压力差的驱动下向转子面有一定量的径向移动,使得运行时的间隙变小,这种现象称为"压力闭合效应(pressure closing effect)"。理想情况下，人们希望设计出的密封完全与转子匹配，但是在实际应用过程中，密封间隙都会受到工况变化、热变形、转子离心膨胀、压力闭合效应和转子动力特性等因素的影响，导致密封间隙的变化。因此工程中会根据不同的应用场合要求，设计出的指尖密封具有一定的干涉量，通过在运行时进行磨合来保证密封运行时具有较小的间隙，或者设计的密封和转子之间预留一定间隙，利用压力闭合效应使得运行过程中的密封间隙较小。

由于指式密封是一种接触式密封，因此指尖的磨损是不可避免的。指式密封的寿命取决于所选的材料和运行工况。文献指出：指式密封（材料为Haynes25）与转子（表面涂 Cr_3C_2）进行耐磨性测试后，转子表面有 0.0064 mm 深的磨损痕迹，但指式密封经快速磨损后，很快就能与转子形成良好的配合（Proctor，2004a）。

2. 叶式密封技术

叶式密封主要由沿周向叠置的多层弹性金属薄片和外罩组成。这些薄片在外罩内可以自由移动，排列时与转轴表面成一定角度。当转子处于静止状态时，叶式密封的叶尖与转子表面接触；当转子旋转时，受气动力和压差的作用，叶式密封尖端上浮从而离开转轴表面，因此这种气封在运行期间磨损较小（Nakane，2004）。在密封工作过程中，由于薄叶顶端上抬形成的动静间隙很小，同时由于金属薄片间距很小，导致壁面对气体的粘性阻力大于气流的膨胀加速能力，因此，在密封间隙处，气体速度与密度均降低，气封泄漏量明显减小。叶式密封的结构设计继承了刷式密封在径向方向上柔软的特点，叠置的金属薄片可以相对自由地在径向运动和沿长度或圆周方向发生变形，但刷式密封的刷丝则可在三个方向上发生变形。因此，当转子发生径向跳动时，叶式密封的封严性能相对稳定，同时具有较大的轴向刚度可克服刷式密封存在的应力刚化及滞后问题。

1.3 密封的安装位置和作用

对于不同的透平机械，蜂窝阻尼密封的安装位置是不同的。Bill（1980）给出了航空发动机关键部位处的密封以及传热控制部位，发动机内的密封包括涡扇和压缩机围带密封、压气机级间密封和泄漏控制密封、燃烧室静态密封、平衡活塞密封、透平围带密封和轮缘盘腔密封。透平前部的蜂窝面迷宫密封的作用是控制进入盘腔和叶片的冷却气流、保护旋转的叶轮以及为第一级轮盘的轴承提供平衡推力；透平级间蜂窝密封的作用是防止静叶附近回流的产生，控制透平盘腔吸入的高温燃气量。压气机级间平台密封常用于减小回流、降低级内压力损失和减少级内流体的吸入(Chupp,2006)。目前，美国的航天飞机、U-2及F-16等战机及大量的燃气轮机上均应用了蜂窝密封，我国最新的战斗机和民用飞机发动机上也大量采用了蜂窝式密封技术(Chupp,2006)。

工业燃机可以看作是航空发动机执行动力任务的一个分支，虽然工业和航空用途的透平机械(透平、压气机等)之间有很多的不同之处，但对于这两种类型的燃机而言，密封技术的核心和需求是相同的，其不同点主要体现在材料上。所以设计者应小心地考虑带有密封结构后各个部分在热和结构上的不同特性、压力梯度的不同以及叶栅各个相邻界面的情况(Chupp,2006)。

在背靠背式压气机中，直通型蜂窝密封一般布置在第二段平衡活塞处，它们除了起控制泄漏的作用以外，更重要的是增加转子的稳定性，防止由流体激振所引起的同步振动和亚同步振动。当然，在这些部位采用孔型密封也可以起到相同的效果。

汽轮机组按用途可以分为中心电站汽轮机、船舶推进汽轮机以及工业汽轮机。中心电站汽轮机指用于并网发电的汽轮机组。按位置划分，安装在中心电站汽轮机上的密封可以分为隔板汽封(静叶底部)、围带汽封(动叶顶部)以及轴封，当然还有一些油封、径向汽封等。对于叶栅上使用的汽封(隔板汽封和围带汽封)，它们的主要作用一方面是减少泄漏量，保证间隙界面的有效性。另一方面则是减小二次流对下游叶栅气动性能的影响。在一些特殊的部位，例如核电机组的低压缸或次末级，为了减少湿汽对叶片的水蚀，有些机组会采用带有周向贯通疏水槽的蜂窝密封来除湿。而轴封的主要作用是保证汽轮机内外的压力平衡或减小轴向推力；减少因蒸汽的泄漏而浪费高品质的蒸汽；保证机组的运行安全。

工业汽轮机广泛地应用于钢铁冶金、石油化工、交通运输和轻工业部门以及机关、医院、学校等公共事业单位。船舶、军舰上的辅机，中心电站驱动给水泵及锅炉风机的汽轮机均属于工业汽轮机(蔡颐年,1980)。工业汽轮机的进口参数以及转速范围都十分广泛：现在的工业汽轮机进汽压力处于从几个bar到100 bar甚至更高的范围，转速低的为1000 r/min，高的可达30000 r/min。由于工业汽轮机对运行的可靠性要求特别高，并且希望两次大修之间的时间间隔尽可能地长，所以工业汽轮机的设计通常较简单。目前，大多数工业汽轮机的密封都采用十分简单的迷宫式密封结构(见图1-1)。但这样容易产生两个问题：

(1)迷宫密封的结构简单,受密封长度的限制,齿数一般布置较少,泄漏量增大;再加上每次大修间隔时间较长,密封齿的损耗会使得工业汽轮机的实际运行流量比设计流量大。这对于工业汽轮机而言是一个较大的问题。

(2)低转速工业汽轮机采用简单的迷宫密封固然可节约成本,但对于较高进口参数和高转速下的工业透平,如何保证轴系的稳定性,消除流体激振引起的不稳定振动,设计者应当仔细考虑。

1.4 研究目标与主要内容

旋转动密封是现代透平机械中的关键部件,先进的旋转密封技术可显著地提高透平机械的运行效率和运行稳定性。旋转动密封控制着流体通过动静间隙从高压区向低压区的泄漏流动,而透平机械中转动部件与静止部件之间的工质泄漏是其主要的损失来源之一(Lakshminarayana,1996;Chupp,2006)。Lattime 和 Steinetz(2004)研究表明高压透平的叶顶密封间隙每减小 0.0254 mm,燃料消耗率将减小约 0.1%,排气温度下降 1℃。Chupp(2002)等指出采用先进的旋转密封技术(如蜂窝密封、孔型密封和刷式密封)可使压气机的热耗率减少 0.2%~0.6%,使输出功增大 0.3%~1%。对于汽轮机整机而言,泄漏损失占其总的效率损失的 22%(荆建平,2004)。对汽轮机的高中压缸而言,对其热耗率和功率影响最大的因素是汽封(叶顶汽封、隔板汽封和轴封),汽封引起的损失占总损失的 67%。通过更新汽轮机中的密封结构可使汽轮机的内效率提高约 1.2%(宁哲,2009)。在高压燃气透平的二次冷却系统中,旋转密封具有阻隔高温燃气入侵冷却系统的作用,同时控制着各部分的冷却空气流量。这些数据意味着旋转密封的泄漏特性对叶轮机械的运行效率具有显著影响,通过采用先进的旋转密封技术减小泄漏量是提高叶轮机械效率的一个有效途径。因此,旋转密封设计研究中的首要目标是控制通过动静间隙的泄漏流动,有效地减小泄漏量和泄漏流体对主流的影响。

旋转动密封在控制流体泄漏流动的同时,还会产生显著的流体激振力,从而影响叶轮机械转子系统的稳定性。随着对叶轮机械的输出功、效率和寿命等性能要求的不断提高,透平机械逐渐向高温、高压和高转速方向发展,由此产生的转子失稳现象日益突出。面对透平机械转子失稳的问题,目前研究工作者主要通过研制和更换先进的阻尼轴承结构和旋转密封结构、调整动静间隙、安装止涡装置改善来流条件等措施来解决(Childs,1993;Von Pragenau,1987;Childs,1994)。在一些叶轮机械中,轴承阻尼能够有效地减小转子亚同步振动的振幅，抑制转子系统失稳。但对于高性能叶轮机械，特别是大功率汽轮机和高压多级离心压气机而言，虽然轴承处能够提供很大的阻尼，但并不能有效地抑制长的柔性转子的振动，转子系统依然容易发生失稳。这主要是因为轴承一般安装在转子的两端，此处的振动幅值很小，有效阻尼力并不能得到充分的发展。可见，轴承对转子系统振动的控制效果是有限的，并不能有效地解决目前透平机械转子失稳的问题。不同轴承结构，旋转动密封的安装位置往往是转子涡动振形的波峰和波谷点，具有很大的振动位移，所以密封处会产生很大的流体激振力，这一流体激振力可能抑制转子振动（如阻尼密封），也可能诱发转子失稳（如迷宫密封）（Vance，2010）。因此，旋转动密封的转子动力特性对转子系统的稳定性具有显著影响，旋转动密封设计研究中的另一个重要目标是提高密封有效阻尼和减小交叉刚度，增强透平机械转子系统的稳定性。

Childs（1993，1994）和 Vance（2010）总结了不同种类旋转密封泄漏特性和转子动力特性的优缺点，并指出随着叶轮机械向大功率、高转速和高压力方向的发展，转子涡动失稳的可能性增大，采用旋转阻尼密封代替传统的迷宫密封是抑制转子振动的最有效的方法。透平机械旋转动密封技术的研究集中在封严性能、鼓风热效应、非定常气流激振转子动力特性等领域，旨在提高透平机械的气动性能和运行的稳定性。

本书是作者在透平机械动密封技术领域的研究成果总结，主要研究对象包括常规迷宫密封、蜂窝密封、孔型密封和刷式密封，研究的主要内容包括动密封内的流动、传热、转子动力特性、振动、磨损等工程中常见问题，通过本书内容的总结，旨在为透平机械动密封中常见密封的设计、研究、改进提供一点借鉴和帮助。

本书的主要章节内容安排如下：

第 1 章绪论主要介绍透平机械密封技术的主要类型和透平机械密封技术的重要性，特别是透平机械动密封技术的主要类型和应用。

第 2 章主要介绍透平机械迷宫密封泄漏流动、鼓风热效应和非定常气流激振特性的研究。

第 3 章主要介绍透平机械蜂窝阻尼密封的泄漏流动、传热特性和非定常气流激振特性的流热和流固耦合方面的研究。

第 4 章主要介绍透平机械袋型阻尼密封的泄漏流动和非定常气流激振的流固耦合特性研究和基本设计原则。

第 5 章主要介绍透平机械刷式密封的结构特点、泄漏特性、传热特性以及接触力与迟滞特性的研究。

参考文献

蔡颐年，王璧玉，1980. 汽轮机装置[M]. 北京:机械工业出版社.
陈光，2006. 航空发动机结构设计分析[M]. 北京:北京航空航天大学出版社.
陈国定,苏华,张延超，2012. 指尖密封的分析与设计[M]. 西安:西北工业大学出版社.
海因茨 K. 米勒,伯纳德 S. 纳乌，2002. 流体密封技术-原理与应用[M]. 程传庆,等,译. 北京:机械工业出版社.
荆建平，孟光，赵玫，等，2004. 超超临界汽轮机汽流激振研究现状与展望[J]. 汽轮机技术，46(6):405－410.
李军,晏鑫,宋立明，等，2008. 透平机械密封技术研究进展[J]. 热力透平，37(3):141－148.
宁哲，赵毅，王生鹏，2009. 采用先进汽封技术提高汽轮机效率[J]. 热力透平，38(1):15－17，24.
徐灝，2005. 密封[M]. 北京:冶金工业出版社.
晏鑫，2010. 蜂窝密封内流动传热及转子动力特性的研究[D]. 西安:西安交通大学.
袁玮，2004. 刷式密封接触分析及磨损特性的研究[D]. 西安:西北工业大学.
张延峰，王绍民，2007. 蜂窝式密封及汽轮机相关节能技术的研究与应用[M]. 北京:中国电力出版社.
Allcock D C J，Ivey P C，Turner J R，2002. Abradable stator gas Turbine labyrinth Seals:part I:Experimental Determination and CFD Modeling of Effective Friction Factors for Honeycomb materials[C]. AIAA: 2002－3936.
Arora G K，Proctor M P，Steinetz B M et al，1999. Pressure Balanced，Low Hysteresis，Finger Seal Test Results[C]. AIAA Paper: 1999－2686.
Bhate N，Demiroglu M，Thermos AC，et al，2004. Non-metallic brush seals for gas turbine bearings[C]. Vienna，Austria:American Society of Mechanical Engineers.
Bill R C，1980. Wear of seal materials used in aircraft propulsion systems[J].

Wear, 59(1):165 - 189.

Childs D W, Moyer D, 1985. Vibration Characteristics of the HPOTP (High Pressure Oxygen Turbopump) of the SSME (Space Shuttle Main Engine) [J]. ASME Journal of Engineering for Gas Turbines and Power, 107(1):152 - 159.

Childs D W, Vance J, 1994. Annular Seals as Tools to Control Rotordynamic Response of Future Gas Turbine Engines[C]. AIAA: 1994 - 2804.

Childs D W, 1993. Turbomachinery Rotordynamics: Phenomena, Modeling and Analysis[M]. New York: John Wiley & Sons.

Childs D W, Wade J, 2004. Rotordynamic-coefficients and leakage characteristics for hole-pattern-stator annular gas seal-measurements versus predictions[J]. ASME Journal of Tribology, 126(2):326 - 333.

Chochua G, Soulas T A, 2007. Numerical modeling of rotordynamic coefficients for deliberately roughened stator gas annular seals[J]. ASME Journal of Tribology, 129:424 - 429.

Choi D C, 2005. A Novel Isolation Curtain to Reduce Turbine Ingress Heating and An Advanced Model for Honeycomb Labyrinth Seals[D]. Texas, USA: Texas A&M University, College Station.

Chupp R E, Dowler C A, 1993. Performance-characteristics of brush seals for limited-life engines[J]. ASME Journal of Engineering for Gas Turbines and Power, 115 (2):390 - 396.

Chupp R E, Ghasripoor F, Moore GD, et al, 2002. Applying Abradable Seals to Industrial Gas Turbines[C]. AIAA: 2002 - 3795.

Chupp R E, Hendricks R C, Lattime S B, Steinetz B M, 2006. Sealing in Turbomachinery[J]. JOURNAL OF PROPULSION AND POWER, 22(2): 313 - 349.

Demiroglu M, 2004. An investigation of tip force and heat generation characteristics of brush seals[D]. Rensselaer Polytechnic Institute.

Dinc S, Demiroglu M, Turnquist N, et al, 2002. Fundamental design issues of brush seals for industrial applications[J]. Journal of Turbomachinery, 124 (2):293 - 300.

Ertas B H, 2005. Rotordynamic Force Coefficients of Pocket Damper Seals[D]. Texas, USA: Texas A&M University, College Station.

Ertas B H, Delgado A, Vannini G, 2011. Rotordynamic Force Coefficients for Three Types of Annular Gas Seals with Inlet Preswirl and High Differentail Pressure Ratio[C]. ASME Paper GT2011 - 45556.

Ferguson J G, 1988. Brushes as high performance gas turbine seals[C]. ASME Paper: GT 1988 - 182.

Flitney R, 2007. Seals and Sealing Handbook[M]. Fifth edition. Amsterdam: Elsevier Ltd.

Flower R, 1990. Brush seal development system. AIAA:90 - 2143.

Flower R F J, 1992. Brush Seal with Asymmetrical Elements: US 5135237 [P].

Gamal A M, 2007. Leakage and Rotordynamic Effects of Pocket Damper Seals and See-Through Labyrinth Seals[D]. Texas, USA:Texas A&M University, College Station.

Gamal A M, Vance J M, 2007. Labyrinth Seal leakage Tests:Tooth Profile, Tooth Thickness, and Eccentricity Effects[C]. ASME Paper: GT2007 - 27223.

Gamatti M, Vannini G, Fulton J, et al., 2003. Intability of a high pressure compressor equipped with honeycomb seals[C]//Proceedings of the 32nd Turbomachinery Symposium.

Gardner J, 1997. Pressure Balanced, Radially Compliant Non-Contact Shaft Riding Seal[R]. Seal/Secondary Flows Workshop, NASA CP 1(10198):329 - 348.

Ingistov S, 2007. Non-metallic brush seal in heavy duty GT units, GE-made frame No 7, model EA[C]. Proceedings of the ASME Turbo Expo, 3:593 - 601.

Justak J, 2001. Hydrodynamic Brush Seal: US 6428009B2 [P].

Justak J, 2005. Non-Contacting Seal Development[R]. NASA CP-2005 - 213655:101 - 114.

Lakshminarayana B, 1996. Fluid Dynamics and Heat Transfer of Turbomachinery[M]. New York:John Wiley & Sons Inc:339 - 347.

Lattime S B, 2000. A Hybrid Floating Brush Seal(HFBS) for Improved Sealing and Wear Performance in turbomachinery applications[D]. Akron OH. USA: the University of Akron.

Lattime S B, Steinetz B M, 2004. Turbine engine clearance control systems: Current practices and future directions[J]. Journal of Propulsion and Power, 20(2):302-311.

Li J, Kushner F, Choudhury P D, 2002. Experimental Evaluation of Slotted Pocket Gas Damper Seals on a Rotating Test Rig[C]. ASME Paper: GT2002-30634.

Ludwig L P, Bill R C, 1980. Gas path sealing in turbine engines[J]. ASLE Transactions, 23(1):1-22.

Nakane H, Maekawa A, Akita E, et al, 2004. The Development of High-Performance Leaf Seals[J]. ASME Journal of Engineering for Gas Turbines and Power, 126:342-350.

Peitsch D, Friedl W H, Dittmann M, et al, 2003. Detailed investigations of the flow within the secondary air system in high pressure turbines of aero engines[C]. ISABE Paper: 2003-1038.

Proctor M P, Kumar A, Delgado I R, 2004a. High-Speed, High-Temperature Finger Seal Test Results[J]. Journal of Propulsion and Power, 29(2): 312-318.

Proctor M P, Delgado I R, 2004b. Leakage and Power Loss Test Results for Competing Turbine Engine Seals[C]. ASME Paper: GT 2004-53935.

Salehi M, Heshmat H, Walton J F, et al, 1999. The Application of Foil Seals to a Gas Turbine Engine[C]. AIAA Paper: 90-2821.

Shapiro W, 2003. Film Riding Brush Seal[R]//2002 NASA Seal/Secondary Air System Workshop. NASA:CP-2003-212458:1:247-265.

Steinetz B M, Sirocky P J, 1990. High Temperature Flexible Seal: US 4917302[P].

Stocker H L, 1978. Determining and improving labyrinth seal performance in current and advanced high performance gas turbines[C]. AGARD: CP273.

Tseng T, McNickel A, Steinetz B, et al, 2002. Aspirating Seal GE90 Test [R]//2001 NASA Seal/Secondary Air System Workshop, NASA:CP 2002-211911: 1:79-93.

Vance J, Shultz R R, 1993. A New Damper Seal for Turbomachinery[C]// Proceeding of 14th Vibration and Noise Conference. New Mexico: 139-148.

Vance J, Li J, 1996. Test Results of a New Damper Seal for Vibration Reduction in Turbomachinery[J]. ASME Journal of Engineering for Gas Turbines and Power, 118(4):843－846.

Vance J M, Zeidan F, Murphy B, 2010. Machinery Vibration and Rotordynamics[M]. New York: John Wiley & Sons.

Von Pragenau G L, 1987. Damping Seals for Turbomachinery[R]. USA: NASA Technical Paper.

Yu Z, Childs D W A, 1998. Comparison of experimental rotordynamic coefficients and leakage characteristics between hole-pattern gas damper seals and a honeycomb seal[J]. ASME Journal of Engineering for Gas Turbines and Power, 120(4):778－783.

第2章　透平机械迷宫密封技术

2.1 引　言

迷宫密封属于非接触式旋转动密封装置。迷宫密封由于其结构简单、制造成本低和容易维护等特点而广泛应用于透平机械动静间隙来减小泄漏，图2-1是透平机械中应用的典型迷宫密封结构图。迷宫密封的密封原理是密封齿与转子间形成的一系列膨胀间隙和耗散空腔，当泄漏流体流经膨胀间隙时，部分压力能转化为速度能，这部分动能随即在空腔中由于湍流涡旋与腔壁摩擦阻力耗散为热能，这样使通过的流体产生节流与热力学效应，泄漏流体的压力逐级降低而达到密封效果(徐灏，2005；王新军，2013)。

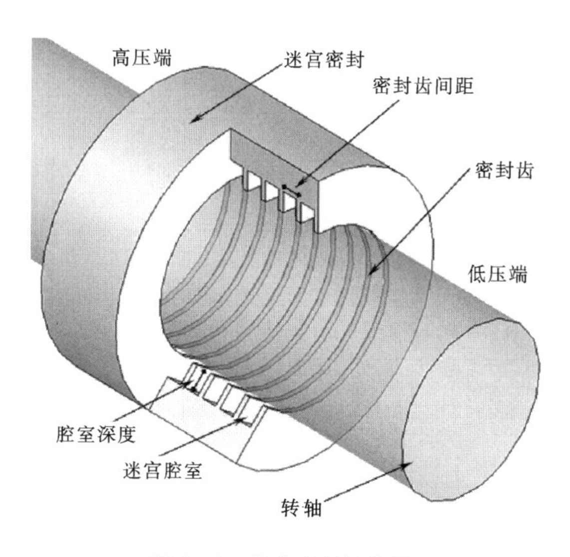

图2-1　迷宫密封结构图

迷宫密封对流体流动的耗散作用主要包括齿尖处的流束收缩效应与膨胀加速、腔室内的热力学作用(动能转变为热能)、摩阻效应(密封壁面的摩擦作用),此外还有间隙处的透气效应。

收缩效应是指流体通过迷宫密封的间隙时,会因流体惯性的影响而在间隙处产生收缩,流体的通流面积突然收缩,压力迅速下降,速度增加。腔室内的热力学作用表现在气体以高速进入两齿之间的环形腔室时,通流面积突变产生剧烈旋涡。涡流摩擦的结果,使气流的绝大部分动能转变为热能,被腔室中的气流所吸收而升高温度,焓值恢复到接近进入间隙前的初值,只有小部分动能会被带入下一个间隙,如此逐级重复上述过程。

透气效应是指在理想迷宫密封中,认为通过间隙的气流在膨胀室内动能全部变成热能,也就是说,假定到下一个间隙时的渐近速度等于零,但这只是在耗散空腔特别宽阔和特别长时才成立。在一般直通式迷宫密封中,由于通过间隙后的气流只能向一侧扩散,在腔室内不能充分的进行动能向热能的能量转换,而靠近光滑壁面一侧有一部分气体速度几乎没有减小或者只略微减小,直接越过各个齿顶间隙流向低压侧,这种现象称为“透气效应”。

摩阻效应是指泄漏流在迷宫密封中流动时,因流体粘性而产生摩擦,使流速减慢,泄漏量减少。简单说来,就是流体沿流道的沿程摩擦和局部摩阻构成了摩阻效应。

迷宫密封正是在上述流动耗散的作用下来减小流体的泄漏,起到密封的作用。迷宫密封的泄漏及其转子动力特性影响的研究是提高其性能和拓宽其应用领域的理论基础和技术支撑。本章分别介绍迷宫密封的泄漏特性、非定常气流激振转子动力特性、迷宫密封性能退化等方面的研究方法和有关结论。

2.2 迷宫密封泄漏特性

掌握迷宫密封泄漏流动特性及各种因素的影响是设计高性能迷宫密封的理论基础。本节分别从热力学分析、试验测量和三维数值模拟方法等三个方面介绍迷宫密封泄漏特性的研究,为迷宫密封设计和分析提供技术手段。

2.2.1 热力学分析方法

热力学分析方法是基于对迷宫密封内泄漏流动的热力过程分析以及合理简化和假设,通过解析计算得到泄漏量的预测公式,并采用试验测量的数据对预测公式进行修正而开展实际泄漏量计算的一类方法。实际泄漏量则是通过“流量系数 C_D”修正计算泄漏量而得到的。目前，“流量系数 C_D”值一般都是由特定的试验测出或者采用经验数值。详细的热力学分析方法有大量文献和专著介绍（徐灏，2005；王新军，2013），本书不再赘述。现有的迷宫密封泄漏量的计算方法很多，典型的计算公式有：Martin 计算公式，Stodola 计算公式，Egli 计算公式，Vermes 计算公式。

1. Martin 公式

1908 年 Martin 用热力学原理分析了理想密封模型的流动特性，该模型将各密封齿视为一连串喷嘴，并假设流动为等温过程，流速在声速范围内。Martin 泄漏量计算公式为：

$$\dot{m} = C_D A \frac{p_{in}}{(RT_{in})^{1/2}} \left[\frac{1-(p_{out}/p_{in})^2}{N-\ln(p_{out}/p_{in})} \right]^{1/2} \tag{2-1}$$

式中：C_D 为流量系数；A 为密封间隙泄漏面积；p_{in} 和 T_{in} 分别为密封进口压力和温度；p_{out} 为密封出口压力；N 为密封齿数；R 为气体常数。

2. Stodola 公式

$$\dot{m} = C_D A \left[\frac{p_{in}^2 - p_{out}^2}{NRT_{in}} \right]^{1/2} \tag{2-2}$$

3. Egli 公式

$$\dot{m} = C_D A \varphi_n \gamma \frac{p_{in}}{\sqrt{RT_{in}}} \tag{2-3}$$

$$\varphi_n = \sqrt{\frac{1-(p_{in}/p_{out})^2}{n-\ln(p_{in}/p_{out})}} \tag{2-4}$$

式中：φ_n 为密封的阻力系数；γ 为密封透气修正系数，$\gamma = \sqrt{N/N'}$，N' 是等效的理想迷宫密封的密封齿数。

4. Vermes 公式

$$\dot{m} = C_D A \frac{p_{in}}{(RT_{in})^{1/2}} \left[\frac{1-(p_{out}/p_{in})^2}{N-\ln(p_{out}/p_{in})} \right]^{1/2} (1-\alpha)^{-1/2} \tag{2-5}$$

式中：α 是透气效应的残余动能因子，$\alpha = \frac{8.52}{(B-t)/c+7.23}$；$B$ 为密封腔室轴向长度；t 为密封齿厚度；c 为密封节流间隙。

Martin 和 Stodola 计算公式比较简单，没有考虑透气效应，计算误差较大，Egli 着重讨论了密封通流阻力系数 φ_n，反映了密封齿尖开口处的形状对泄漏特性的影响，把密封腔室形状对泄漏特性的影响都归纳在流量系数 C_D

中。Vermes 理论模型比较完善，把齿尖厚度及齿腔宽度与节流间隙宽度比值的影响考虑在公式中，但是计算模型没有考虑壁面效应和齿腔涡流作用，计算精度有待提高。

2.2.2 三维数值分析方法

20 世纪 70 年代以来，随着计算机技术的不断进步，以及采用计算机解决数学物理问题的数值算法的飞速发展，使得计算流体力学(computational fluid dynamics，CFD)方法得到了长足的发展，并逐步应用于透平机械密封泄漏特性研究中。本书中三维数值预测密封泄漏特性采用的是数值求解 Reynolds-Averaged Navier-Stokes(RANS)方程方法，利用商用 CFD 软件 ANSYS－CFX 来研究密封泄漏特性及其影响因素。

CFD 方法建立在数值求解流体力学基本控制方程组的基础之上。基本方程组包括质量守恒方程、动量守恒方程和能量守恒方程，流体流动都必须遵守这三个最基本的物理学原理。在直角坐标系下，三维粘性可压缩非定常控制方程组可以写成式(2－6)～(2－8)。

质量守恒方程：

$$\frac{\partial \rho}{\partial t} + \nabla \cdot (\rho \boldsymbol{U}) = 0 \tag{2-6}$$

动量守恒方程：

$$\frac{\partial \rho \boldsymbol{U}}{\partial t} + \nabla \cdot (\rho \boldsymbol{U} \otimes \boldsymbol{U}) = \nabla \cdot (-p\boldsymbol{\delta} + \mu(\nabla \boldsymbol{U} + (\nabla \boldsymbol{U})^{\mathrm{T}})) + \boldsymbol{S}_{\mathrm{M}} \tag{2-7}$$

在流动过程中，当粘性功比较显著时，能量守恒方程表达为：

$$\begin{aligned} &\frac{\partial \rho h_{\mathrm{tot}}}{\partial t} - \frac{\partial p}{\partial t} + \nabla \cdot (\rho \boldsymbol{U} h_{\mathrm{tot}}) \\ &= \nabla \cdot (\lambda \nabla T) + \nabla \cdot \left(\mu \nabla \boldsymbol{U} + (\nabla \boldsymbol{U})^{\mathrm{T}} - \frac{2}{3} \nabla \cdot \boldsymbol{U} \boldsymbol{\delta} \boldsymbol{U}\right) + S_{\mathrm{E}} \end{aligned} \tag{2-8}$$

式中：$\boldsymbol{S}_{\mathrm{M}}$ 为动量方程的源项；S_{E} 为能量方程的源项；$\boldsymbol{\delta}$ 为克罗尼克(Kronecker)算子，定义为：

$$\boldsymbol{\delta} = \begin{bmatrix} 1 & 0 & 0 \\ 0 & 1 & 0 \\ 0 & 0 & 1 \end{bmatrix}$$

式中的⊗定义为：

$$\boldsymbol{U}\otimes\boldsymbol{V}=\begin{bmatrix}U_xV_x & U_xV_y & U_xV_z\\ U_yV_x & U_yV_y & U_yV_z\\ U_zV_x & U_zV_y & U_zV_z\end{bmatrix}$$

当总能中动能的比例小至可以忽略时，式(2-8)右端的第二项可以忽略。

式(2-6)～(2-8)共计 5 个方程，但一共有 7 个未知数：(u,v,w,p,T,ρ,h)，因此还需要增加两个方程才能使方程组封闭，在 ANSYS CFX11.0 求解器中，增加的是状态方程和静焓方程：

$$\rho=\rho(p,T) \tag{2-9}$$

$$h_{\text{stat}}=h_{\text{stat}}(p,T) \tag{2-10}$$

粘性流动可以分为湍流和层流，两者的基本区别是：湍流流动的参数随着时间发生随机性的不规则脉动。为了考察流场的脉动，目前最常用的是时间平均法，即把湍流流动表示成平均流动和瞬时脉动流动的叠加。采用雷诺平均法，瞬时速度可以表示为：

$$\boldsymbol{U}=\overline{\boldsymbol{U}}+\boldsymbol{u}=\frac{1}{\Delta t}\int_{t}^{t+\Delta t}\boldsymbol{U}\mathrm{d}t+\boldsymbol{u} \tag{2-11}$$

式中：$\overline{\boldsymbol{U}}$ 为时均速度；$\boldsymbol{u}$ 为脉动速度。将式(2-11)代入式(2-6)～(2-8)中，省略时均值符号上的横线，则雷诺时均方程可以整理为式(2-12)～(2-14)：

质量守恒方程：$\dfrac{\partial\rho}{\partial t}+\nabla\cdot(\rho\boldsymbol{U})=0$　(2-12)

动量守恒方程：$\dfrac{\partial\rho\boldsymbol{U}}{\partial t}+\nabla\cdot(\rho\boldsymbol{U}\otimes\boldsymbol{U})=\nabla\cdot(\boldsymbol{\tau}-\rho\overline{\boldsymbol{u}\otimes\boldsymbol{u}})+\boldsymbol{S}_{\mathrm{M}}$　(2-13)

能量守恒方程：$\dfrac{\partial\rho h_{\text{tot}}}{\partial t}+\nabla\cdot(\rho\boldsymbol{U}h_{\text{tot}}+\rho\overline{\boldsymbol{u}h}-\lambda\nabla T)=\dfrac{\partial p}{\partial t}+\nabla\cdot(\boldsymbol{U}\cdot\boldsymbol{\tau})+S_{\mathrm{E}}$

(2-14)

其中：$\boldsymbol{\tau}$ 为剪切应力张量；$\rho\overline{\boldsymbol{u}\otimes\boldsymbol{u}}$ 为雷诺应力项；$\rho\overline{\boldsymbol{u}h}$ 为静焓的雷诺通量。另外，平均总焓定义为静焓和动能的总和：

$$h_{\text{tot}}=h_{\text{stat}}+\frac{1}{2}\boldsymbol{u}\cdot\boldsymbol{u}+k \tag{2-15}$$

式中 k 为湍动能，定义为：

$$k=\overline{\boldsymbol{u}^2}/2 \tag{2-16}$$

由式(2-12)、(2-13)和(2-14)构成的方程组共包含 5 个方程，而未知量总共有 10 个(5 个时均未知量和 5 个脉动未知量)，因此方程组是不封闭的。要求解雷诺时均方程组，还需要对雷诺应力及湍流通量加以处理来封闭 RANS 方程组。湍流模型就是将湍流脉动值附加项与时均值联系起来的一些特定的关系式。

根据对雷诺应力所作出的假设或处理方式的不同，可以将湍流模型划分为涡粘性模型和雷诺应力模型两大类。像我们熟知的标准 $k-\varepsilon$、RNG $k-\varepsilon$、$k-\omega$、基于 $k-\omega$ 的 SST 模型均属于涡粘性模型；而 LRR、SSG 模型等则属于雷诺应力模型。涡粘性模型方法不直接处理雷诺应力项，而是引入湍流粘性系数 μ_t，使雷诺时均方程组得到封闭，计算的关键是将雷诺应力和湍流通量的求解转化成湍流粘性系数 μ_t 的求解；而雷诺应力模型则放弃了各向同性的湍流动力粘度假设，通过求解雷诺应力输运方程来得到各自的应力分量。理论上而言，各向异性的假设会使得雷诺应力模型能够较为精确地求解复杂流动，然而在实际应用中，很多情况下雷诺应力模型获得的结果往往并不优于两方程涡粘性湍流模型。

标准 $k-\varepsilon$ 模型是典型的两方程模型，是目前应用最广泛的湍流模型之一。它通过引入湍动能 k 和湍流耗散率 ε 来关联湍流粘性系数 μ_t，湍动能 k 和湍流耗散率 ε 通过如下的偏微分方程来求解：

$$\frac{\partial(\rho k)}{\partial t}+\nabla\cdot(\rho \boldsymbol{U}k)=\nabla\cdot\left[\left(\mu+\frac{\mu_t}{\sigma_k}\right)\nabla k\right]+P_k-\rho\varepsilon \tag{2-17}$$

$$\frac{\partial(\rho\varepsilon)}{\partial t}+\nabla\cdot(\rho \boldsymbol{U}\varepsilon)=\nabla\cdot\left[\left(\mu+\frac{\mu_t}{\sigma_\varepsilon}\right)\nabla\varepsilon\right]+\frac{\varepsilon}{k}(C_{\varepsilon1}P_k-C_{\varepsilon2}\rho\varepsilon) \tag{2-18}$$

式中的湍流粘性系数 μ_t 和湍动能 k、湍流耗散率 ε 之间的关系用下式表达：

$$\mu_t=C_\mu\rho\frac{k^2}{\varepsilon} \tag{2-19}$$

在 ANSYS CFX11.0 求解器中，式(2-17)～(2-18)中的常数 $C_\mu=0.09$，$\sigma_k=1.0$，$\sigma_\varepsilon=1.3$，$C_{\varepsilon1}=1.44$，$C_{\varepsilon2}=1.92$。P_k 是由于粘性和浮升力导致的湍流产生项：

$$P_k=\mu_t\nabla\boldsymbol{U}\cdot(\nabla\boldsymbol{U}+\nabla\boldsymbol{U}^{\mathrm{T}})-\frac{2}{3}\nabla\cdot\boldsymbol{U}(3\mu_t\nabla\cdot\boldsymbol{U}+\rho k)+P_{kb} \tag{2-20}$$

试验表明，对于固体壁面上的充分发展湍流流动，近壁面区可以分为三个区间：最内层是层流底层，流动类似于层流，速度分布遵循线性规律；最外层是旺盛湍流区，湍流切应力占主要地位，速度近似呈对数分布；在这两层中间为过渡区。由于流场和温度场在壁面附近存在很大的梯度，粘性存在着相当大的影响，因此在壁面处理时要采用壁面函数法。壁面函数法是一种利用第一个内节点速度和壁面距离来计算壁面流体剪切应力热流密度的方法，该方法为主流和湍流方程提供了近壁面区域的计算条件。当然，第一个内节点应当布置在旺盛湍流区中，因为旺盛湍流区才是对数律适用的区域。在 AN-

SYS CFX11.0 求解器中，壁面函数方法是从 Launder 和 Spalding 的理论发展而来的。

2.2.3　试验测量方法和装置

迷宫密封泄漏特性的试验测量研究是验证热力学分析方法和三维数值计算结果可靠性的基础，也是掌握迷宫密封泄漏特性及其影响因素的依据。国内外高等院校和研究所均建有密封性能试验台（Stocker，1978；Denecke，2005；纪国剑，2008）。本小节主要介绍李志刚等设计建设的透平机械旋转密封试验台（李志刚，2011；Li，2011）。

图 2－2 是设计的旋转密封试验台装置图。试验装置主要包括：供气系统、流量计、密封试验段、电机和变频器，压力温度采集系统。图 2－3 为试验台供气系统示意图，供气系统气源为一台螺杆压缩机，最大压力可达 0.7 MPa，试验工质从压缩机出来后先经过储气罐和旁路组成的压力调节器，然后流经由吸附式干燥器构成的油气、气水分离器后得到干燥洁净的压缩空气，最后通过进气调节阀门提供压力和流量稳定的工质气流。如图 2－2 所示工质在试验段入口前依次采用流量计、流量调节阀、温度传感器、总压探针测出工质的流量、温度、总压等参数，工质经过试验段后直接排入大气环境。转速是通过图 2－2 中的变频器控制电机来实现的，电机与试验台旋转轴通过联

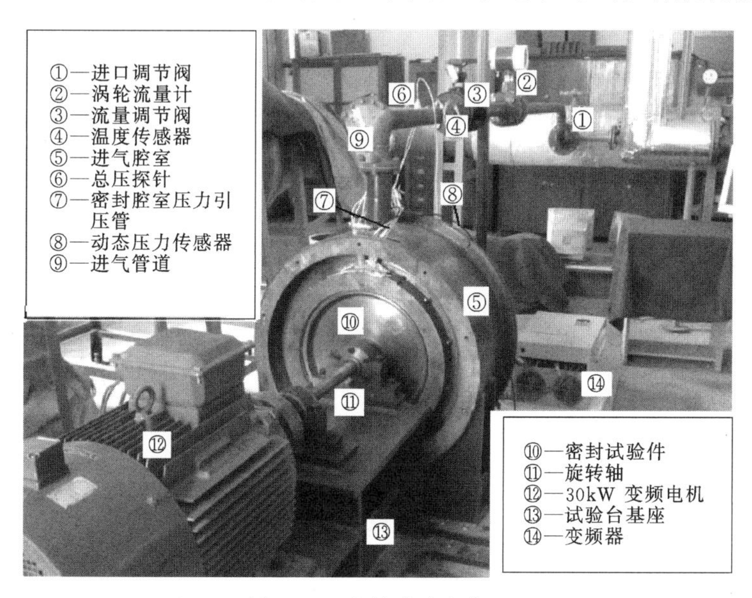

图 2－2　密封试验台装置

轴器连接,可实现 0～8000 r/min 范围内连续调速。

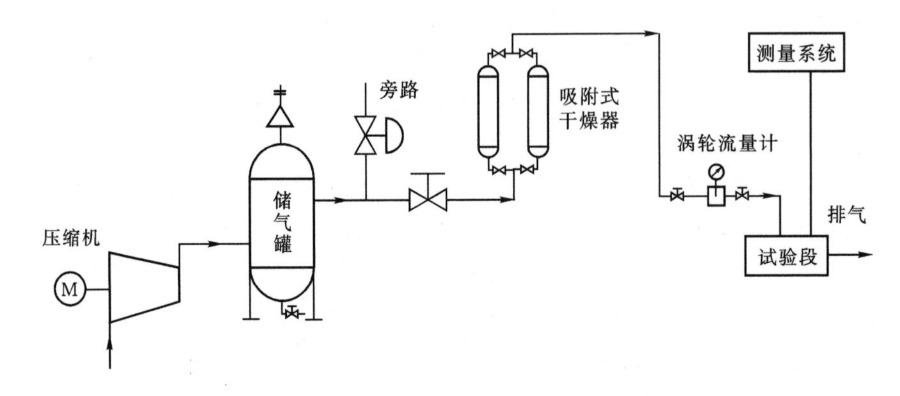

图 2-3 试验台供气系统示意图

图 2-4 为试验台迷宫密封试验段内部结构示意图。迷宫密封试验段主要结构由密封试验件、进气稳压腔、转盘、主轴、轴承、底座、电机等部分组成。工质气体从进气口进入试验台的稳压腔,在稳压腔中形成稳定、周向均匀的气流,然后进入密封试验件进口气室。工质气体在密封件的密封作用下,透过密封件后直接排入大气环境。密封件为典型的高低齿迷宫密封,密封件静子由周向布置的 6 块角度为 60°的扇形弧段组成,图 2-5 为迷宫密封试验件静子一个弧段的实物图。

泄漏量由试验台进气管道上安装的涡轮流量计测量,因为进入试验台腔室的工质均经过密封试验件后排入大气环境,所以涡轮流量计测得的流量即为密封件泄漏量。试验用涡轮流量计为具有温度、压力补偿功能的高精度 Rotork QWLJ 气体涡轮流量计,可直接输出瞬时标准体积流量,测量精度为 1.0。

进口总压和密封腔室压力由引压管、压力传感器和计算机采集系统组成的测量系统测量。图 2-2 给出了试验台进口总压探针及其引压管的位置,图 2-5 给出了测量密封腔室压力的测压孔及引压管布置方式。通过压力传感器和数据采集系统可测得试验台进口总压和密封腔室压力。其中,进口总压和腔室静态压力由 3051T 型 ROSEMOUNT 静态压力传感器和 IMP 数据采集系统测得,精度可达 0.075%。腔室动态压力由 kulite XTL 140 (M) 小型螺纹动态压力传感器和 VISION 动态压力采集系统测得。

进口温度由 WRK(镍铬-康铜)装配式 T 形热电偶测得,测量精度为 0.75。转速由变频器通过频率直接给定,误差小于 10 r/min。密封间隙由塞尺测量,由于密封试验件周向分为等弧度的 6 块,各弧度的密封间隙会有所不同，所以利用塞尺对每一块弧度的密封间隙进行了测量后取其平均值，间隙大小为 0.78 mm，误差小于 0.05 mm。

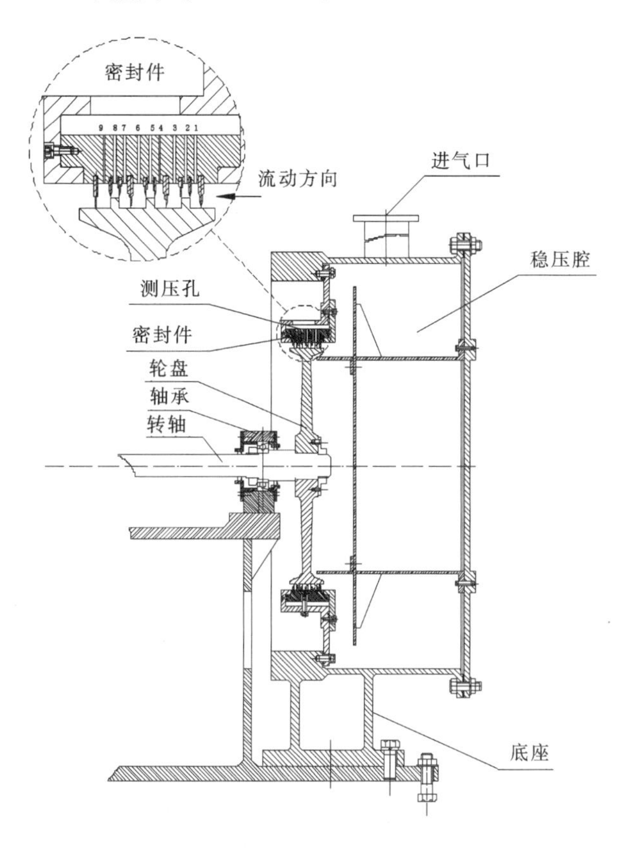

图 2-4　试验台内部结构示意图

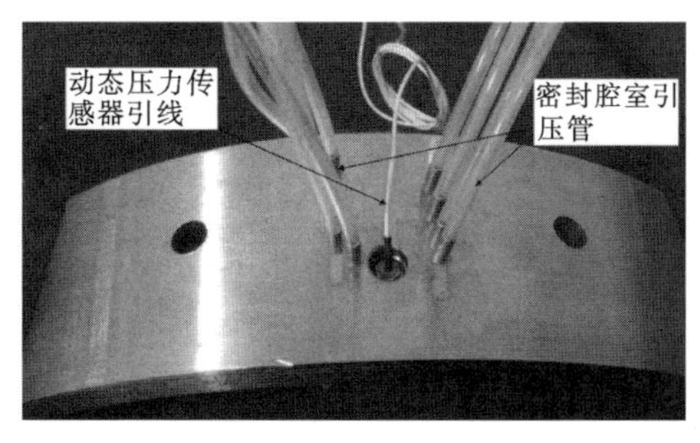

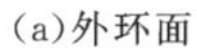
(a)外环面

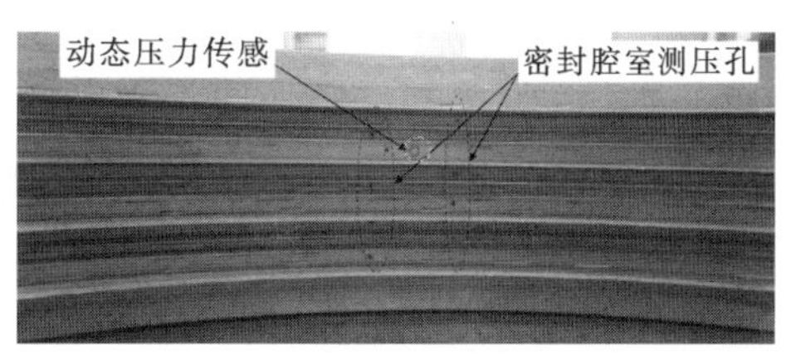

(b)内环面

图 2-5　密封试验件静子

2.2.4 迷宫密封泄漏特性研究

采用试验测量和三维数值模拟方法研究了典型迷宫密封的泄漏特性及其影响因素。开展了迷宫密封腔室内微小空间中的压力测量,为理解和掌握迷宫密封机理提供试验数据。本小节主要讨论压比、转速和轴向位移对迷宫密封泄漏特性的影响。径向间隙对迷宫密封的影响特性研究将与蜂窝阻尼密封一起讨论。

1. 压比和转速的影响

试验研究迷宫密封的压比范围为 1.1～1.4,压比调整的差值为 0.05,出口压力为大气压,试验中测得为 96.2 kPa;为了研究转速对密封腔室压力和泄漏量的影响,轮盘试验转速变化范围为 0～1200 r/min,转速调整的差值为 300 r/min,转速调整后,需要重新调整进口总压。在每一工况下,需记录泄漏流量、进口总压和总温、各密封腔室压力、转速。

图 2-6 是迷宫密封试验件的二维结构示意图。其中 s 是密封间隙,即齿与转轴之间的径向距离,h 是凸台或密封齿高度,t 是密封齿间距或密封齿与凸台间距,L 是凸台间距或密封长度,R 是密封转子面半径。图 2-7 是数值计算采用的三维计算模型和网格,结构尺寸如图 2-6 所示,计算区域的周向弧度为 2 度。采用商用 CFD 软件 ANSYS CFX11.0 数值求解 RANS 方程。数值模拟边界条件为:在进口边界给定试验中测得的进口总温、总压,在转子面给定转子转速,在出口边界给定大气压。湍流模型为标准 $k-\varepsilon$ 模型,对流项采用高精度离散格式,固体壁面均设为绝热边界,气体与壁面接触采用光滑无滑移边界条件。动量方程残差达到10^{-6}数量级、连续方程残差小于10^{-6}数量级(无量纲量)、进出口流量相差小于 0.1%时认为计算收敛。

图 2-8 给出了 3 个试验工况的泄漏量随压比的变化曲线,以及试验 2 和试验 3 的数值模拟结果。从图中可以发现:3 次的试验结果相差很小,最大相差 0.8%,试验具有很好的可重复性,满足试验要求。各压比下,数值模拟结果均小于试验值,最大误差为 3.25%,数值模拟结果与试验结果吻合良好。引入流量系数 φ 来排除进口压力变化对压比及转速影响分析的干扰,同时使试验结果能推广应用于进口压力及温度与试验工况不同的场合。φ 的定义式:

$$\varphi=\frac{m\cdot\sqrt{R\cdot T_{\mathrm{tol,in}}}}{A\cdot P_{\mathrm{tol,in}}} \tag{2-21}$$

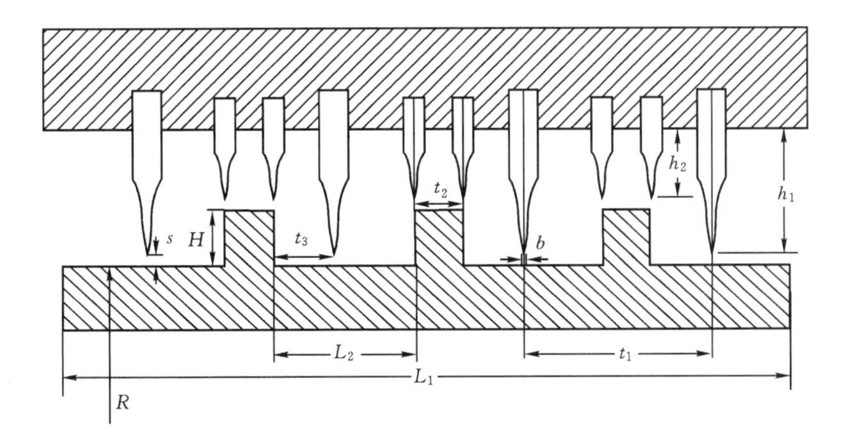

$H/R=0.0225, b/R=0.0015, h_1/R=0.05$

$h_2/R=0.0275, t_1/R=0.0775, t_2/R=0.02$

$t_3/R=0.0325, L_1/R=0.3, L_2/R=0.058$

$s/R=0.0039, R=200$

图 2－6　密封试验件结构示意图

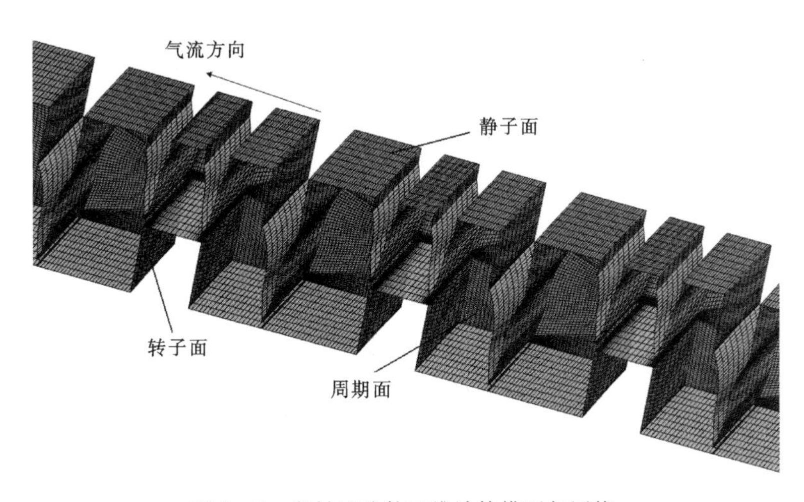

图 2－7　密封试验件三维计算模型与网格

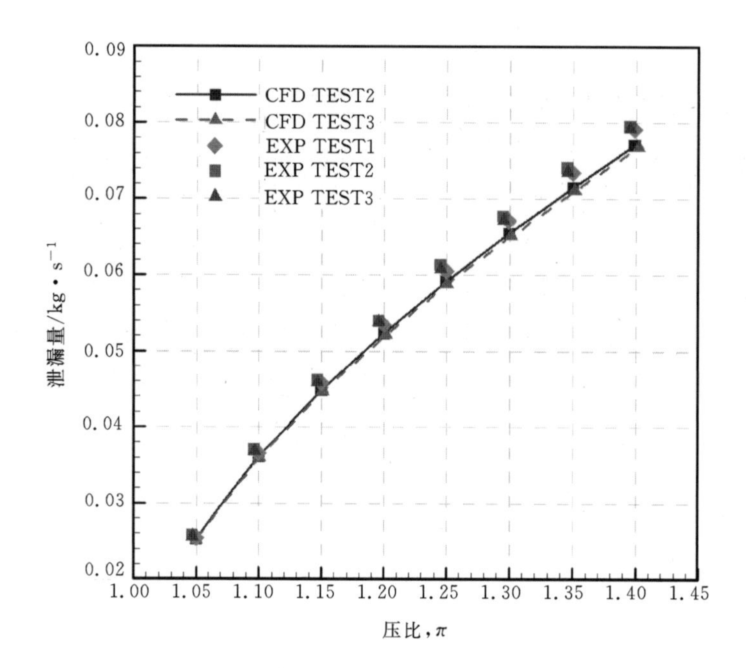

图 2-8　转速 $n=600$ r/min 时，泄漏量随压比 π 的变化曲线

式中：m 为密封试验件的泄漏流量(kg/s)；R 为气体常数；$T_{\text{tol,in}}$ 为进口总温(K)；A 为密封试验件的泄漏面积(m^2)；$P_{\text{tol,in}}$ 为进口总压(Pa)。

图 2-9 给出了转速分别为 0 r/min 和 1200 r/min 时，试验和数值模拟得到的迷宫密封泄漏系数随压比的变化曲线。从图中可以看出：不同转速下，泄漏系数均随压比的增大而增大，且小压比下，泄漏系数增大的较快。转速为 0 r/min 和1200 r/min时，数值结果与试验结果的最大误差分别为 3.02% 和 2.27%。

图 2-10 给出了 4 种压比下，流量系数随速比的变化曲线。从图中可以发现：相同压比下，随着速比的增大，流量系数有减小的趋势，但趋势不明显(小于 1%)。通过试验和数值模拟得出的结论是一致的：转速较低时($U/C_{\text{ax}}<1$)，可以忽略转速对迷宫密封泄漏量的影响。

为研究密封腔室压力沿流动方向变化规律，引入压力系数 ψ，其定义式为：

$$\psi=\frac{P_i-P_{\text{out}}}{P_{\text{tot,in}}-P_{\text{out}}} \tag{2-22}$$

式中 P_i 为第 i 个密封腔室的压力，从 ψ 的定义式可知其表征了密封进出口压降在各密封腔室中的分配，即各密封腔室有效降低工质压力的能力。

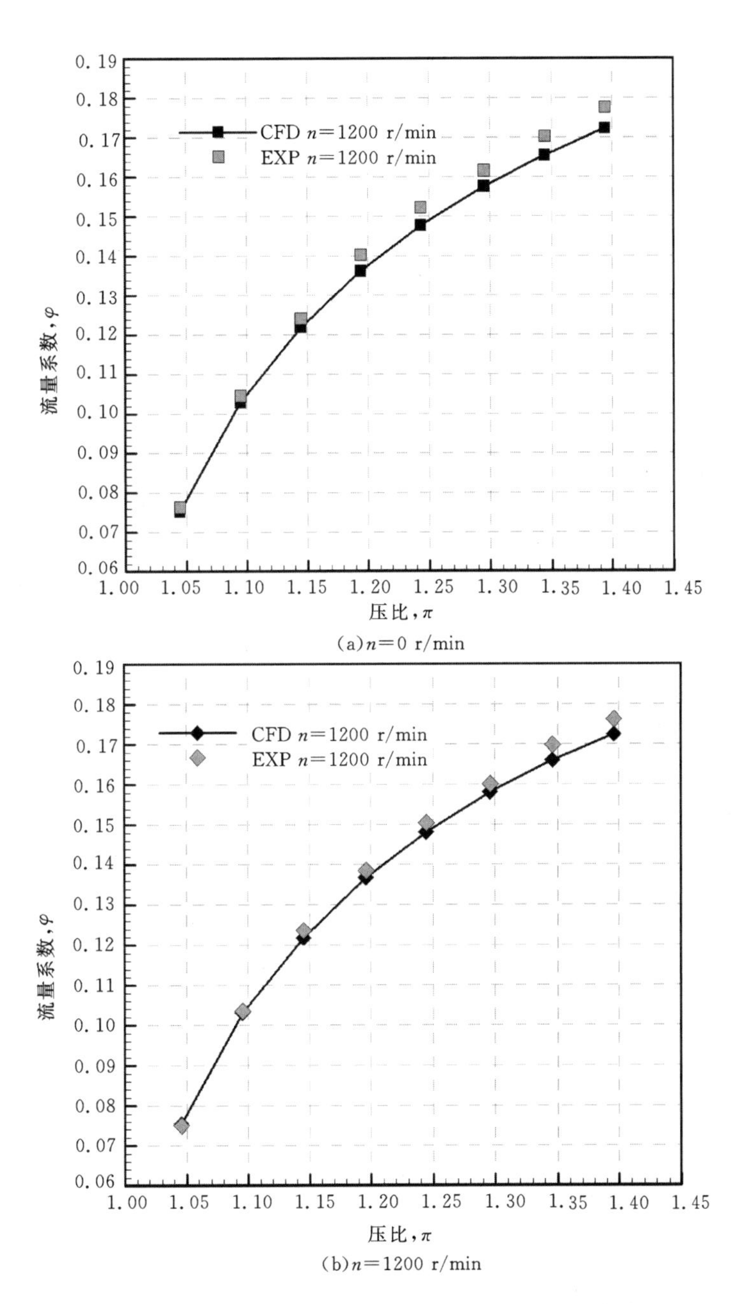

(a) n=0 r/min

(b) n=1200 r/min

图 2-9　不同转速下，流量系数 φ 随压比的变化曲线

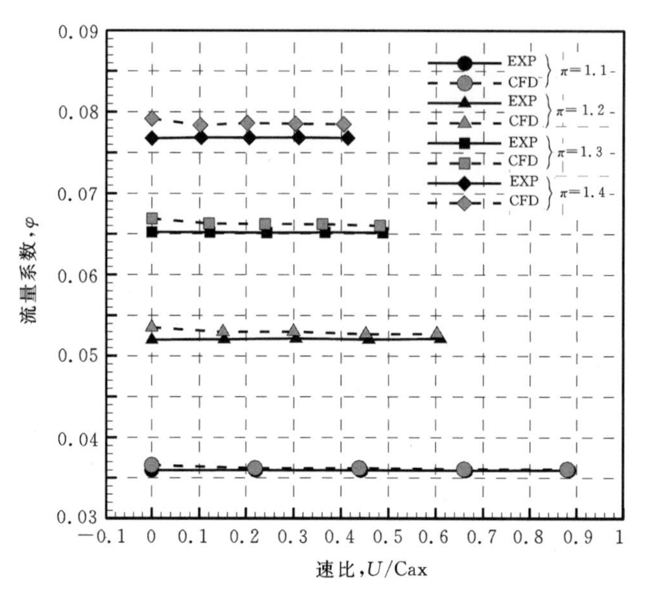

图 2-10 不同压比下，流量系数 φ 随速比的变化曲线

图 2-11 给出了迷宫密封沿流动方向的各腔室压力系数的变化曲线。从图中可以发现：除腔室 1 和 4 外，密封腔室压力系数沿流动方向变化规律的试验结果与数值结果吻合良好；沿流动方向密封腔室压力系数逐渐降低，这主要是由于密封间隙的气流膨胀和密封腔室中漩涡的耗散作用；经过各腔室后，压力系数的减小程度是不同的，腔室 1、3、4、6、7、9 使压力系数减小了约 0.13，而工质经过密封齿 2、5、8 后，压力系数变化很小（小于 0.02）。比较图 2-11(a)和(b)可以发现：各腔室的压力系数随压比的增大而增大，转速对压力系数的影响很小，可忽略。

图 2-12 给出了数值模拟得到的迷宫密封流场结构。比较图 2-11 和图 2-12 可以发现：各腔室的压力系数主要受其腔室结构的影响，由于腔室 2、5、8 前后密封齿构成了直通式结构，在通过腔室的工质中，绝大部分没有在腔室中形成漩涡，而是直接进入了其下游腔室，漩涡耗散作用的减弱引起了下一个齿间隙的压降和透气性增强；在其余的密封腔室中，绝大部分工质均经过了充分的漩涡耗散后才进入了下游腔室，压降大，透气性较弱。这说明为了达到增强密封腔室的压降能力，减小泄漏量的目的，在密封结构设计中应尽量避免直通式结构。典型高低齿迷宫密封的泄漏特性的试验和数值研究的结果表明，迷宫密封流量系数随压比的增大而增大，小压比时增大的较快。小转速下，转速对密封泄漏量的影响可忽略。沿流动方向，迷宫密封腔室压

力逐渐降低，密封腔室结构对压降大小影响很大。各腔室的压力系数随密封压比的增大而增大，在所研究的转速及密封直径范围内，转速对压力系数的影响很小，可忽略。

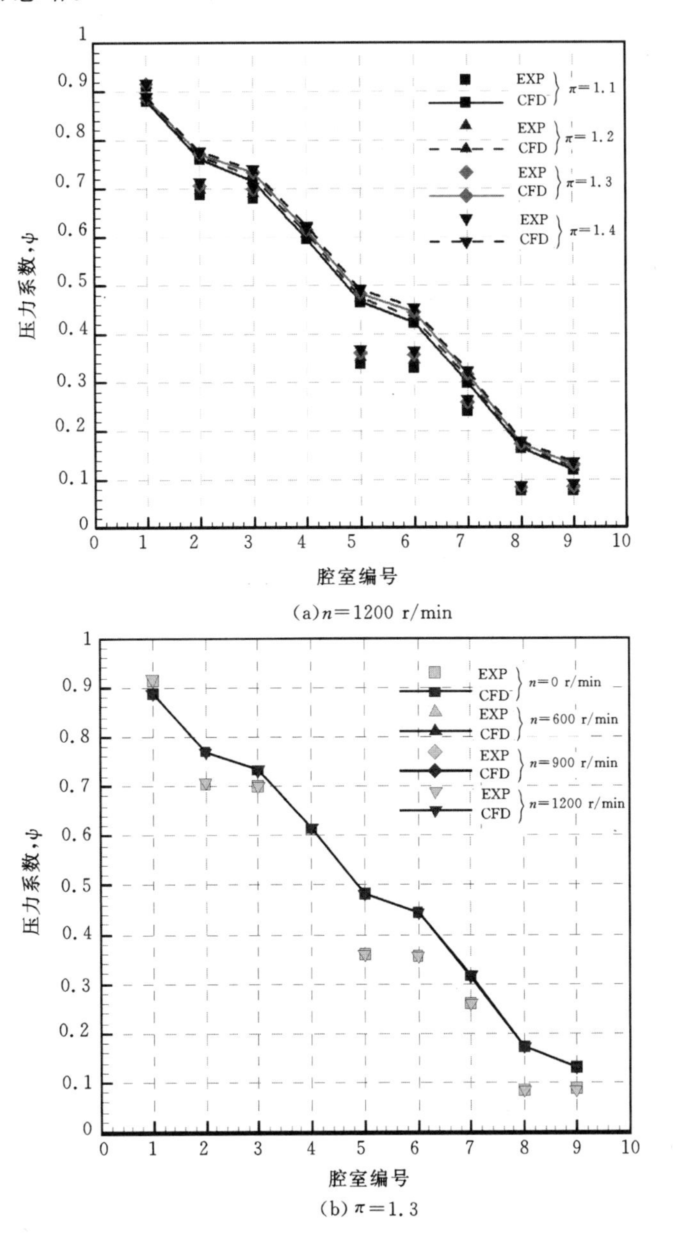

(a) n=1200 r/min

(b) π=1.3

图 2-11　密封腔室压力沿流动方向的变化曲线

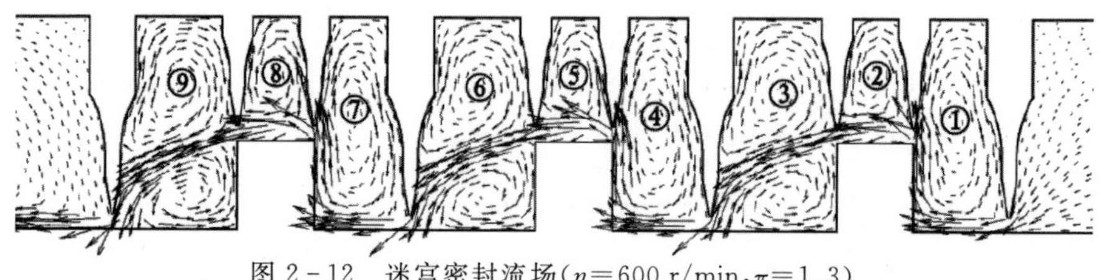

图 2-12 迷宫密封流场(n=600 r/min,π=1.3)

2. 轴向位移的影响

在轴流式透平中,流体工质对透平转子施加一个由高压端指向低压端的轴向力,同时由于运行过程中胀差,造成转子相对静子向低压端偏移。转子的轴向偏移导致迷宫密封的泄漏量发生改变。计算分析了典型迷宫密封在 4 种轴向偏移距离、6 种压比、恒定密封间隙和转速下的泄漏特性。研究结果表明:在所分析的 6 种压比下,转子轴向偏移对泄漏量具有较大影响;偏移距离小于 1 mm 时,泄漏量随位移的增大而增大;偏移距离大于 1 mm 时,泄漏量随位移的增大而减小。在迷宫密封泄漏量 Egli 计算公式的基础上,通过引入转子轴向偏移修正系数修正迷宫密封泄漏量,构造了新的预测迷宫密封在转子发生偏移时泄漏流量的计算公式并进行了数值验证。

图 2-13 给出了迷宫密封 φ 随转子轴向偏移距离 d 的变化曲线。各压比条件下,随转子轴向偏移距离的增大,φ 均先增大后减小。与转子轴向偏移距离 d_1=0 mm的设计迷宫密封相比,在压比 π=1.6,d_2=1.0 mm 时迷宫密封泄漏量增大了4.2%;压比 π<1.3,迷宫 d_3=2.0 mm 时密封泄漏量略有增大,但增大趋势不明显;压比 $\pi \geqslant$1.3 时,泄漏量明显减小;在压比 π=1.6,d_4=3.0 mm 时迷宫密封泄漏量减小了 4.1%。对于 d_2,d_3,d_4 三种密封装置,压比越大,轴向偏移对泄漏量影响越明显。可见,转子轴向偏移对泄漏量的影响规律不但与偏移距离有关,还受压比大小的影响。

图 2-14 给出了 4 种转子轴向偏移距离下,迷宫密封局部流场分布。由于密封中三个凸台附近的流场结构完全相同,因此图 2-14 仅给出了第二个凸台对应的流场分布。对比不同转子轴向偏移距离下迷宫密封内的流场可以看出,密封转子轴向位移对密封内的流场影响是很大的。密封齿与凸台形成了三个密封腔室(见图 2-14 中 1、2、3),流体在密封腔室中形成了耗散涡。

转子轴向偏移为 d_1 时,两个低齿均位于凸台的正上方,1 和 2 腔室的射流均从腔室底部进入,在腔室中形成一个大的耗散涡,进入 3 腔室的射流受到高齿的阻挡而改变方向,一部分向上在腔室的上方形成耗散涡,另一部分向下在腔室的下方形成耗散涡。

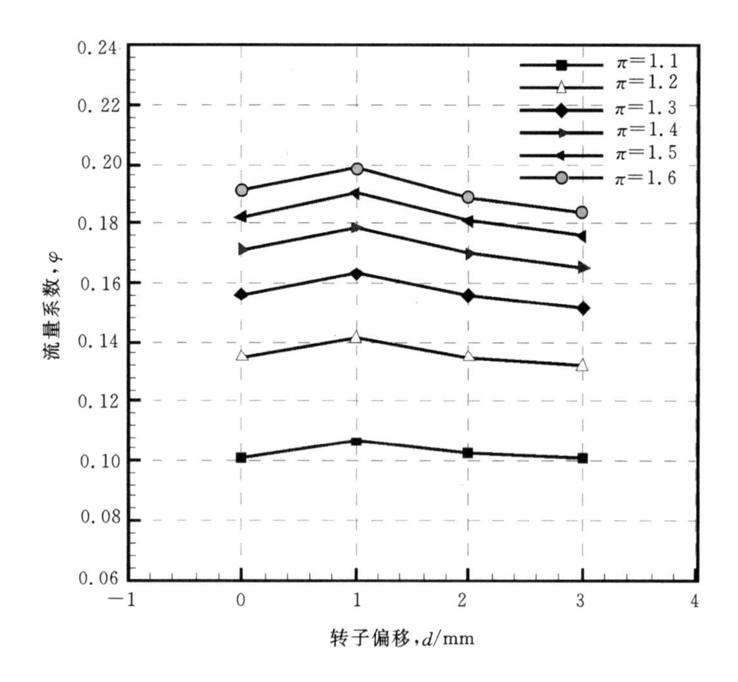

图 2-13　流量系数 φ 随转子轴向偏移距离的变化规律

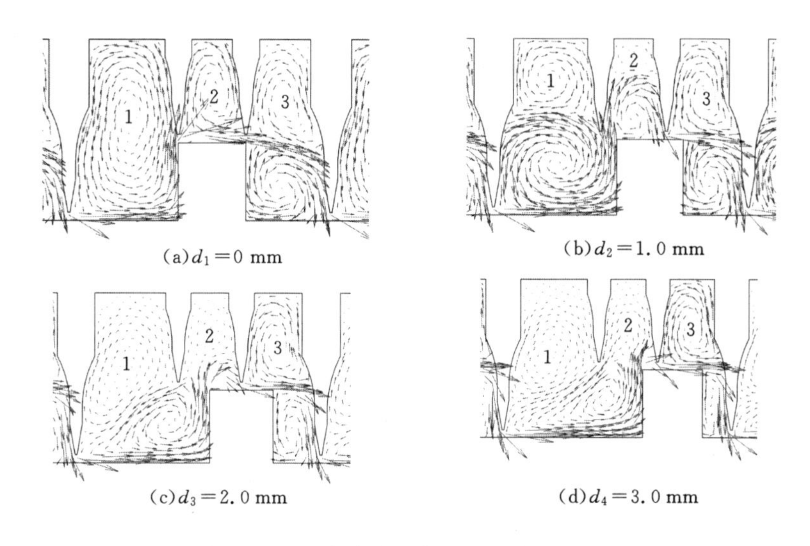

图 2-14　迷宫密封局部流场形态($\pi=1.3$)

转子轴向偏移为 d_2 时，凸台上游低齿与凸台间的密封间隙增大，引起节流作用减弱；大部分流体没有经过 1 腔室的耗散而直接沿低齿表面进入了 2 腔室，导致流体在 1 腔室中的耗散程度很低，透气效应增强；同时在 1、2 腔室中均形成了两个强度不同的耗散涡，腔室下部涡强度明显大于上部涡，从而导致密封腔室中强耗散涡的有效空间减小，耗散作用减弱；3 腔室中耗散涡的分布变化不大，射流方向的下偏角减小，上下两个涡的大小稍有变化。可见，当轴向偏移为 d_2 时，由于齿间隙膨胀作用的减弱和耗散涡的耗散作用的减小，导致密封透气效应增强，封严性能降低，最终导致了泄漏量的增大。

当转子轴向偏移为 d_3、d_4 时，凸台上游低齿与凸台间的密封间隙进一步增大，完全失去了节流作用，2 腔室中的部分流体回流到了 1 腔室中，1 和 2 腔室可以看做一个大的腔室，此时凸台上游的低齿对这个大腔室中的流体具有明显的扰动作用。随轴向偏移的增大，1、2 腔室的下部涡逐渐减小，1 腔室的下部涡与 2 腔室的上部涡相互作用逐渐增强，透气效应减小；同时，随转子轴向偏移距离的增大，3 腔室下部涡的空间逐渐减小，大部分高速流体直接冲刷密封齿和凸台的表面造成局部磨阻增大，摩阻效应增强。可见，当转子轴向偏移距离大于 d_2 时，随着转子轴向偏移的增大，虽然凸台上游低齿的膨胀作用减弱，甚至消失，但 2 腔室中的流体向 1 腔室中的回流产生了更为复杂的流场，使腔室中涡的耗散作用增强，流体的动能更充分地转化为了内能，密封的封严特性得到了改善。

为满足实际工程设计的需要，本节基于数值模拟的预测结果，在 Egli 密封泄漏量计算公式的基础上，构造了适用于高低齿迷宫密封泄漏量计算的计算公式。Egli 密封泄流量计算公式为：

$$\dot{m} = \mu_i^{\text{emperical}} \cdot \frac{A_i \cdot P_{\text{tol,in}}}{\sqrt{RT_{\text{tol,in}}}} \sqrt{\frac{1-(P_{\text{out}}/P_{\text{tol,in}})^2}{n-\ln(P_{\text{out}}/P_{\text{tol,in}})}} \qquad (2-23)$$

式中：$\dot{m}$ 为泄漏量；$\mu_i^{\text{emperical}}$ 为泄漏系数，与有效射流面积相关，一般通过试验获得。

对于复杂结构的迷宫密封泄漏量的计算，需依据试验和数值模拟的结果对 Egli 公式进行改进。公式（2-24）是适合阶梯型迷宫密封泄流量的计算公式：

$$\dot{m} = \mu_\delta \cdot A_i \cdot \sqrt{\frac{1-(P_{\text{out}}/P_{\text{tol,in}})^2}{Z_{\text{g}}-\ln(P_{\text{out}}/P_{\text{tol,in}})}} \cdot \sqrt{\frac{P_{\text{tol,in}}}{V_{\text{in}}}} \qquad (2-24)$$

式中：μ_δ 为泄漏系数，需通过试验获得；V_{in} 为密封进口气体比容；Z_{g} 为有效密封齿数，对于本节密封装置 $Z_{\text{g}}=3\times(2+2/k)$，$k=2.286$。两种泄漏量计算公式结果比较如图 2 - 15 所示。

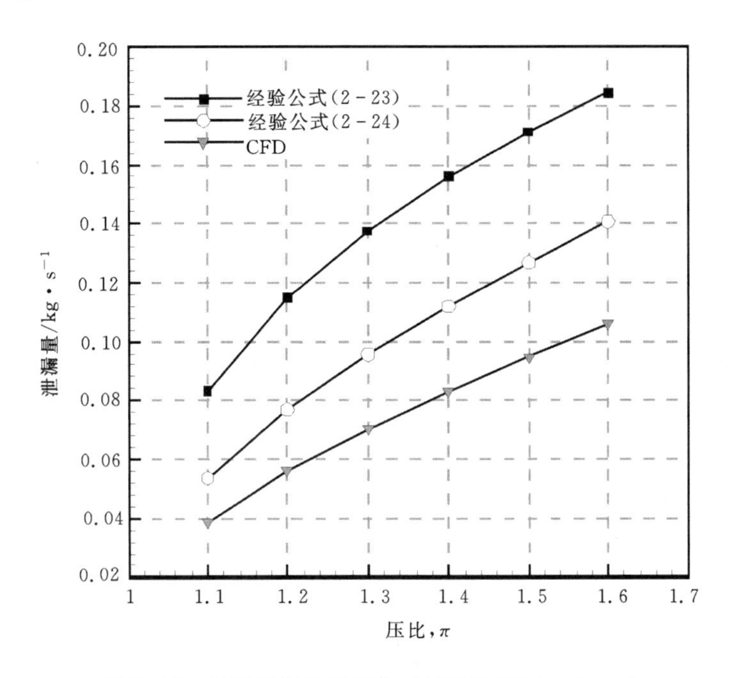

图 2 - 15　两种泄漏量计算公式结果比较($d_1=0$ mm)

参考密封泄漏量计算公式(2 - 24)，依据数值模拟的计算结果分析，考虑到密封尺寸和转子轴向偏移的影响，引入修正系数对密封的实际通流面积和有效齿数进行修正，构造了高低齿迷宫密封泄漏量的计算公式(2 - 25)：

$$\dot{m}=\alpha\cdot A_i\cdot\sqrt{\frac{1-(P_{\mathrm{out}}/P_{\mathrm{tol,in}})^2}{\beta(\varepsilon)\cdot Z_{\mathrm{g}}-\ln(P_{\mathrm{out}}/P_{\mathrm{tol,in}})}}\cdot\sqrt{\frac{P_{\mathrm{tol,in}}}{V_{\mathrm{in}}}}\qquad(2-25)$$

式中：$\alpha=0.718$ 为密封有效通流面积系数，与密封的尺寸有关，如密封长度、齿高、凸台高度；$\beta(\varepsilon)=\frac{1}{\varepsilon}+(\frac{1}{\varepsilon}-1)\cdot\frac{\ln(\pi)}{8.624}$，$\pi=P_{\mathrm{tot,in}}/P_{\mathrm{out}}$，$\beta$ 为有效密封齿系数，与齿型、转子轴向偏移距离有关，$0\leqslant d\leqslant 3$ mm，$\varepsilon=-0.049\cdot d^2+0.14\cdot d+1.0$。

图 2 - 16 为 CFD 计算结果与构造的泄漏量计算公式(2 - 25)计算结果的比较。依据泄漏量计算公式(2 - 25)得到的泄漏量随压比变化的规律与 CFD 得到的结果吻合得很好。各种转子轴向位移、压比下，公式(2 - 25)计算结果对 CFD 结果的偏差均在 5%以内(见图 2 - 17)，能够满足实际密封工程设计的精度要求。因此，计算公式(2 - 25)能够可靠预测高低齿迷宫密封的泄漏量，包括转子发生轴向位移时的泄漏量计算。

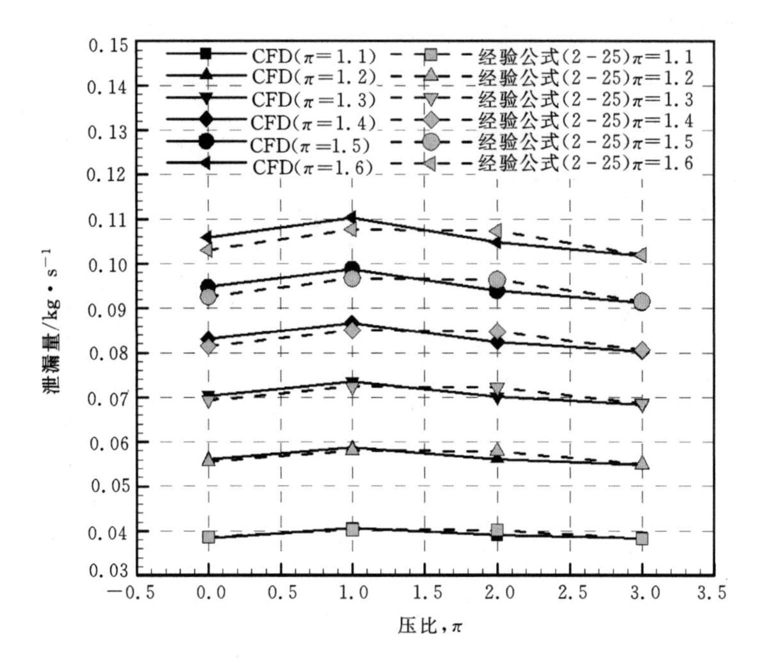

图 2-16 CFD结果与泄漏量计算公式(2-25)计算结果比较

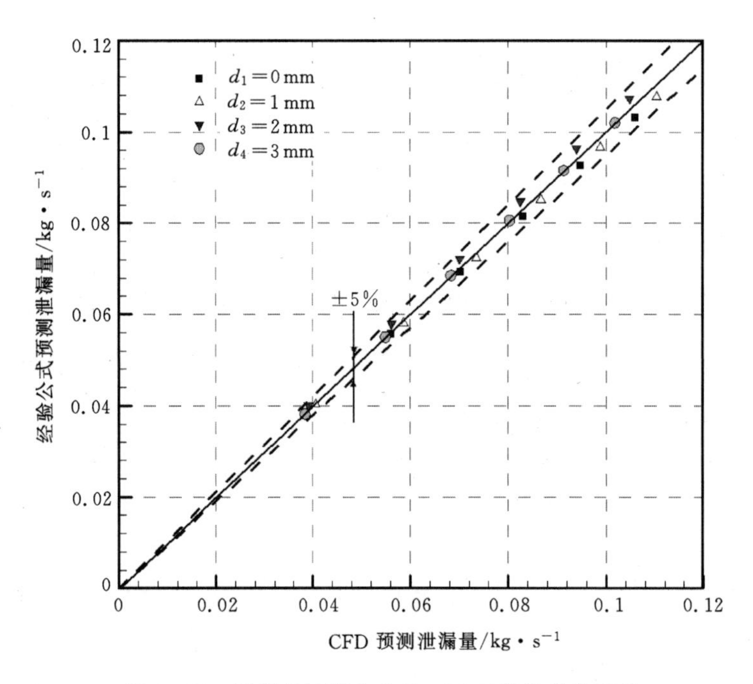

图 2-17 泄漏量计算公式(2-25)计算结果的误差

2.3　迷宫密封转子动力特性

2.3.1　试验测量方法

目前，试验研究是迷宫密封转子动力特性研究的主要方法，数值研究密封转子动力特性计算结果的可靠性需要试验结果的验证。国内对旋转密封转子动力特性的试验研究主要集中在迷宫密封转子动力特性影响因素和阻尼密封(蜂窝密封)的减振机理方面。

试验测量旋转密封转子动力特性的研究方法主要有机械阻抗法(mechanical impedance test)、腔室动态压力响应法(dynamic cavity pressure test)和静态力偏移法(static force deflection test)(Ertas，2005)。机械阻抗法通过测量给出不同激振频率下激振器的激振力、密封静子件的相对位移和加速度，然后采用力-位移模型计算得到频率相关的8个转子动力特性系数。腔室动态压力响应法通过测量给出单向激励下(X方向或Y方向)密封腔室的动态压力和密封静子件的振动位移，然后计算得到袋型阻尼密封的直接阻尼和刚度系数。静态力偏移法是通过测量作用于静子的静态力和相对静态位移来得到密封的直接和交叉刚度，也常用于校验机械阻抗法和腔室动态压力响应法的测量结果。

2.3.2　单控制容积 Bulk Flow 理论和方法

Iwatsubo(1980)首次提出了适用于迷宫密封转子动力特性预测的单控制体 Bulk Flow 模型。Childs 和 Scharrer(1996)通过在动量方程中增加周向的面积微分项对 Iwatsubo 的模型进行了改进。

1. 控制方程

根据图2-18中给出的单控制体模型，可推导得控制体的连续方程：

$$\frac{\partial \rho_i A_i}{\partial t}+\frac{\partial}{\partial \theta}\left(\frac{\rho_i W_i A_i}{R_s}\right)+\dot{m}_{i+1}-\dot{m}_i=0 \tag{2-26}$$

式中：周向截面面积$A_i=(H_i+C_{ri}+H_{i+1}+C_{ri+1})\cdot L_i/2$；$H_i$为密封齿的高度；$C_r$为密封间隙；$L$为密封腔室轴向长度；$R_s$为转子半径；$\rho_i$和$W_i$分别为第$i$个控制体内流体的密度和周向速度；$m_i$和$m_{i+1}$为第$i$个控制体上游和下

游密封间隙处的泄漏量。

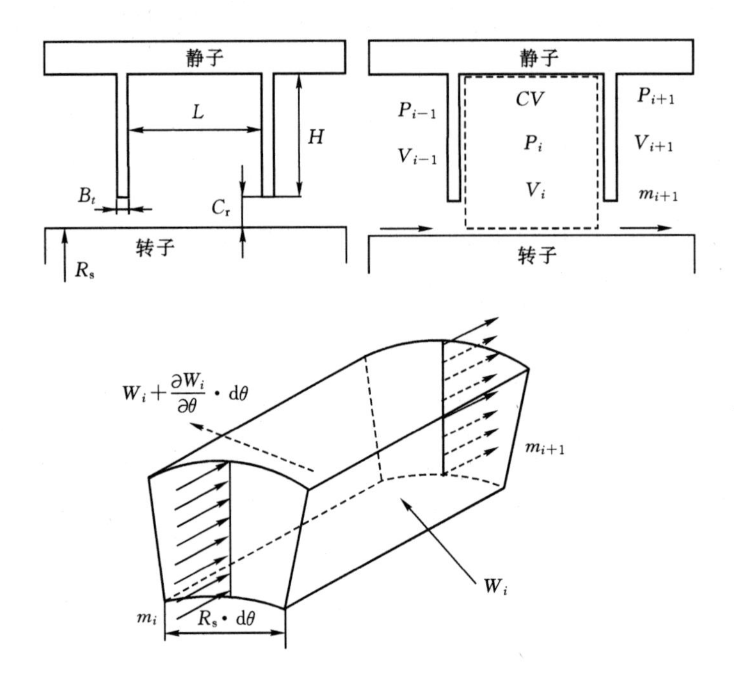

图 2-18　迷宫密封单控制体模型

根据图 2-19 给出的作用于控制体上的压力和剪切力模型，可推导得控制体的周向动量方程：

$$\frac{\partial\rho_i W_i A_i}{\partial t}+\frac{2\rho_i W_i A_i}{R_s}\frac{\partial W_i}{\partial\theta}+\frac{\rho_i W_i^2}{R_s}\frac{\partial A_i}{\partial\theta}+\frac{W_i^2 A_i}{R_s}\frac{\partial\rho_i}{\partial\theta}$$

$$+\dot{m}_{i+1}W_i-\dot{m}_i W_{i-1}=-\frac{A_i}{R_s}\frac{\partial P_i}{\partial\theta}+\tau_{ri}ar_i L_i-\tau_{si}as_i L_i \qquad (2-27)$$

式中：ar, as 为剪切力作用在转子和静子上的无量纲长度；P_i 为第 i 个控制体内流体的压力。对于密封齿在静子上的密封（见图 2-18）：$as_i=(2H_i+L_i)/L_i$；$ar_i=1$，H_i 和 L_i 为密封腔室轴向长度和密封齿高度。

依据 Blasius 的剪切应力模型，作用在转子和静子面上的剪切力可表示为：

$$\tau_{ri}=0.5\rho_i(R_s\omega-W_i)^2 nr\left[\frac{|R_s\omega-W_i|Dh_i}{\nu}\right]^{mr}\mathrm{sign}(R_s\omega-W_i) \qquad (2-28)$$

$$\tau_{si}=0.5\rho W_i^2 ns\left[\frac{|W_i|Dh_i}{\nu}\right]^{ms}\mathrm{sign}(W_i) \qquad (2-29)$$

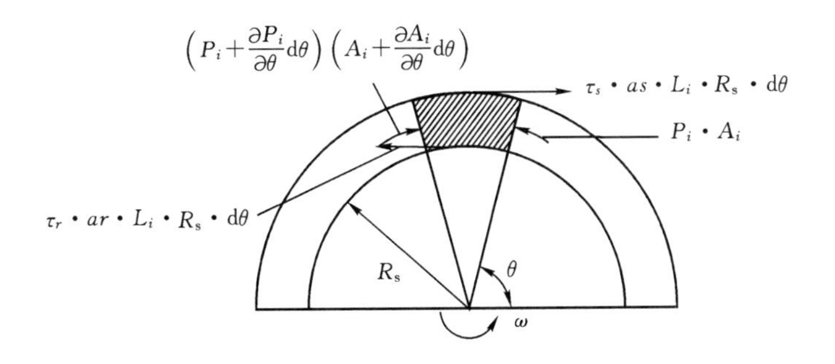

图2-19　控制体受力模型

式中：参数(ms,ns)和(mr,nr)与静子和转子面的粗糙度有关；Dh_i 为水利直径，$Dh_i=2(H_i+Cr_i)\cdot L_i/(H_i+B_i+L_i)$，$B_i$ 为密封齿厚度。

将公式(2-26)乘以 W_i 代入公式(2-27)，可将公式(2-27)简化为：

$$\rho_i A_i\frac{\partial W_i}{\partial t}+\frac{\rho_i W_i A_i}{R_s}\frac{\partial W_i}{\partial\theta}+\dot{m}_i(W_i-W_{i-1})$$
$$=-\frac{A_i}{R_s}\frac{\partial P_i}{\partial\theta}-\tau_{si}as_iL_i+\tau_{ri}ar_iL_i \tag{2-30}$$

假设迷宫密封中的流动为理想气体的等温过程，因此适合采用理想气体状态方程：

$$P_i=\rho_i RT \tag{2-31}$$

为得到公式(2-26)和(2-30)中的泄漏流量 m_i，引入 Neumann 泄漏量计算公式，即0阶连续方程：

$$m_i=\mu_{1i}\mu_{2i}H_i\sqrt{\frac{P_{i-1}^2-P_i^2}{R_g T}} \tag{2-32}$$

在临界条件下：

$$\dot{m}_{\text{choked}}=\frac{0.510\mu_2}{\sqrt{RT}}P_{NC}C_{r_{NT}} \tag{2-33}$$

式中：μ_{1i} 为流量系数，μ_{2i} 为动能输运系数，分别定义为：

$$\mu_{1i}=\frac{\pi}{\pi+2-5s_i+2s_i^2},\ s_i=\left(\frac{P_{i-1}}{P_i}\right)^{\frac{r-1}{r}}-1$$

$$\mu_{2i}=\sqrt{\frac{NT}{(1-j)NT+j}},\ j=1-(1+16.6C_r/L)^{-2}$$

对单独的控制体，连续方程(2-26)、动量方程(2-30)、理想气体状态方程(2-31)和泄漏方程(2-32)所组成的变量 P_i，ρ_i，W_i 和 m_i 的封闭方程组在理论上是可以求解的。但这是一组非线性多元偏微分方程组，直接求解比较困难。以下采用摄动分析法将方程组线性化，以偏心率 $\varepsilon = e/C_r$ 作为摄动参数，引入摄动变量：

$$P_i = P_{0i} + \varepsilon P_{1i}, C_{ri} = C_{r0i} + \varepsilon C_{r1i}$$

$$W_i = W_{0i} + \varepsilon W_{1i}, A_i = A_{0i} + \varepsilon K C_{r1i} \tag{2-34}$$

式中：下标"0"表示变量的稳态平均值，"1"表示变量的摄动值。摄动变量 ρ_i 和 m_i 可通过公式(2-31)和(2-32)由其他变量替换。将公式(2-34)中的摄动量代入公式(2-26)和(2-30)，可得线性化的一阶连续方程式(2-35)和一阶动量方程式(2-36)：

$$G_{1i}\frac{\partial P_{1i}}{\partial t} + G_{1i}\frac{W_{0i}}{R_s}\frac{\partial P_{1i}}{\partial \theta} + G_{1i}\frac{P_{0i}}{R_s}\frac{\partial W_{1i}}{\partial \theta} + G_{3i}P_{1i} +$$

$$G_{4i}P_{1i-1} + G_{5i}P_{1i+1} = -G_{6i}C_{ri} - G_{2i}\frac{\partial C_{r1i}}{\partial t} - G_{2i}\frac{W_{0i}}{Rs}\frac{\partial C_{r1i}}{\partial \theta} \tag{2-35}$$

$$X_{1i}\frac{\partial W_{1i}}{\partial t} + \frac{X_{1i}W_{0i}}{R_s}\frac{\partial W_{1i}}{\partial \theta} + \frac{A_{0i}}{R_s}\frac{\partial P_{1i}}{\partial \theta} + X_{2i}W_{1i} - \dot{m}_{1i}W_{1i-1} +$$

$$X_{3i}P_{1i} + X_{4i}P_{1i-1} = X_{5i}C_{ri} \tag{2-36}$$

本章附录1给出了方程系数 G_i 和 X_i。

2. 0阶方程的求解

对转子位于密封中心位置的稳态工况，通过控制体进口和出口的泄漏量相等(如公式(2-37)所示)。公式(2-30)中的偏微分项等于零，可简化为0阶动量方程(2-38)。

$$\dot{m}_{i+1} = \dot{m}_i = \dot{m}_0 \tag{2-37}$$

$$\dot{m}_0(W_{0i} - W_{0i-1}) = (\tau_{r0i}ar_i - \tau_{s0i}as_i)L_i;\ i = 1,2,\cdots,NC \tag{2-38}$$

通过求解0阶方程(2-37)和(2-38)可得转子在中心位置处时的稳态解：泄漏流量 m_{0i}，腔室压力 P_{0i} 和腔室周向速度 W_{0i}。

3. 1阶方程的求解

如图2-20所示，假设转子沿椭圆轨迹做小位移的同步涡动，即涡动速度与自旋速度相等($\omega=\Omega$)，则密封间隙的摄动量可表示为：

$$\begin{aligned}\varepsilon H_1 &= -a\cos\omega t\cos\theta - b\sin\omega t\sin\theta \\ &= -\frac{a}{2}[\cos(\theta-\omega t) + \cos(\theta+\omega t)] \\ &\quad -\frac{b}{2}[\cos(\theta-\omega t) - \cos(\theta+\omega t)]\end{aligned} \tag{2-39}$$

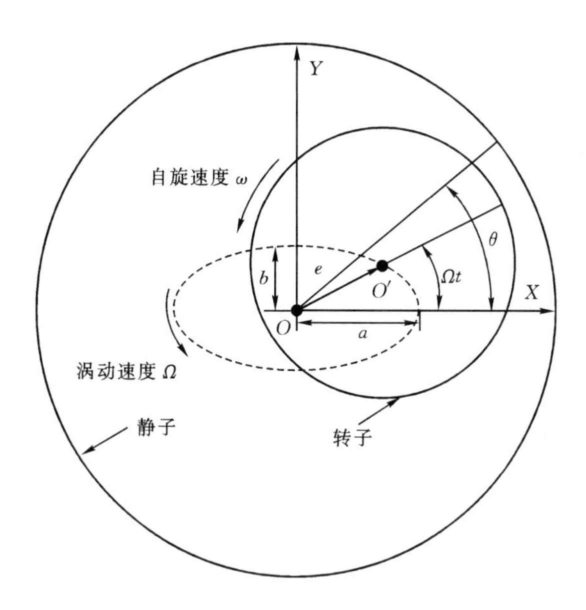

图 2-20　转子椭圆涡动模型

压力、周向旋流速度摄动量的三角函数形式可表示为：

$$P_{1i} = P_{ci}^{+}\cos(\theta+\omega t) + P_{si}^{+}\sin(\theta+\omega t) + P_{ci}^{-}\cos(\theta-\omega t) + P_{si}^{-}\sin(\theta-\omega t) \tag{2-40}$$

$$W_{1i} = W_{1ci}^{+}\cos(\theta+\omega t) + W_{1si}^{+}\sin(\theta+\omega t) + W_{1ci}^{-}\cos(\theta-\omega t) + W_{1si}^{-}\sin(\theta-\omega t) \tag{2-41}$$

将公式(2-40)和(2-41)代入公式(2-35)和(2-36)，对每个密封腔室，采用分离变量法归类提取 $\cos(\theta+\omega t)$、$\cos(\theta-\omega t)$、$\sin(\theta+\omega t)$和 $\sin(\theta-\omega t)$项(如本章附录 2 所示)，可得 8 个线性独立的方程组成的线性方程组：

$$[\boldsymbol{A}_i^{-1}](\boldsymbol{X}_{i-1}) + [\boldsymbol{A}_i^{0}](\boldsymbol{X}_i) + [\boldsymbol{A}_{i+1}^{+1}](\boldsymbol{X}_{i+1}) = \frac{a}{\varepsilon}(B_i) + \frac{b}{\varepsilon}(C_i) \tag{2-42}$$

其中

$$(\boldsymbol{X}_{i-1}) = (P_{si-1}^{+}, P_{ci-1}^{+}, P_{si-1}^{-}, P_{ci-1}^{-}, W_{1si-1}^{+}, W_{1ci-1}^{+}, W_{1si-1}^{-}, W_{1ci-1}^{-})^{\mathrm{T}}$$

$$(\boldsymbol{X}_{i}) = (P_{si}^{+}, P_{ci}^{+}, P_{si}^{-}, P_{ci}^{-}, W_{1si}^{+}, W_{1ci}^{+}, W_{1si}^{-}, W_{1ci}^{-})^{\mathrm{T}}$$

$$(\boldsymbol{X}_{i+1}) = (P_{si+1}^{+}, P_{ci+1}^{+}, P_{si+1}^{-}, P_{ci+1}^{-}, W_{1si+1}^{+}, W_{1ci+1}^{+}, W_{1si+1}^{-}, W_{1ci+1}^{-})^{\mathrm{T}}$$

本章附录 3 给出了线性方程组(2-42)中的系数矩阵$[\boldsymbol{A}_i]$、$[\boldsymbol{B}_i]$和$[\boldsymbol{C}_i]$。参数 a 和 b 是线性无关量，公式(2-42)可对矩阵$[\boldsymbol{B}_i]$和$[\boldsymbol{C}_i]$分别求解，将摄动压力结果写成如下形式：

$$P_{si}^{+} = \frac{a}{\varepsilon}F_{asi}^{+} + \frac{b}{\varepsilon}F_{bsi}^{+}$$

$$P_{si}^{-} = \frac{a}{\varepsilon}F_{asi}^{-} + \frac{b}{\varepsilon}F_{bsi}^{-}$$

$$P_{ci}^{+} = \frac{a}{\varepsilon}F_{csi}^{+} + \frac{b}{\varepsilon}F_{csi}^{+}$$

$$P_{si}^{-} = \frac{a}{\varepsilon}F_{csi}^{-} + \frac{b}{\varepsilon}F_{csi}^{-} \tag{2-43}$$

4. 转子动力特性系数求解

转子做小位移涡动时，线性化的力-位移方程可表示为：

$$-\begin{Bmatrix} F_x \\ F_x \end{Bmatrix} = \begin{bmatrix} K_{xx} & K_{xy} \\ -K_{xy} & K_{xx} \end{bmatrix} \begin{Bmatrix} X \\ Y \end{Bmatrix} + \begin{bmatrix} C_{xx} & C_{xy} \\ -C_{xy} & C_{xx} \end{bmatrix} \begin{Bmatrix} \dot{X} \\ \dot{Y} \end{Bmatrix} \tag{2-44}$$

如图 2-20 所示，转子轴心涡动位移和涡动速度为：

$$X = a\cos\omega t, \quad Y = b\sin\omega t$$
$$\dot{X} = -a\omega\sin\omega t, \quad \dot{Y} = b\omega\cos\omega t \tag{2-45}$$

将公式(2-45)代入公式(2-44)得：

$$F_x = -K_{xx}a\cos\omega t - K_{xy}b\sin\omega t + C_{xx}a\omega\sin\omega t - C_{xy}b\omega\cos\omega t$$
$$F_y = K_{xy}a\cos\omega t - K_{xx}b\sin\omega t - C_{xy}a\omega\sin\omega t - C_{xx}b\omega\cos\omega t \tag{2-46}$$

公式(2-46)可重写为：

$$F_x = F_{xc}\cos\omega t + F_{xs}\sin\omega t$$
$$F_y = F_{yc}\cos\omega t + F_{ys}\sin\omega t \tag{2-47}$$

其中：

$$F_{xc} = -K_{xx}a - C_{xy}b\omega, \quad F_{xs} = C_{xx}a\omega - K_{xy}b$$
$$F_{yc} = K_{xy}b - C_{xx}b\omega, \quad F_{ys} = -K_{xx}b - C_{xy}a\omega \tag{2-48}$$

密封腔室中的摄动压力 εP_{1i} 在转子表面产出的激振力为：

$$F_x = -R\varepsilon\sum_{i=1}^{NC}\int_0^{2\pi}P_{1i}L_i\cos\theta\mathrm{d}\theta$$

$$F_y = R\varepsilon\sum_{i=1}^{NC}\int_0^{2\pi}P_{1i}L_i\sin\theta\mathrm{d}\theta \tag{2-49}$$

其中：

$$P_{1i} = P_{ci}^{+}\cos(\theta+\omega t) + P_{si}^{+}\sin(\theta+\omega t) + P_{ci}^{-}\cos(\theta-\omega t) + P_{si}^{-}\sin(\theta-\omega t)$$

$$F_x = -\varepsilon\pi R\sum_{i=1}^{NC}L_i[(P_{si}^{+} - P_{si}^{-})\sin\omega t + (P_{ci}^{+} + P_{ci}^{-})\cos\omega t] \tag{2-50}$$

将公式(2-43)代入公式(2-50)得：

$$F_{xs}=-\pi R\sum_{i=1}^{NC}L_i[a(F_{asi}^{+}-F_{asi}^{-})+b(F_{bsi}^{+}-F_{bsi}^{-})]$$

$$F_{xc}=-\pi R\sum_{i=1}^{NC}L_i[a(F_{asi}^{+}+F_{asi}^{-})+b(F_{bsi}^{+}+F_{bsi}^{-})] \tag{2-51}$$

比较式(2-47)和(2-51)，依据 a,b 的线性无关性得：

$$K_{xx}=\pi R\sum_{i=1}^{NC}(F_{aci}^{+}+F_{aci}^{-})L_i$$

$$K_{xy}=\pi R\sum_{i=1}^{NC}(F_{bsi}^{+}-F_{bsi}^{-})L_i$$

$$C_{xx}=-\frac{\pi R}{\omega}\sum_{i=1}^{NC}(F_{asi}^{+}-F_{asi}^{-})L_i$$

$$C_{xy}=\frac{\pi R}{\omega}\sum_{i=1}^{NC}(F_{bci}^{+}+F_{bci}^{-})L_i$$

2.3.3　三维非定常数值方法

随着计算机技术和数值计算方法的发展，使得 CFD 方法越来越多地应用于透平机械旋转动密封转子动力特性的求解。相比于试验方法和“Bulk Flow”方法，CFD 方法具有不受物理模型限制，可给出密封内部流场细节等优点。转子涡动下的旋转动密封内部流场是非稳态的，但对于转子和静子均为轴对称结构的旋转动密封，如迷宫密封和直通型环形密封，非稳态的转子涡动问题可转化为一个旋转坐标系下转子偏心的稳态问题。如图 2-21 所示，假设转子涡动轨迹为圆形，在静止坐标系下，转子绕转子中心自旋的同时，还绕静子中心沿圆形轨迹旋转，由于计算区域的变化，需采用瞬态分析方法求解密封内部流场；在旋转坐标系下(附在转子轴心上)，转子在偏心位置绕转子中心自旋，静子绕静子中心自旋(与转子涡动方向相反)，由于计算区域不变，可采用稳态分析方法求解密封内部流场。这一“偏心稳态模型”被许多研究人员用于计算迷宫密封的转子动力特性系数，如 Rhode(1992)，Ishii(1997)，Moore(2003)和 Hirano(2005)。然而这一稳态分析方法在以下三种情况不适用：转子涡动轨迹为单向线形或椭圆形；转子偏心涡动；静子面是非轴对称几何结构的密封，如蜂窝阻尼密封，孔型阻尼密封和袋型阻尼密封。Chochua(2007)和 Yan(2011)针对孔型阻尼密封分别提出了基于动网格技术的单向涡动模型(见图 2-21)和圆涡动模型(见图 2-22)。他们采用动网格和非定常方法求解了孔型阻尼密封内部三维瞬态流场，并提取了频率相关的转子动力特性系数。阻尼密封的转子动力特性系数具有很强的频率相关性，需研究其随频率的变化规律。对于这两种涡动模型，无论转子的涡动轨迹为单向或圆形，其涡动频率均只有一个，即单频涡动，因此需进行多次非定常求解才能获得不同频率下的转子动力特性系数，计算量很大。为研究旋转动密封的转子动力特性，李志刚(2012)、Li(2012,2013)提出了一种基于动网格技术和非定常方法的多频单向和椭圆涡动模型，并详细介绍了频域内密封转子动力特性系数的提取方法。该模型普遍适用于透平机械中常用的旋转密封结构，如迷宫密封、蜂窝/孔型阻尼密封和袋型阻尼密封。

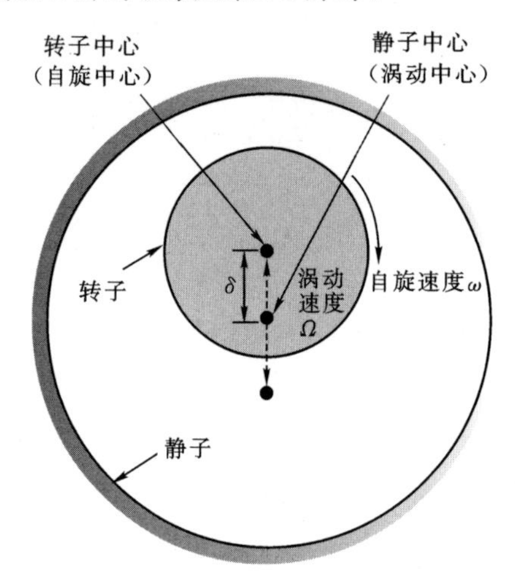

图 2-21 迷宫密封转子动力特性稳态求解模型

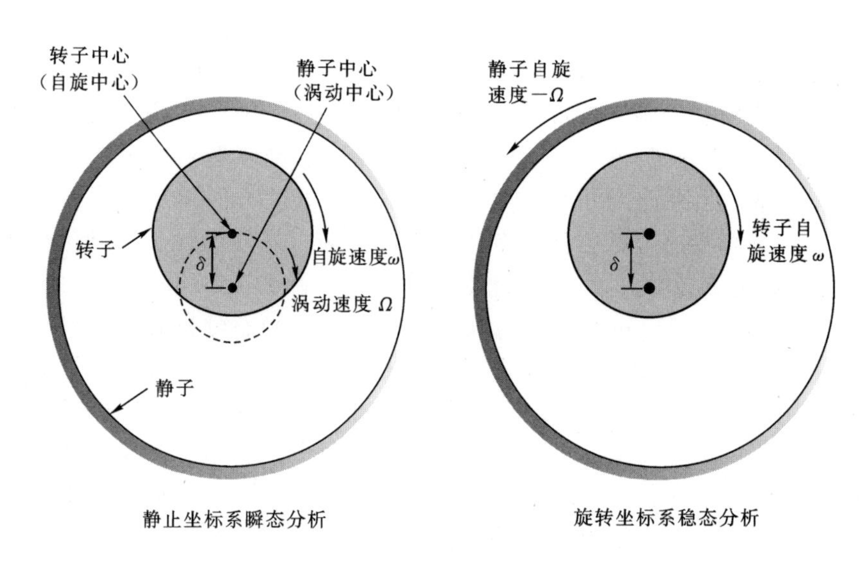

图 2-22 密封转子单向涡动模型

1. 转子涡动模型

如图 2-23 所示，在理想状态下密封的转子绕静子中心 O，以转速 ω 做同轴的旋转运动。在理想状态下密封内流场是严格轴对称的，因此转子面上不会受到不平衡力作用($F_x=0,F_y=0$)。目前在旋转动密封转子动力特性研究中，假设转子振动为单频涡动，描述转子轴心运动轨迹的涡动模型主要有三种：单向涡动模型(见图 2-21)，圆涡动模型(见图 2-22(a))和椭圆涡动模型。在转子的实际涡动过程中，应具有两个垂直方向的位移，而“单向涡动模型”只给出了转子在一个方向的运动，虽然这样可简化求解过程，但与实际物理现象不符。由于交叉刚度的存在，转子在稳定状态下的涡动轨迹更接近椭圆(Vance,2010)。而且由于外部激励的干扰和自身不平衡，转子涡动是一种多频振动。Li(2013)提出了更符合转子实际涡动过程的多频涡动模型，该模型假设各个涡动频率下，转子轴心涡动的轨迹是椭圆形的，椭圆长轴的方向取决于激励的方向。

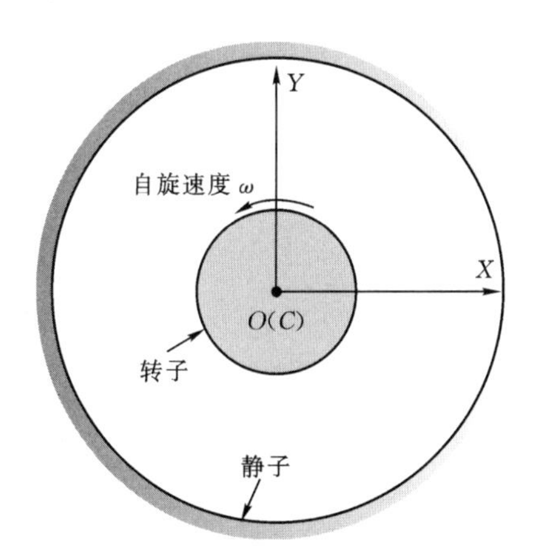

图 2-23　理想状态下转子的同轴旋转

如图 2-24 所示，假设转子做单频椭圆涡动时，转子面绕转子中心 C 以速度 ω 自旋运动，同时转子轴心 C 绕静子中心 O 以速度 Ω 沿椭圆轨迹涡动。椭圆轨迹的长轴方向取决于激励的方向，假设激励分为 X 方向激励和 Y 方向激励。转子单频涡动下的轴心运动方程为：

X 方向激励，转子轴心单频运动方程为

$$X = a \cdot \cos(\Omega \cdot t), Y = b \cdot \sin(\Omega \cdot t) \tag{2-52}$$

Y 方向激励，转子轴心单频运动方程为

$$X = b \cdot \cos(\Omega \cdot t), Y = a \cdot \sin(\Omega \cdot t) \tag{2-53}$$

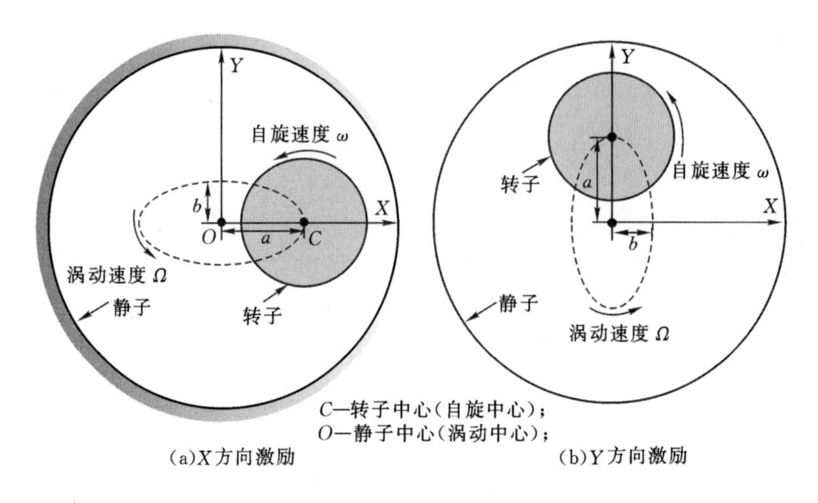

图 2-24 转子振动的椭圆涡动模型(单频)

其中:a 和 b 分别为椭圆长轴和短轴;$\Omega=2\pi f$ 为涡动角速度;f 为涡动频率。

假设转子涡动包含 N 种频率,各频率下的振幅相等,即 a 和 b 为定值,转子多频涡动下的轴心运动方程为:

X 方向激励,转子轴心多频运动方程为

$$X=a\cdot\sum_{i=1}^{N}\cos(\Omega_i t),Y=b\cdot\sum_{i=1}^{N}\sin(\Omega_i t) \tag{2-54}$$

Y 方向激励,转子轴心多频运动方程为

$$X=b\cdot\sum_{i=1}^{N}\cos(\Omega_i t),Y=a\cdot\sum_{i=1}^{N}\sin(\Omega_i t) \tag{2-55}$$

图 2-25 给出了 $N=13,a=2b=3.0\times10^{-6}$ m,$f_i=20,40,\cdots,240,260$ Hz 时,转子多频椭圆涡动的轴心轨迹。为满足小位移涡动理论(Murphy,1980)(涡动位移小于 10% 的密封间隙),转子轴心多频涡动位移的峰值 $|X_{\max},Y_{\max}|<0.1\cdot S$,$S$ 为旋转密封的径向间隙。

2. 转子动力特性系数计算方法

根据转子小位移涡动理论(Murphy,1980):当转子轴心绕静子中心做小位移涡动时,密封中的流体激振力(F_x,F_y)与转子的涡动位移(X,Y)、涡动速度($\dot{X}$,$\dot{Y}$)成线性关系,并满足下列关系式:

$$-\begin{bmatrix}F_x\\F_y\end{bmatrix}=\begin{bmatrix}K_{xx}&K_{xy}\\K_{yx}&K_{yy}\end{bmatrix}\cdot\begin{bmatrix}X\\Y\end{bmatrix}+\begin{bmatrix}C_{xx}&C_{xy}\\C_{yx}&C_{yy}\end{bmatrix}\cdot\begin{bmatrix}\dot{X}\\\dot{Y}\end{bmatrix} \tag{2-56}$$

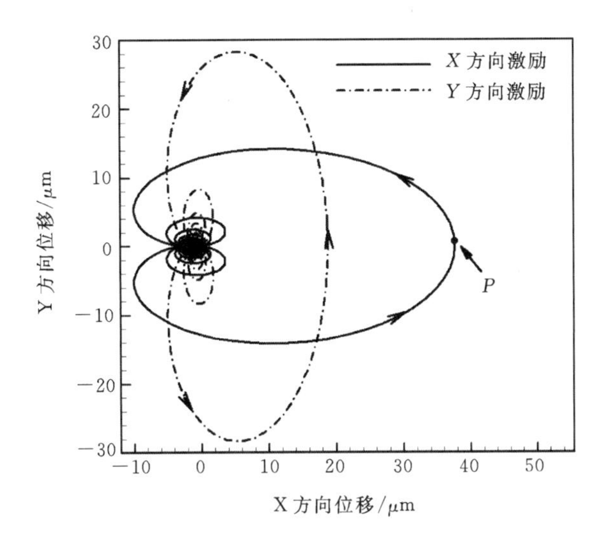

图 2-25 转子多频椭圆涡动时的轴心轨迹

对于提出的多频椭圆涡动模型，转子的涡动位移（X，Y）和涡动速度（$\dot{X}$，$\dot{Y}$）在时域内是多频波动信号。受转子涡动激励产生的密封流体激振力（F_x，F_y）也是一个时域内的多频波动信号，且包含与涡动位移、涡动速度相同的频率。为获得各频率下的转子动力特性系数，需将位移、速度和激振力等时域信号转化为频域信号，在频域内求解方程（2-56）。对公式（2-56）进行快速傅里叶变换（FFT）可得频率内的激振力与位移的关系式：

$$-F_x = (K_{xx} + \mathrm{j}\Omega C_{xx}) \cdot D_x + (K_{xy} + \mathrm{j}\Omega C_{xy}) \cdot D_y \tag{2-57}$$

$$-F_y = (K_{yy} + \mathrm{j}\Omega C_{yy}) \cdot D_y + (K_{yx} + \mathrm{j}\Omega C_{yx}) \cdot D_x \tag{2-58}$$

式中：$\mathrm{j}=\sqrt{-1}$；D_x 和 D_y 为转子在 X 和 Y 两个方向涡动位移的频域信号。（F_x，F_y）和（D_x，D_y）均为复数。公式（2-57）和（2-58）中的（D_x，D_y）为已知量，由公式（2-54）和（2-55）决定。通过三维非定常 CFD 计算可获得转子面受到的流体激振力（F_x，F_y）的多频时域信号，然后对其进行 FFT 可得各频率激振力信号的频域复数形式。因此，公式（2-57）和（2-58）两个方程包含了四个未知数：$K_{xx}+\mathrm{j}\Omega C_{xx}$，$K_{xy}+\mathrm{j}\Omega C_{xy}$，$K_{yy}+\mathrm{j}\Omega C_{yy}$，$K_{yx}+\mathrm{j}\Omega C_{yx}$。为求解四个未知数，需分别对 X 方向激励和 Y 方向激励（见图 2-24）产生的转子涡动进行独立的三维非定常 CFD 求解，从而获得足够的方程：

X 方向激励，激振力与涡动位移方程

$$-F_{xx} = (K_{xx} + \mathrm{j}\Omega C_{xx}) \cdot D_{xx} + (K_{xy} + \mathrm{j}\Omega C_{xy}) \cdot D_{xy} \tag{2-59}$$

$$-F_{xy} = (K_{yy} + \mathrm{j}\Omega C_{yy}) \cdot D_{xy} + (K_{yx} + \mathrm{j}\Omega C_{yx}) \cdot D_{xx} \tag{2-60}$$

Y 方向激励，激振力与涡动位移方程

$$-F_{yy}=(K_{yy}+\mathrm{j}\Omega C_{yy})\cdot D_{yy}+(K_{yx}+\mathrm{j}\Omega C_{yx})\cdot D_{yx} \tag{2-61}$$

$$-F_{yx}=(K_{xx}+\mathrm{j}\Omega C_{xx})\cdot D_{yx}+(K_{xy}+\mathrm{j}\Omega C_{xy})\cdot D_{yy} \tag{2-62}$$

式中，F_{ij} 和 D_{ij} 的第一个下标 i 表示激励的方向，第二个下标 j 表示流体激振力和转子位移的方向。(K_{ij},C_{ij}) 的第一个下标 i 表示流体激振力的方向，第二个下标 j 表示转子位移的方向。公式(2-59)和(2-60)中每个未知量均包含实部(决定密封刚度系数)和虚部(决定密封阻尼系数)，其可定义为密封阻抗系数 H_{ij}：

X 方向的直接和交叉阻抗系数：

$$H_{xx}=K_{xx}+\mathrm{j}(\Omega C_{xx}) \tag{2-63}$$

$$H_{xy}=K_{xy}+\mathrm{j}(\Omega C_{xy}) \tag{2-64}$$

Y 方向的直接和交叉阻抗系数：

$$H_{yy}=K_{yy}+\mathrm{j}(\Omega C_{yy}) \tag{2-65}$$

$$H_{yx}=K_{yx}+\mathrm{j}(\Omega C_{yx}) \tag{2-66}$$

将公式(2-63)至(2-66)代入公式(2-59)至(2-62)可得密封激振力与涡动位移方程：

$$-\begin{bmatrix}F_{xx} & F_{yx}\\ F_{xy} & F_{yy}\end{bmatrix}=\begin{bmatrix}H_{xx} & H_{xy}\\ H_{yx} & H_{yy}\end{bmatrix}\cdot\begin{bmatrix}D_{xx} & D_{yx}\\ D_{xy} & D_{yy}\end{bmatrix} \tag{2-67}$$

求解公式(2-67)可得密封的直接和交叉阻抗系数：

X 方向的直接阻抗系数

$$H_{xx}=\frac{(-F_{xx})\cdot D_{yy}-(-F_{yx})\cdot D_{xy}}{D_{xx}\cdot D_{yy}-D_{yx}\cdot D_{xy}} \tag{2-68}$$

X 方向的交叉阻抗系数

$$H_{xy}=\frac{(-F_{xx})\cdot D_{yx}-(-F_{yx})\cdot D_{xx}}{D_{xy}\cdot D_{yx}-D_{yy}\cdot D_{xx}} \tag{2-69}$$

Y 方向的直接阻抗系数

$$H_{yy}=\frac{(-F_{yy})\cdot D_{xx}-(-F_{xy})\cdot D_{yx}}{D_{yy}\cdot D_{xx}-D_{yx}\cdot D_{xy}} \tag{2-70}$$

Y 方向的交叉阻抗系数

$$H_{yx}=\frac{(-F_{yy})\cdot D_{xy}-(-F_{xy})\cdot D_{yy}}{D_{xy}\cdot D_{yx}-D_{yy}\cdot D_{xx}} \tag{2-71}$$

求解得到密封的阻抗系数 H_{ij} 后，便可通过公式(2-63)至(2-66)获得密封的8个转子动力特性系数：

X 方向的直接刚度和直接阻尼系数：

$$\begin{cases} K_{xx} = \mathrm{Re}(H_{xx}) \\ C_{xx} = \mathrm{Im}(H_{xx})/\Omega \end{cases} \tag{2-72}$$

X 方向的交叉刚度和交叉阻尼系数：

$$\begin{cases} K_{xy} = \mathrm{Re}(H_{xy}) \\ C_{xy} = \mathrm{Im}(H_{xy})/\Omega \end{cases} \tag{2-73}$$

Y 方向的直接刚度和直接阻尼系数：

$$\begin{cases} K_{yy} = \mathrm{Re}(H_{yy}) \\ C_{yy} = \mathrm{Im}(H_{yy})/\Omega \end{cases} \tag{2-74}$$

Y 方向的交叉刚度和交叉阻尼系数：

$$\begin{cases} K_{yx} = \mathrm{Re}(H_{yx}) \\ C_{yx} = \mathrm{Im}(H_{yx})/\Omega \end{cases} \tag{2-75}$$

3. 迷宫密封转子动力特性研究

基于提出的旋转密封多频椭圆涡动模型，以文献(Ertas，2011)中 14 齿迷宫密封试验件为研究对象，采用商用 CFD 软件 ANSYS－CFX 11.0 计算了不同进口预旋度和不同涡动频率下的转子动力特性系数并与试验结果进行了比较，验证了椭圆涡动模型及其相应的数值方法的可靠性和实用性，分析了预旋对迷宫密封转子动力特性的影响规律(Li，2013)。

图 2－26 给出了文献(Ertas，2011)中的迷宫密封试验件的几何结构，表 2－1给出了迷宫密封试验件的几何结构参数和试验工况参数。在迷宫密封泄漏特性的 CFD 预测中，计算模型采用轴对称的周期性模型，但在其转子动力特性的 CFD 预测中，为获得转子面上的不平衡力，计算模型必须是 360°全三维的。基于椭圆涡动模型，迷宫密封三维计算域是随时间变化的，必须采用动网格计算进行非定常求解。因此，不同于迷宫密封"三维偏心稳态"模型中转子偏心的三维计算模型，所采用的迷宫密封计算模型是 360°转子同心的全三维结构。图 2－27 给出了迷宫密封的三维计算模型和计算网格示意图。计算网格采用软件 ICEM 生成多块结构化网格，对密封腔室采用 O 形结构化网格，壁面区域采用加密的网格，在节流间隙处沿径向布置了 20 个节点，网格的正交角均在 40°以上，具有很好的正交性，最大长宽比小于 100。采用疏密两套网格对网格无关性进行了验证，网格节点数分别为 453 万和 779 万，计算结果表明网格节点为 453 万时，迷宫密封转子动力特性系数已具有网格无关性，因此计算中采用了图 2－27 中的疏网格。

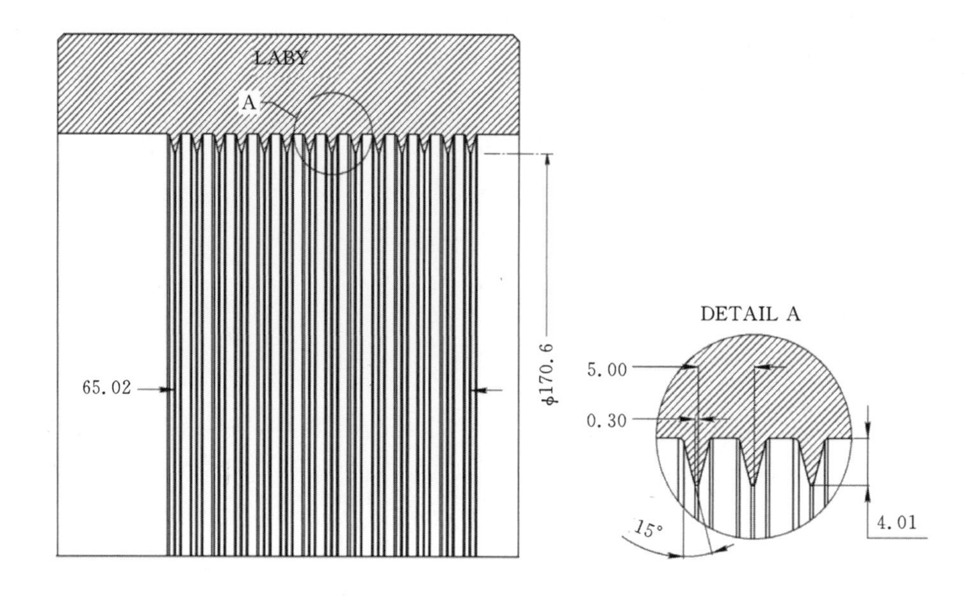

图 2-26 迷宫密封试验件几何结构(Ertas,2011)

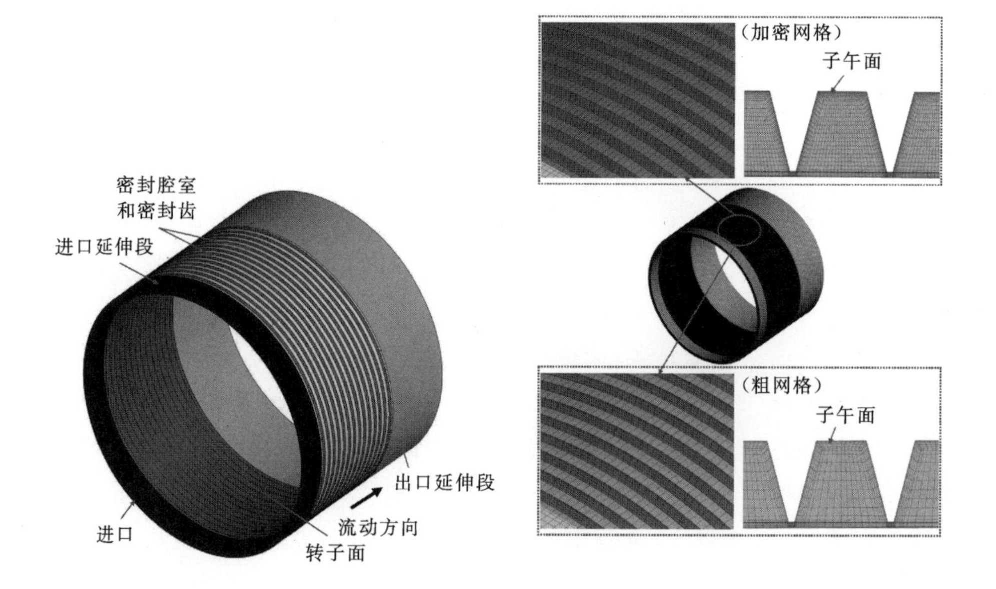

图 2-27 迷宫密封三维计算模型和计算网格

表 2 - 1　迷宫密封几何尺寸和试验工况(Ertas,2011)

几何结构及试验工况	数值	几何结构及试验工况	数值
进口总压/bar	6.9	转子直径/mm	170.6
出口压力/bar	1.0	密封间隙/mm	0.3
工质温度/℃	14	密封齿数	14
转子转速/$r\cdot min^{-1}$	7000	腔室深度/mm	4.01
进口预旋/$m\cdot s^{-1}$	0, 33, 65	密封齿厚度/mm	0.3
密封长度/mm	65	腔室长度/mm	5

采用商用软件 ANSYS-CFX 数值求解 RANS 方程。湍流模型为标准 $k-\varepsilon$模型,对流项采用高精度离散格式,固体壁面均设为光滑绝热边界,近壁面采用改进壁面函数法来处理。考虑到转子偏心涡动时,密封中流体流动本身的非定常和空间求解区域随时间的变化,故采用“动网格+非定常”的求解方法进行计算。根据试验工况(见表 2 - 1),数值计算中,密封进口给定总压总温,进口总压为 6.9 bar,进口总温为 14 ℃,出口给定静压为 1.0 bar。基于多频椭圆涡动模型,转子除给定其转速 $n=7000$ r/min 外,还设置了 X 方向或 Y 方向的多频椭圆涡动位移作为激励信号,转子 X 方向和 Y 方向涡动位移的数学表达式如公式(2 - 52)和(2 - 53)所示。公式中涡动频率 f_i 的范围为 20～260 Hz,以 20 Hz 为一个增值,涡动频率个数 N 为 13,每个频率对应相同的涡动位移幅值 $a=3.0\times10^{-6}$ m(0.01 s)和 $b=1.5\times10^{-6}$ m(0.005 s),具体数值方法如表 2 - 2 所示。在计算中,首先进行定常求解,当定常计算的连续方程、动量方程和湍流方程的均方根残差下降到 10^{-6},转子面受力 F_x 和 F_y 小于 0.1N 时,认为定常计算收敛。获得定常收敛结果以后,作为初场分别进行 X 和 Y 两个涡动方向的非定常计算。非定常计算的收敛准则是动量方程和湍流方程的残差下降到 10^{-5}、转子面上的受力 F_x 和 F_y 成周期性振荡,且相邻周期的受力波动<0.2%时,认为非定常计算收敛。

表 2 - 2　所用数值方法及给定参数

项目	值、属性
离散格式	高精度格式
求解方法	非定常,动网格技术
湍流模型	标准 $k-\varepsilon$,改进壁面函数法

续表 2-2

项目	值、属性
工质	理想空气
涡动频率/Hz	20,40,…,180,200
偏心率	0.01,0.005
计算时间步长/s	0.0001

图 2-28 和图 2-29 分别给出了 X 方向激励、无进口预旋时，转子涡动位移和转子面上气流激振力多频信号的时域图，以及经 FFT 变换后的频域图。从图2-28中位移信号的频域图可以看出各频率下，X 和 Y 两个方向涡动位移的幅值分别在设定幅值 $a=3.0\ \mu m$ 和 $b=1.5\ \mu m$ 附近波动，这主要是由动网格计算和 FFT 变换的数值误差引起的。

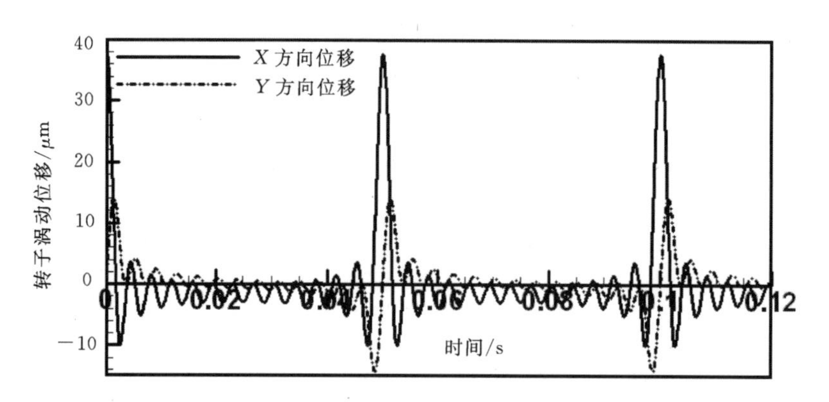

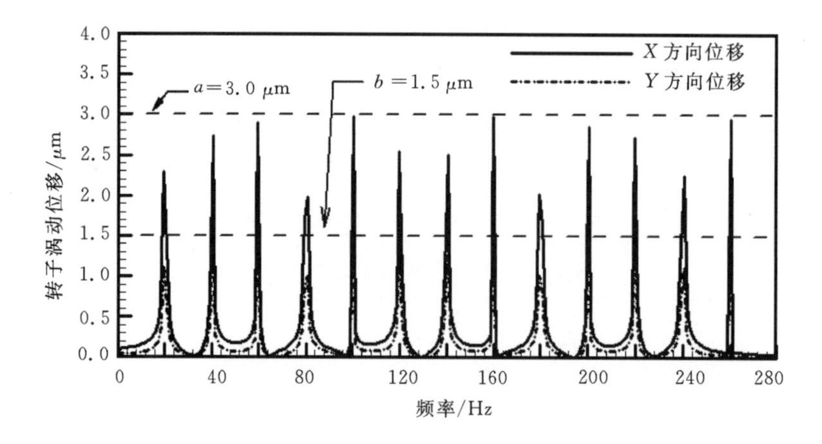

图 2-28　转子涡动位移信号的时域和频域图(X 方向激励,$\lambda=0$)

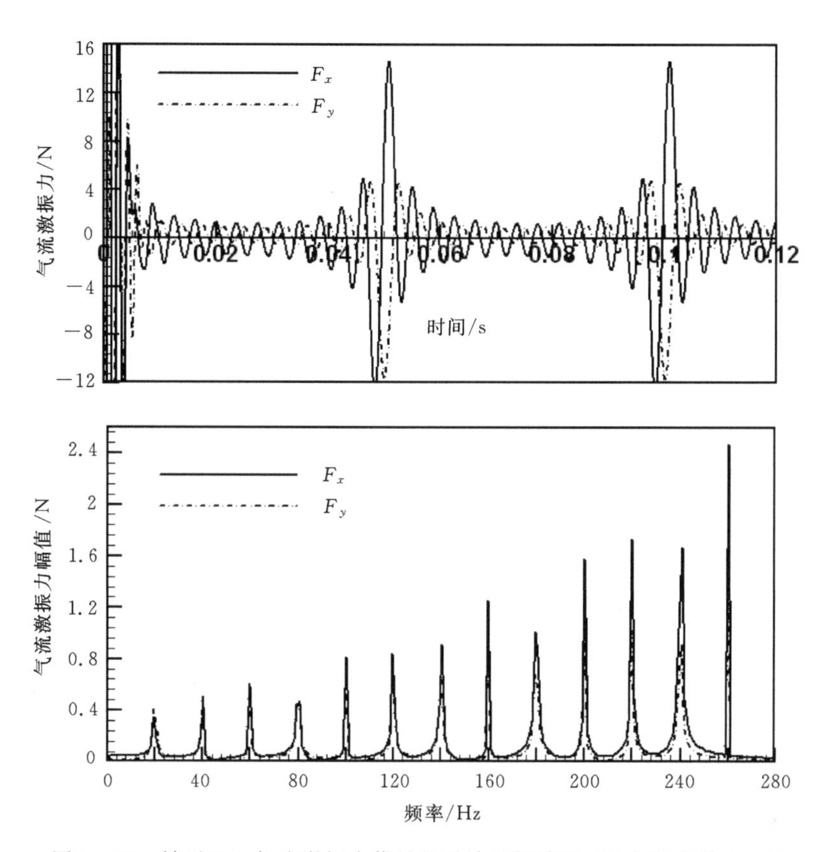

图 2-29　转子面上气流激振力信号的时域和频域图（X 方向激励，λ=0）

通过非定常计算得到转子涡动位移信号和激振力信号后，采用的转子动力特性系数计算方法计算获得了迷宫密封 X 和 Y 两个方向上 8 个频率相关的转子动力特性系数。为与本章参考文献(Ertas，2005)中的试验结果进行比较，引入了变量平均直接刚度 K_{avg}、平均直接阻尼 C_{avg}、有效刚度 K_{eff}和有效阻尼 C_{eff}。引入预旋比 λ 表征进口预旋速度的大小。

$$K_{avg} = (K_{xx} + K_{yy})/2 \tag{2-76}$$

$$C_{avg} = (C_{xx} + C_{yy})/2 \tag{2-77}$$

$$C_{eff} = C_{xx} - K_{xy}/\Omega \tag{2-78}$$

$$\lambda = V_t \cdot 60/(\pi \cdot D \cdot n) \tag{2-79}$$

图 2-30 给出了三种进口预旋下，迷宫密封转子动特性系数随涡动频率的变化曲线。从图 2-30(a)可以发现：与试验结果相比，直接刚度的数值预测结果偏小，且在整个频域内(20～260 Hz)均为负值；试验测量和数值预测

均显示无进口预旋时和施加进口预旋时，迷宫密封直接刚度系数均随涡动频率的增大而减小，且频率越大，减小的越快。在整个频率变化范围内(20～260 Hz)，相比于无进口预旋($\lambda=0$)，进口预旋使迷宫密封直接刚度系数减小，且预旋越大，减小的越明显。

如图 2-30(b)所示：与试验结果相比，直接刚度的数值预测结果偏小。无进口预旋($\lambda=0$)时，试验结果和数值预测计算结果均显示迷宫密封直接阻尼系数在 0～260 Hz 频率范围内是频率无关的，直接阻尼的数值预测值在 20 Hz时突然减小。施加进口预旋($\lambda=0.5$，$\lambda=1.0$)时，试验结果和数值预测计算结果均显示：在低频率区($f<80$ Hz)，迷宫密封直接阻尼系数随涡动频率的增大而减小；在高频率区(100～260 Hz)，直接阻尼系数随涡动频率变化不明显，是频率无关的。在整个频率变化范围内(20～260 Hz)，相比于无进口预旋($\lambda=0$)时的值，进口预旋使迷宫密封直接阻尼系数增大，特别是在 0～60 Hz和 180～260 Hz 频率范围。在20～80 Hz频率范围内，当进口预旋比从 $\lambda=0.5$ 增大到 $\lambda=1.0$ 时，直接阻尼系数几乎不变。

如图 2-30(c)所示：交叉刚度的数值预测结果与试验结果吻合得很好。X 和 Y 两个方向的交叉刚度大小相等，符号相反($K_{xy}=-K_{yx}$)。无进口预旋($\lambda=0$)时，迷宫密封交叉刚度在整个频率范围(20～260 Hz)内具有频率无关性。施加进口预旋后，迷宫密封交叉刚度在低频区(20～160 Hz)是频率无关的，但当涡动频率 $f>160$ Hz 时，交叉刚度系数的绝对值随涡动频率的增大而增大。值得特别注意的是：当进口预旋比从 $\lambda=0$ 增大到 $\lambda=0.5$ 时，虽然直接刚度系数的绝对值变化很小，但 K_{xy} 和 K_{yx} 的符号发生了变化，K_{xy} 由负变正，K_{yx} 由正变负。图 2-31 给出了交叉刚度在转子面上产生的流体激振力 F_{φ}。如图所示，当 $K_{xy}<0$，$K_{yx}>0$ 时，F_{φ} 的方向与转子涡动轨迹的切线方向(即涡动速度方向)相反，对转子产生正的阻尼；当 $K_{xy}>0$，$K_{yx}<0$ 时，F_{φ} 的方向与转子涡动轨迹的切线方向(即涡动速度方向)相同，产生负的阻尼。因此进口预旋改变了交叉刚度的方向，产生了不利于转子系统稳定的交叉刚度($K_{xy}>0$，$K_{yx}<0$)。不稳定交叉刚度($K_{xy}>0$，$K_{yx}<0$)的绝对值随进口预旋比的增大而显著增大。

如图 2-30(d)所示：有效阻尼的数值预测结果与试验结果吻合得很好。无进口预旋($\lambda=0$)时，试验结果和数值预测计算结果均显示在整个频率范围(20～260 Hz)内，迷宫密封具有正的有效阻尼；迷宫密封有效阻尼随涡动频率的增大而逐渐减小，当涡动频率增大到一定值时($f>120$ Hz)，有效阻尼达到最小值，不再随涡动频率的增大而变化。施加进口预旋后，迷宫密封有效阻尼在低频区出现了负值，随涡动频率的增大，有效阻尼逐渐增大；当涡动频率增大到一定值时，有效阻尼从负值变为正值，这一频率称为穿越频率 f_{co}。穿越频率 f_{co}随进口预旋比的增大而增大(即随进口预旋比的增大，迷宫密封的负有效阻尼区逐渐增大)，当 $\lambda=0.5$ 时，$f_{co}=40$ Hz；$\lambda=1.0$ 时，$f_{co}=100$ Hz；这说明随进口预旋速度的增大，由于迷宫密封产生的流体激振力，转子系统可能发生失稳的频率区域增大。随涡动频率的增大，进口预旋对有效阻尼的影响逐渐减弱，在高频区($f>240$ Hz)，不同进口预旋比下的有效阻尼趋于相等。

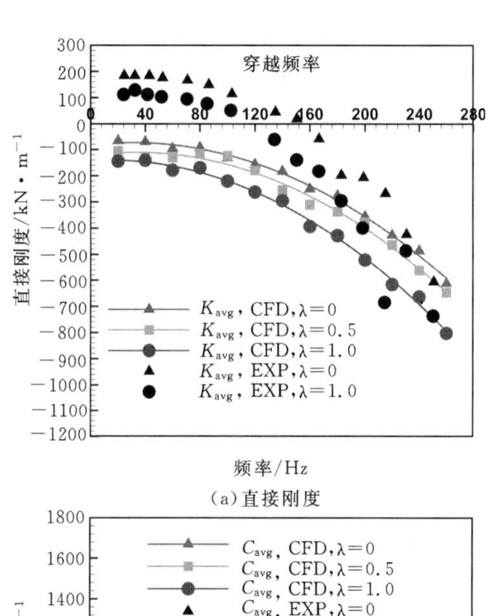

(a) 直接刚度

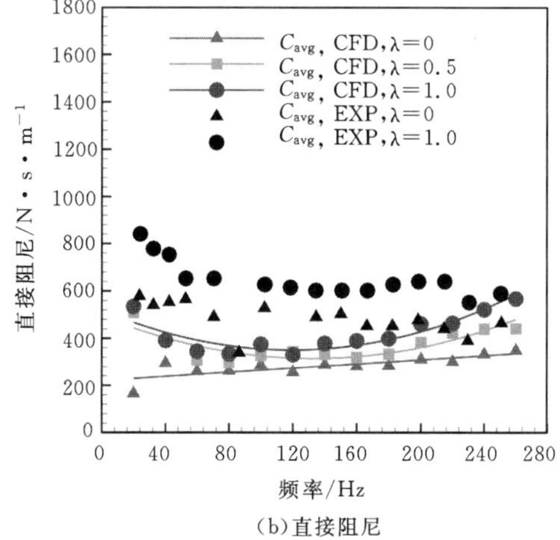

(b) 直接阻尼

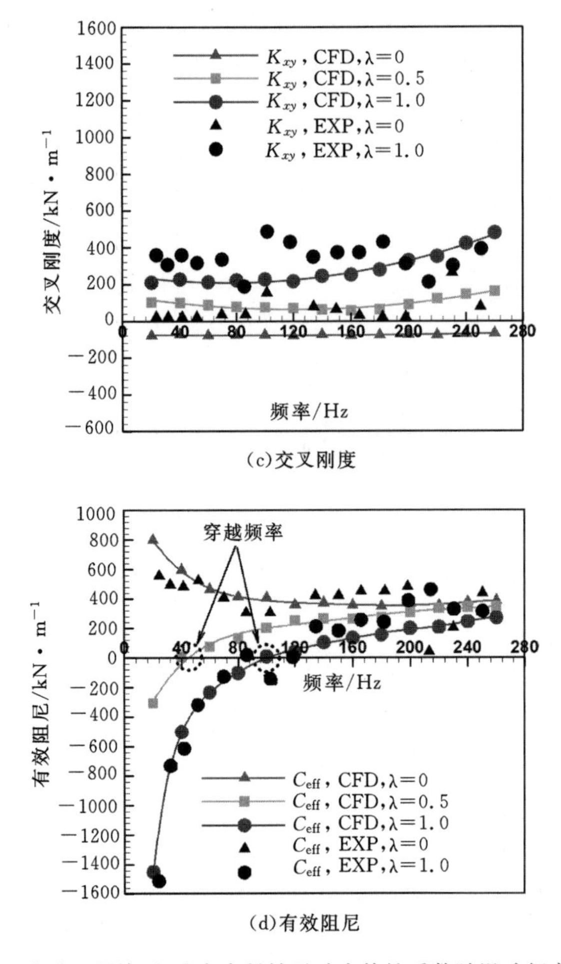

图 2-30　三种进口预旋下，迷宫密封转子动力特性系数随涡动频率的变化曲线

图 2-31 给出了交叉刚度对转子产生的流体激振力。图 2-32 给出了迷宫密封泄漏量随进口预旋比的变化曲线。泄漏量随进口预旋比的增大而呈抛物线形减小。泄漏量的非稳态计算结果稍大于稳态计算结果，说明转子振动会引起迷宫密封泄漏量的增加。图 2-33 给出了迷宫密封转子面上压力分布。从图 2-33(a)中可以发现：稳态求解时，转子与密封静子同心，转子面上的静压沿周向均匀分布，说明转子受力平衡($F_x=0, F_y=0$)。图 2-33(b)和(c)显示非稳态求解时，转子绕静子中心涡动，转子面上的静压分布是非轴对称的，但周向压差不明显，这主要是由于沿流动方向(轴向)的压差很大，覆盖了周向压差。为分析转子涡动引起的周向静压差，图 2-34 给出了密封腔室中

的静压分布。如图所示，稳态求解时，密封腔室中的压力沿周向是均匀分布的，产生的流体激振力为零($F_x=0$，$F_y=0$)。图2-34(b)和(c)显示转子涡动引起密封腔室压力沿周向不平衡分布。从图2-28左图可以发现$T=0.1$ s时刻，转子的位移为$X>0$，$Y=0$，转子的涡动速度为$\dot{X}=0$，$\dot{Y}>0$。无预旋时($\lambda=0$)，流体激振力($F_x>0$，$F_y<0$)表征负的有效刚度和正的有效阻尼；施加预旋后($\lambda=1.0$)，流体激振力($F_x>0$，$F_y>0$)表征负的有效刚度和负的有效阻尼。这说明进口预旋能改变密封腔室中流体激振力的方向，使迷宫密封有效阻尼由正值变为负值，进而使转子系统失稳。

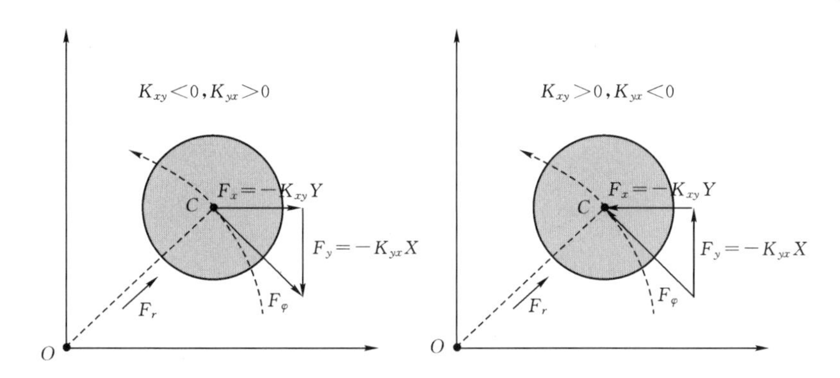

图2-31　交叉刚度对转子产生的流体激振力

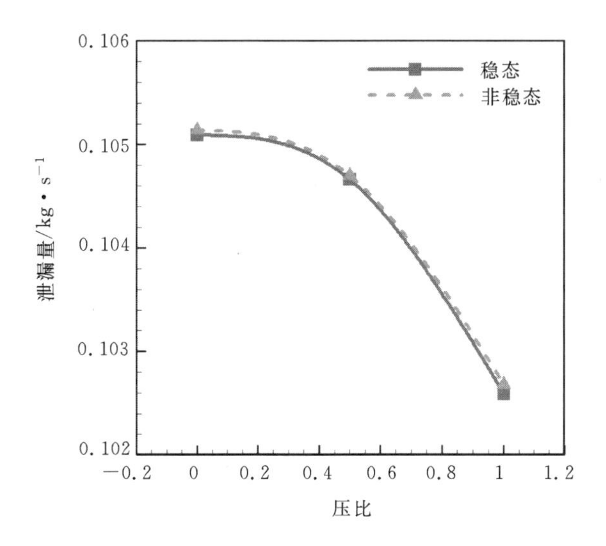

图2-32　密封泄漏量随进口预旋比的变化曲线

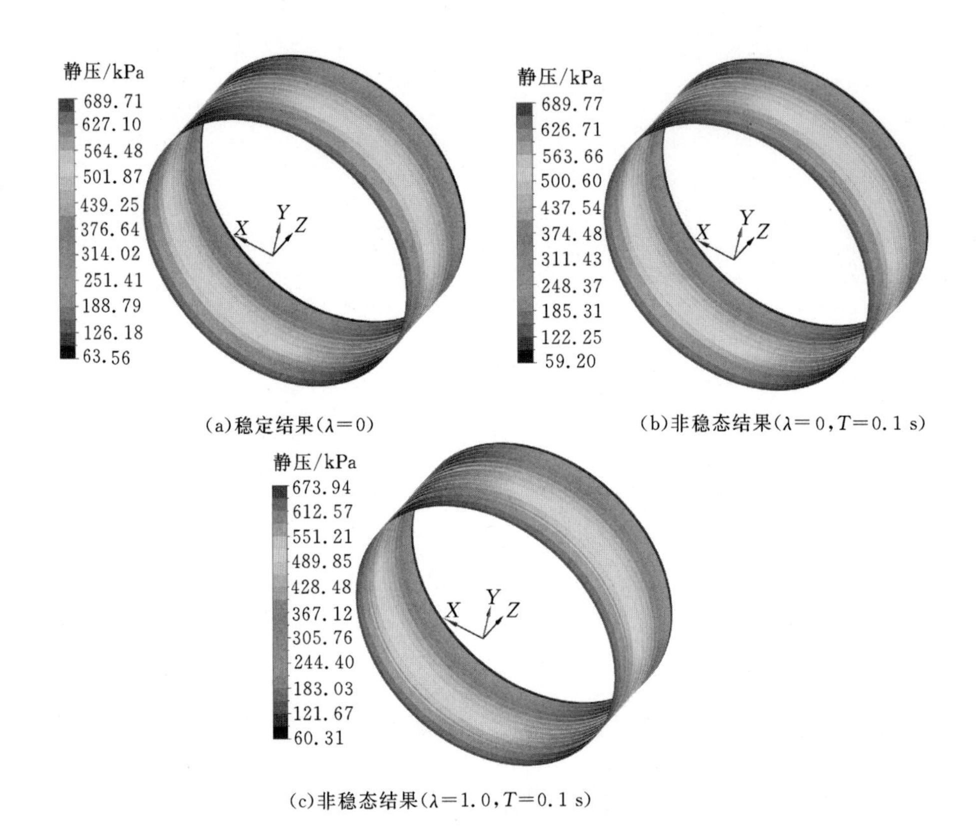

(a)稳定结果($\lambda=0$)

(b)非稳态结果($\lambda=0, T=0.1$ s)

(c)非稳态结果($\lambda=1.0, T=0.1$ s)

图 2-33 转子面静压分布(X 方向激励)

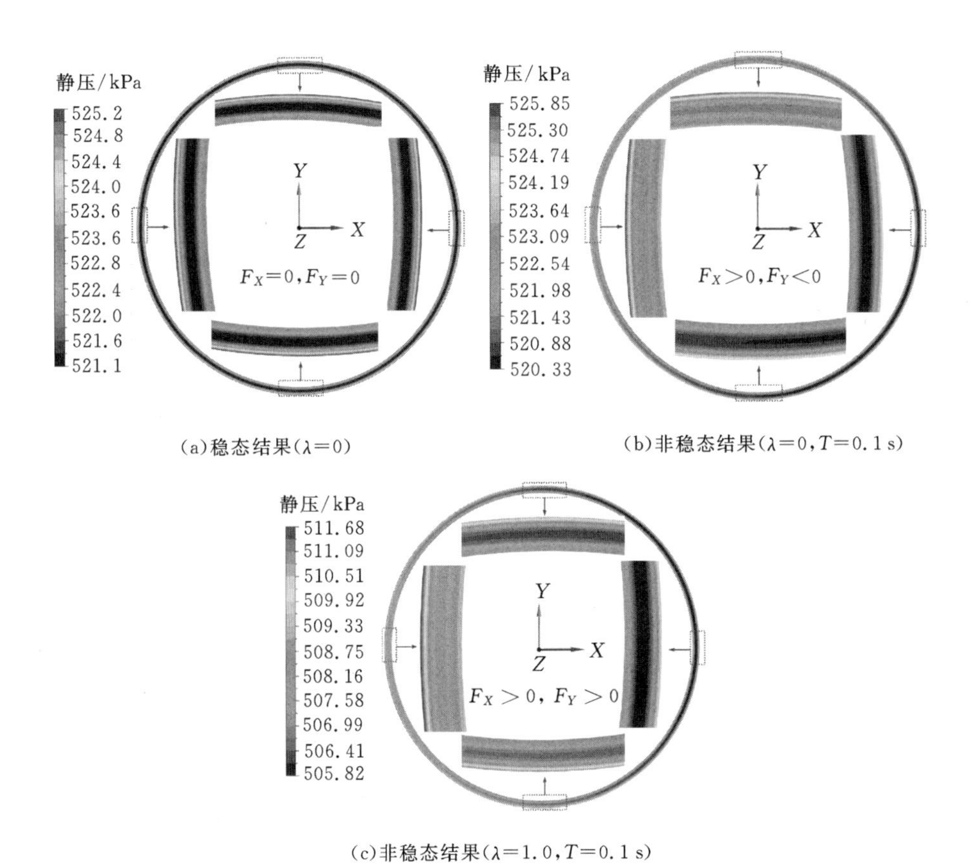

(a)稳态结果($\lambda=0$)

(b)非稳态结果($\lambda=0, T=0.1$ s)

(c)非稳态结果($\lambda=1.0, T=0.1$ s)

图2-34　沿流动方向第7个密封腔室轴向截面压力分布(X方向激励)

2.4 迷宫密封的性能退化

在理想运行状态下，迷宫式密封的转子部分并不会与静子部分发生接触。但是在实际运行的过程中，透平机械可能会经历各种非稳态过程，导致密封的转子部分与静子部分发生接触破坏，引起密封的性能变化(Ghasripoor,2004)。例如，在透平机械启动或者停机的时候，由于转子存在偏心，以及动静部分不同的热膨胀率会导致动静部分发生相对位移，从而导致动静部分发生接触。当动静部分发生碰触时，迷宫密封的迷宫齿可能会发生磨损、弯曲、蘑菇化等失效破坏。图 2-35 给出了工程中观测到的迷宫齿磨损以及蘑菇化的照片。当损坏发生时，会导致密封的动静间隙增大、密封内的流场结构发生变化、密封泄漏量及传热特性发生变化。在本节，主要针对迷宫式密封的失效(包括：迷宫齿的磨损、弯曲以及蘑菇化)对迷宫密封的泄漏流动以及传热特性的影响开展研究，具体包括：迷宫齿磨损变形对迷宫式密封泄漏流动特性的影响；迷宫齿磨损变形对迷宫式密封传热特性的影响。

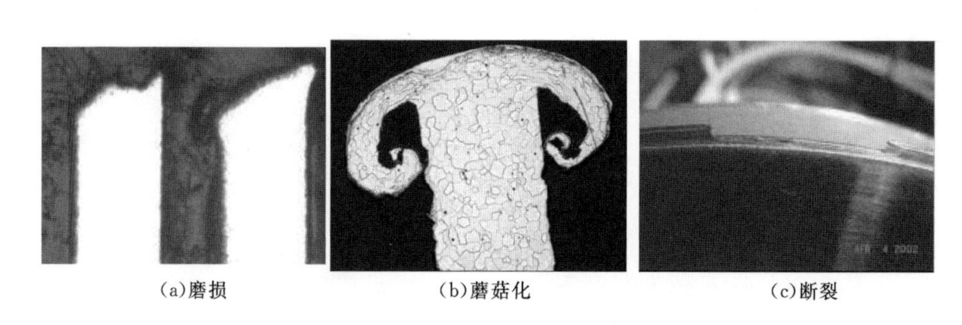

(a)磨损 (b)蘑菇化 (c)断裂

图 2-35 迷宫齿损坏照片(Ghasripoor,2004)

图 2-36 给出了典型迷宫密封磨损和弯曲变形示意图。当磨损发生时，齿间会钝化，形成蘑菇化的突起，当运行稳定后，动静间隙增大。而当弯曲变形发生时，迷宫齿发生永久弯曲，齿间增大，密封内的流场结构会相对于初始设计产生较大的变化。

为了描述迷宫密封磨损变形后几何结构的变化，图 2-37 给出了密封变形前后的特征尺寸。对于弯曲变形，弯曲程度可用 3 个特征尺寸 U, R, β 的变化来描述(实际上只需两个即可唯一确定)；对于蘑菇化损坏，损坏程度由 R_m 确定。

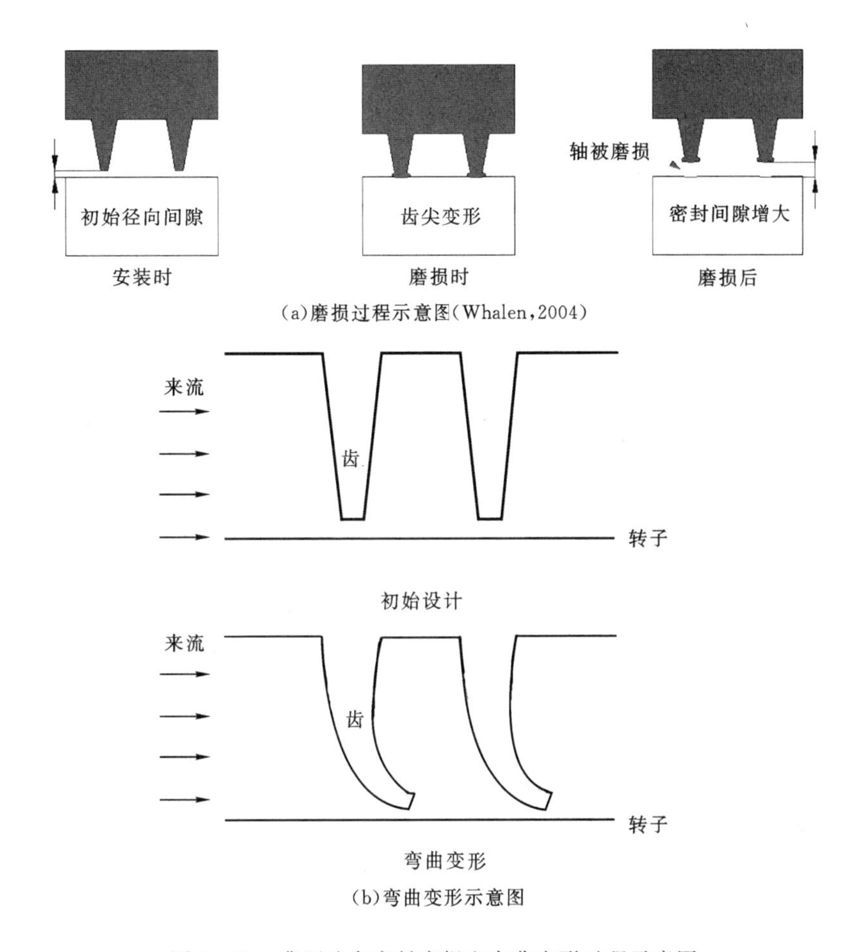

(a)磨损过程示意图(Whalen,2004)

(b)弯曲变形示意图

图2-36　典型迷宫密封磨损和弯曲变形过程示意图

密封的进口处给定总压为1.379×10^6 Pa,进口气温394 K,进口速度方向垂直于进口边界,出口静压为1.149×10^6 Pa。研究中固体壁面均为绝热边界,工质与壁面接触采用光滑无滑移边界条件。对于静子面和转子面分别采用静止和旋转两类壁面边界。转子的转速为10000 r/min。由于计算模型为三维轴对称结构,所以取部分弧段作为研究对象。湍流模型采用二方程模型,近壁面采用壁面函数法求解。弧段的两侧采用周期性边界。工质为理想空气。计算中,采用多块结构化网格生成密封的计算网格,如图2-38所示。计算前需要对数值方法的可靠性和精度进行考核。图2-39给出了计算得到的迷宫密封泄漏流动特性和试验值的对比,从图中可以看出,采用本节介绍的数值方法得出迷宫密封性能退化特性计算值与试验值吻合良好。

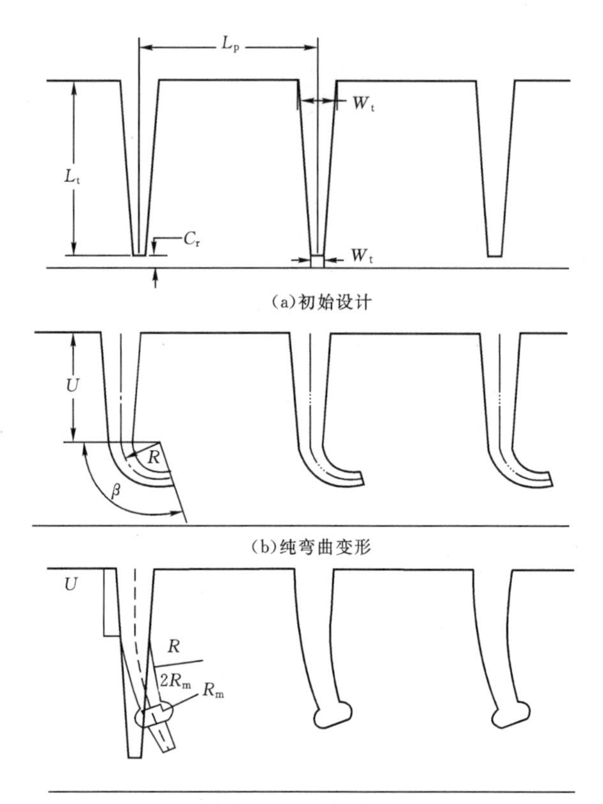

图 2-37 迷宫密封蘑菇化损坏示意图(Yan,2014)

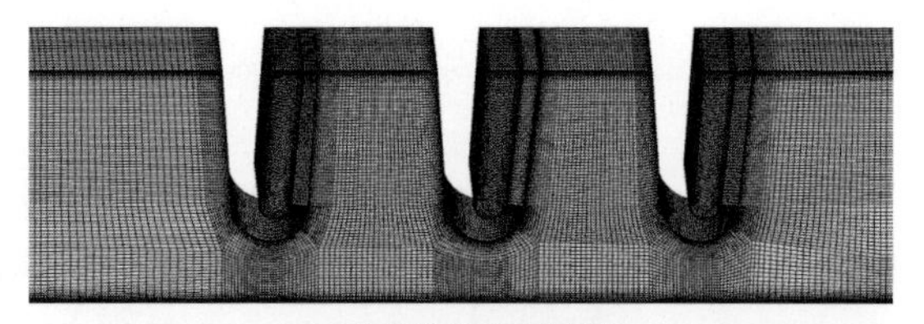

(a)大弯曲变形时的网格

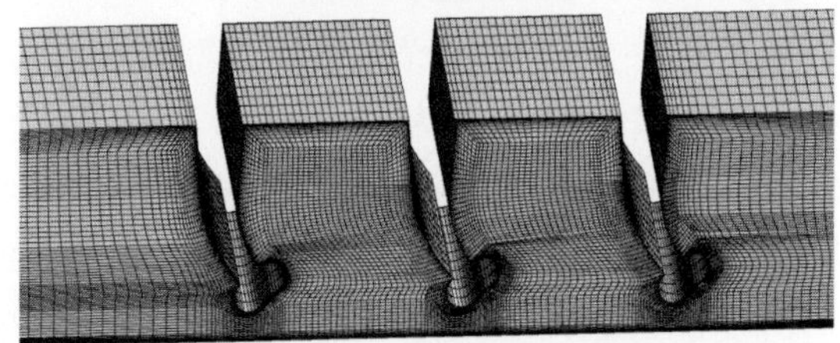

(b)蘑菇化+弯曲变形工况时网格

图 2-38 计算网格示意图

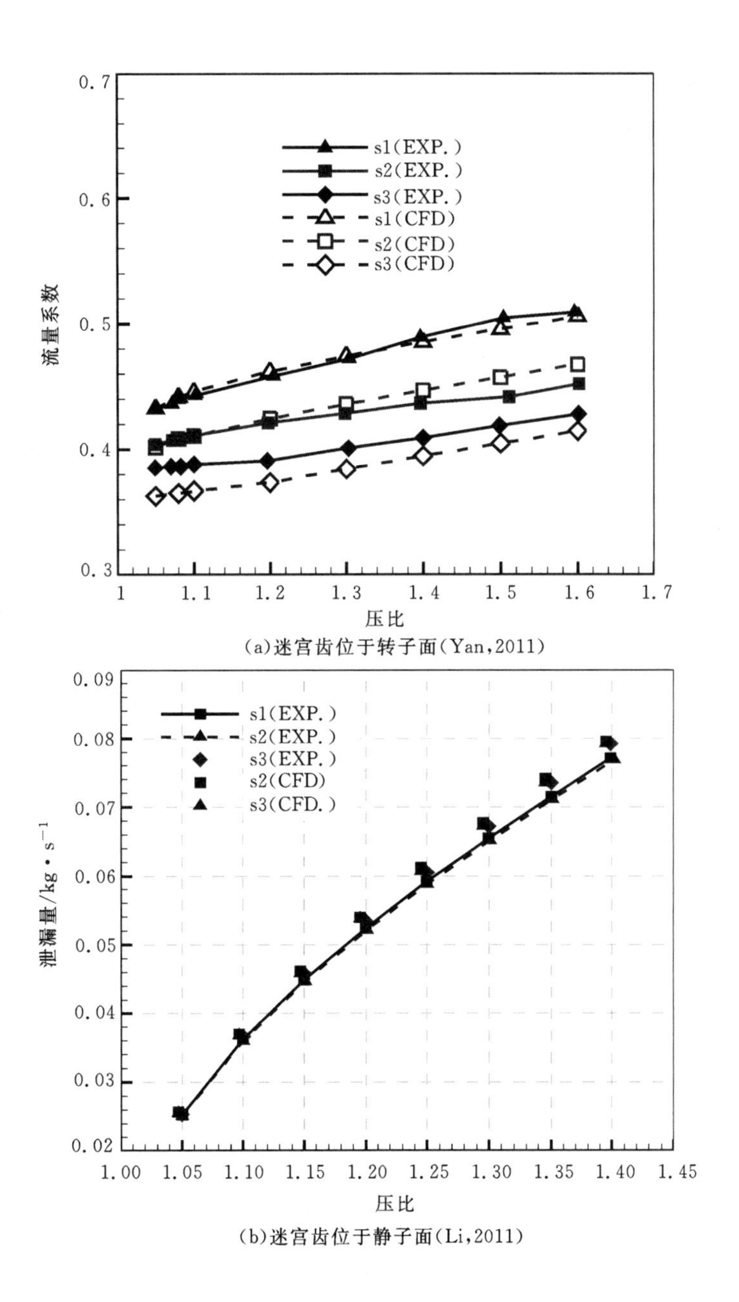

(a)迷宫齿位于转子面(Yan,2011)

(b)迷宫齿位于静子面(Li,2011)

图 2-39　迷宫密封泄漏量数值计算有效性验证

2.4.1　齿磨损变形对泄漏流动特性的影响

迷宫齿在发生磨损时，假设迷宫齿仅顶端部分被磨掉，磨损对密封其它部分没有影响。定义磨损率为：

$$\varepsilon_r = \frac{C_r^* - C_r}{L_t} \times 100\% \tag{2-80}$$

其中 C_r^* 为磨损后的密封间隙尺寸，C_r 为密封的设计间隙尺寸。

计算时取磨损后的间隙尺寸 $C_r^* = 0.508$、0.762、1.016 mm，原始密封间隙为 0.254 mm。对应的磨损率分别为 7.143%、14.286% 和 21.429%。表 2-3给出了密封的其它尺寸。

表 2-3　迷宫式密封几何尺寸参数(Xu,2006)

参数	值(mm)
C_r	0.254
L_t	3.556
L_p	3.556
W_r	0.76
W_t	0.26

图 2-40 给出了压比为 1.2、转速为 10000 r/min 时密封泄漏量与磨损率之间的关系。从图中可以看出：随磨损率的增大，密封泄漏量逐渐增大，增大的速率渐增。图 2-41 给出了 4 种不同磨损率时迷宫密封泄漏量与压比间的关系，从图中可以看出，不同磨损率条件下，密封的泄漏特性类似。

图 2-42 给出了不同弯曲高度时(见图 2-37(b))密封泄漏量与弯曲角间的关系，从图中可以看出，在相同的弯曲高度时，泄漏量随弯曲角的增大而增大，这主要是由于间隙尺寸随着弯曲角的增大而逐渐增大。图 2-43～图 2-45分别给出了 3 种弯曲高度条件下、不同弯曲角度时，泄漏量与压比间的关系图。

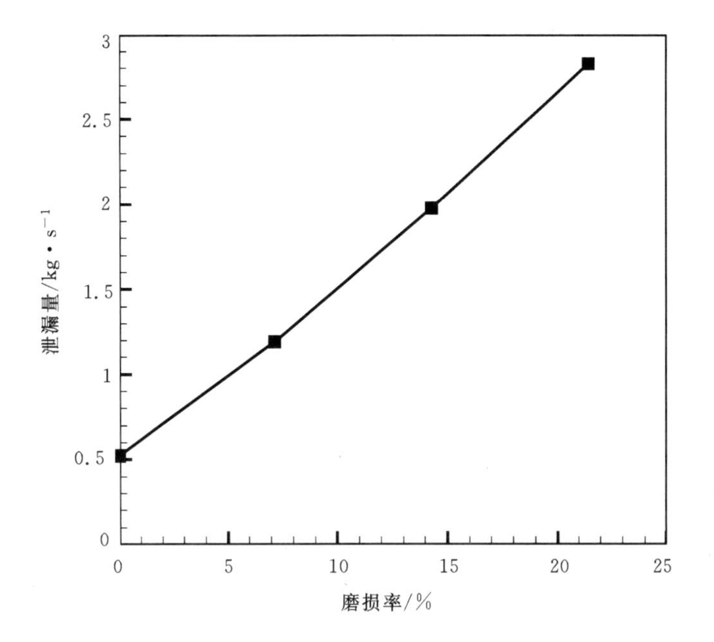

图2-40　泄漏量与磨损率间关系图($PR=1.2$，$n=10000$ r/min)

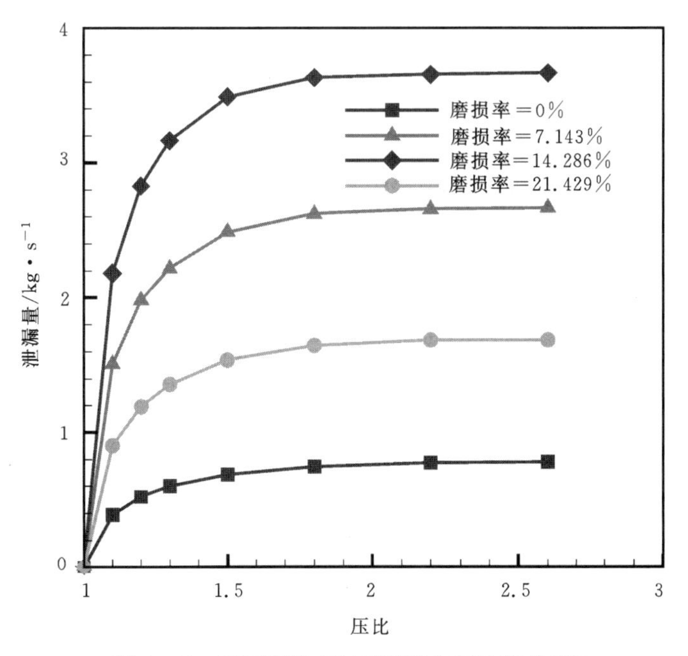

图2-41　不同磨损率时泄漏量与压比间关系图

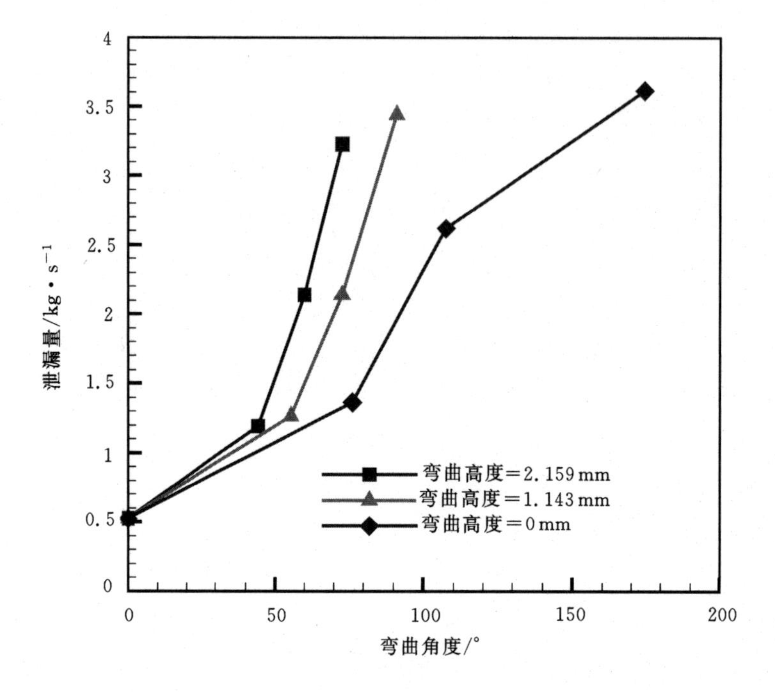

图 2-42 不同 U 时泄漏量与弯曲角间的关系

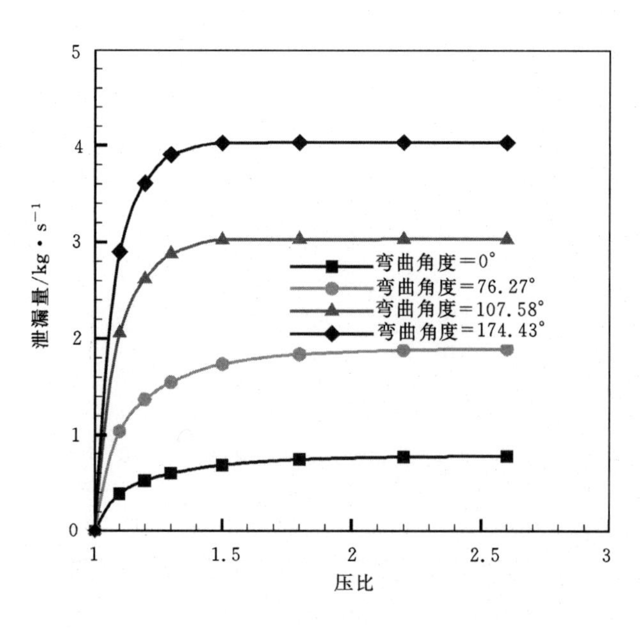

图 2-43 U=2.159 mm 时泄漏量与压比间的关系

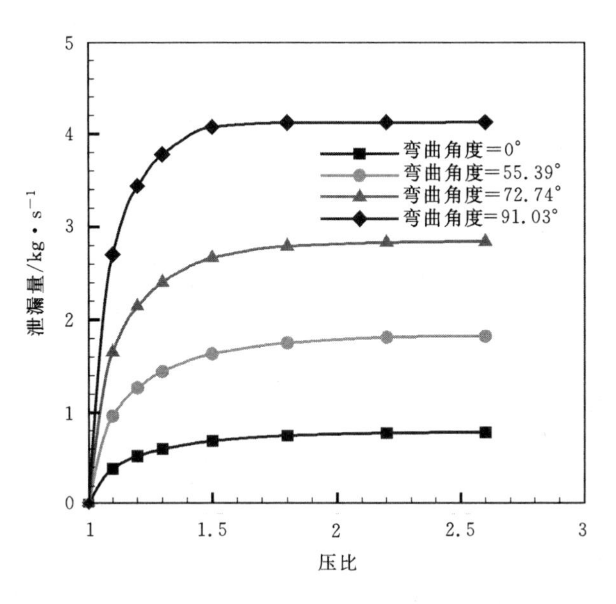

图 2-44　U=1.143 mm 时泄漏量与压比间的关系

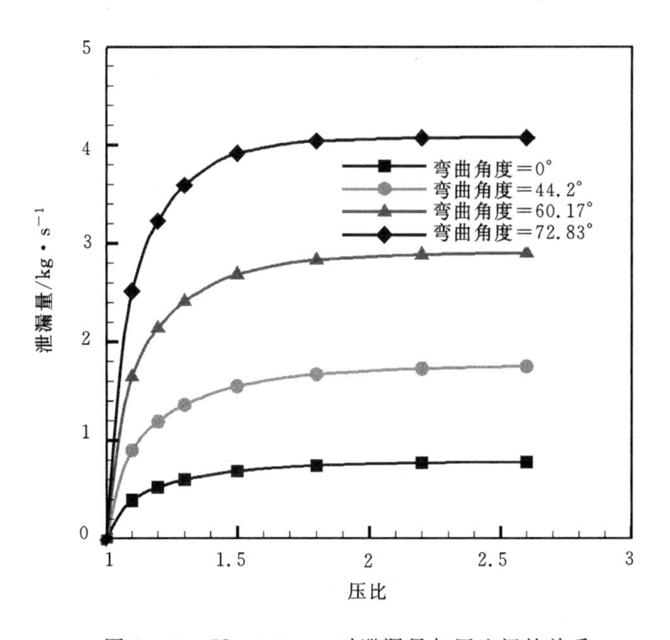

图 2-45　U=0.0 mm 时泄漏量与压比间的关系

图 2-46 给出了蘑菇化和变形破坏时密封泄漏量随有效间隙的变化，从图中可以看出：相对于原始设计，迷宫齿的损坏对泄漏量的影响显著。在所计算的损坏工况中，当密封有效间隙相同时，未弯曲、大蘑菇化半径条件下泄漏量最大，单纯磨损破坏的泄漏量最小。但是，对于所有工况，泄漏量与有效间隙近似成线性关系。

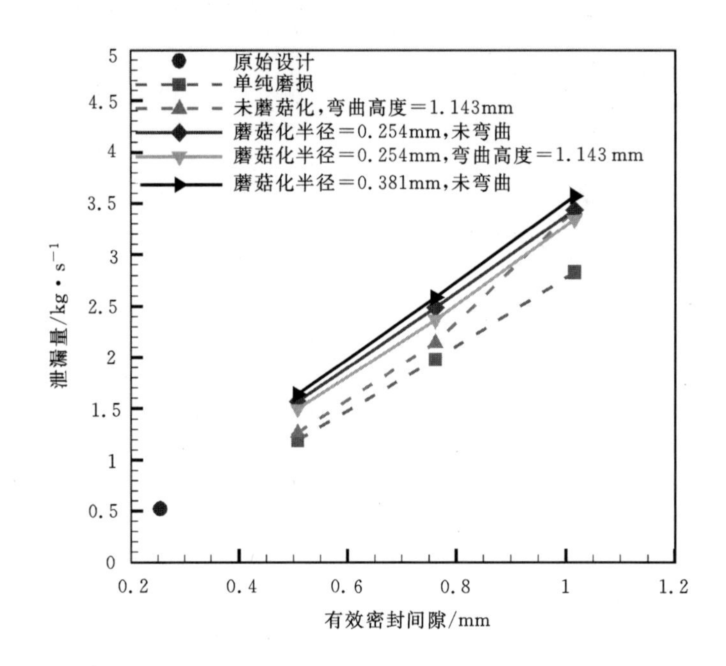

图 2-46 泄漏量与 C_r^* 间关系

图 2-47 给出了蘑菇化和变形破坏时密封泄漏量随压比的变化关系，对于磨损破坏，泄漏量随压比的增大近似成正比例关系，当压比增大到一定值时，密封泄漏量到达堵塞工况。对于所有磨损破坏，堵塞压比近似相同。在相同有效压比条件下，密封泄漏量随蘑菇化半径的增大而增大。并且，弯曲工况条件下的泄漏量要小于未弯曲工况。

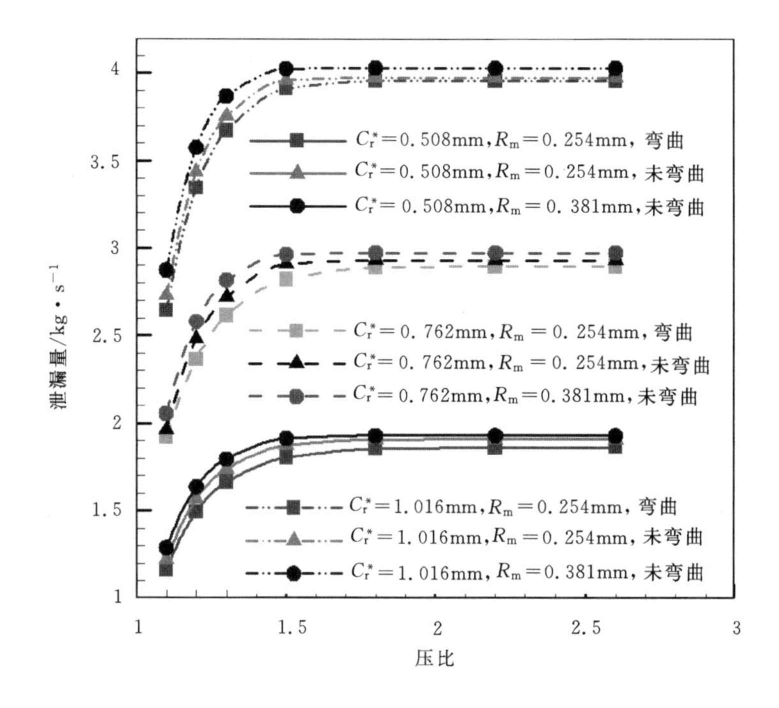

图2-47 泄漏量与压比间关系

2.4.2 齿磨损变形对传热特性的影响

迷宫密封在运行过程中可能出现的磨损、弯曲以及蘑菇化等失效会对燃气轮机冷却特性与换热特性产生重要的影响。本章以某燃机13齿迷宫式密封为研究对象，计算了密封在迷宫齿弯曲以及迷宫齿蘑菇化这两种失效情况下，密封换热特性的变化规律。图2-48中给出了本节的计算的对象，几何尺寸来源于文献(Micio,2011)。为了将计算结果与试验结果(Micio,2011)进行对比，计算的边界条件与试验的边界条件相一致(见表2-4)。

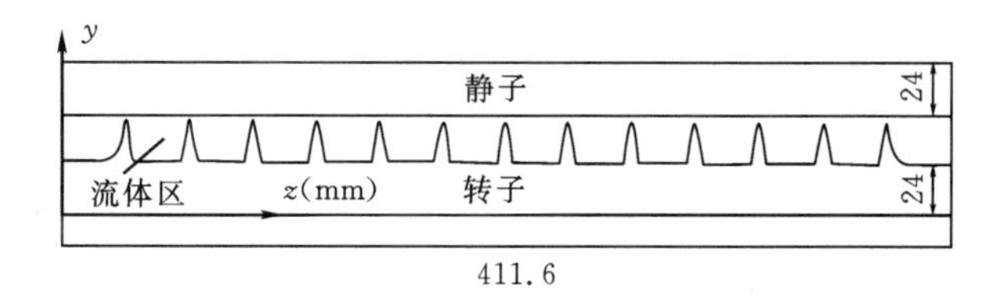

图2-48 迷宫密封几何尺寸图(Micio,2011)

表 2-4 13齿迷宫密封几何参数(Micio,2011)

参数	值
节距/mm	29.4
齿尖宽/mm	1.5
齿尖高/mm	2.6
齿高/mm	18.0
齿型夹角/°	20
进出口圆角半径/mm	9.0
密封间隙/mm	4.5,6.0
密封宽度/mm	400

图 2-49 给出了计算网格示意图。采用耦合传热的方法(ANSYS,2007)计算迷宫密封内的流动传热特性。图 2-50 和图 2-51 给出了设计工况下转子面与静子面上 Nu 分布,式(2-76)为 Nu 系数的定义。从图中可以看出:计算和试验值吻合良好。图 2-52 给出了弯曲变形和蘑菇化损坏模型示意图。为了研究弯曲变形对密封传热特性的影响,选择 3 种不同程度的变形尺寸,如表 2-5 所示。

$$Nu = \frac{h \cdot 2C_r^*}{\lambda_g} \tag{2-81}$$

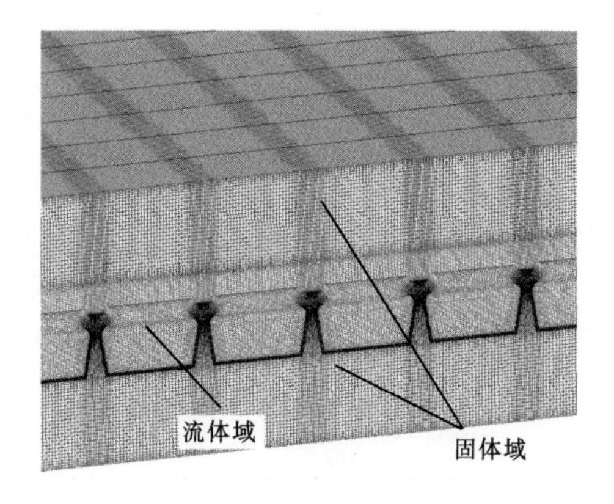

图 2-49 计算网格示意图

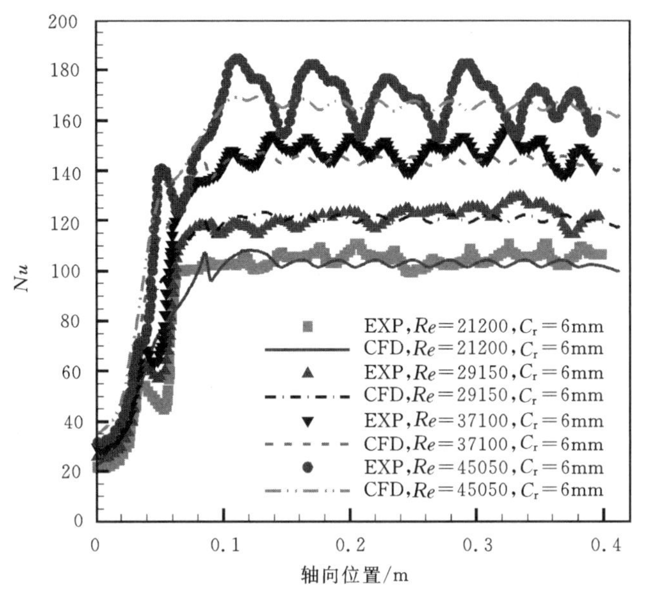

图 2-50　静子面 Nu 分布(C_r=6 mm)

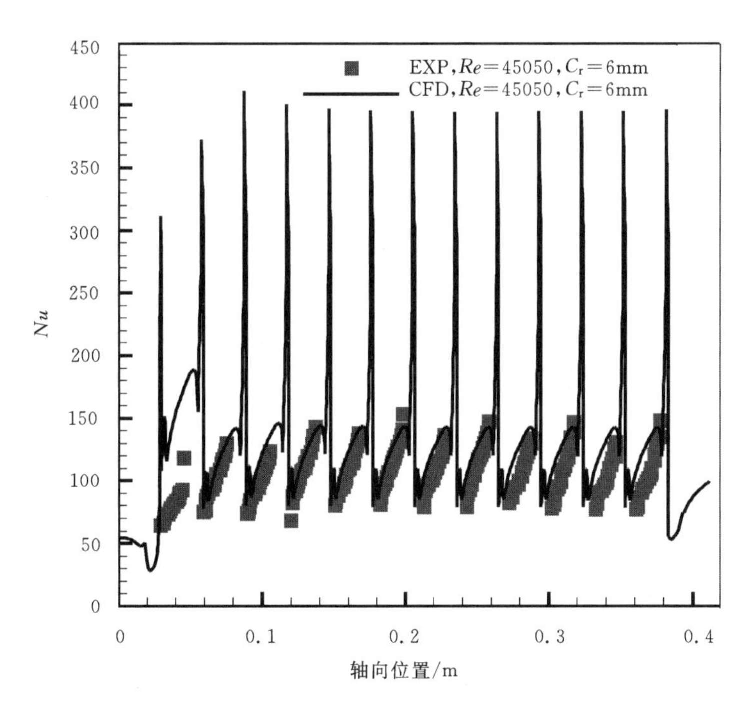

图 2-51　转子面 Nu 分布(Re=45050, C_r=6 mm)

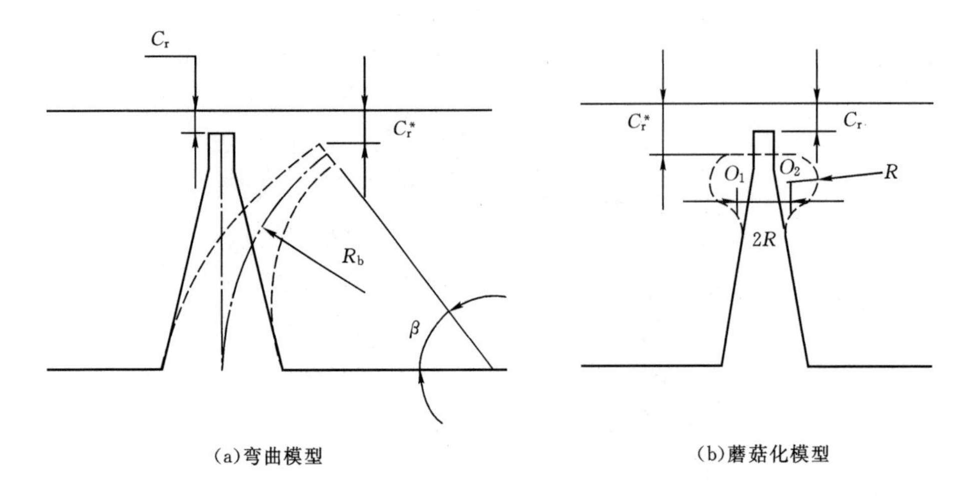

(a)弯曲模型 (b)蘑菇化模型

实线—初始设计;虚线—损坏后

图 2-52 弯曲变形和蘑菇化损坏示意图(Xu,2006)

表 2-5 弯曲几何尺寸

C_r^* (mm)	R_b (mm)	$\beta(o)$
6.1	52.53	19.63
6.2	44.08	23.4
6.3	39	26.44

图 2-53～图 2-55 分别给出了有效间隙为 6.1 mm，6.2 mm，6.3 mm 时，迷宫齿弯曲变形对转、静子面上传热特性的影响。从图中可以看出：与原始设计相比，弯曲变形会导致静子面 Nu 增大，但对转子面 Nu 分布影响不大。随 Re 增大，转子面和静子面上 Nu 显著增大。

为了研究蘑菇化损坏对迷宫密封传热特性的影响，定义磨损系数如式(2-80)所示。C_r^* 是损坏后的间隙尺寸，如图 2-52 所示。

图 2-56 给出了 Re=21200 时不同蘑菇半径条件下转/静子面上 Nu 分布。从图中可以看出，在相同的有效间隙条件下，蘑菇化损坏时静子面上 Nu 比原始设计工况下小。对于蘑菇化损坏工况，随蘑菇半径的增大，Nu 逐渐减小。图 2-57 和图 2-58 给出了不同蘑菇化损坏条件下迷宫密封静、转子面上的 Nu 分布。图中反映出：在相同的蘑菇化半径条件下，Nu 随磨损率的增大而增大；在相同有效间隙时，Nu 随蘑菇半径的增大而减小。

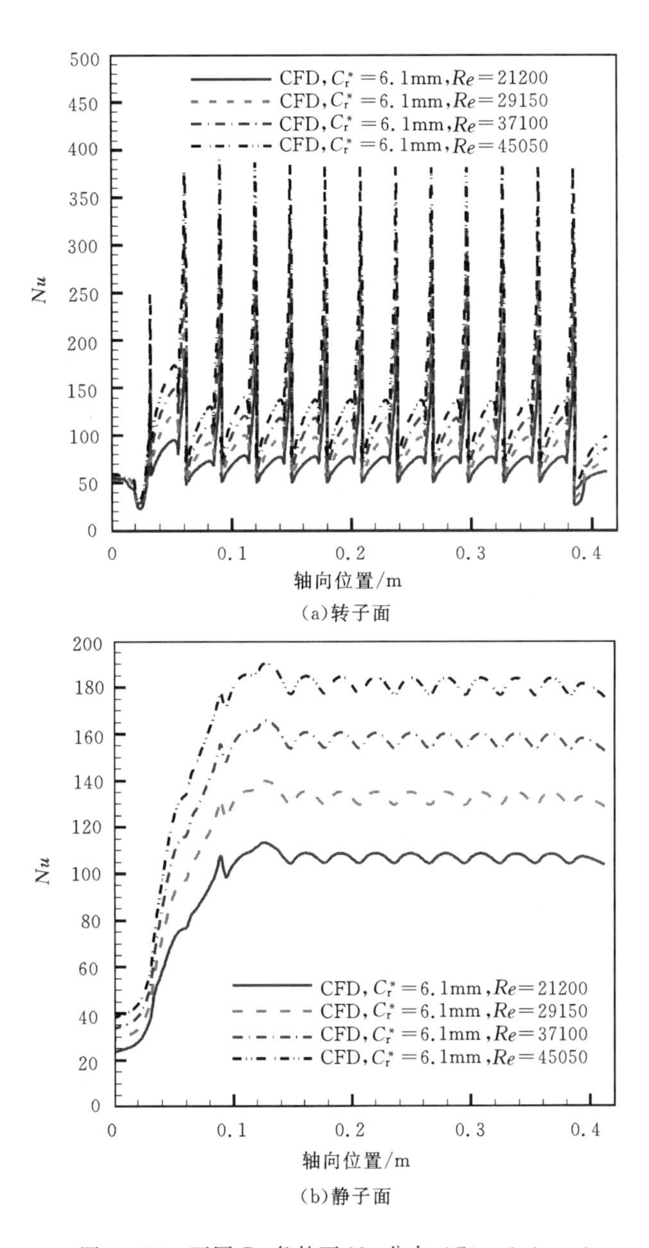

图 2-53　不同 Re 条件下 Nu 分布（C_r^* =6.1 mm）

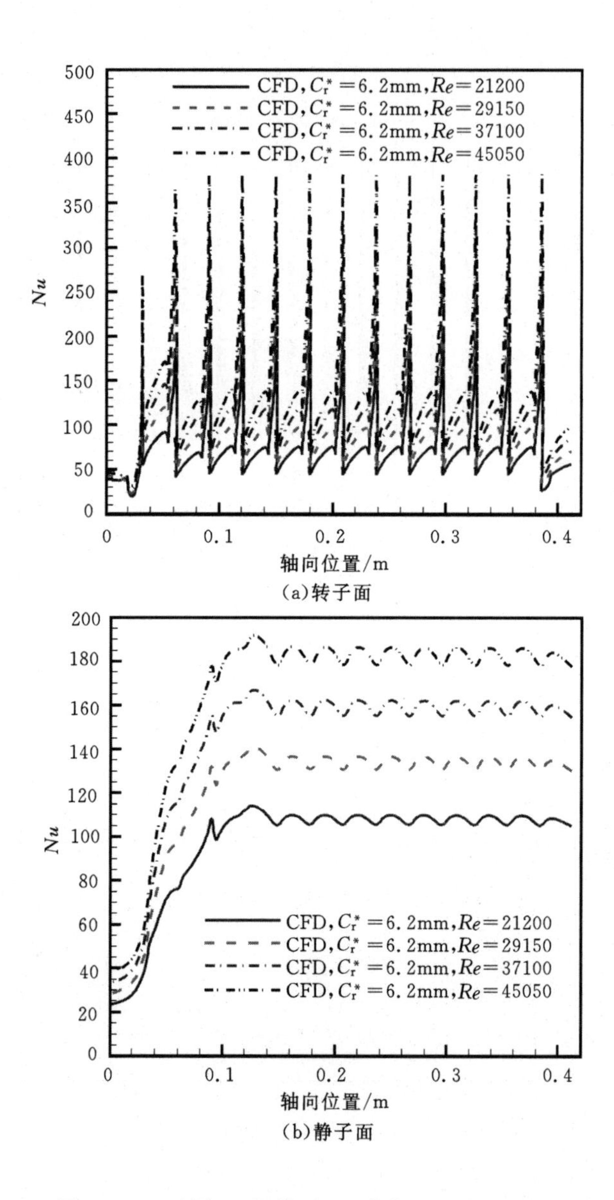

图 2-54 不同 Re 条件下 Nu 分布（C_r^* =6.2 mm）

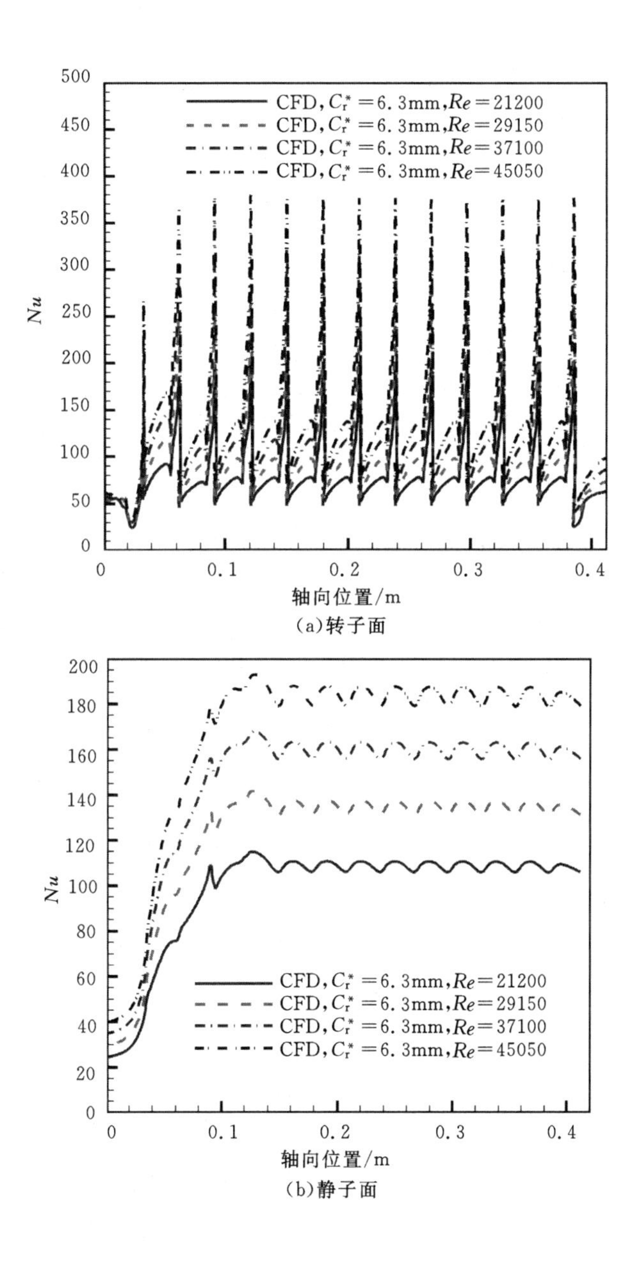

图2-55　不同 Re 条件下 Nu 分布（C_r^* = 6.3 mm）

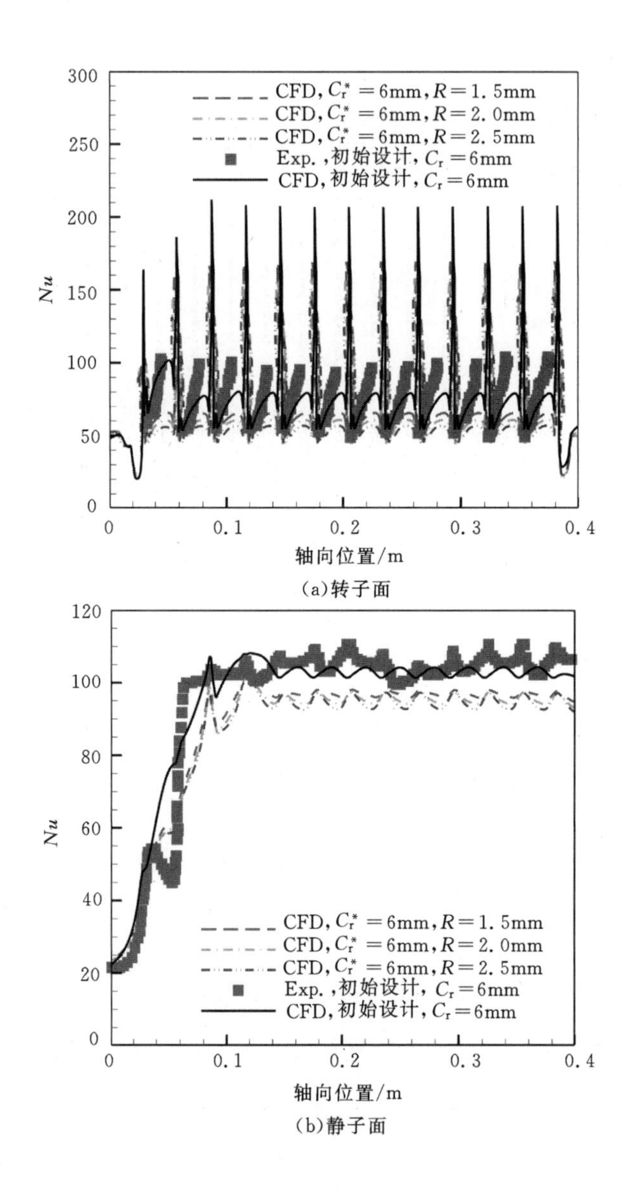

图 2-56 不同蘑菇化损坏条件下 Nu 分布(Re=21200)

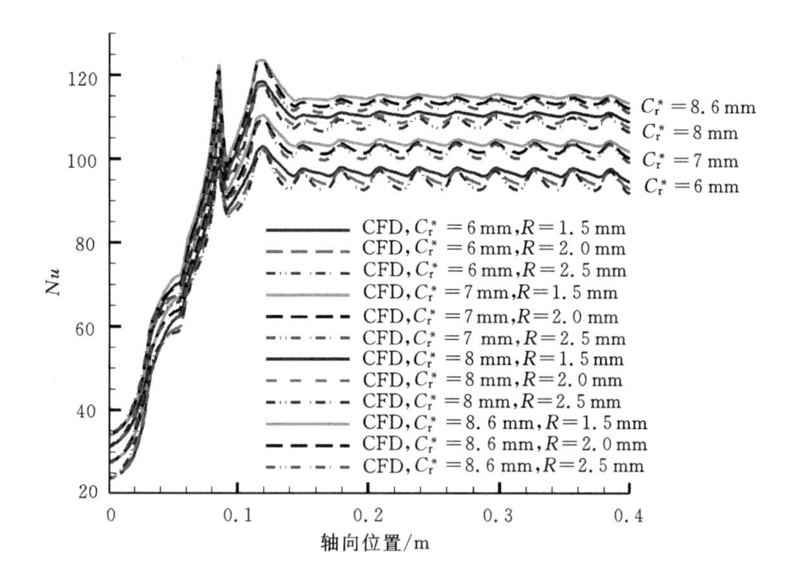

图 2-57 蘑菇化磨损时静子面 Nu 分布(Re=21200)

综上可见,迷宫密封变形及磨损破坏对转/静子面的传热特性有不同程度的影响,并且影响规律十分复杂。目前由于在变形和磨损模型上的不成熟以及试验数据的匮乏,使得迷宫密封工作特性和传热性能退化方面的研究仍处于摸索阶段。

$$w_r = \frac{C_r^* - C_r}{H} \times 100\% \tag{2-82}$$

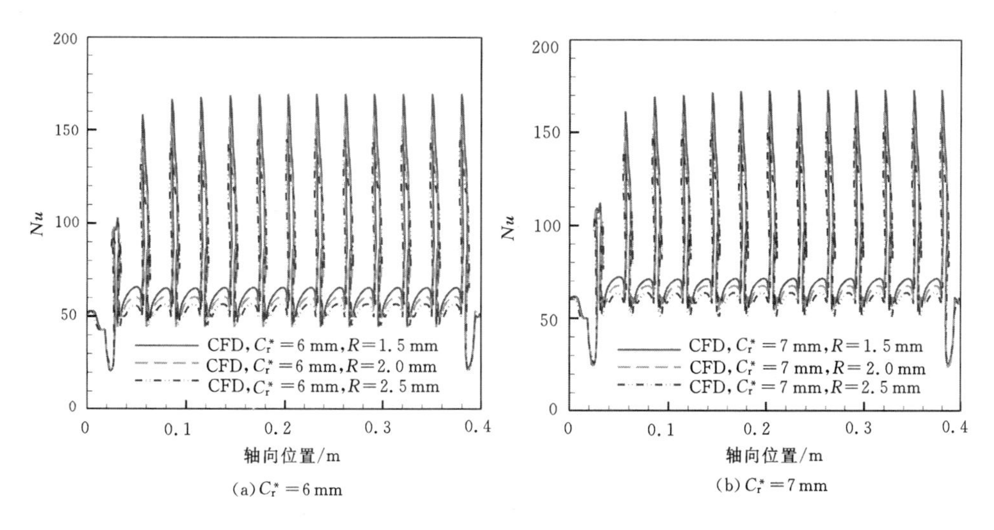

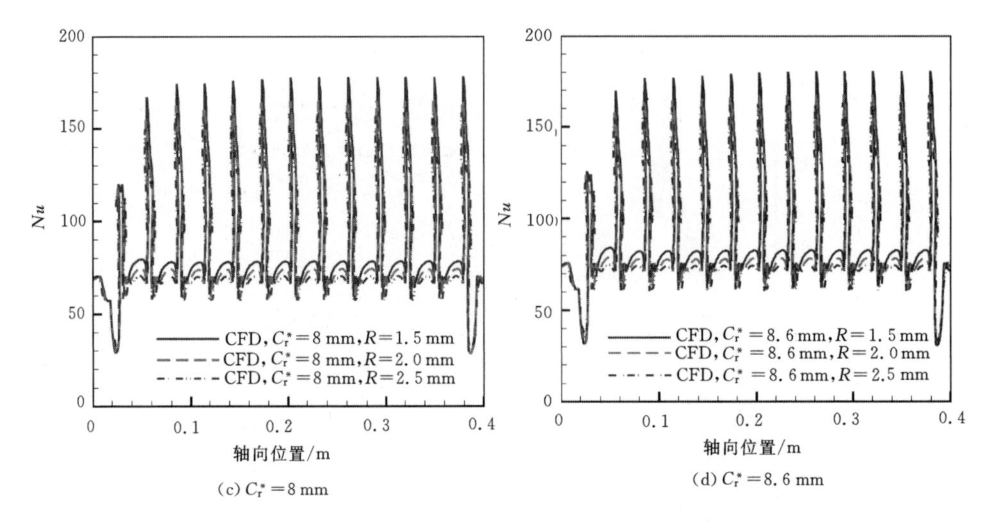

(c) $C_r^*=8$ mm (d) $C_r^*=8.6$ mm

图 2-58 蘑菇化磨损时转子面 Nu 分布(Re=21200)

2.5 本章小结

本章主要介绍了迷宫密封流动、传热、转子动力特性和性能退化方面的研究方法和研究结果。主要研究结论和将来研究工作的重点可归纳如下。

(1)几何尺寸和运行条件对迷宫密封的泄漏量有重要影响。利用经验公式确定密封工作特性及各种因素的影响是目前工程应用中应用非常广泛的方法,仍然是工程中重要的预测手段。但目前高精度的泄漏量预测公式尚十分缺乏,而发展高精度试验和数值计算方法则是开发精确经验公式最重要的途径。

(2)目前虽然试验研究在测量泄漏量、传热和转子动力特性方面取得了一定的进展,但测量精度仍然有待提高,需要在测量仪器和测量方法上进一步深入,完善动密封的试验数据库。

(3)在转子动力特性研究方面,Bulk Flow 方法虽然求解速度快,但由于需引入经验系数,计算结果精度的精确性及提供的信息详尽程度不如 CFD 全三维数值模拟。利用 CFD 方法改进 Bulk Flow 求解精度是将来研究工作的重点。

(4)迷宫密封在运行过程中的磨损和变形对泄漏和传热特性有重要影响。开展该方面的试验研究并开发相应的磨损模型是将来研究工作的重点。

附　录

附录 1

一阶连续方程和动量方程系数：

$$G_{1i}=\frac{A_{0i}}{RT};\ G_{2i}=\frac{P_{0i}L}{RT}$$

$$G_{3i}=\frac{\dot{m}_0 P_{0i}}{P_{0i-1}^2-P_{0i}^2}+\frac{\dot{m}_0\mu_{1i+1}(r-1)}{\pi r P_{0i+1}}(5-4S_{i+1})\left(\frac{P_{0i}}{P_{0i+1}}\right)^{-1/r}$$

$$+\frac{\dot{m}_0\mu_{1i}(r-1)}{\pi r P_{0i}}(5-4S_i)(S_i+1)+\frac{\dot{m}_0 P_{0i}}{P_{0i}^2-P_{0i+1}^2}$$

$$G_{4i}=\frac{-\dot{m}_0 P_{0i-1}}{P_{0i-1}^2-P_{0i}^2}-\frac{\dot{m}_0\mu_{1i}(r-1)}{\pi r P_{0i}}(5-4S_i)\left(\frac{P_{0i-1}}{P_{0i}}\right)^{-1/r}$$

$$G_{5i}=\frac{-\dot{m}_0 P_{0i+1}}{P_{0i}^2-P_{0i+1}^2}-\frac{\dot{m}_0\mu_{1i+1}(r-1)}{\pi r P_{0i+1}}(5-4S_i)(S_{i+1}+1)$$

$$G_{6i}=\frac{\dot{m}_0(Cr_i-Cr_{i+1})}{Cr_i Cr_{i+1}}$$

$$X_{1i}=\frac{P_{0i}A_{0i}}{RT}$$

$$X_{2i}=\dot{m}_0+\frac{(ms+2)\tau_{s0i}as_iL_i}{W_{0i}}+\frac{(mr+2)\tau_{r0i}ar_iL_i}{Rs\omega-W_{0i}}$$

$$X_{3i}=\frac{\tau_{s0i}as_iL_i}{P_{0i}}-\frac{\tau_{r0i}ar_iL_i}{P_{0i}}-\frac{\dot{m}_0(W_{0i}-W_{0i-1})P_{0i}}{P_{0i-1}^2-P_{0i}^2}$$

$$+\frac{\dot{m}_0(W_{0i}-W_{0i-1})(r-1)}{\pi r P_{0i}}\mu_{1i}(4S_i-5)(S_i+1)$$

$$X_{4i}=\frac{\dot{m}_0(W_{0i}-W_{0i-1})P_{0i-1}}{P_{0i-1}^2-P_{0i}^2}-\frac{\dot{m}_0(W_{0i}-W_{0i-1})(r-1)}{\pi r P_{0i}}\mu_{1i}(4S_i-5)\left(\frac{P_{0i-1}}{P_{0i}}\right)^{-1/r}$$

$$X_{5i}=-\frac{\dot{m}_0(W_{0i}-W_{0i-1})}{Cr_i}-\frac{msas_i\tau_{s0i}L_i}{2(Cr_i+B_i)^2}+\frac{mrar_i\tau_{r0i}L_i}{2(Cr_i+B_i)^2}$$

附录 2

一阶连续方程

$\cos(\theta+\omega t)$项：

$$G_{1i}\left(\omega+\frac{W_{0i}}{R_s}\right)\cdot P_{si}^{+}+G_{1i}\frac{P_{0i}}{R_s}\cdot W_{si}^{+}+G_{3i}\cdot P_{ci}^{+}+G_{4i}\cdot P_{ci-1}^{+}+G_{5i}\cdot P_{ci+1}^{+}$$

$$=\frac{a}{\varepsilon}\cdot\frac{G_{6i}}{2}-\frac{b}{\varepsilon}\cdot\frac{G_{6i}}{2}$$

$\sin(\theta+\omega t)$项：

$$-G_{1i}\left(\omega+\frac{W_{0i}}{R_s}\right)\cdot P_{ci}^{+}-G_{1i}\frac{P_{0i}}{R_s}\cdot W_{ci}^{+}+G_{3i}\cdot P_{si}^{+}+G_{4i}\cdot P_{si-1}^{+}+G_{5i}\cdot P_{si+1}^{+}$$

$$=\frac{a}{\varepsilon}\cdot\left(-\frac{G_{2i}\omega}{2}-\frac{G_{2i}W_{0i}}{2R_s}\right)+\frac{b}{\varepsilon}\cdot\left(\frac{G_{2i}\omega}{2}+\frac{G_{2i}W_{0i}}{2R_s}\right)$$

$\cos(\theta-\omega t)$项：

$$G_{1i}\left(\frac{W_{0i}}{R_s}-\omega\right)\cdot P_{si}^{-}+G_{1i}\frac{P_{0i}}{R_s}\cdot W_{si}^{-}+G_{3i}\cdot P_{ci}^{-}+G_{4i}\cdot P_{ci-1}^{-}+G_{5i}\cdot P_{ci+1}^{-}$$

$$=\frac{a}{\varepsilon}\cdot\frac{G_{6i}}{2}+\frac{b}{\varepsilon}\cdot\frac{G_{6i}}{2}$$

$\sin(\theta-\omega t)$项：

$$G_{1i}\left(\omega-\frac{W_{0i}}{R_s}\right)\cdot P_{ci}^{-}-G_{1i}\frac{P_{0i}}{R_s}\cdot W_{ci}^{-}+G_{3i}\cdot P_{si}^{-}+G_{4i}\cdot P_{si-1}^{-}+G_{5i}\cdot P_{si+1}^{-}$$

$$=\frac{a}{\varepsilon}\cdot\left(\frac{G_{2i}\omega}{2}-\frac{G_{2i}W_{0i}}{2R_s}\right)+\frac{b}{\varepsilon}\cdot\left(\frac{G_{2i}\omega}{2}-\frac{G_{2i}W_{0i}}{2R_s}\right)$$

一阶动量方程

$\cos(\theta+\omega t)$项：

$$X_{1i}\left(\omega+\frac{W_{0i}}{R_s}\right)\cdot W_{si}^{+}+\frac{A_{0i}}{R_s}\cdot P_{si}^{+}+X_{2i}\cdot W_{ci}^{+}-\dot{m}_0\cdot W_{ci-1}^{+}+X_{3i}\cdot P_{ci}^{+}+X_{4i}\cdot P_{ci-1}^{+}$$

$$=\frac{a}{\varepsilon}\cdot\left(-\frac{X_{5i}}{2}\right)+\frac{b}{\varepsilon}\cdot\left(\frac{X_{5i}}{2}\right)$$

$\sin(\theta+\omega t)$项：

$$-X_{1i}\left(\omega+\frac{W_{0i}}{R_s}\right)\cdot W_{ci}^{+}-\frac{A_{0i}}{R_s}\cdot P_{ci}^{+}+X_{2i}\cdot W_{si}^{+}-\dot{m}_0\cdot W_{si-1}^{+}$$

$$+X_{3i}\cdot P_{si}^{+}+X_{4i}\cdot P_{si-1}^{+}=0$$

$\cos(\theta-\omega t)$项：

$$X_{1i}\left(\frac{W_{0i}}{R_s}-\omega\right)\cdot W_{si}^{-}+\frac{A_{0i}}{R_s}\cdot P_{si}^{-}+X_{2i}\cdot W_{ci}^{-}-\dot{m}_0\cdot W_{ci-1}^{-}+X_{3i}\cdot P_{ci}^{-}+X_{4i}\cdot P_{ci-1}^{-}$$

$$= \frac{a}{\varepsilon} \cdot \left(-\frac{X_{5i}}{2}\right) + \frac{b}{\varepsilon} \cdot \left(-\frac{X_{5i}}{2}\right)$$

$\sin(\theta - \omega t)$项：

$$X_{1i}\left(\omega - \frac{W_{0i}}{R_s}\right) \cdot W_{ci}^- - \frac{A_{0i}}{R_s} \cdot P_{ci}^- + X_{2i} \cdot W_{si}^- - \dot{m}_0 \cdot W_{si-1}^- + X_{3i} \cdot$$

$$P_{si}^- + X_{4i} \cdot P_{si-1}^- = 0$$

附录3

矩阵$[A_i^{-1}]$为：

$$A_{1,2} = A_{2,1} = A_{3,4} = A_{4,3} = G_4$$
$$A_{5,2} = A_{6,1} = A_{7,4} = A_{8,3} = X_4$$
$$A_{5,6} = A_{6,5} = A_{7,8} = A_{8,7} = -\dot{m}_0$$

矩阵$[A_i^{+1}]$为：

$$A_{1,2} = A_{2,1} = A_{3,4} = A_{4,3} = G_5$$

矩阵$[A_i^0]$为：

$$A_{1,1} = -A_{2,2} = G_{1i}\left(\omega + \frac{W_{0i}}{Rs}\right)$$

$$A_{3,3} = -A_{4,4} = G_{1i}\left(\frac{W_{0i}}{Rs} - \omega\right)$$

$$A_{1,2} = A_{2,1} = A_{3,4} = A_{4,3} = G_3$$

$$A_{5,2} = A_{6,1} = A_{7,4} = A_{8,3} = X_3$$

$$A_{5,1} = -A_{6,2} = A_{7,3} = -A_{8,4} = \frac{A_{0i}}{Rs}$$

$$A_{5,5} = -A_{6,6} = X_{1i}\left[\omega + \frac{W_{0i}}{Rs}\right]$$

$$A_{7,7} = -A_{8,8} = X_{1i}\left[\frac{W_{0i}}{Rs} - \omega\right]$$

$$A_{5,6} = A_{6,5} = A_{7,8} = A_{8,7} = X_2$$

$$A_{1,5} = -A_{2,6} = A_{3,7} = -A_{4,8} = G_{1i}\frac{P_{0i}}{Rs}$$

矩阵(B_i)为：

$$(B_i) = \left(\frac{G_{6i}}{2}, -\frac{G_{2i}}{2}\left(\frac{W_{0i}}{Rs} + \omega\right), \frac{G_{6i}}{2}, \frac{G_{2i}}{2}\left(\omega - \frac{W_{0i}}{Rs}\right), -\frac{X_{5i}}{2}, 0, -\frac{X_{5i}}{2}, 0\right)^{\mathrm{T}}$$

矩阵(C_i)为：

$$(C_i) = \left(-\frac{G_{6i}}{2}, \frac{G_{2i}}{2}\left(\frac{W_{0i}}{Rs} + \omega\right), \frac{G_{6i}}{2}, \frac{G_{2i}}{2}\left(\omega - \frac{W_{0i}}{Rs}\right), \frac{X_{5i}}{2}, 0, -\frac{X_{5i}}{2}, 0\right)^{\mathrm{T}}$$

参考文献

纪国剑，2008. 航空发动机典型篦齿封严泄漏特性的数值和实验研究[D]. 南京:南京航空航天大学.

李志刚，郎骥，李军，等，2011. 迷宫密封泄漏特性的试验研究[J]. 西安交通大学学报，45(3):48-52.

李志刚，李军，丰镇平，2012. 袋型阻尼密封转子动力特性的多频单向涡动预测模型[J]. 西安交通大学学报，46(5):13-18.

王新军，李亮，宋立明，等，2013. 汽轮机原理[M]. 西安:西安交通大学出版社:100-112.

徐灏，2005. 密封[M]. 北京:冶金工业出版社:440-464.

ANSYS, ANSYS CFX-Solver Theory Guide: Version 11.0, 2007.

Childs D W, Scharrer J, 1996. An Iwatsubo-Based Solution for Labyrinth Seals: Comparison to Experimental Results[J]. ASME Journal of Engineering for Gas Turbines and Power, 108(2):325-331.

Chocgua G, Soulas T A, 2007. Numerical Modeling of Rotordynamic Coefficients for Deliberately Roughened Stator Gas Annular Seals[J]. ASME Journal of Tribology, 129(2):424-429.

Denecke J, Dullenkopf K, Wittig S, et al, 2005. Experimental investigation of the total temperature increase and swirl development in rotating labyrinth seals[C]//Proceedings of the ASME Turbo Expo 2005. ASME Paper: GT2005-68677.

Ertas B, 2005. Rotordynamic Force Coefficients of Pocket Damper Seals [D]. College Station: Texas A&M University.

Ertas B, Delgado A, Vannini G, 2011. Rotordynamic Force Coefficients for Three Types of Annular Gas Seals with Inlet Preswirl and High Differentail Pressure Ratio[J]. ASME Paper: GT2011-45556.

Ghasripoor F, Turnquist N A, Kowalczyk M, et al, 2004. Wear Prediction of Strip Seals Through Conductance[J]. ASME Paper: GT2004-53297.

Hirano T, Guo Z, Kirk R, 2005. Application of Computational Fluid Dynamic Analysis for Rotating Machinery-Part II: Labyrinth Seal Analysis[J]. ASME Journal of Engineering for Gas Turbines and Power, 127(4):820

- 826.
Ishii E, Kato C, Kikuchi K, et al, 1997. Prediction of Rotordynamic Forces in a Labyrinth Seal Based on Three-Dimensional Turbulent Flow Computation[J]. JSME International Journal, Series C, 40(4):743 - 748.
Iwatsubo T, 1980. Evaluation of Instability of Forces of Labyrinth Seals in Turbines or Compressors[R]. Workshop on Rotordynamic Instability Problems in High-Performance Turbomachinery, Texas A&M University, NASA Conference Publication No. 2133: 139 - 67.
Jun LI, Zhigang LI, Zhenping FENG, 2012. Investigations on the Rotordynamic Coefficients of Pocket Damper Seals Using the Multi-frequency, One-Dimensional, Whirling Orbit Model and RANS Solutions[J]. ASME Journal of Engineering for Gas Turbines and Power, 134(10):102510.
Micio M, Facchini B, Innocenti L, and Simonetti F, 2011. Experimental Investigation on Leakage Loss and Heat Transfer in a Straight Through Labyrinth Seal [J]. ASME Paper: GT2011 - 46402.
Moore J J, 2003. Three-Dimensional CFD Rotordynamic Analysis of Gas Labyrinth Seals[J]. ASME Journal of Vibration and Acoustics, 125(4):427 - 433.
Murphy B T, Vance J, 1980. Labyrinth Seal Effects on Rotor Whirl Stability[C]//Proceedings of the Second International Conference on Vibrations in Rotating Machinery. England: Cambridge.
Rhode D L, Hensel S J, Guidry M J, 1992. Labyrinth Seal Rotordynamic Forces Using a Three-Dimensional Navier-Stokes Code[J]. ASME Journal of Turbomachinery, 114(4):683 - 689.
Stocker H L, 1978. Determining and improving labyrinth seal performance in current and advanced high performance gas turbines[C]. AGARD: CP273.
Vance J, Zeidan F, Murphy B, 2010. Machinery Vibration and Rotordynamics[M]. New York:John Wiley and Sons.
Whalen J K, Alvarez E, and Palliser L P, 2004. Thermoplastic Labyrinth Seals for Centrifugal Compressors [C]//Proceedings of the Thirty-Third Turbomachinery Symposium:113 - 126.
Xin YAN, Jun LI, Zhenping FENG, 2011a. Investigations on the Rotordynamic Characteristics of a Hole-Pattern Seal Using Transient CFD and Peri-

odic Circular Orbit Model[J]. ASME Journal of Vibration and Acoustics, 133(4):041007.

Yan X, Li J, and Feng Z P, 2011b. Effects of sealing clearance and stepped geometries on discharge and heat transfer characteristics of stepped labyrinth seals [C]//Proceedings of the Institution of Mechanical Engineers: Part A, Journal of Power and Energy. 225:521 - 538.

Xu J M, 2006. Effects of Operating Damage of Labyrinth Seal on Seal Leakage and Wheelspace Hot Gas Ingress [D]. College Station, TX: Texas A & M, University.

Yan X, Lei, L J, Li J, et al, 2014. Effect of bending and mushrooming damages on heat transfer characteristic in labyrinth seals [J]. ASME Journal of Engineering for Gas Turbines and Power, 136(4):041901.

Zhigang Li, Jun Li, Xin Yan, et al, 2011. Effects of Pressure Ratio and Rotational Speed on Leakage Flow and Cavity Pressure in the Staggered Labyrinth Seal [J]. ASME Journal of Engineering for Gas Turbine and Power, 133(11):114503.

Zhigang LI, Jun LI, Xin YAN, 2013. Multiple Frequencies Elliptical Whirling Orbit Model and Transient RANS Solution Approach to Rotordynamic Coefficients of Annual Gas Seals Prediction [J]. ASME Journal of Vibration and Acoustics, 135(3):031005.

第3章　蜂窝/孔型阻尼密封技术

3.1　引　言

蜂窝阻尼密封(honeycomb damper seal)是近代密封技术的一种先进的密封结构。相对于传统迷宫密封,它的静止部分结构比较复杂,蜂窝部分由相邻排列的多个正六边形薄壁孔状芯格组成(见图 3-1 左图),也称为蜂窝芯格(张志勇,2012)。目前,最常见的蜂窝阻尼密封静止部件由高温合金蜂窝芯格与背板两部分组成,通过高温真空钎焊连接,蜂窝芯格的材料是高温合金或不锈钢箔材,背板与环座用于钎焊蜂窝和安装,多个蜂窝密封弧段组成一个密封环,直径较小时可以是两个半圆或整环(张延峰,2007)(见图 3-1 右图)。国外也采用端铣或电流加工成孔技术来加工蜂窝密封静子(见图 3-2)(Childs,1993),这种加工方式的密封在高压压气机中得到了十分广泛的应用(Childs, 2004)。绝大多数情况下,根据转子面的结构,蜂窝部分安装在静止部件上,如汽轮机的缸体、静叶和隔板套上,与转动部件一起构成密封结构。主要结构型式有蜂窝-光滑面及蜂窝-迷宫齿两种,分别应用于透平机械不同密封位置。

图 3-1　蜂窝阻尼密封静子面结构(张志勇,2012)

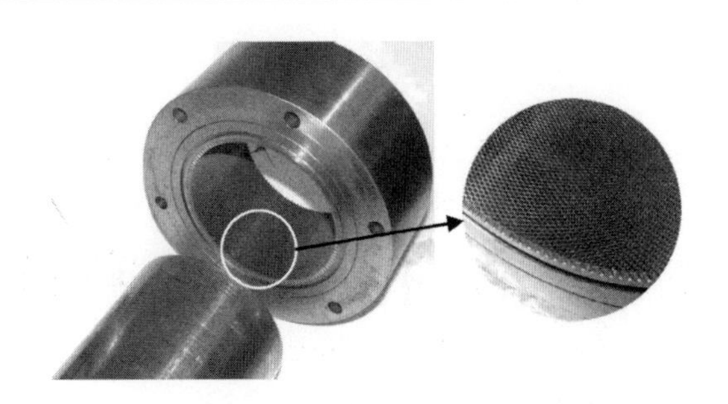

图 3-2 蜂窝阻尼密封(Childs,1993)

由于蜂窝阻尼密封六角形蜂窝芯格的阻尼作用,相比于迷宫密封,蜂窝阻尼密封具有如下的优点:

(1)能以最小的材料质量保证密封具有最大的强度,从而允许在高压降条件下应用而不增加密封的尺寸,此外还简化了透平机械安装和修理时的装配工作(吉桂明,2003)。

(2)蜂窝阻尼密封的蜂窝带材料质地较软,常见的由 0.05～0.10 mm 厚的镍基耐高温薄板制成,具有可磨性,所以径向间隙可以控制得比迷宫密封小。再加上蜂窝阻尼密封具有很多个蜂窝孔状芯格结构,与转子接触时是若干个点形成的面式接触,因而接触面摩擦力很小,不会引起转子弯曲变形,具有安全可靠的性能(张延峰,2007)。

(3)破坏性耐磨试验结果表明,蜂窝阻尼密封对轴的摩擦损伤程度仅是铁素体迷宫密封的 1/6。所以,即使在运行的过程中蜂窝阻尼密封的动静元件发生摩擦,也不会伤及轴颈(张延峰,2007)。

(4)蜂窝阻尼密封是一种利用漩涡耗散能量的密封,沿轴向进入密封腔室的气流会立即充满蜂窝芯格,蜂窝芯格内的漩涡作用会对泄漏气流产生阻碍作用,具有很好的密封效果。

(5)密封内泄漏流对转子的周向力是转子产生涡动的主要因素,由于蜂窝芯格具有阻尼作用,所以对气流的周向流动发展具有一定的阻碍作用。因此,采用蜂窝阻尼密封可以改善转子动力特性,对于抑制转子的同步振动和亚同步振动有明显效果。

(6)在蒸汽轮机中,将蜂窝阻尼密封用于汽轮机末级、次末级、次次末级叶顶,具有收集微小水滴去湿的功能,能减轻叶片的水蚀,提高叶片的可靠性(何立东,1999)。

从 20 世纪 60 年代开始,不锈钢质的直通蜂窝阻尼密封(straight-through honeycomb damper seal)便应用于一些石油化工类的压气机上

(Vance,2010),用以替代传统的迷宫密封结构,提高密封装置的耐腐蚀性能。然而当时的工程研究人员并不知道蜂窝阻尼密封具有优良的控制泄漏能力和改善转子动力特性的作用。第一次应用蜂窝阻尼密封来改善转子的稳定性、解决透平机械的流体激振问题是在美国航天飞机主引擎的高压氧涡轮泵上实现的(Childs,1985),研究人员通过将阶状迷宫密封(齿在转子上)更换成为恒定间隙的光滑转子面蜂窝阻尼密封后消除了转子的同步振动和亚同步振动。到现在为止,国外已积累了大量的离心压气机改造(Zeidan,1993)和一些汽轮机改造(Armstrong,1996)的实例,通过将迷宫密封更换为蜂窝阻尼密封后,转子的不稳定性得到了改善。

而在减小动静之间的漏气损失方面,国内外也越来越倾向于采用先进的蜂窝阻尼密封来替换传统的迷宫密封结构。例如,国内已在30多台蒸汽轮机机组上采用了蜂窝阻尼密封进行了密封改造,而且也已经有新产品通过安装蜂窝阻尼密封来减小泄漏、除湿以及增强转子的稳定性(张延峰,2007;张强,2008)。也有相关的燃气轮机通过将迷宫密封改造为蜂窝密封,取得了较好效果的实例(吕安斌,2006)。文献数据表明(张延峰,2007),在相同的收益条件下,将整机改造为蜂窝阻尼密封的投资仅为通流部分改造的1/10,且改造工期短、工作量小,只需要在正常的大修期间就可以实现,但改造的收益却能使汽轮机的效率提高1.2%~1.5%,轴端密封的泄漏量降低50%,效益十分可观。

虽然蜂窝阻尼密封具有十分优良的性能,但是蜂窝阻尼密封也有缺点:蜂窝焊接和密封的安装工艺周期长,加工成本高,工序复杂。另外,假若与转子面发生磨损,蜂窝阻尼密封的破坏程度较大。为了消除蜂窝阻尼密封的这些缺点,研究人员发明了孔型阻尼密封(hole-pattern damper seal),如图3-3

图3-3　孔型阻尼密封静子(Chochua,2007)

所示(Chochua,2007)。孔型阻尼密封除了具备蜂窝阻尼密封所有的优点之外,还具有以下优点:制造工艺简单(可以通过用右旋端铣刀加工成孔,亦可以通过电火花加工成孔(Childs,2004);,成本较蜂窝阻尼密封低;安装方便;耐磨性较好;加工时间和难度降低;可以使用更软的材料,比如铝,这样来减轻静子的破坏程度。这些优点使得它即将成为蜂窝阻尼密封的替代产品(Childs,2004)。

孔型阻尼密封的应用时间不长,目前相关的研究较少。在试验和应用领域,Yu 和 Childs(1998)采用铝质材料设计了三种具有不同孔面积比的孔型密封,试验揭示了孔型阻尼密封具有和蜂窝阻尼密封相近的泄漏特性和转子动力特性,可以作为蜂窝阻尼密封的替代结构。Moore(2002)报道了在压气机中采用孔型阻尼密封取得了优良的效果:在不同的压差下,压气机的稳定性得到了较大的提高。Holt(2002)测试了两组不同孔深的孔型阻尼密封,进口压力范围为 6.9～17.2bar。试验发现:有效刚度随孔深的增大而增大,而有效阻尼随孔深的增大而减小,泄漏量会随着孔深的增大而减小。Wade(2004)测量了孔型密封在阻塞和非阻塞工况下的动力特性,研究发现孔型阻尼密封从非阻塞向阻塞工况转换时动力特性没有明显的变化。经过多年的运行和应用,当前国外许多的离心压气机厂商比较倾向于铝质的孔型静子面,逐渐不太愿意采用蜂窝静子面(Childs,2004)。在国内,目前暂时还未有相关厂家生产孔型密封。

总体来说,孔型阻尼密封和蜂窝阻尼密封均属于同种密封,在工作原理和流动机理方面都是相同的,唯一的区别仅在静子面上孔的形状:一个是正六边形孔,另一个是圆形孔,如图 3-4 所示。因此本章的研究方法和流动控制方程对于孔型密封和蜂窝密封而言均是完全相同的,所以将它们放在一起研究。

本章主要介绍蜂窝/孔型阻尼密封研究中的几个重要问题。作为一种动密封装置,封严泄漏流动特性是它主要的功能。因此,本章首先介绍它的泄漏流动特性的测量、理论预测和数值研究;接着,针对航空发动机或燃气轮机等高温环境中的密封传热特性(包括鼓风加热效应和耦合传热特性)进行详细的论述;最后,分析蜂窝/孔型阻尼密封在高速旋转条件下的转子动力特性以及非线性气流激振特性对转子系统的影响。

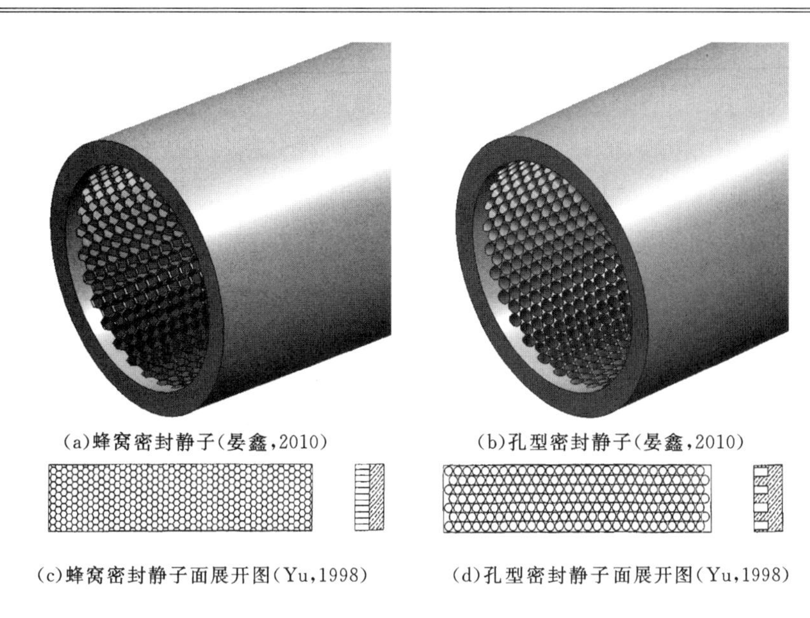
(a)蜂窝密封静子(晏鑫,2010)　(b)孔型密封静子(晏鑫,2010)

(c)蜂窝密封静子面展开图(Yu,1998)　(d)孔型密封静子面展开图(Yu,1998)

图 3-4　蜂窝密封和孔型密封静子结构对比

3.2　蜂窝/孔型阻尼密封泄漏流动特性研究进展

蜂窝阻尼密封由于具有良好的泄漏控制能力,从 20 世纪 60 年代开始就逐渐应用于透平机械中。经过 40 多年的运行经验和研究的积累,各国学者逐渐认识到透彻了解蜂窝阻尼密封的泄漏特性对于蜂窝阻尼密封设计理念的完善和透平机械效率的提高有着十分重要的意义。在不同的运行工况和几何尺寸条件下,蜂窝阻尼密封的泄漏规律是不一样的,因此,至今仍无法用一个统一的公式来准确地预测蜂窝阻尼密封内的泄漏量。从已发表的文献看,对蜂窝阻尼密封泄漏特性的研究主要集中在试验研究、数值研究和经验公式预测这三个方面。

3.2.1　试验研究

在国外,研究者较早地开展了相应的泄漏流动特性试验测量工作。Stocker(1978)试验研究了平齿蜂窝阻尼密封。结果表明,相对于光滑面迷宫密封而言,在较小的径向间隙下的蜂窝面能显著地增加泄漏量;而在较大的间隙条件下，蜂窝面能显著地减小泄漏量，提高密封的封严能力；蜂窝阻尼密封的间隙尺寸和芯格尺寸是决定其泄漏量的主要几何尺寸。Brownell 等(1988)测量了平齿蜂窝阻尼密封内的密度分布，指出蜂窝阻尼密封内的密度分布十分不均匀。Schramm 等(2002)在转子转速为 0 的条件下对台阶状光滑面迷宫密封和蜂窝面迷宫密封内的流场进行了试验和数值分析，并利用 LDV 测量方法显示了密封内的详细流场。研究结果表明，压比对流场的结构影响微弱，而间隙尺寸对流场结构有较大的影响；泄漏量随着压比的增大近似线性增长；蜂窝阻尼密封的有效间隙是影响密封泄漏量的关键尺寸。Kool 等(2005)，Paolillo 等(2006)采用试验和 CFD 方法研究了高温、高转速条件下阶状直齿、斜齿蜂窝阻尼密封的泄漏特性，并研究了转速对泄漏特性的影响。研究结果表明：在较小速比(转速与进口气流轴向速度之比)条件下，泄漏量受转速的影响较小，但当速比大于 5，泄漏量减少约 20%。

在国内，叶小强(2006)、何立东等(1999；2004)对蜂窝阻尼密封的泄漏和转子动力特性方面进行了试验和理论研究工作，试验测量了孔深为 3.0 mm、芯格尺寸为 3.2 mm、1.6 mm、0.8 mm 三种密封在 0～6000 r/min、压比在 2～4 之间密封的泄漏量，并提出了密封系统转子动力特性的减振方法和理论依据。He 等(2001)采用试验测量的方法对 3 种不同孔径的蜂窝阻尼密封内的泄漏特性进行了研究，并与迷宫密封的泄漏特性进行了比较，详细分析了转速、间隙尺寸、蜂窝孔径对密封泄漏量的影响。纪国剑等(2008)通过采用试验测量和数值模拟方法研究了航空发动机中的迷宫密封和蜂窝阻尼密封的泄漏特性及其影响因素，提出了一种新的迷宫密封设计理念来提高发动机通流效率，并指出在小间隙条件下，采用蜂窝静子面比光滑面的泄漏量要大；齿尖周向速度在低于 27.13 m/s 时，齿间压力及泄漏量基本不受转速的影响。张志勇(2012)开展了梳齿型蜂窝密封泄漏量试验测量研究，分析了转速、压比和密封间隙对蜂窝密封泄漏流量的影响，并与传统迷宫密封的泄漏特性进行了对比。

总体看来，目前对泄漏流动测量主要关注两个方面的内容：一方面是测量蜂窝密封的泄漏量；另一方面是对蜂窝密封内的流场进行测量和可视化，分析蜂窝密封内的流场结构对封严特性的影响。从测量手段看，泄漏量的测量主要通过采用高精度流量计，而流场的可视化主要采用 LDV 方法，压力的测量采用压力传感器(张志勇，2012)。在试验台的布置方面，先前搭建的试验台主要采用静止布置(即转子转速为0)(Stocker,1978;Brownell,1988;Schramm,2002),而最近搭建的试验台则考虑了不同转速对密封特性的影响(张志勇,2012;Kool,2005;纪国剑,2008))。从发展趋势看,将来对蜂窝阻尼密封泄漏特性的试验测量不仅要考虑转子旋转对流体剪切造成的泄漏量变化(单纯流体动力学问题),还要考虑转子旋转膨胀效应对密封间隙结构的影响(流固耦合问题)。

3.2.2　理论预测

由于蜂窝/孔型阻尼密封结构的复杂性,目前没有十分有效的理论分析方法用于泄漏量的预测。一般均首先推导出光滑面迷宫密封的泄漏量计算公式,然后考虑静子面的孔径、孔深、孔面积率的影响对迷宫密封的泄漏量计算公式进行修正。在推导泄漏量的计算公式时,由于忽略了流动控制方程的很多信息,泄漏量的预测公式一般都有较大的误差。因此,所有的泄漏量计算公式均是以试验测量的数据为基础的,而且所有的经验公式适用范围都比较有限。

对于传统迷宫密封,密封的泄漏量的变化基本与密封间隙尺寸是一致的,但对于蜂窝阻尼密封,由于静子面上的蜂窝孔结构,使得其通流面积发生变化。Schramm等(2002)对蜂窝阻尼密封泄漏机理进行理论分析后提出了"有效间隙(effective clearance)"的概念,"有效间隙"的提出在一定的程度上解释了蜂窝阻尼密封在齿间间隙处的流动特性,但并未从根本上揭示蜂窝芯格内的微小漩涡结构对间隙射流的影响。

3.2.3　数值研究

对于蜂窝/孔型阻尼密封内的泄漏流动特性研究,CFD方法是目前比较有效的方法。这主要是因为CFD方法针对蜂窝阻尼密封所有的流动区域进行整场求解,这样能获取蜂窝阻尼密封间隙射流以及蜂窝芯格内的流场细节,从而能较准确地预测和分析蜂窝阻尼密封的泄漏流动特性。Schramm等(2002)采用商用CFD软件TASCflow3D对台阶状光滑面迷宫密封和蜂窝面迷宫密封内的泄漏特性(转速为0时)进行了数值求解,研究了压比和间隙对蜂窝阻尼密封泄漏量和流场结构的影响,通过与试验测量得到的蜂窝阻尼密封泄漏量和速度场矢量对比发现,CFD结果与试验测量结果吻合较好,计算值与试验值最大的误差在6.8%左右。Kool(2005)和Paolillo(2006)等采用商用CFD软件Fluent与$k-\varepsilon$湍流模型研究了高温、高转速条件下台阶状直齿、斜齿蜂窝阻尼密封的泄漏特性,并研究了转速对泄漏特性的影响。通过计算结果与试验测量结果对比发现,当转速在3500 r/min~15000 r/min之间时,CFD计算的泄漏量误差在2%~16%之间。李军等(2005;2006;2007;2010a;2010b;2011)通过采用商用CFD软件如Fluent和ANSYS CFX进行了数值研究,建立了蜂窝阻尼密封全三维周期性计算模型,研究了不同的运行条件和几何尺寸对蜂窝阻尼密封泄漏量和流动结构的影响的规律。

3.3 蜂窝阻尼密封泄漏特性研究

3.3.1 蜂窝阻尼密封结构及运行工况的影响

以四种型式的密封作为研究对象分析蜂窝阻尼密封内的泄漏流动特性,几何结构如图3-5~图3-8所示。其中前两个密封原型(A型和B型)来自于航空发动机,为阶梯状蜂窝密封;后两个密封原型(C型和D型)来自于蒸汽轮机,为梳齿型蜂窝密封。

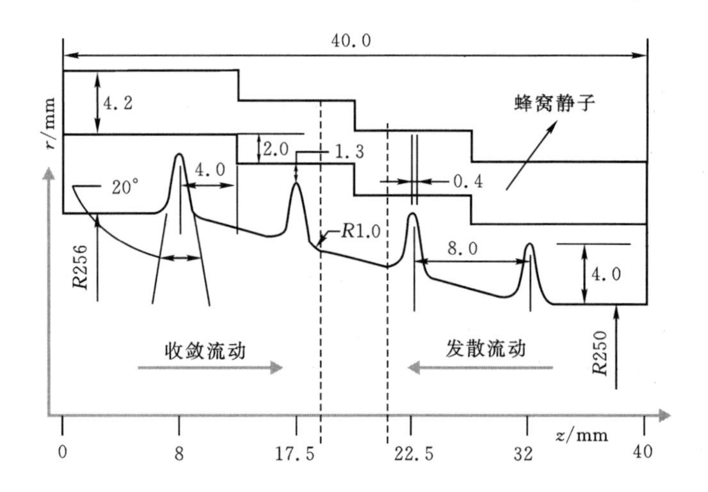

图3-5 A型蜂窝密封几何尺寸图(Denecke,2005a)

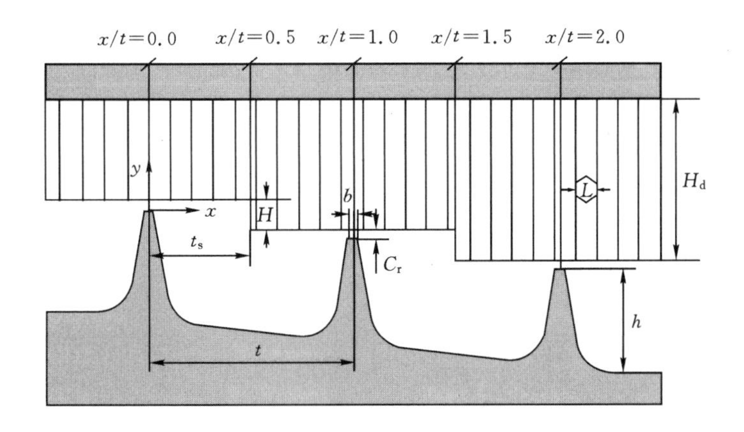

图 3-6　B 型蜂窝密封几何尺寸图(Willenborg,2002)

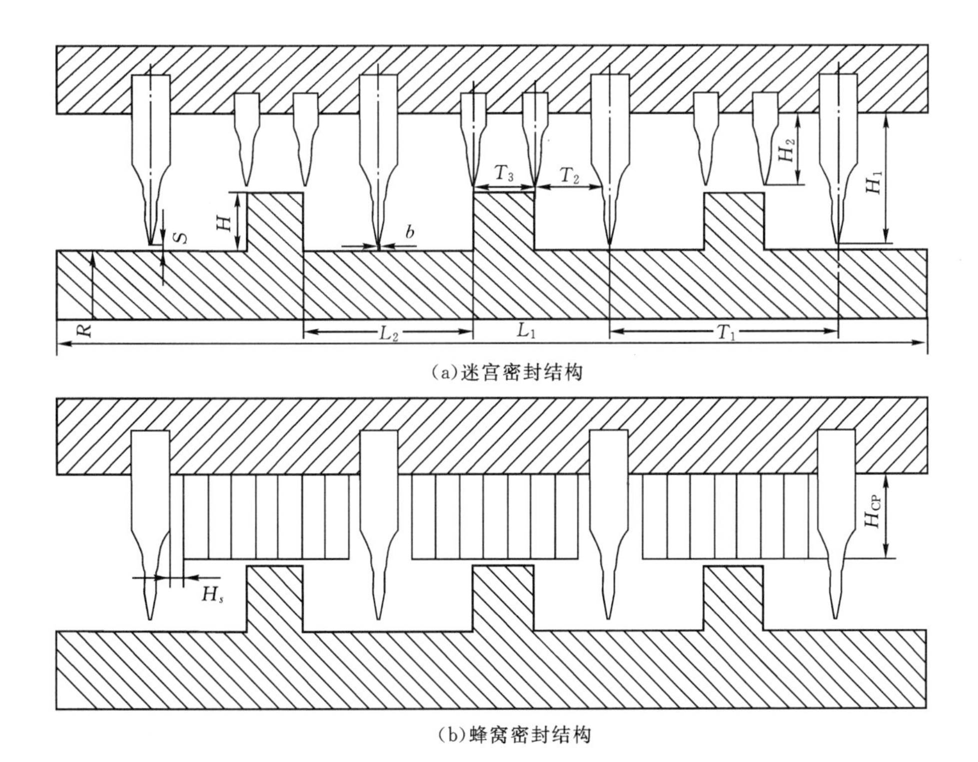

图 3-7　C 型蜂窝密封几何尺寸图(张志勇,2012)

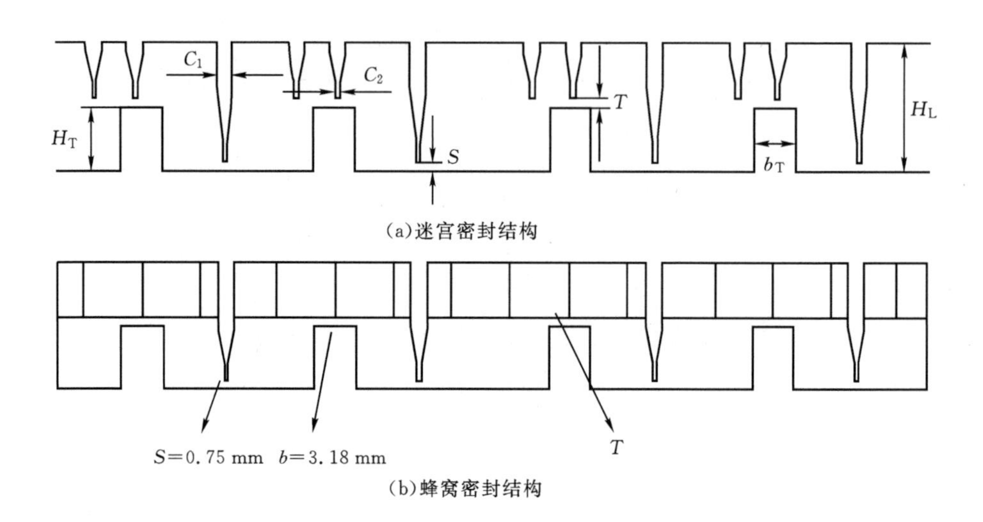

图 3-8 D型蜂窝密封几何尺寸图(孔胜如,2009)

图 3-5 给出了 A 型蜂窝密封的结构尺寸。该密封几何尺寸数据来源于文献(Denecke,2005a)中的试验密封,静子面采用光滑面或蜂窝面结构,转子面为迷宫齿设计。当气流从左到右流动时为收敛流动结构(convergent flow)、从右向左流动时为扩散流动结构(divergent flow)。密封转子的平均半径为 253 mm,密封长度为 40 mm,台阶高为 2 mm,齿高 4 mm,径向间隙设计值为 1.3 mm。蜂窝静子面的芯格直径为 1.59 mm(1/16 英寸),深度为 4.2 mm。由于在试验中需要利用 LDV(laser doppler velocimeter)技术对密封内的流场进行测量,因此,在轴向位置 z=17.5 mm 和 z=22.5 mm 处设置了两个特殊的截面(图 3-5 上用虚线标出)。试验进口温度为 300 K,出口静压为 0.2 MPa,转子面材料由 TiAl 组成,导热系数为 7.3 $W \cdot m^{-1} \cdot K^{-1}$。

图 3-6 给出了 B 型蜂窝密封的结构尺寸。该密封几何尺寸数据来源于文献(Willenborg,2002),由于在试验中需要采用 LDV 方法测量密封内的流场,因此该试验台(Willenborg,2002)将航空发动机中的密封原型放大了四倍。试验压比在 1.05~1.6 之间,密封的节距 t=28 mm,ts/t=0.5。分别测试了三种密封间隙,为 1.2 mm,2.0 mm,3.2 mm。其它的几何尺寸数据见表 3-1。密封进口温度为300 K,出口压力为 0.1 MPa。

表 3-1　试验密封的几何尺寸(Willenborg,2002)

符号	比值	符号	比值
h/t	0.46	H/t	0.14
b/t	0.047	H_d/t	0.86
L/t	0.23	C_r/t	0.043，0.071，0.114

图 3-7 给出了 C 型蜂窝密封的结构尺寸(张志勇,2012)。图 3-7(a)是带凸台结构的高低齿迷宫密封,图 3-7(b)在高低齿迷宫密封结构的基础上,用蜂窝结构替换静子面后设计出的蜂窝密封,该密封几何尺寸数据来源于文献(张志勇,2012)。表 3-2 给出了典型高低齿迷宫密封的主要尺寸,表 3-3 给出了蜂窝密封的主要几何尺寸参数。

表 3-2　高低齿迷宫密封主要几何尺寸(张志勇,2012)

主要几何尺寸	尺寸大小/mm
T_2	15.5
T_2	6.50
T_3	4.00
L_2	53.0
L_2	11.5
H	4.50
H_2	10.0
H_2	5.50
b	0.13
s	0.50
R	335.5

表 3-3　蜂窝阻尼密封主要几何尺寸

主要尺寸	HC1	HC2	HC3	HC4	HC5	HC6	HC7	HC8
蜂窝轴向长度 l_t /mm	11.085	11.085	11.085	10.825	10.825	11.085	11.085	11.085
蜂窝深度 H_{cp} /mm	6.0	6.0	6.0	6.0	6.0	6.0	6.0	6.0
芯格尺寸 D_{cd} /mm	1.6	1.6	1.6	2.5	2.5	3.2	3.2	3.2
节流间隙 s /mm	0.53	0.75	1.00	1.20	0.80	0.75	1.00	1.23

图 3-8 给出了 D 型蜂窝阻尼密封的结构尺寸(孔胜如,2009)。图3-8(a)是带凸台结构的高低齿迷宫密封,图 3-8(b)在高低齿迷宫密封结构的基础上,用蜂窝结构替换静子面后设计出的蜂窝密封,该密封几何尺寸数据来源于文献(孔胜如,2009)。其中图 3-8(a)中的参数:$c_1 = 1.27$ mm,$c_2 = 0.125$ mm,$S = 0.75$ mm, $b_T = 3.18$ mm,$H_T = 4.78$ mm,$H_L = 9.79$ mm,$T = 0.75$ mm ($T_1 = 0.75$ mm,$T_2 = 0.50$ mm,$T_3 = 0.25$ mm)。图3-8(b)中的参数:L分别取 4.58 mm,3.665 mm,3.178 mm,2.75 mm,2.29 mm,1.65 mm,1.37 mm;$S = 0.75$ mm,$b = 3.18$ mm。其中,T 为蜂窝与凸台的间隙,S 为长齿与轴的间隙,b 为凸台的宽度,L 为蜂窝孔直径。转速为 3000 r/min ,两侧采用周期性边界。设计工况下进口总压:10.757 MPa,总温:752.37 K;出口压力:2.8512 MPa,工质为水蒸气。

图 3-9 给出了蜂窝密封试验台的照片和系统图,图 3-10 给出了 C 型蜂窝密封静子部分测试件的照片。试验中,气源由贮气罐、罗茨鼓风机和出口调压系统等构成。空气经小流量大压比罗茨鼓风机压缩后经出口消音器进入储气罐,再经过涡轮流量计进入试验台本体,从试验台本体中的汽封装置后排入大气。为保证运行安全,储气罐上方设有安全阀,以保证系统超压时能迅速打开安全阀泄压。储气罐设有调节阀和放空阀,以调整所需要的进气压力,从而保证试验所需的压比。密封装置的间隙是气体流经调节阀后的唯一出口,所以通过涡轮流量计的质量流量即为该密封装置在某工况下的泄漏量。试验前,根据不同密封及不同间隙、压比下的漏气量进行预算,选用两种不同规格的涡轮流量计。试验中,气体涡轮流量计的表体上装有高精度温度传感器和压力传感器,可以通过体积修正仪直接记录气体的质量流量。

试验中主要测量的参数为大气压、大气温度、汽封泄漏流量、平衡盘转子转速、密封前泄漏腔室总压、总温、密封后静压等。试验台本体由变频电机、试验转子、试验汽封装置和筒体等构成,试验转子在变频电机的拖动下可在 0～6000 r/min范围内做变转速运行,从而可进行不同转速下的密封性能试验。

试验中的流量系数定义为:

$$\varphi = \frac{m\sqrt{\mathscr{R} \cdot T_{\mathrm{tol,in}}}}{A \cdot P_{\mathrm{tol,in}}} \tag{3-1}$$

其中:m 为密封装置的泄漏流量(kg/s);$\mathscr{R}$ 为气体常数(287 J/kg · K);$T_{\mathrm{tol,in}}$ 为进口总温(K);A 为密封装置的泄漏面积(m^2);$T_{\mathrm{tol,in}}$ 为进口总压(Pa)。

(a)试验段照片

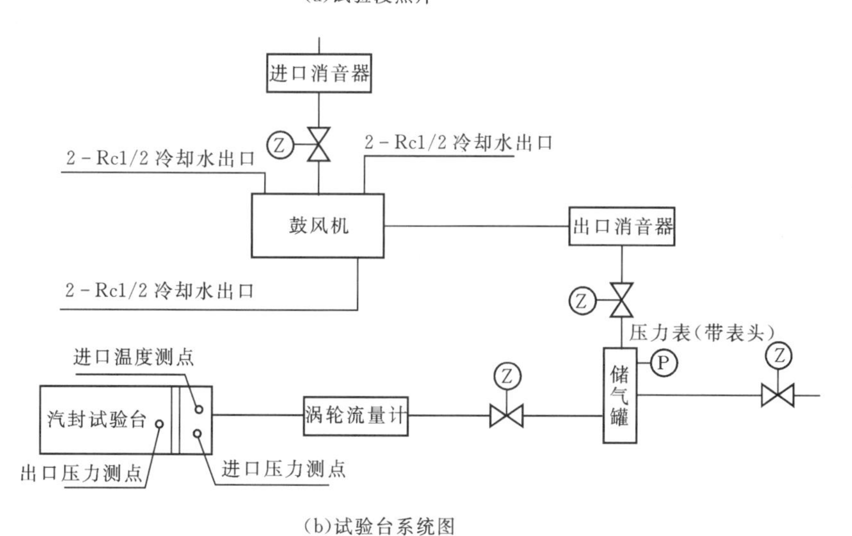

(b)试验台系统图

图3-9　蜂窝密封试验台(张志勇,2012)

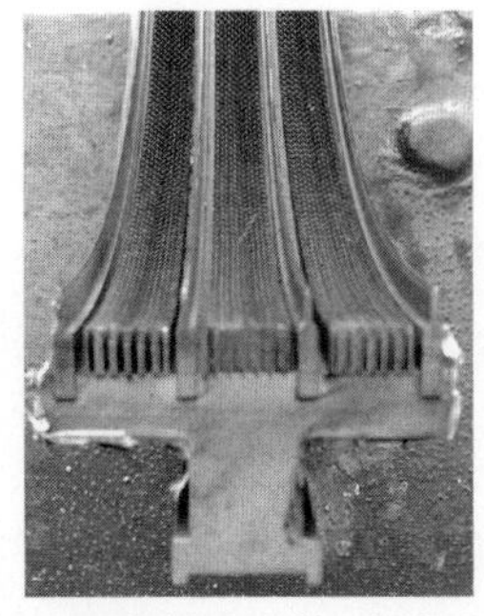
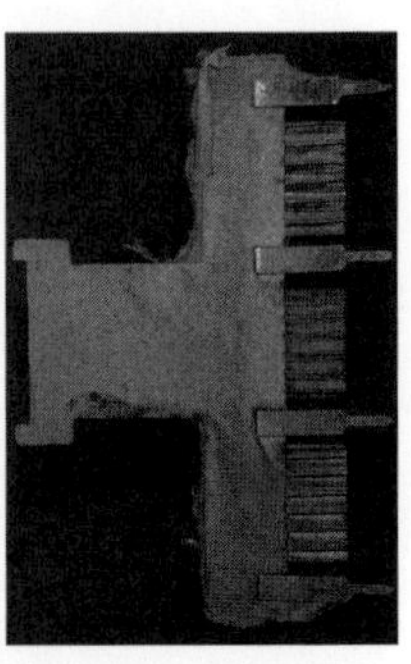

图 3-10 蜂窝阻尼密封试验件(张志勇,2012)

试验中对C型蜂窝密封的泄漏量进行了试验测量,图 3-11~图 3-14 给出了试验测量的流量系数。图 3-11 对比了迷宫密封(labyrinth seal,见图 3-7(a))和蜂窝阻尼密封(hybrid,见图 3-7(b))的泄漏量,可以看出:对于带凸台的高低齿迷宫密封,蜂窝静子面能显著降低泄漏量,而且泄漏量随孔径的减小而减小。图3-12对比了三种不同孔深条件下蜂窝密封的泄漏量,可以看出:孔深越大,泄漏量越小,但孔深增大到一定程度,对泄漏量的影响不明显。图 3-13 对比了 3 种型式密封装置的泄漏量,可见直通型、带迷宫齿和凸台型式的蜂窝阻尼密封(hybrid)的泄漏量最小,其次是直通型、不带迷宫齿和凸台型式的蜂窝密封(honeycomb),不带蜂窝孔结构(labyrinth)的泄漏量最大。图 3-14 是图 3-11~图 3-13 的综合图。

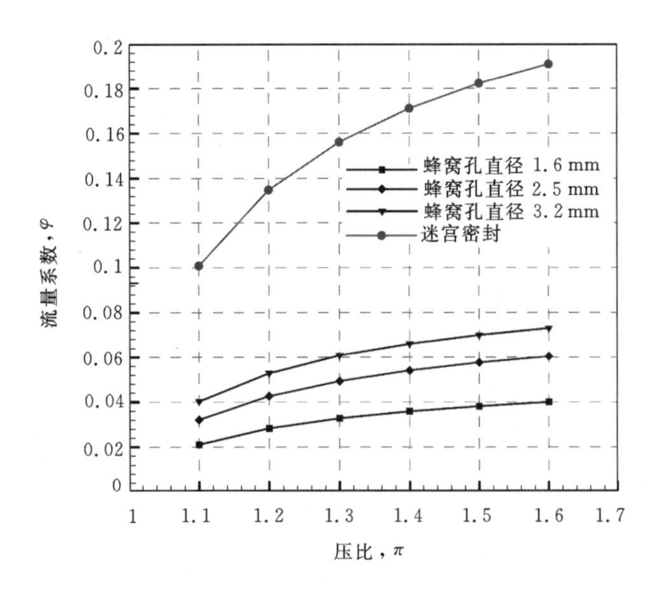

图 3-11 蜂窝孔径对泄漏特性的影响

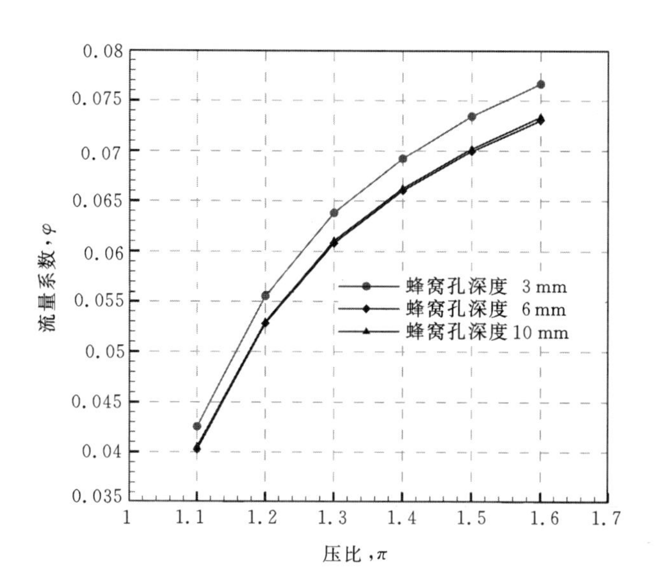

图 3-12　蜂窝孔深对泄漏特性的影响

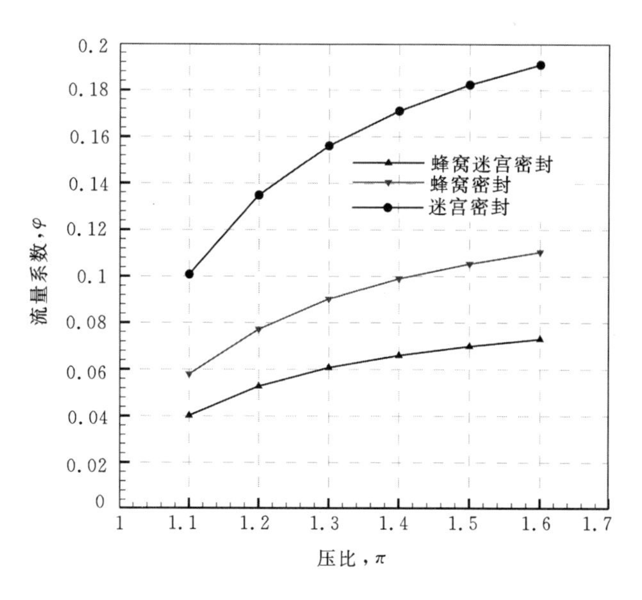

图 3-13　迷宫齿对泄漏特性的影响

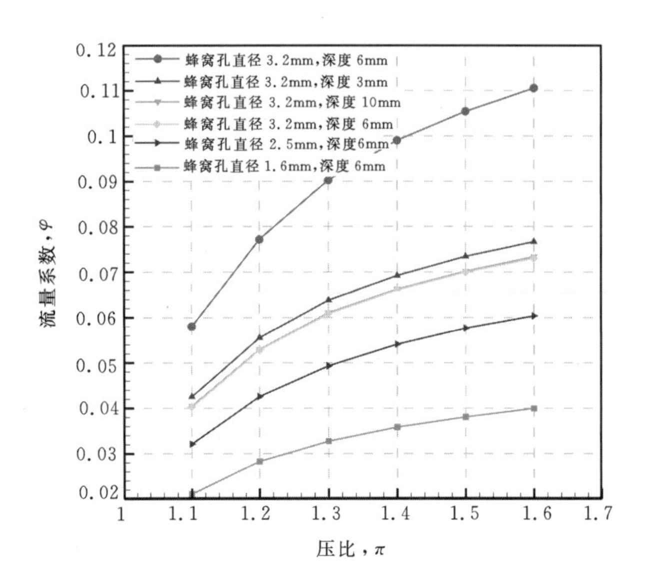

图 3-14 蜂窝孔尺寸对泄漏特性的影响

总体看来,采用迷宫齿和蜂窝静子面相结合的型式(见图 3-7(b))能有效地减小透平机械内密封的泄漏量;蜂窝密封孔径和孔深对蜂窝密封泄漏量影响较大,而采用适当的蜂窝孔径和孔深可以使蜂窝密封的泄漏量减小,太大的孔深对蜂窝密封的泄漏量影响不大。

虽然目前CFD方法能解决工程应用中的许多问题,但是数值方法的选择会对计算结果的有效性和精度产生一定的影响,假如在研究前不对数值方法进行考核,这样的计算结果以及相应的结论都是值得怀疑的。因此,本书选用B型蜂窝密封结构(见图 3-6)、采用RANS计算方法对蜂窝密封内的泄漏流动特性进行研究,并利用已有的公开发表的试验数据对RANS方法的可靠性进行评估。

图 3-15 给出了三种间隙条件下光滑面迷宫密封和蜂窝阻尼密封(见图 3-6)的泄漏系数计算值和试验值(Denecke,2005a)的对比(图 3-15(b)横坐标 C_r/L 是间隙与孔径之比),式(3-2)~(3-4)是两种密封的泄漏系数定义式。从图 3-15(a)可以看出,光滑面迷宫密封的泄漏系数和压比近似成正比关系,泄漏系数对密封的径向间隙十分敏感。与试验值相比,计算值和试验值吻合良好。当间隙为2.0 mm时,计算值略高于试验值;而在 3.2 mm 间隙时,计算值略低于试验值,但总的变化趋势相同。图 3-15(b)给出的是三种

间隙条件下蜂窝密封泄漏系数的计算值和试验值的比较，蜂窝密封的泄漏系数定义为：在相同条件下蜂窝密封泄漏量与光滑面迷宫密封泄漏量之比。从图中可以看出计算得到的泄漏量与试验值吻合良好，仅在1.2 mm间隙时计算值略低于试验值。总体看来，采用CFD方法计算迷宫密封和蜂窝密封泄漏量，均能得到较好的结果。但计算精度上，仍需要进一步的提高，如图3-15(a)中3.2 mm间隙以及图3-15(a)中1.2 mm间隙的算例。

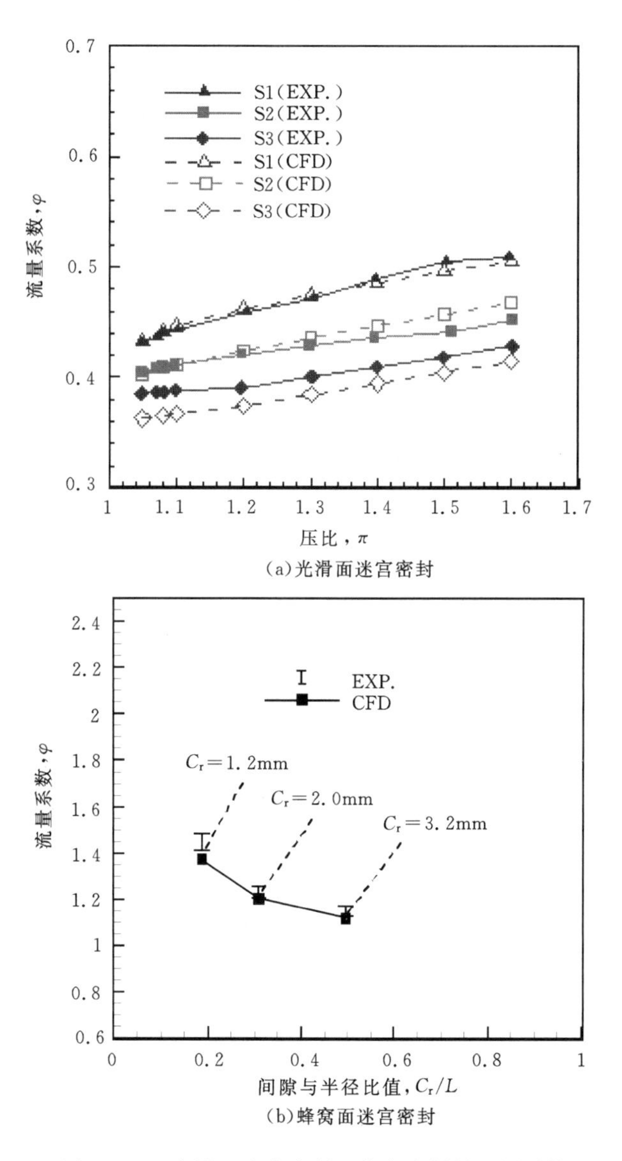

(a)光滑面迷宫密封

(b)蜂窝面迷宫密封

图3-15　光滑面迷宫密封和蜂窝密封的泄漏系数

$$\dot{m}_{\text{ideal}} = \frac{P_{\text{t,in}} \cdot A}{\sqrt{T_{\text{t,in}}}} \sqrt{\frac{2\kappa}{\mathscr{R}(\kappa - 1)} \left[\left(\frac{1}{\pi} \right)^{\frac{2}{\kappa}} - \left(\frac{1}{\pi} \right)^{\frac{\kappa+1}{\kappa}} \right]} \tag{3-2}$$

$$A = B \cdot C_{\text{r}}$$

$$C_{\text{D,smooth}} = \frac{\dot{m}}{\dot{m}_{\text{ideal}}} \tag{3-3}$$

$$C_{\text{D,HC}} = \frac{m_{\text{HC}}}{m_{\text{smooth}}} \tag{3-4}$$

图 3-16～图 3-19 给出了光滑面和蜂窝面密封子午平面上的流场，图 3-16是采用 LDV 测量得到的，图 3-17 是采用 CFD 方法计算得到的。CFD 计算得到的流场结构与试验测量值吻合良好，漩涡的流动特征如反转涡分离线、冲击点均能被较好地预测，蜂窝密封中间隙流与微孔内的小涡系相互作用的规律也能准确捕捉。图 3-20 给出了不同湍流模型计算得到的密封内流场，可以看出，不同湍流模型计算得到的密封腔室内流场结构几乎没有差别，这主要是因为腔室内的漩涡比较稳定，而且尺寸相对较大，湍流模型对流场结构预测结果的影响不大，但不同湍流模型计算得到的泄漏量会有微小的差别。图 3-21 对比了由试验和数值预测得到的密封腔室轴向切面上速度型线沿径向的分布，从图中可以看出，CFD 计算结果与试验值吻合较好，但密封上下近壁面附近速度的计算精度仍需要进一步的提高。这主要是因为上下壁面边界层的影响所致，这也是 CFD 方法应当进一步深入的地方。CFD 方法对蜂窝密封内泄漏量和流场结构的预测具有较好的精度，是目前比较有效的泄漏流动特性预测工具。但 CFD 方法中对于密封中近壁面边界层内剪切效

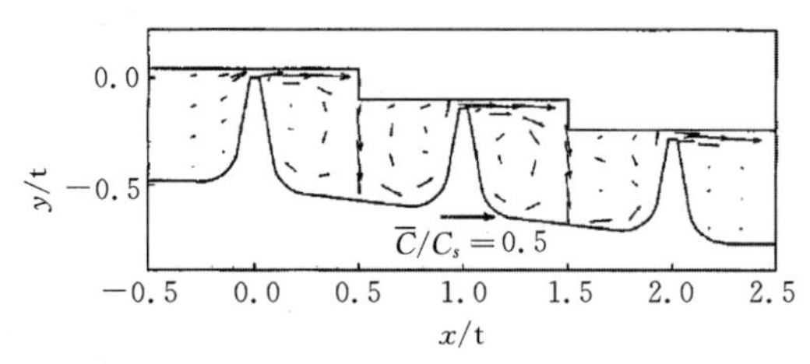

(a) LDV 测量值（C_{r}=1.2 mm，π=1.1，光滑面）

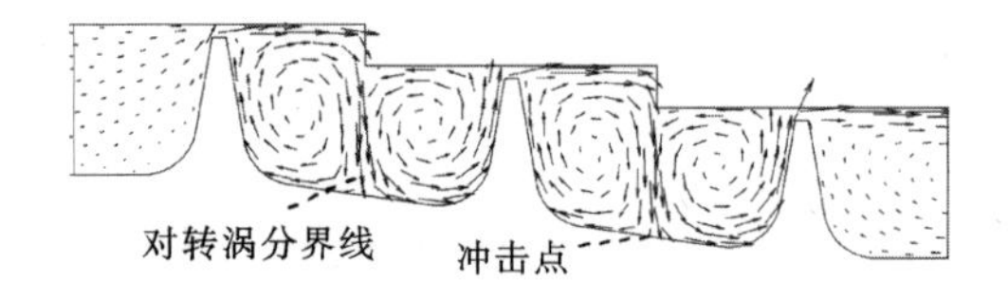

(b) LDV 测量值（C_{r}=3.2 mm，π=1.1，光滑面）

图 3-16 试验测得不同径向间隙条件下光滑面迷宫密封的流场

应的求解仍需深入研究。

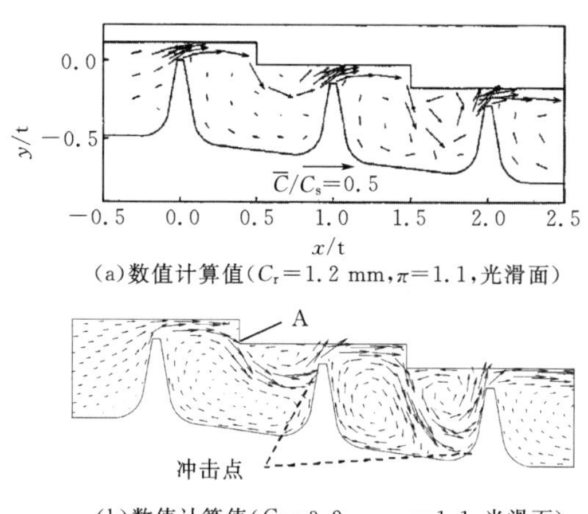

(a)数值计算值($C_r=1.2$ mm,$\pi=1.1$,光滑面)

(b)数值计算值($C_r=3.2$ mm,$\pi=1.1$,光滑面)

图3-17　计算得出的不同径向间隙条件下光滑面迷宫密封的流场

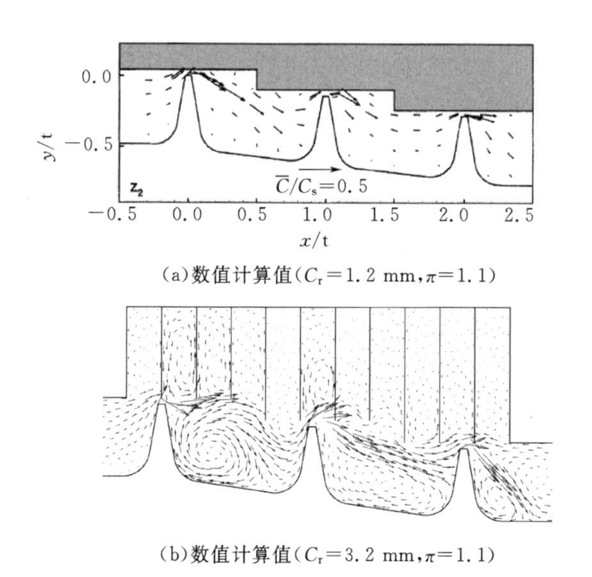

(a)数值计算值($C_r=1.2$ mm,$\pi=1.1$)

(b)数值计算值($C_r=3.2$ mm,$\pi=1.1$)

图3-18　蜂窝面迷宫密封在径向间隙为1.2 mm时的流场

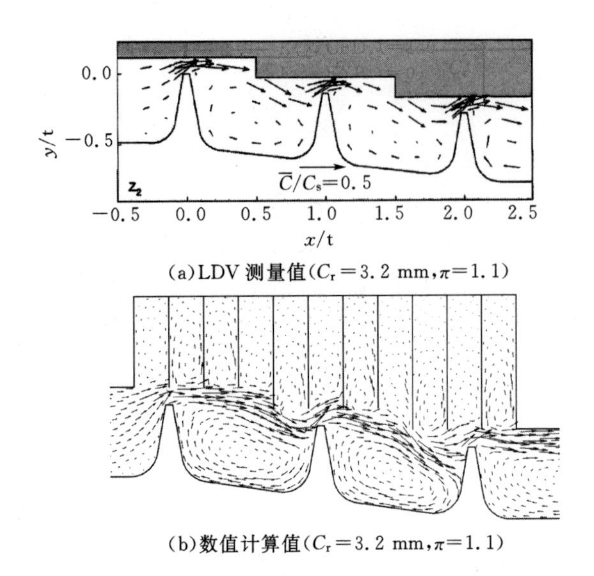

(a)LDV 测量值(C_r=3.2 mm,π=1.1)

(b)数值计算值(C_r=3.2 mm,π=1.1)

图 3-19　蜂窝面迷宫密封在径向间隙为 3.2 mm 时的流场

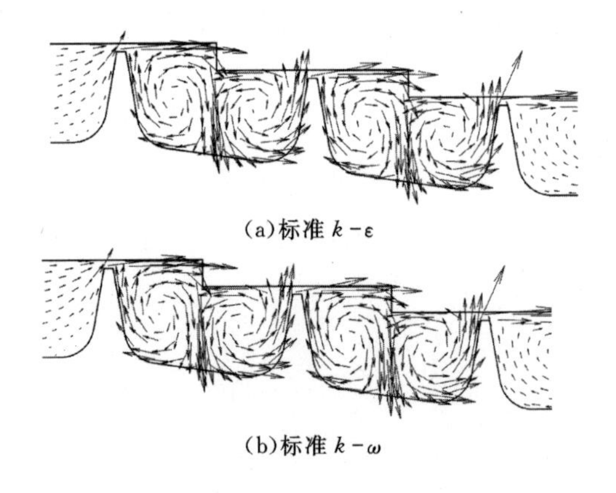

(a)标准 $k-\varepsilon$

(b)标准 $k-\omega$

图 3-20　标准 $k-\varepsilon$ 和标准 $k-\omega$ 模型计算得到的光滑面迷宫密封内的流场

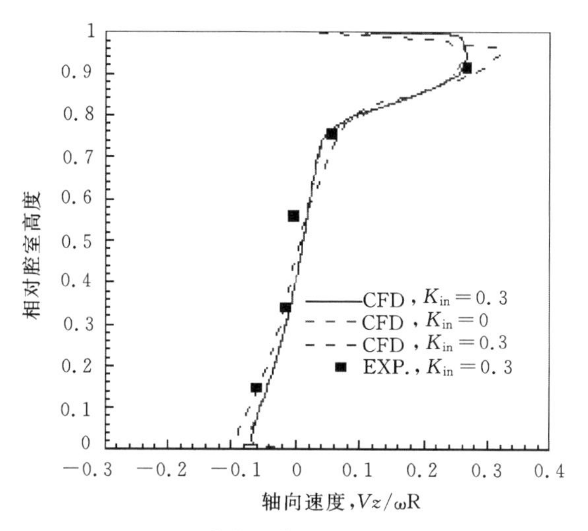

(a)收敛通道 $z=17.5$ mm 处轴向速度场

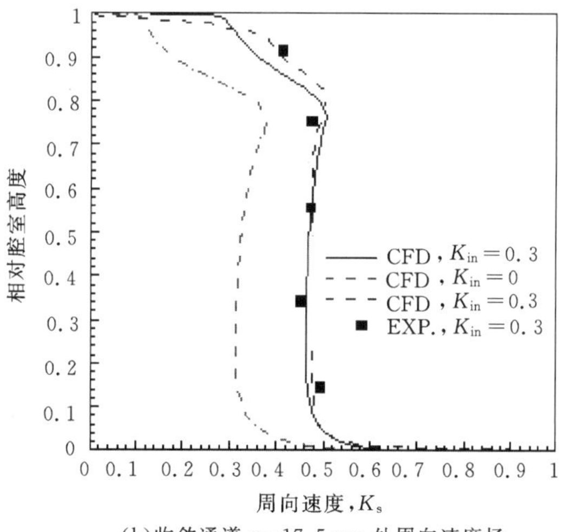

(b)收敛通道 $z=17.5$ mm 处周向速度场

图 3-21　密封轴向切面上速度型线

在上述对数值方法有效性论证的基础上，以下将介绍蜂窝阻尼密封的运行条件和几何尺寸对泄漏流动特性数值预测研究结果的影响。主要的运行条件包括压比、预旋比、转速等，主要的几何尺寸包括密封间隙、孔径、孔深、台阶尺寸等(Yan,2009;2010;2011a)。

3.3.2 压比和间隙影响

以A型蜂窝密封作为研究对象，选取四种间隙：C_r = 1.3 mm，1.5 mm，1.7 mm，1.9 mm，五种压比：π=1.1，1.3，1.5，1.7，1.9，来进行讨论。本节的蜂窝密封的内径取1/16(1.59 mm)，孔深取4.2 mm；进口给定总温和总压，总温给定为300 K，出口静压为0.2 MPa，转子转速为10000 r/min。

图3-22给出了A型蜂窝密封在四种间隙条件下光滑面迷宫密封和蜂

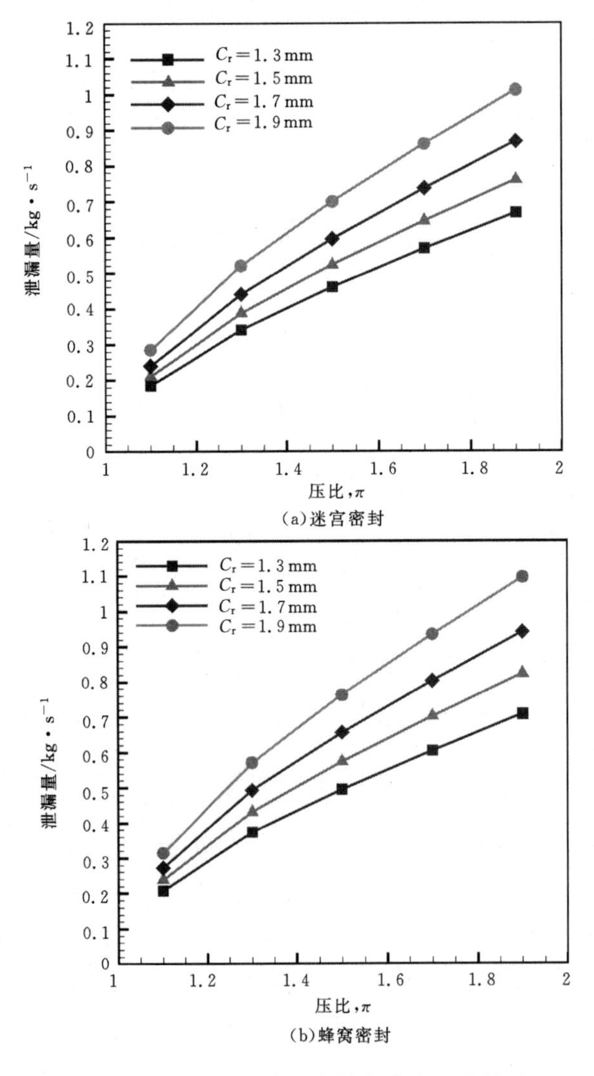

图3-22 不同间隙下密封内 $\dot{m}$ 与 π 的关系

窝面迷宫密封的泄漏量和压比的相互关系。从图中可以看出，泄漏量与间隙和压比近似成正比关系，与 Schramm(2002)的试验研究结果(见图 3－15(a))一致。尽管光滑面迷宫密封和蜂窝面迷宫密封的静子面结构不同，但两图呈现的关系基本类似，这说明径向间隙尺寸和压比对这两种静子面密封结构的泄漏特性影响程度是相同的。对比两种结构的泄漏量可以发现，在相同的间隙和压比条件下，蜂窝面迷宫密封的泄漏量比光滑面迷宫密封大 10%，这与图 3－15(b)的试验测量结论是一致的(图 3－15(b)所有的点的流量系数均大于 1)。

3.3.3　进口预旋影响

定义有效压比和进口预旋比如公式(3－5)和(3－6)所示：

有效压比：$$\pi = \frac{P_{t,in}}{p_{out}} \cdot \left(1 + \frac{\kappa - 1}{2} K_{in}^{2} Mu^{2}\right)^{-\frac{\kappa}{\kappa-1}} \quad (3-5)$$

进口预旋：$$K_{in} = V_{t,in}/U_{rot} \quad (3-6)$$

其中，Mu 是周向 Ma 数，为周向速度与当地音速之比；$V_{t,in}$ 为进口气流周向速度，U_{rot} 为转子周向速度。

图 3－23 给出了蜂窝密封和光滑面迷宫密封在 K_{in} ＝0.3、0 和－0.3 时泄漏量随压比的变化关系，可以看出：预旋比对蜂窝密封的泄漏量几乎没有

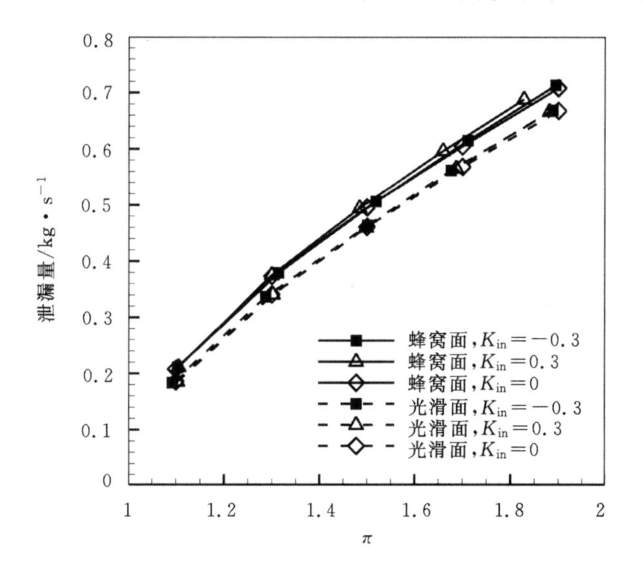

图 3－23　泄漏量随有效压比的关系曲线

影响。图3-24给出了 $K_{in}=0.3$、0 和 -0.3 时，蜂窝密封在有效压比（如公式 3-5 和 3-6 定义）$\pi=1.3$ 时子午面上的速度场，图中箭头的大小反映了速度的相对大小。从图中可以看出，气流在间隙处加速，在每个腔室均形成了两个旋向相反的漩涡。蜂窝密封芯格中充满了低速的流体（速度矢量较短），形成了尺寸相近的漩涡。在靠近间隙处，蜂窝芯格中的漩涡受到腔室中气流的影响，或被压入孔内，或将腔室中的流体推向转子面方向，这都会影响到流体通过间隙时的入射角。由图 3-24 可以看出：在相同的 π 时，进口预旋对蜂窝密封或光滑面迷宫密封的子午面上的速度场（包括流场结构和速度大小）基本上没有影响，因而密封的泄漏量在不同的预旋比条件下几乎保持不变（见图 3-23）。

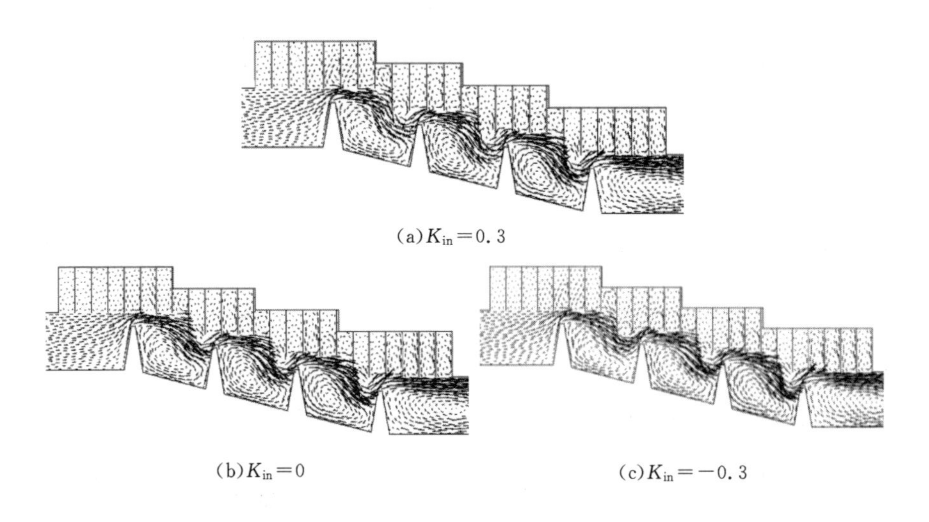

(a) $K_{in}=0.3$

(b) $K_{in}=0$　　(c) $K_{in}=-0.3$

图 3-24　蜂窝密封子午面上流场图（$\pi=1.3$）

图 3-25(a)和图 3-25(b)分别给出了进口预旋比为 0 和 0.3 时，光滑面迷宫密封和蜂窝面迷宫密封的腔室内 3 个轴向位置处无量纲周向速度沿径向的分布。在无预旋的条件下（见图 3-25(a)），$z=17.5$ mm，20.0 mm 和 22.5 mm 处光滑面迷宫密封和蜂窝面迷宫密封腔室内的周向速度大小比较接近；当预旋比 $K_{in}=0.3$ 时（见图 3-25(b)），在相同的轴向位置处，光滑面迷宫密封腔室内的周向速度比蜂窝面迷宫密封大。对比图 3-25(a)和(b)可以发现，当进口预旋比从 $K_{in}=0$ 增大到 $K_{in}=0.3$ 时，蜂窝密封各截面上周向速度的平均值变化不大，而光滑面迷宫密封各截面上周向速度的平均值有较明显地增大。可见，对于进口存在较大预旋的工况（见图 3-25(b)），光滑面

迷宫密封腔室内的周向速度很容易受到进口预旋的影响，而蜂窝芯格能有效地削弱腔室内周向速度沿轴向的发展；但在无进口预旋的条件下(见图3-25(a))，光滑面迷宫密封和蜂窝密封腔室内周向速度分布的差异却不太明显。

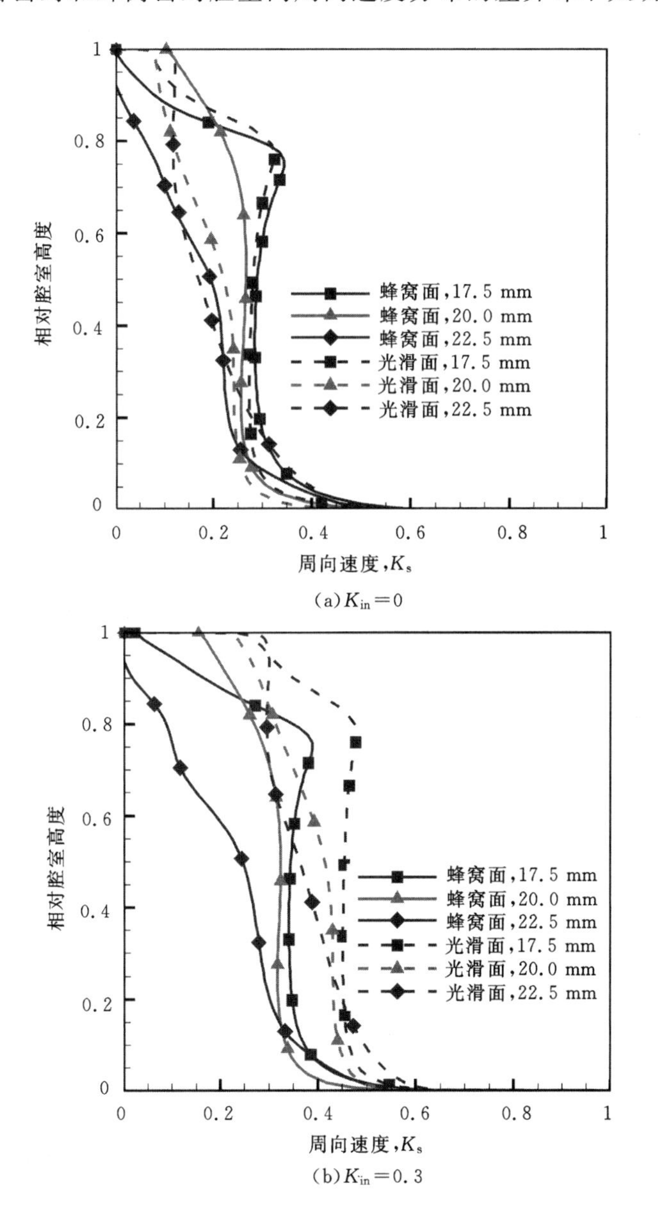

(a) $K_{in}=0$

(b) $K_{in}=0.3$

图3-25　3个不同的轴向位置处腔室内的周向速度沿径向的分布($\pi=1.3$)

3.3.4 蜂窝孔径影响

蜂窝孔的直径是蜂窝静子面的重要参数。Schramm 等的研究(2002)表明:蜂窝孔径的变化会直接影响到密封有效间隙的大小,因而对密封的泄漏流动特性产生影响。图 3-26 给出了蜂窝密封的计算网格图。选择 4 种不同的孔径来开展计算,四种不同孔径的蜂窝密封具体网格数列于表 3-4。在计算中,径向间隙均为 1.3 mm,孔深为 4.2 mm,为收敛流动结构,其它尺寸参见图 3-5。密封进口给定总温总压,总压根据压比确定。总温为 300 K,进口不考虑预旋的影响,出口静压给定为 0.2 MPa,转子的转速为 10000 r/min。

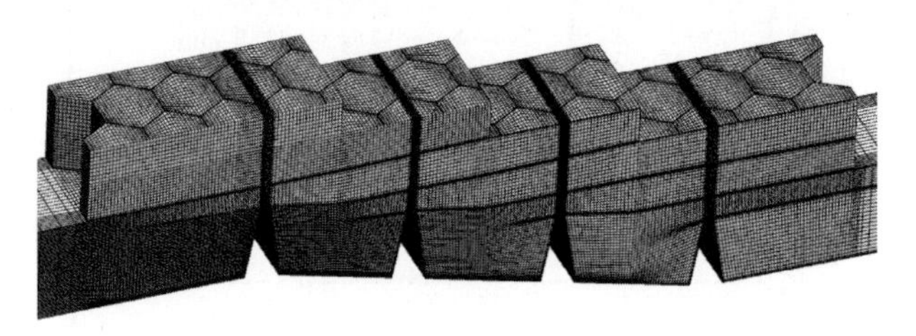

图 3-26 A 型蜂窝密封计算网格图

表 3-4 不同孔径时蜂窝密封的计算网格数目

蜂窝孔径/英寸	网格数目
$HCD=0$	290000
$HCD=1/32$	1577000
$HCD=1/16$	1162000
$HCD=1/8$	784000

图 3-27 给出了 0″、1/32″、1/16″和 1/8″四种孔径的蜂窝密封泄漏量随压比的变化关系,压比变化范围为 1.1～1.9。从图中可以看出,在相同的压力条件下,泄漏量随着孔径的增大而增大。当孔径趋于无穷小时,蜂窝密封就变成了光滑面迷宫密封。从图上还可以看出:1/32″蜂窝密封和光滑面迷宫密封的泄漏量十分接近。换言之,1/32″的蜂窝密封已经具有和光滑面迷宫密封相近的泄漏特性。因此,从 1/32″开始,继续减小蜂窝孔径的尺寸不仅对蜂窝密封泄漏特性的影响不太明显,而且浪费材料、增加密封成本。总之,当孔径从 0 增大到 1/32″时,泄漏量增大 1%～3%;当孔径从 1/32″增大到 1/16″时,泄漏量增大 5%～10%;当孔径从1/16″增大到 1/8″时,泄漏量增大 5%～8%。

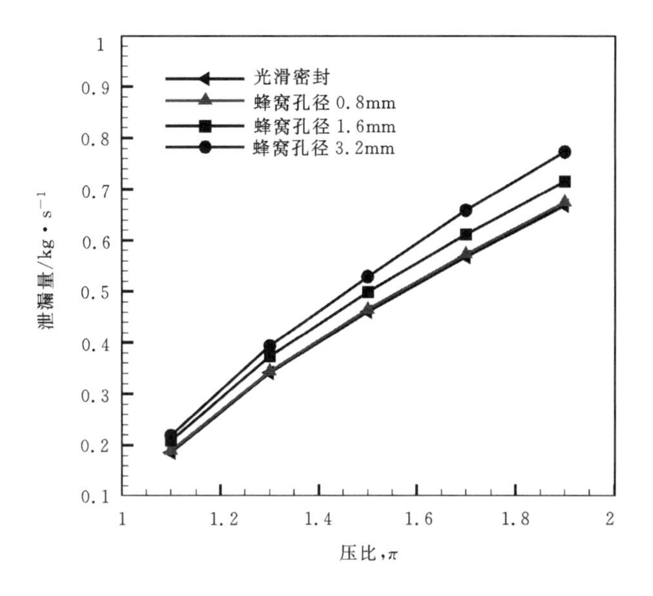

图 3-27 蜂窝密封泄漏量随压比的关系

3.3.5 蜂窝孔深影响

除间隙大小、蜂窝直径以外,蜂窝孔深也是蜂窝密封的重要尺寸参数。为了研究蜂窝孔深对阶状蜂窝密封的流动总温升特性的影响,选择 9 种蜂窝孔深来进行分析,蜂窝孔深的变化范围从 0~4.2 mm。图 3-28 给出了 9 种孔深的蜂窝密封的几何造型图。在计算中,蜂窝密封的径向间隙均为 1.3 mm,孔径为 1.16 mm,其它几何尺寸见图 3-5。转子的转速为 10000 r/min,出口静压为 0.2 MPa,进口不考虑预旋的影响。

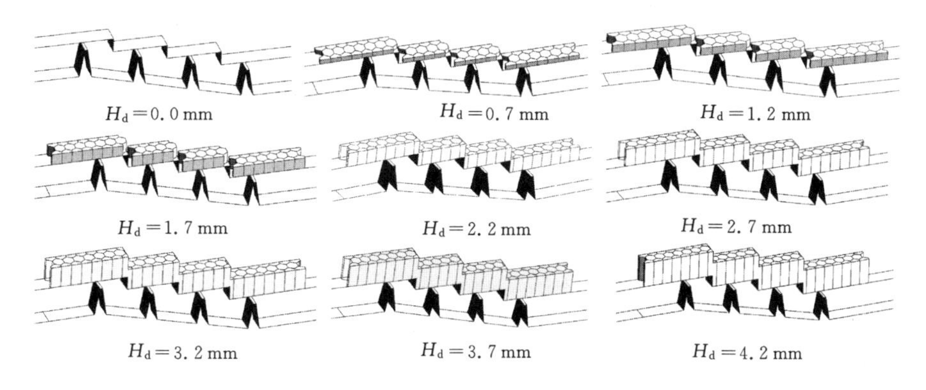

图 3-28 不同孔深时蜂窝密封的计算模型图

图 3-29 给出了压比为 1.3 时泄漏量随孔深的变化关系。从图中可以看出，在相同的压比条件下，泄漏量随孔深的变化并非是单调函数关系：随着孔深的增大，泄漏量会出现多个峰值。当孔深由 0.0 mm 增大到 0.7 mm 时，泄漏量的变化幅度较大，约增大 10%，可见蜂窝密封的孔深只要很浅，就能显著地改变间隙处的气流入射角，体现蜂窝密封的作用。当蜂窝孔深从 2.7 mm 继续增大时，泄漏量基本不受到影响，这说明太大的蜂窝孔深对阶状蜂窝密封的泄漏特性影响不大，反而会浪费材料，增加蜂窝密封的成本。

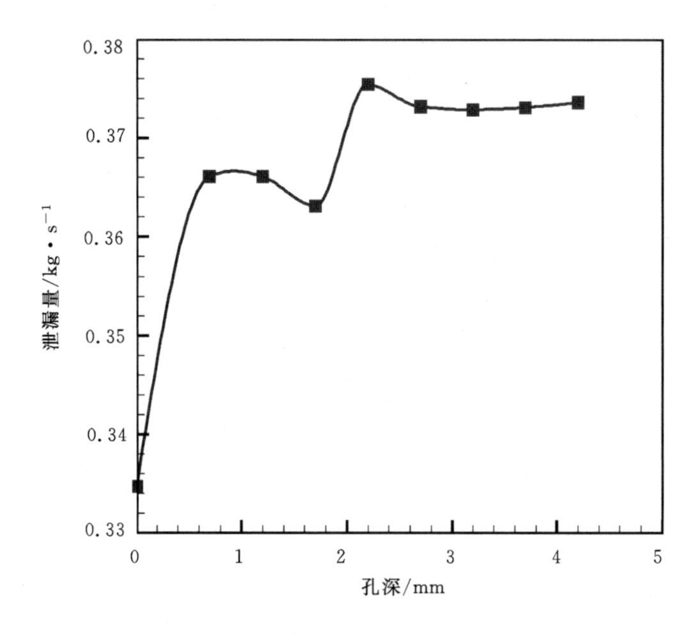

图 3-29 $\pi=1.3$ 时泄漏量随孔深 H_d 的变化关系

3.3.6 台阶影响

台阶结构(包括位置和高度)对台阶状密封的流动特性有较大的影响。选取了不同的台阶位置和台阶高度对光滑面迷宫密封和蜂窝面迷宫密封的流动特性进行研究。研究台阶位置的影响时，台阶的位置与节距的比值 t_s/t 取值范围在 0.182 到 0.818 之间变化，其它几何尺寸如图 3-6 和表 3-1 所示，密封的节距 $t=28$ mm，径向间隙为 3.2 mm，台阶高度为 3.92 mm。研究台阶高度的影响时，阶梯的高度与间隙的比 H/C_r 的取值在 0.627 到 2.506 之间变化，其它几何尺寸如图 3-6 和表 3-1 所示，密封的节距 $t=28$ mm，径向间隙为 3.2 mm，$t_s/t=0.5$。

图3-30(a)给出了光滑面迷宫密封和蜂窝面迷宫密封的泄漏量随t_s/t的变化曲线。从图中可以看出:蜂窝密封的泄漏量比光滑面迷宫密封的泄漏

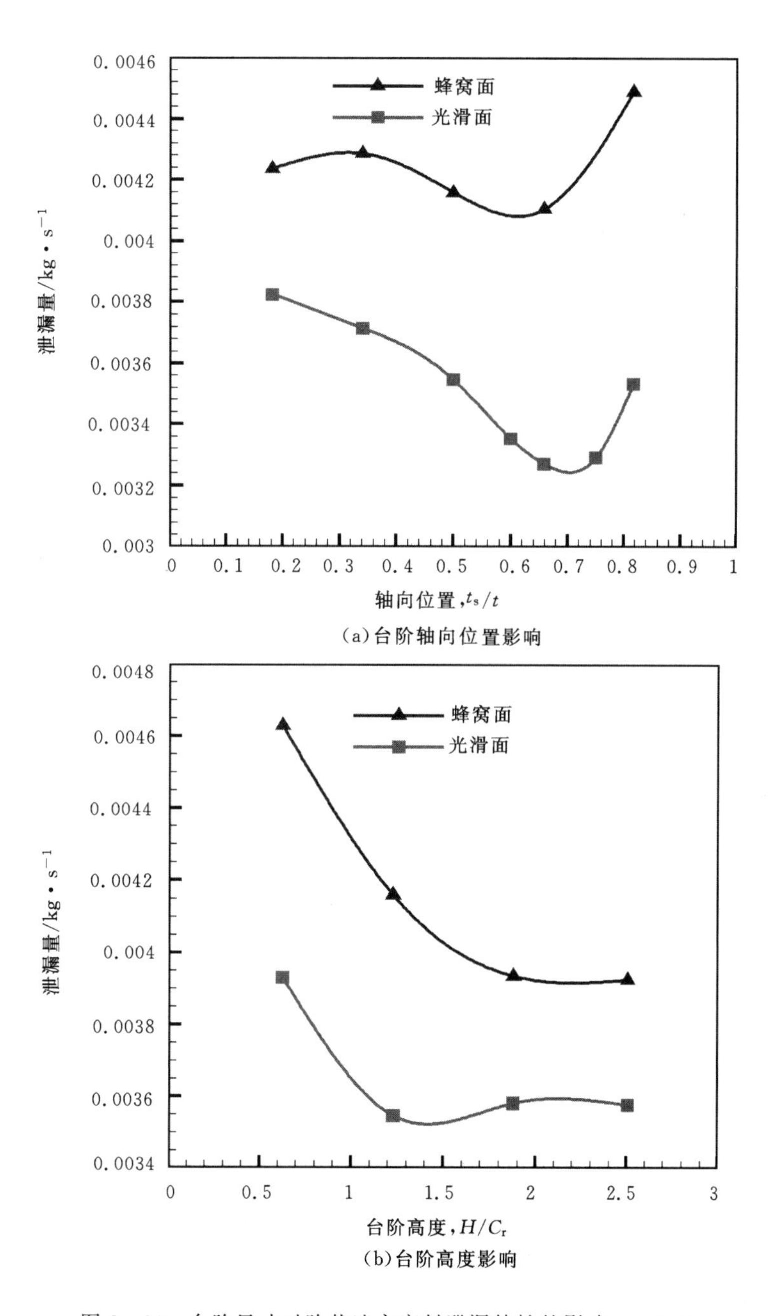

(a)台阶轴向位置影响

(b)台阶高度影响

图3-30 台阶尺寸对阶状迷宫密封泄漏特性的影响($\pi=1.5$)

量大10%左右。对于光滑面迷宫密封，泄漏量随着 t_s/t 的增大先减后增，最小的泄漏量位于 $t_s/t=0.7$ 处；而对于蜂窝面迷宫密封，泄漏量随 t_s/t 的变化规律与光滑面迷宫密封不同，最小的泄漏量位于 $t_s/t=0.6$ 处。当 t_s/t 从0.182变化到0.818时，蜂窝面迷宫密封的泄漏量变化约为0.0004 kg/s(为总泄漏量的10%)，但光滑面迷宫密封的泄漏量变化约为0.0006 kg/s(为总泄漏量的18%)。可见，蜂窝面的存在削弱了 t_s/t 对密封泄漏特性的影响。

图3-30(b)给出了光滑面迷宫密封和蜂窝面迷宫密封泄漏量随 H/C_r 的变化曲线。对于蜂窝面迷宫密封，当 H/C_r 达到2或大于2时，泄漏量基本不再受到台阶高度的影响；而对于光滑面迷宫密封而言，H/C_r 只要大于或等于1.5时，泄漏量就不受台阶高度的影响。当 H/C_r 从0.627增大到2时，蜂窝密封的泄漏量下降了20%左右；而光滑面迷宫密封从0.627增大到1.5时，泄漏量下降了10%左右。可见，台阶高度对蜂窝密封泄漏量的影响程度比光滑面迷宫密封大。

3.3.7 静子面结构影响

静子面结构和布置也会对蜂窝密封的泄漏流动特性产生一定程度的影响。孔胜如(2009)和李军等(2011)研究了6种型式(见图3-31(a)～(f))的蜂窝静子面对泄漏特性的影响。通过在蜂窝密封孔内设置隔板(shim)或者将蜂窝静子分为几段来改变静子面的结构，获得了与常规蜂窝密封装置不同的泄漏流量。图3-32将常规蜂窝密封(O型)与图3-31中6种不同的蜂窝密封进行了对比，从图中可以看出，单纯将蜂窝静子分为几段反而会增大泄漏量(如d型)，而采用在孔内设置隔板与分段相组合的方法(e型和f型)则会减小蜂窝密封的泄漏量。

图3-33给出了4种不同型式的蜂窝密封子午面上的流场结构，可以看出，采用设置隔板或分段的方式对蜂窝密封内的流场产生较大的影响，主要体现在间隙处射流的入射角和漩涡尺寸的变化上。

由此可见，采用合理的静子面布置方式可以有效地控制蜂窝密封内的泄漏流量和腔室内的漩涡结构，也会对蜂窝密封内的迷宫齿受力和传热特性产生较大的影响。

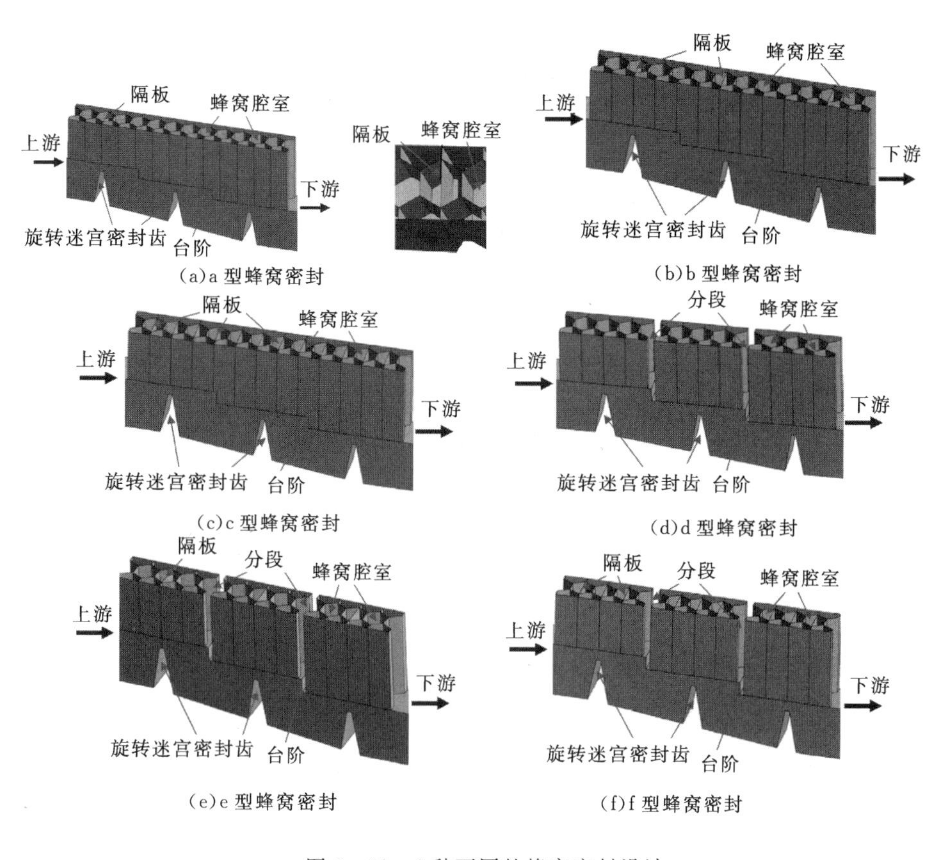

(a)a 型蜂窝密封　(b)b 型蜂窝密封

(c)c 型蜂窝密封　(d)d 型蜂窝密封

(e)e 型蜂窝密封　(f)f 型蜂窝密封

图 3-31　6 种不同的蜂窝密封设计

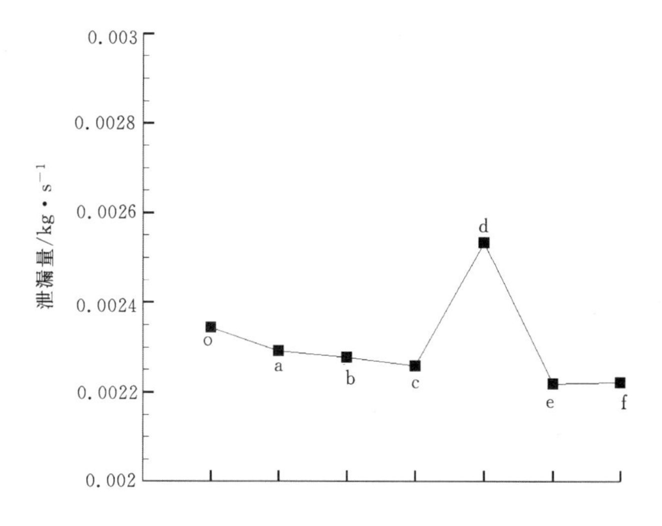

图 3-32　不同型式的蜂窝密封泄漏流量(其中 $C_r=3.2$ mm,$\pi=1.1$)

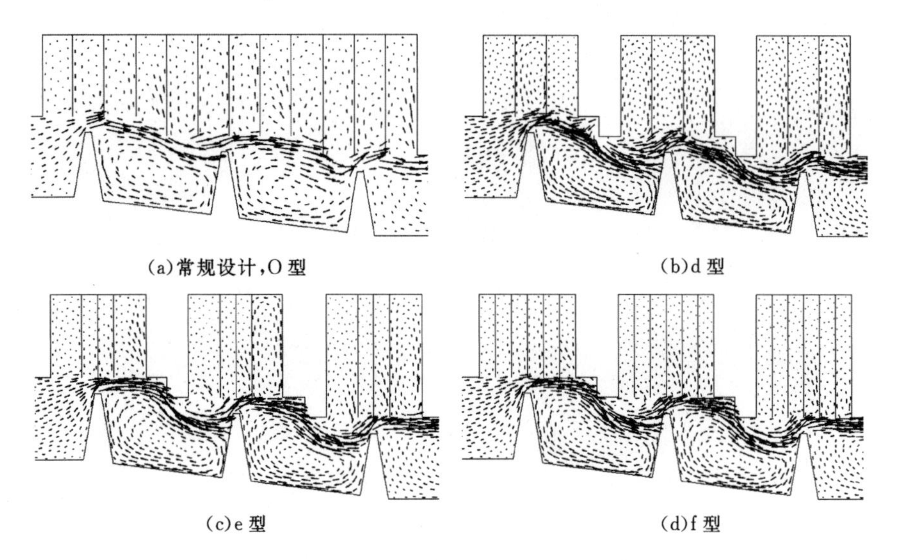
(a)常规设计,O型
(b)d型
(c)e型
(d)f型

图 3-33 不同型式蜂窝密封子午面上流场(C_r=3.2 mm,π=1.1)

3.3.8 转速的影响

图 3-34 为 d 型密封在不同转速下迷宫轴封和蜂窝轴封的泄漏量变化。

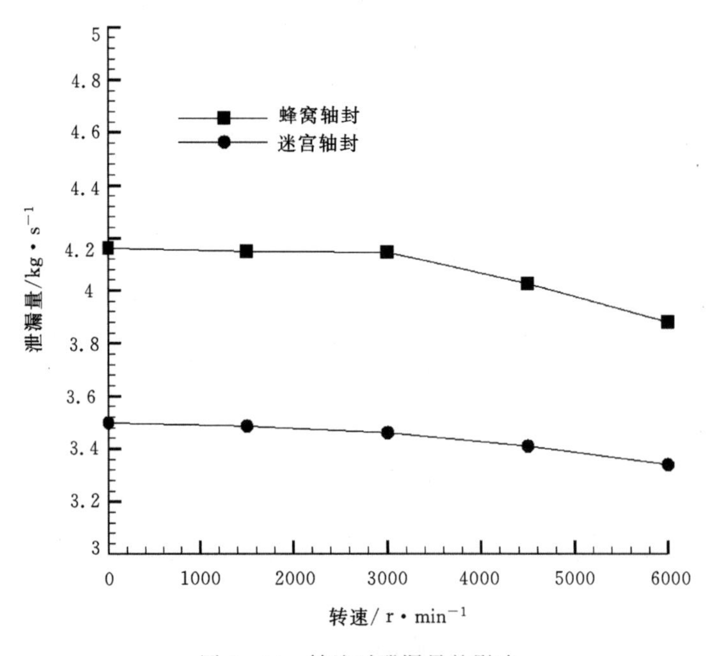

图 3-34 转速对泄漏量的影响

从图中可以看出，无论是蜂窝轴封还是迷宫轴封在相同的几何结构设计下，转速对泄漏量的影响较小，特别是在转速小于3000 r/min时，随着转速的增加，泄漏量只有稍微的降低。只有当转速大于3000 r/min时，泄漏量才开始有比较明显的减小，然而一般发电用汽轮机的设计转速是3000 r/min，因而转速大小对汽轮机密封的影响不大，只对高转速的透平机械影响较大。

3.4　鼓风加热效应研究

蜂窝密封内所谓的“鼓风加热效应”（也称“总温升特性”）是指密封的转子面剪切应力对粘性气体做功，导致泄漏流总温升高的现象。“鼓风加热效应（windage heating effect）”的研究主要是针对燃气轮机等高温透平机械提出的。因为蜂窝密封在机组中所起的作用主要是对冷却气流进行组织和分配、控制冷却气流的流量、防止高温燃气入侵冷却系统。因此，蜂窝密封内总温升特性的好坏会影响到机组内部冷却的效果和热端部件的寿命（Denecke，2005b）。

虽然目前已有不少关于蜂窝密封转子动力特性和流动特性的研究，但对其中的“鼓风加热效应”却未能较好的预测，用于准确计算蜂窝密封内温升特性的理论和经验公式十分少。鼓风加热效应的研究开始于20世纪70年代，最初采用的主要是试验方法，在得到相应的试验数据后，整理成简单的经验公式，再应用于其它密封间隙内鼓风加热效应的预测。Stocker等（1977）最先对密封内的鼓风加热效应进行试验研究，他们测量出了直通型和阶状迷宫密封内的能量损失。Tipton等（1986）则在实验室内测得密封的进出口温升高达19.4 K。并且，进出口温升与压比、转子转速和间隙大小之间存在函数关系。

在经验公式研究方面，比较有代表性的经验公式有McGreehan & Ko（1989）公式和Millward & Edwards（1996）公式。McGreehan & Ko（1989）试验研究了不同型式的迷宫密封内鼓风加热效应，基于能量守恒定律和壁面剪切应力公式，得出了一个能计算不同进口预旋、泄漏量、转速条件下密封进出口总温升的经验公式。Millward & Edwards（1996）通过测定具有不同齿型、不同静子面型式的密封中的鼓风加热能量，得出了一个可以用于计算迷宫密封、蜂窝密封中鼓风加热效应的经验公式。尽管该公式比较简单，但预测误差可达±25%，最高误差达+40%。此外，该公式不能用于计算进口有预旋时密封内的鼓风加热效应。

可见，经验公式虽然能简单快速地预测密封内的鼓风加热效应现象，但最大的缺点是需要根据工程经验进行修正，以适用于不同型式的密封，所以不同的学者所使用的修正系数是不相同的，很难统一确定。另外，预测的精度比较有限。

Denecke(2005b)等利用量纲分析方法和模化理论论述了密封内的泄漏特性、鼓风加热效应、出口周向速度是一系列无量纲量的函数。在该理论的指导下，他们开展了相关试验(Denecke，2005a)，测量出了光滑面迷宫密封和蜂窝面迷宫密封内的进出口总温升，进而得到了不同转速、两种特定流量、两种进口预旋比条件下的无量纲鼓风加热系数；并利用 LDV 手段测得了密封腔室内两个特定位置处的轴向和周向速度型线；还采用了商用 CFD 软件 FLUENT，利用二维轴对称模型计算了光滑面迷宫密封内的鼓风加热系数和速度场，并与试验值进行了对比。然而，数值计算结果在大多数情况下与试验值相差较大，且未计算出蜂窝面迷宫密封内的总温升和流动情况。

在 Denecke(Denecke，2005a)研究的基础上，Yan 等(2009)开展了他们未进行的计算工作：利用商用软件 ANSYS CFX，采用三维周期性模型计算了光滑面迷宫密封和蜂窝面迷宫密封内的流动和总温升特性，并利用 Denecke 等(2005a)的鼓风加热效应试验测量数据(Denecke，2005a)对所使用的数值方法做了详细考核，如图 3－35 所示。研究结果表明：对于不同孔径的蜂窝密封，数值计算能较好地预测密封内的总温升特性。在此基础上，文献(Yan，2009)还研究了间隙尺寸(见图 3－36(a))、预旋(见图 3－36(b))、蜂窝直径(见图 3－36(c))、蜂窝孔深(见图 3－36(d))、压比、流动型式(收敛流动和扩散流动)对泄漏和温升特性的影响。文中指出：在相同的压比条件下，总温升与间隙大小成线性关系。随着间隙的增大，总温升下降；总温升随着压比的增大而减小；进口预旋不会对子午流场产生影响，但对密封通道内周向速度场的发展起重要的作用。正预旋使得密封内总温升下降，负预旋使得密封内总温升上升。蜂窝静子面削弱了预旋对密封内总温升特性的影响；蜂窝密封内总温升随着孔径的增大，逐渐减小；总温升与孔深之间并非成单调函数的关系。当孔深逐渐增大时，会出现多个极值。

综上所述可知，密封出口处泄漏流的温度场是下一个部件重要的进口边界条件，因此，准确确定蜂窝密封内的总温升对于评估相邻部件的冷却效果有重要意义，发展精确的预测方法是研究总温升特性的主要目标。从已有的研究结果来看，在工程运行范围，蜂窝密封内的总温升显著，蜂窝面对密封内的总温升特性的影响复杂，研究文献较少，因此，在今后的研究中，需要进一步开展研究。

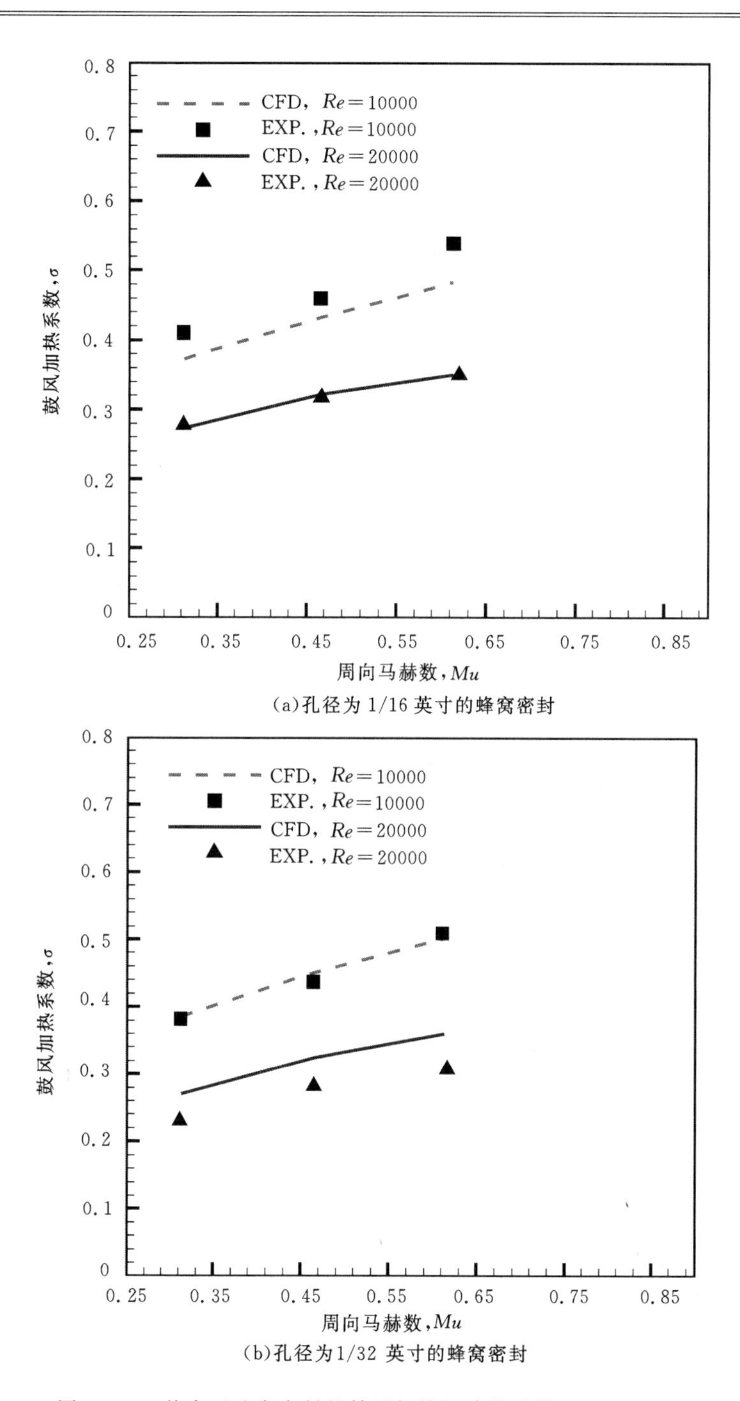

(a)孔径为 1/16 英寸的蜂窝密封

(b)孔径为1/32 英寸的蜂窝密封

图 3-35　蜂窝面迷宫密封的鼓风加热间隙热系数(Yan，2009)

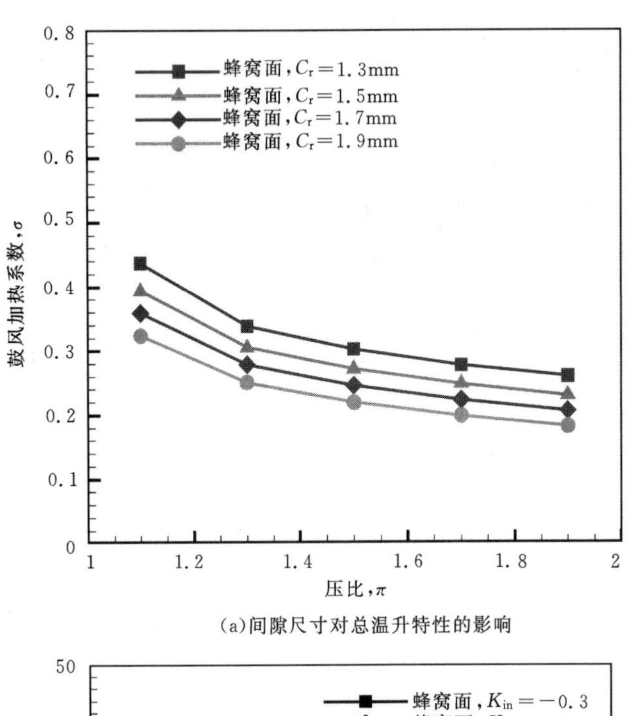

(a)间隙尺寸对总温升特性的影响

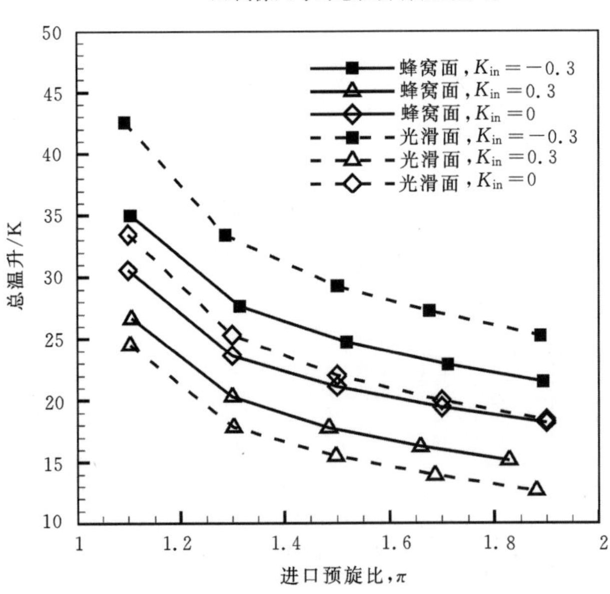

(b)进口预旋比对总温升特性的影响

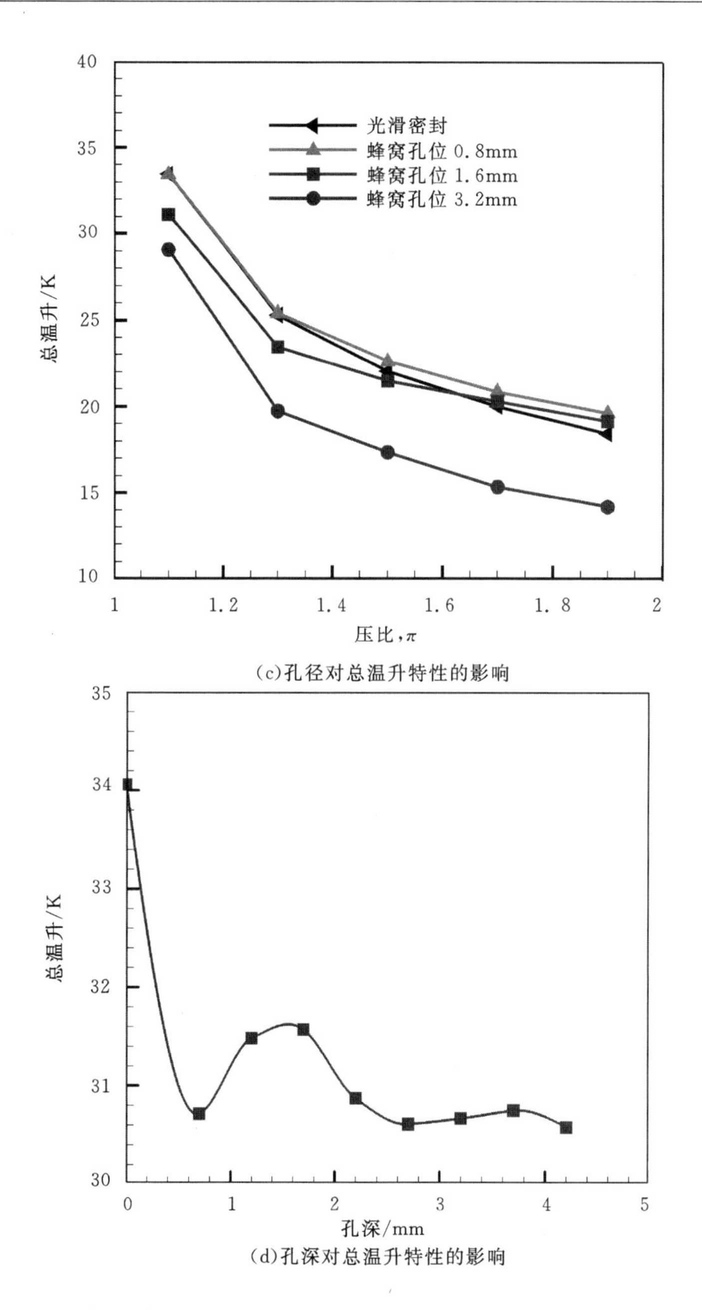

(c)孔径对总温升特性的影响

(d)孔深对总温升特性的影响

图 3-36 几何尺寸和运行工况对蜂窝密封总温升特性的影响(Yan,2009;2010)

3.5 蜂窝/孔型阻尼密封耦合传热特性的研究

密封内的传热特性会影响到航空发动机的热平衡和相邻部件热负荷的控制。由于密封间隙小、内部流动特性复杂，使得传热特性的计算和测量更为困难。因此，关于密封内传热特性的研究十分稀少，在光滑面迷宫密封传热特性的研究方面：Kapinos 等(1970)指出，随着间隙的增大，光滑面迷宫密封的平均努赛尔数 Nu 会增大。Wittig 等(1987)采用试验和数值手段研究了阶状迷宫密封的传热特性，并指出：静子面的高换热区出现在正对密封齿的位置，而转子面的高换热区出现在密封齿顶；随着间隙的增大，Nu 最大值会增大。随后，Papanicolaou 等(2001)采用低雷诺数 $k-\varepsilon$ 湍流模型计算了 Wittig(1987)所做的阶状迷宫密封热流耦合试验，得出了迷宫密封内的详细流场和温度分布，文中表明，计算值与试验值吻合良好。如图 3-37 所示为密封耦合传热研究的计算模型和网格示意图。

迄今为止，对于蜂窝密封内流动传热耦合问题的研究，Willenborg 等(2002)、曹玉璋(2005)开展了相应的研究工作。Willenborg 等(2002)利用热电偶测量了光滑面迷宫密封和蜂窝面迷宫密封转子面和静子面的对流换热系数(见图 3-38 和图 3-39)。结果表明，蜂窝静子面的对流换热系数比光滑静子面小；两种密封转子面上的对流换热系数相差不大，但文中未给出相应的数值计算结果。

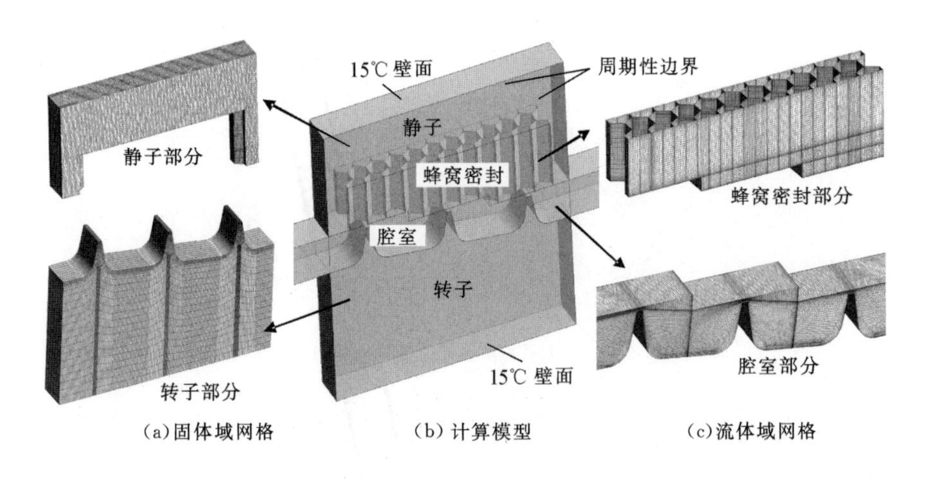

图 3-37 计算模型和网格示意图(He,2012)

晏鑫(2010)针对蜂窝密封内的流动传热特性开展了详细的数值计算工作，主要的工作是分析数值方法对蜂窝密封和光滑面迷宫密封内流动传热耦合问题的适用性，如图3-38和图3-39所示。图中给出了径向间隙分别为1.204 mm和3.192 mm时光滑面迷宫密封和蜂窝面迷宫密封转子面与静子面上换热系数的分布，并将数值计算值与试验值进行了对比。文中指出：对于这两种密封，迷宫转子面上换热系数的平均值相近(见图3-38)；在密封齿间隙处，由于射流的存在会使得计算得到的传热系数出现较大突跳，这一计算结果是合理的(因为试验中齿宽较小，无法布置较多的测点，因此，试验测

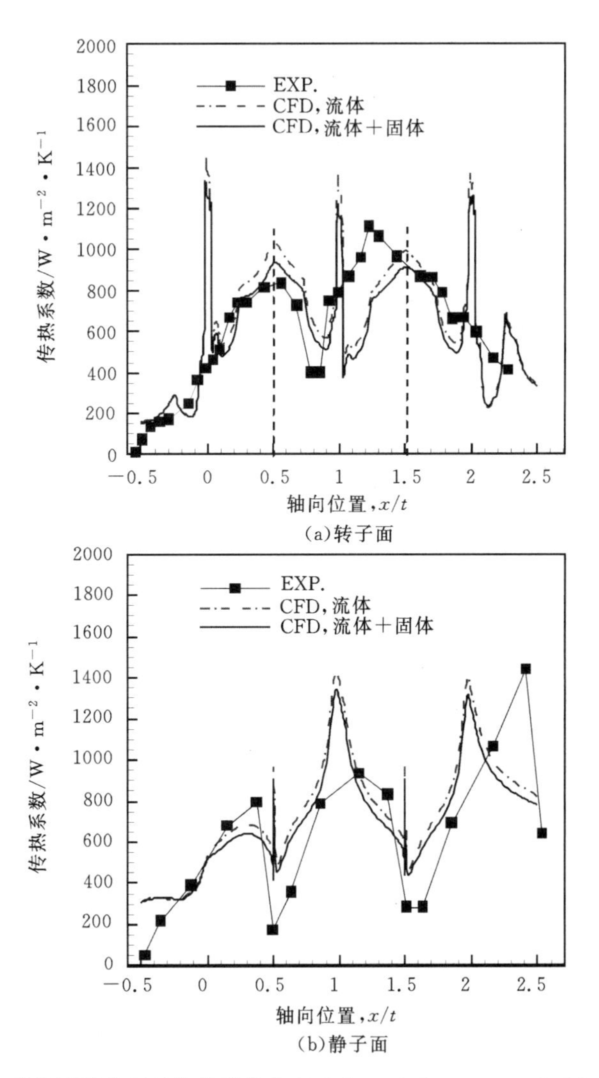

图3-38　光滑面迷宫密封传热系数分布($C_r=1.2$ mm，$\pi=1.5$)(He,2012)

得的传热系数会较为光滑)。此外,由于静子面的型式(光滑面和蜂窝面)不同,间隙附近的传热系数分布也有较大差别。而对于静子面上传热系数的分布:光滑面迷宫密封静子面上的换热系数平均值是蜂窝密封的2～3倍(见图3-38(b)和3-39(b));蜂窝面使得密封静子面上传热系数的分布更为均匀。随着蜂窝密封间隙的增大,射流对静子面上传热特性影响的程度减弱,使得传热系数沿轴向的分布更为均匀。

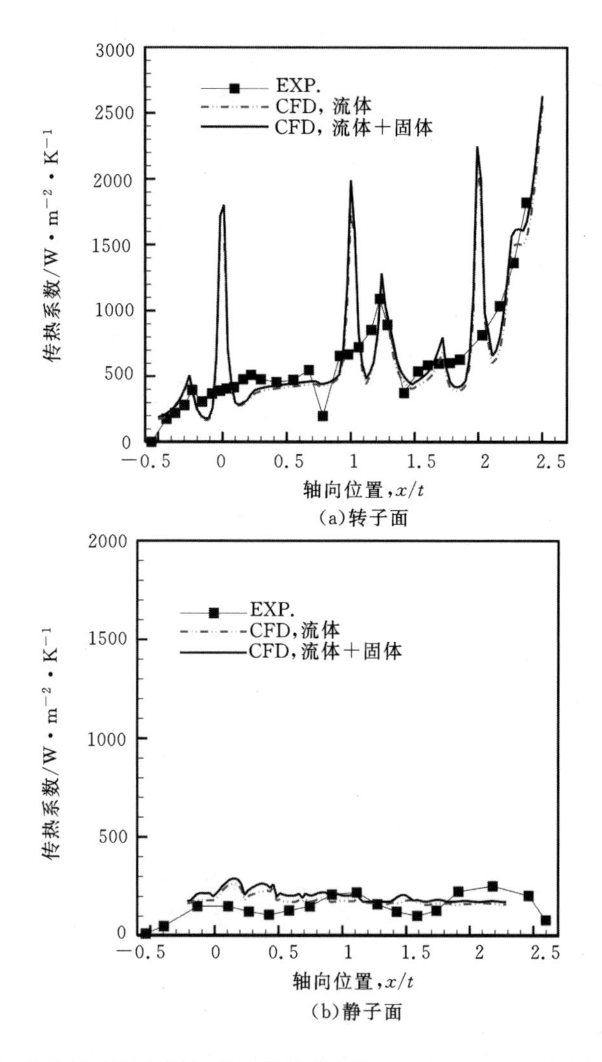

图3-39 蜂窝面迷宫密封传热系数分布(C_r = 1.2 mm, π = 1.5)(He,2012)

He 等(2012)还采用耦合传热的数值方法研究了压比和预旋比对静、转子面上传热特性系数的影响。从图 3－40 和图 3－41 上可以看出：随压比增大，静子面与转子面上的传热系数增大；负预旋会增大转子面上的传热系数，但对静子面上换热系数的影响较弱。

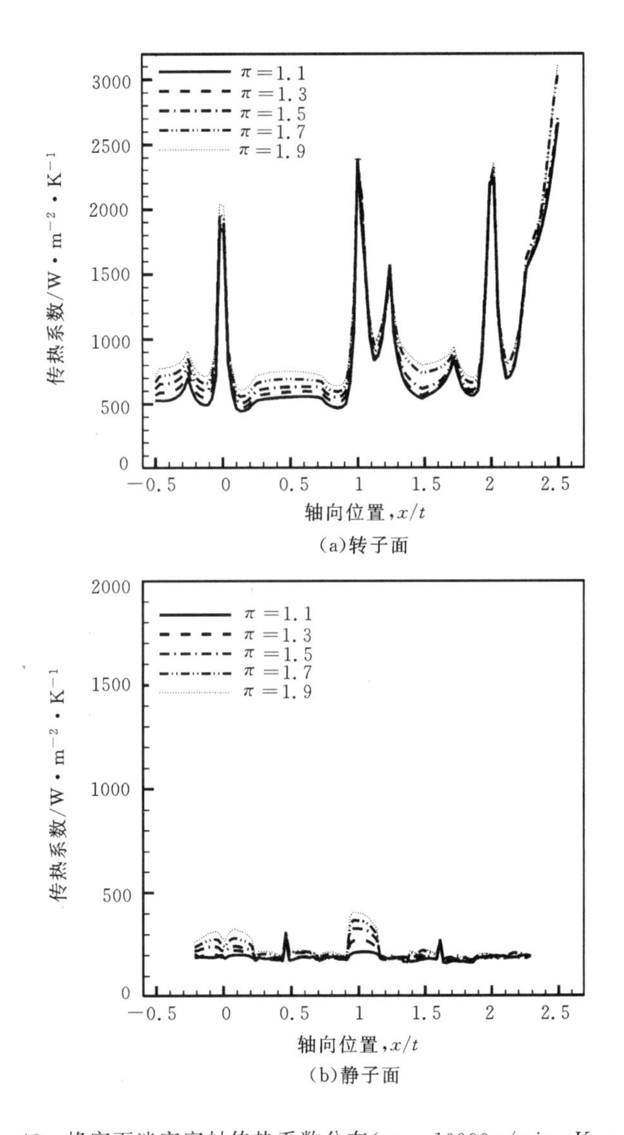

图 3－40　蜂窝面迷宫密封传热系数分布($n = 10000$ r/min，$K_{in} = 0.3$)

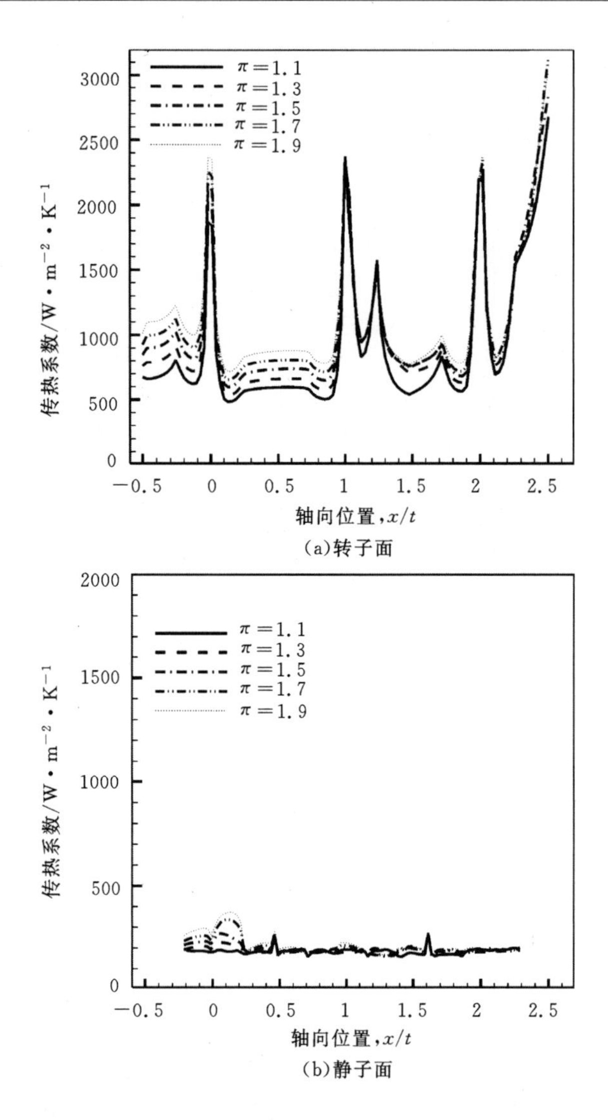

(a)转子面

(b)静子面

图 3-41 蜂窝面迷宫密封传热系数分布($n=10000$ r/min, $K_{in}=-0.3$)(He,2012)

综上所述,虽然先进的蜂窝密封技术在近 20 年来发展很快,但对于蜂窝密封内流动传热耦合问题的研究还远远不够。因此需要在试验以及预测手段方面加强研究工作,因为蜂窝密封内的对流传热特性不仅会影响到密封自身的强度和间隙有效性的控制,对于航空发动机相邻部件热平衡的控制也会有不同程度的影响。

3.6 蜂窝/孔型阻尼密封转子动力特性

蜂窝密封在偏心的涡动过程中，内部的流场随时间在不断地变化。因此，转子面上所受到的力也是一个随时间变化的量，具有非定常属性。要获得蜂窝密封的转子动力学特性，仅仅依赖试验研究是十分困难的。这一方面是因为密封间隙内的流动特征属于小间隙流动，流动结构复杂。另外，转子在密封中心高速旋转，要准确、快速捕捉密封内部流场的快速波动，需要足够精密的仪器，试验费用比较昂贵。已公开发表的文献表明，关于蜂窝密封转子动力特性的试验数据几乎全部来源于美国 Texas A&M 大学叶轮机械实验室的 Childs 教授团队。而在国内，尚未开展相关的试验研究工作。Childs (1993)和 Vance(2010)的专著是关于密封转子动力特性研究的，对密封转子动力特性的研究规范和理论基础进行了讨论。

目前在蜂窝密封转子动力特性的预测方面主要以 Bulk Flow 方法为主。该方法的优点是：计算速度快、分析精度能满足工程需要，因此在工程应用中得到了较为广泛的应用。虽然 Bulk Flow 分析方法与纯粹的 CFD 方法一样，都是从三维非定常 Navier-Stokes 方程出发，但它并非直接求解原始的 N－S 方程，而是在处理过程中只关注密封横截面上的平均流场，通过采用一系列的数学知识及运动学知识后使得方程降维，达到快速求解的目的。

对环形气体密封的动力特性较为全面的 Bulk Flow 分析首先从 Nelson (1984;1985)开始，他分别给出了具有粗糙静子面(例如蜂窝密封)直通型密封和具有光滑静子面直通型密封的动力特性求解方法。求解的方程包括连续方程、周向动量方程、轴向动量方程和能量方程。为了使方程封闭，给出完全气体方程 $C_v T = P/\rho(\gamma-1)$ 进行关联。文中将进口参数 $p(0)$，$\rho(0)$ 表达为进口马赫数的函数，流动模型为单控制容积方法，运用摄动理论和迭代方法进行求解。论文运用 Bulk Flow 单控制容积模型研究了在不同间隙、预旋比、密封长度和间隙倾斜比条件下光滑静子面和蜂窝面直通型密封的动力特性，结果表明：该方法对光滑静子面/光滑转子面密封的动力特性预测结果较好，但对蜂窝静子面/光滑转子面密封的动力特性预测结果较差。这是因为文献(Nelson，1985)将蜂窝面视为粗糙壁面，壁面的粗糙程度用 $e/2\overline{C}$ 来确定，这是一个十分简化的模型，其中 $\overline{C}$ 为密封的平均间隙，e 为蜂窝面的粗糙度。张强等也将蜂窝面视为有粗糙度的固壁，采用类似的单控制容积 Bulk Flow 模型计算了蜂窝密封的动力特性系数，并将计算结果与试验值进行了比较，虽然计算的结果与试验值在同一个数量级，但计算结果与试验值相差较大。

Ha 和 Childs(1992a;1992b)利用试验方法测试了具有不同蜂窝深度、蜂窝孔直径、间隙大小的蜂窝平直窄通道的摩擦系数，得到了摩擦系数和雷诺数的关系，解释了摩擦系数突跳的现象，并给出了大量的蜂窝面和光滑摩擦系数的试验数据。在此基础上，Ha 和 Childs(1994)提出了蜂窝密封两控制容积 Bulk Flow 模型，但遗憾的是在该文献中没有给出任何的计算结果。

随后，Kleynhans 和 Childs(1997)通过采用 Laplace 变换和特征根分析方法，引入并论证了基于涡动频率的传递函数模型，给出了两控制容积 Bulk Flow 模型的求解方法。文中采用理想气体模型，假设密封内的流动是一个等温的流动过程，利用自编等温两控制容积 Bulk Flow 程序(ISOTSEAL)详细研究了蜂窝孔深对密封动力特性的影响。此外，他们还成功地利用试验方法测试了两种压比(40%，50%)、三种进口压力(0.69 MPa，1,21 MPa，1.72 MPa)、三种转速(10200 r/min，15200 r/min，20200 r/min)条件下的泄漏量和动力特性系数，并将自己的等温两控制容积 Bulk Flow 模型预测值与试验值对比。结果发现：ISOT 程序计算得到的泄漏量比试验值高约 11%；计算得到的 K_{eff} 和 C_{eff} 要稍小于试验值。但总体来说，对于蜂窝密封动力特性的预测，计算值与试验值吻合良好。在此基础上，Sprowl(2003)将大量的 ISOT 程序计算的结果与蜂窝密封试验值进行了比较，论证了该等温模型对蜂窝密封转子动力特性系数预测的有效性。Soulas 和 Andres(2007)提出了等温两控制容积 Bulk Flow 模型的另一种求解方法，文中采用 SIMPLE 算法来求解 1 阶摄动方程，但该论文在计算模型上没有改变。

虽然 Kleynhans 的 ISOT 两控制容积 Bulk Flow 模型在预测蜂窝密封转子动力特性方面具有较高的准确度，但从流动的物理本质来看，蜂窝密封内的流动过程并非是等温的。随着阻尼密封技术的发展，特别是孔型密封的研制，引起了众多学者对两控制容积 Bulk Flow 算法上的关注。由于孔型密封和蜂窝密封的结构和流动模型相同，所以两者的算法也是相同的。Childs 和 Wade(2004)试验测出了三种转速 10200 r/min，15200 r/min，20200 r/min、两种间隙(0.1 mm，0.2 mm)、三种预旋比(0.028，0.304，0.598)条件下的孔型密封的转子动力特性系数，得出了进口预旋和间隙对密封转子动力特性的影响。并利用该试验数据，对等温两控制容积 Bulk Flow 模型做了考核，发现该模型在高预旋比条件下对转子动力特性系数的预测较好，但在低预旋比条件下准确性稍差一些。随后，Shin 和 Childs(2008)去掉了 Kleynhans 等温模型中的等温假设，通过增加一个能量方程，建立了理想工质两控制容积 Bulk

Flow模型和实际工质两控制容积Bulk Flow模型，并计算出了一个甲烷压气机密封的转子动力特性系数。但在文献中，他们尚未对这两种模型作出任何考核。

在试验研究方面，van der Velder(2008)比较了恒定间隙(0.204 mm)的蜂窝密封和收敛间隙(进口0.334 mm，出口0.204 mm)的蜂窝密封的转子动力特性系数，指出转子动力特性系数与激振频率紧密相关；两者的直接刚度在激振频率低于80 Hz时相当，但对于较高的激振频率，收敛密封的直接刚度要高于恒定间隙密封；相对于收敛型蜂窝密封而言，恒定间隙的蜂窝密封具有较低的穿越频率(动特性好)；激振频率低于80 Hz时，恒定间隙蜂窝密封的有效阻尼比收敛型密封高，但超过120 Hz时恰好相反。

3.6.1　两控制体Bulk Flow理论和方法

为了完善Shin和Childs(2008)的研究工作，晏鑫等(2009a；2009b)在Kleynhans等(1997)研究的基础上发展了理想气体两控制Bulk Flow模型。通过对流动控制方程(3-7)～(3-11)进行简化求解，可以快速获得蜂窝/孔型密封的转子动力特性系数。主要的求解步骤如下。

1. 控制方程

控制容积I：间隙区域内的连续方程、轴向动量方程、周向动量方程和能量方程如式(3-7)～(3-10)所示：

$$\frac{\partial}{\partial t}(\rho H)+\frac{1}{R}\frac{\partial}{\partial \theta}(\rho UH)+\frac{\partial}{\partial Z}(\rho WH)+\rho V=0 \tag{3-7}$$

$$-H\frac{\partial P}{\partial Z}=\tau_{sz}+\tau_{rz}+\rho WV+\frac{\partial(\rho HW)}{\partial t}+\frac{\partial(\rho HWU)}{R\partial\theta}+\frac{\partial(\rho HW^2)}{\partial Z} \tag{3-8}$$

$$-\frac{H}{R}\frac{\partial P}{\partial \theta}=\tau_{s\theta}+\tau_{r\theta}+\rho UV+\frac{\partial(\rho HU)}{\partial t}+\frac{\partial(\rho HU^2)}{R\partial\theta}+\frac{\partial(\rho HWU)}{\partial Z} \tag{3-9}$$

$$0=\rho H\left(\frac{\partial e}{\partial t}+\frac{U}{R}\frac{\partial e}{\partial \theta}+W\frac{\partial e}{\partial Z}\right)+\rho\gamma_c H_d\frac{\partial e}{\partial t}+\frac{\partial(PWH)}{\partial Z}+\frac{1}{R}\frac{\partial(PUH)}{\partial\theta}+R\omega\tau_{r\theta} \tag{3-10}$$

控制容积II：孔区域内的连续方程可以表示为：

$$\rho V=\gamma_c H_d\frac{\partial \rho}{\partial t} \tag{3-11}$$

为了使公式(3-7)~(3-11)封闭，需要补充理想气体状态方程：

$$e = \hat{u} + \frac{U^2}{2} + \frac{W^2}{2},\ \hat{u} = C_v T = \frac{1}{Z_c(\gamma - 1)}\frac{P}{\rho} \tag{3-12}$$

动量方程中的应力项采用 Hirs(1973)的摩擦因子关系式来处理工质的粘性，采用 Sutherland 公式(3-13)得到：

$$\mu = \mu_R \cdot \frac{T_R + T_{Suth}}{T + T_{Suth}} \cdot \left(\frac{T}{T_R}\right)^{1.5} \tag{3-13}$$

对于空气，$T_{Suth} = 122\ \text{K}$。

2. 边界条件

边界条件可以引入损失因子来标示，其中：进口边界条件：

$$P_R - P(0) = \frac{1+\xi}{2}\rho(0)W^2(0) \tag{3-14}$$

假设进口面处为等熵流动：

$$\frac{P(0)}{P_R} = \left(\frac{\rho(0)}{\rho_R}\right)^{\gamma} \tag{3-15}$$

出口边界条件：

$$P_S - P(1) = \frac{1-\xi_e}{2}\rho(1)W^2(1) \tag{3-16}$$

其中式(3-14)~(3-16)括号中的“0”表示进口位置，“1”表示出口位置。

3. 无量纲化

控制方程和边界条件可用如下的关系式无量纲化：

$$w = \frac{W}{R\omega}, p = \frac{P}{P_R}, u = \frac{U}{R\omega}, \tilde{\rho} = \frac{\rho}{\rho_R}, c_r = \frac{C_r}{R}, h = \frac{H}{Rc_r}, h_d = \frac{H_d}{Rc_r}, l = \frac{L}{R},$$

$$z = \frac{Z}{L}, \tau = t\omega, p_s = \frac{P_S}{P_R}, p_c = \frac{P_R}{\rho_R(\omega R)^2} \tag{3-17}$$

4. 摄动化简

根据摄动理论和转子动力学理论可知：当转子在静子中心附近作小位移涡动时，相关的参数可以展开为：

$$h = h_0 + \varepsilon h_1 \rho = \rho_0 + \varepsilon\rho_1 w = w_0 + \varepsilon w_1$$

$$p = p_0 + \varepsilon p_1 u = u_0 + \varepsilon u_1 \tag{3-18}$$

代入控制方程中即可求得 0 阶摄动方程组和 1 阶摄动方程组。0 阶摄动方程组可直接用迭代法求解；1 阶摄动方程组是一个空间二维的非稳态方程组，需要作如下简化才有利于快速求解：

由于轴心围绕密封中心转动，根据运动规律：

$$\varepsilon h_1 = -x\cos\theta - y\sin\theta \tag{3-19}$$

则：

$$\Phi_1 = -\Phi_{1c}\cos\theta - \Phi_{1s}\sin\theta$$

其中：

$$\Phi = \{u, w, p, \rho\} \tag{3-20}$$

引入复变量：

$$\varepsilon \boldsymbol{h}_1 = -x - \mathrm{j}y = -r_0 \cdot \mathrm{e}^{jf\tau} \tag{3-21}$$

$$\boldsymbol{\Phi}_1 = \boldsymbol{\Phi}_{1c} + \mathrm{j}\boldsymbol{\Phi}_{1s} = \overline{\boldsymbol{\Phi}}_1 \cdot \mathrm{e}^{jf\tau} \tag{3-22}$$

其中：r_0 是偏心率。

于是，1 阶摄动方程可以整理为：

$$[\boldsymbol{M}(f,z)]\frac{\mathrm{d}}{\mathrm{d}z}\begin{bmatrix}\bar{\rho}_1(z)\\ \bar{w}_1(z)\\ \bar{u}_1(z)\\ \bar{p}_1(z)\end{bmatrix} + [\boldsymbol{A}(f,z)]\cdot\begin{bmatrix}\bar{\rho}_1(z)\\ \bar{w}_1(z)\\ \bar{u}_1(z)\\ \bar{p}_1(z)\end{bmatrix} = \frac{r_0}{\varepsilon}\begin{bmatrix}g_1(z)\\ g_2(z)\\ g_3(z)\\ g_4(z)\end{bmatrix} \tag{3-23}$$

5. 结合转子动力学方程求解

上述方程组是复变量方程组，其中 $[M(f,z)]$和$[A(f,z)]$是 4×4 复系数矩阵，由 0 阶方程计算得到。根据转子动力学理论和 Kleynhans (1997)提出的方程，描述孔型密封动力特性的运动模型是：

$$-\begin{bmatrix}\boldsymbol{F}_x(\mathrm{j}\Omega)\\ \boldsymbol{F}_y(\mathrm{j}\Omega)\end{bmatrix} = \begin{bmatrix}\boldsymbol{D}(\mathrm{j}\Omega) & \boldsymbol{E}(\mathrm{j}\Omega)\\ -\boldsymbol{E}(\mathrm{j}\Omega) & \boldsymbol{D}(\mathrm{j}\Omega)\end{bmatrix}\begin{bmatrix}\boldsymbol{X}(\mathrm{j}\Omega)\\ \boldsymbol{Y}(\mathrm{j}\Omega)\end{bmatrix} \tag{3-24}$$

其中：$\mathrm{j}=\sqrt{-1}$。

$$\boldsymbol{D}(\mathrm{j}\Omega) = K(\Omega) + \mathrm{j}\Omega \cdot C(\Omega) \tag{3-25}$$

$$\boldsymbol{E}(\mathrm{j}\Omega) = k(\Omega) + \mathrm{j}\Omega \cdot c(\Omega) \tag{3-26}$$

定义有效刚度和有效阻尼为：

$$K_{\mathrm{eff}}(\Omega) = K(\Omega) + \Omega \cdot c(\Omega) \tag{3-27}$$

$$C_{\mathrm{eff}}(\Omega) = C(\Omega) - \frac{k(\Omega)}{\Omega} \tag{3-28}$$

通过求解 1 阶摄动方程组即可得到密封的动力特性系数：$k, K, c, C, K_{\mathrm{eff}}$，$C_{\mathrm{eff}}$，其中：

$$K_{\mathrm{eff}}(\Omega) = \frac{\pi P_{\mathrm{R}} L R}{C_{\mathrm{r}}}\int_0^1 \mathrm{Re}[\bar{p}_1(f,z)]\mathrm{d}z$$

$$C_{\mathrm{eff}}(\Omega)=\frac{\pi P_{\mathrm{R}}LR}{\Omega C_{\mathrm{r}}}\int_{0}^{1}\mathrm{Im}[\bar{p}_{1}(f,z)]\mathrm{d}z \tag{3-29}$$

通过上述步骤的化简求解，编制了相应的求解程序，并利用相关的(指出参考文献)试验数据(Childs and Wade, 2004)对该算法进行了详细的考核(晏鑫,2009a)。此外，还确定了孔深、间隙大小、孔面积比、预旋对孔型密封动力特性的影响(晏鑫,2009b)(见图3-42～图3-45)，研究表明：所发展的理想气体两控制 Bulk Flow 方法能较好地预测蜂窝/孔型密封的转子动力特性系

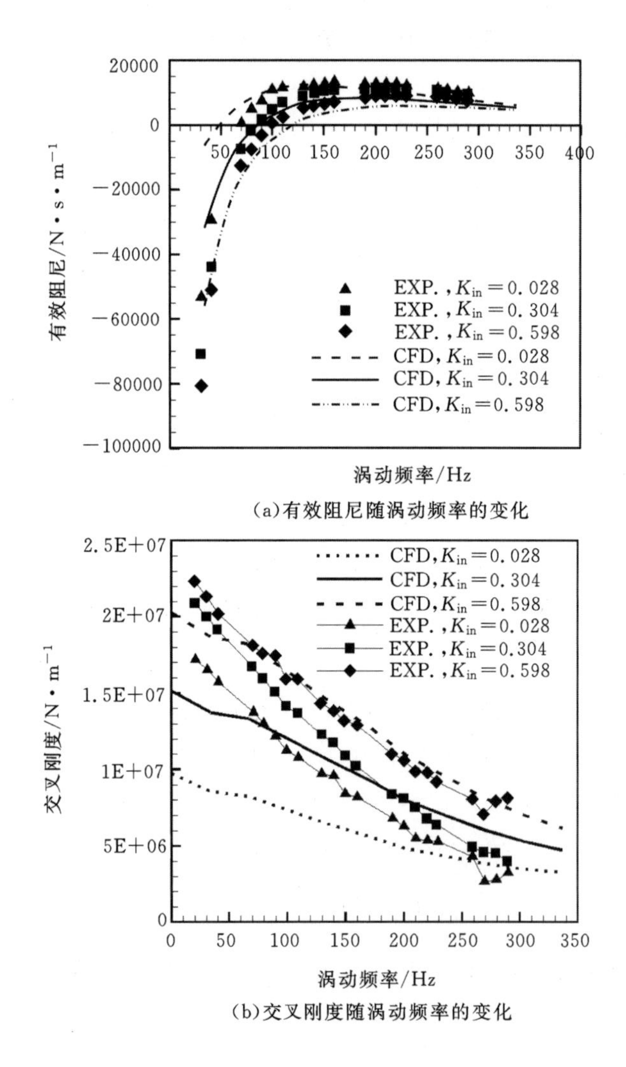

(a)有效阻尼随涡动频率的变化

(b)交叉刚度随涡动频率的变化

图3-42 进口预旋对蜂窝密封动力特性的影响(试验结果(Childs, Wade, 2004)与预测结果对比)

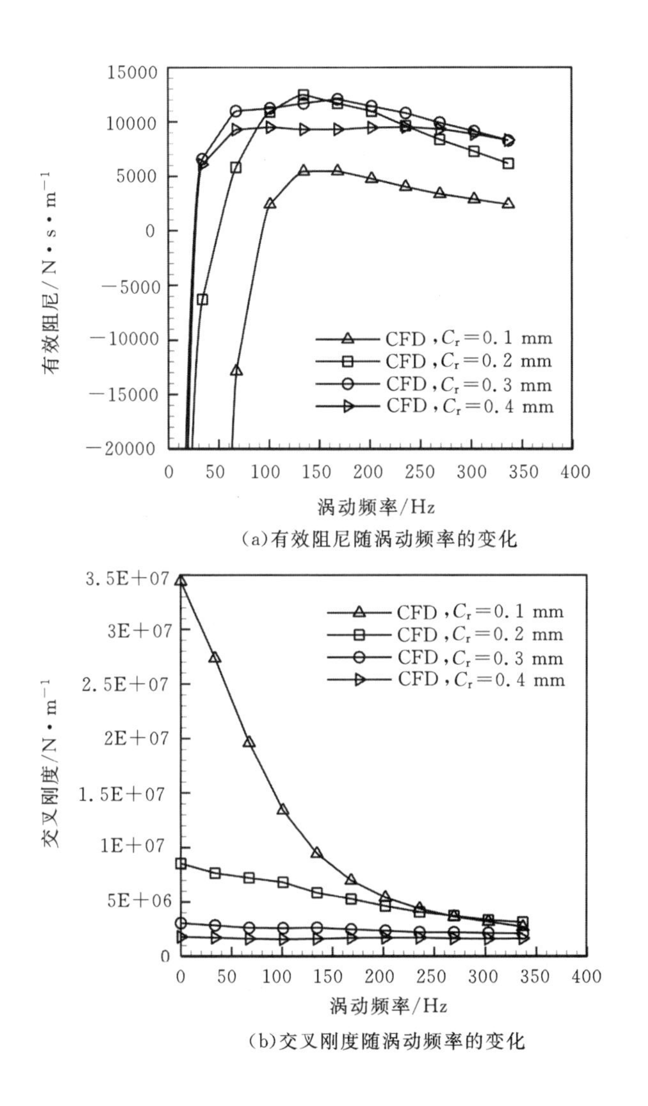

(a)有效阻尼随涡动频率的变化

(b)交叉刚度随涡动频率的变化

图3-43　间隙大小对蜂窝密封动力特性的影响

数；增大进口预旋会使得有效刚度和有效阻尼减小、交叉刚度增大，对转子稳定性不利；过大或过小的密封间隙尺寸均对孔型密封的总体性能不利，因为在较小间隙条件下（例如0.1 mm），密封的穿越频率和交叉刚度有明显的增大，易发生流体激振现象。但是，仅靠增大密封间隙来增强转子的稳定性是不可取的，因为在非阻塞工况下，泄漏量随密封间隙的增大而线性增大；孔型密封的有效刚度和穿越频率对孔深的变化不敏感，随着孔深的增大，蜂窝密封对周向流动的抑止能力逐渐增强，但幅度有所减弱(见图 3-44)。并且，蜂窝孔深不会改变密封的穿越频率，只有孔深达到一定的程度，蜂窝密封的优良转子动力特性才能得到体现；当孔面积比到达一定值时，孔面积比对蜂窝密封转子动力特性的影响程度不太明显，如图 3-45 所示。

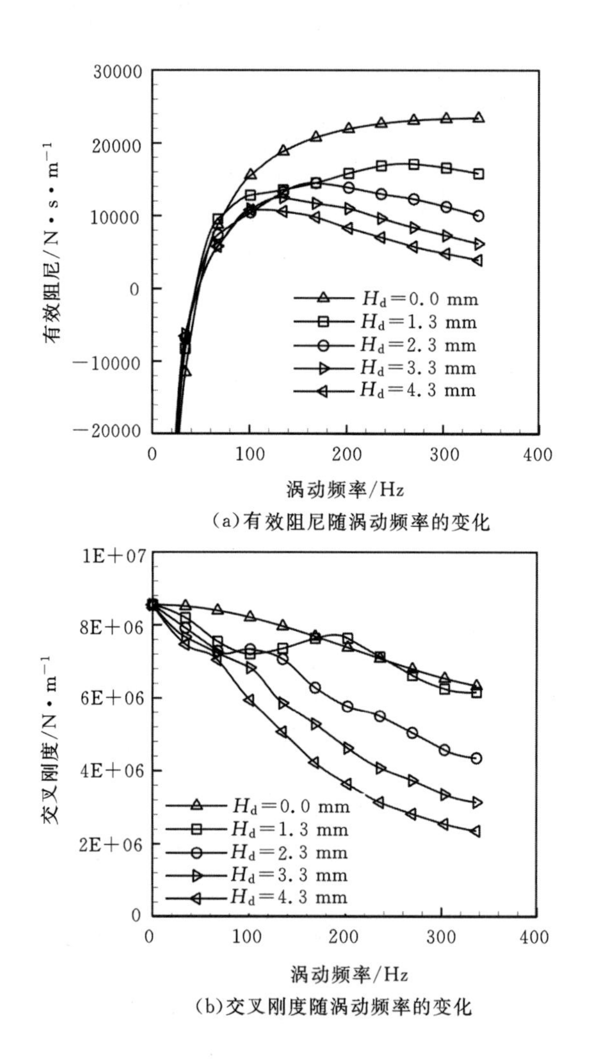

(a)有效阻尼随涡动频率的变化

(b)交叉刚度随涡动频率的变化

图 3-44 孔深对蜂窝密封动力特性的影响

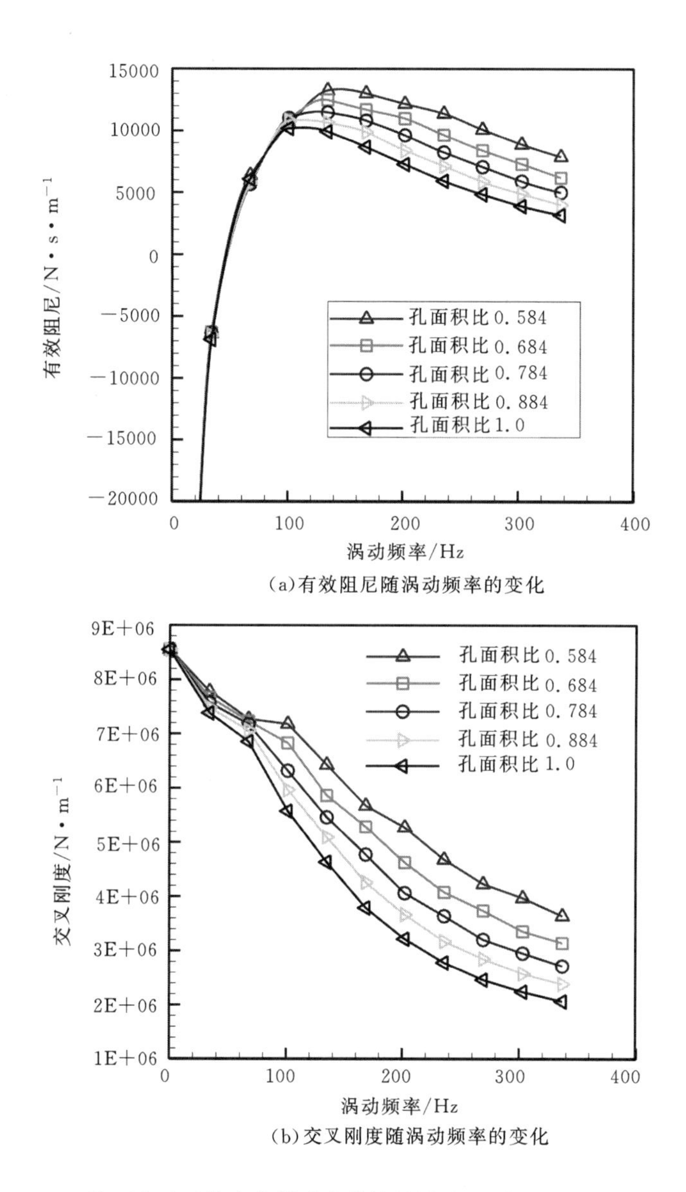

(a)有效阻尼随涡动频率的变化

(b)交叉刚度随涡动频率的变化

图 3-45 孔面积比对蜂窝密封动力特性的影响(晏鑫,2009a;2009b;2010)

3.6.2 三维非定常数值理论和方法

随着数值求解 RANS 方程技术和计算机硬件水平的发展，商用计算流体力学软件也开始用于计算蜂窝/孔型密封的动力特性。文献(曹树谦，2009)指出，“FEM 和 CFD 是实现复杂转子/轴承/密封/定子系统的动力学计算的主要方法，借助于商用软件是完成该项工作的重要途径。”这主要是由于 CFD 手段能捕获更精确的流动特征，使得在研究中对密封结构考虑得更为精细，因而能获得更准确的密封动力系数。

Chochua 等(2007)采用动网格技术和非定常方法计算得出了一个孔型密封的动力特性，并将等温 Bulk Flow 模型(ISOTSEAL)计算结果、CFD 计算结果和试验结果进行了比较，发现所采用的 CFD 方法与等温 Bulk Flow 模型计算精度相近。但不足之处是，为了节约计算资源，Chochua 等(2007)等采用了“单向振动”转子涡动模型，该模型假设转子在密封中心上下振动(见图 3-46(c))。虽然文章得出了转子面上的非定常流体力，但结果是令人质疑的。因为在实际运行中，转子在密封中心的运动是多自由度的，“单向振动模型”违背了物理现象本质。另外，由于转子的运动方式的不同，气流在密封内流动结构会受到影响，因此不能用来计算进口有预旋工况时的转子动力特性。可见，文献(Chochua，2007)中所得出的“CFD 方法与等温 Bulk Flow 模型计算精度相近”这个结论需要进一步考核。

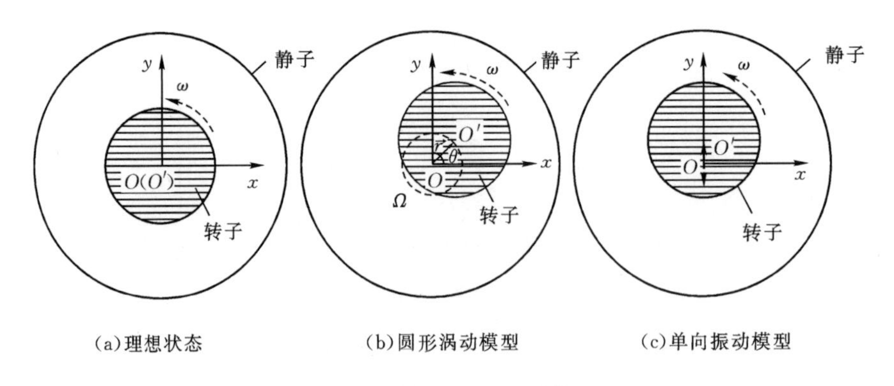

图 3-46 转子在密封静子内的运动模型(Yan，2011b)

针对 Chochua 等(2007)的数值方法的不足之处，Yan 等(2011b)将“单向振动模型”改进为“圆形涡动模型”来模拟转子在密封中心的运动(见图 3-46(b))。相对于 Chochua 等(2007)的“单向振动模型”而言，转子涡动存在两个方向的位移，而“单向振动模型”仅有一个方向的位移，运动方式有根本的区别。通过采用非定常的数值方法，利用图3-47所示的计算模型和网格得到了5种频率条件下密封转子上的非定常激振力（见图3-48）和转子动力特性系数（见图3-49）。计算结果表明：非定常流体力的频率与转子的涡动频率相同，但相位不同；与试验结果和Childs等所发展的等温Bulk Flow模型计算结果相比，利用“圆形涡动模型”数值计算得到的转子动力特性系数与试验结果十分吻合，比等温Bulk Flow模型和Chochua(2007)等的“单向振动模型”精度有明显的提高。文献(Yan,2011b)指出，计算精度的提高主要是由于CFD方法对壁面剪切应力的预测较为准确，而Bulk Flow方法采用Blasius摩擦公式（这是一个简单的近似公式）来估计，误差较大。

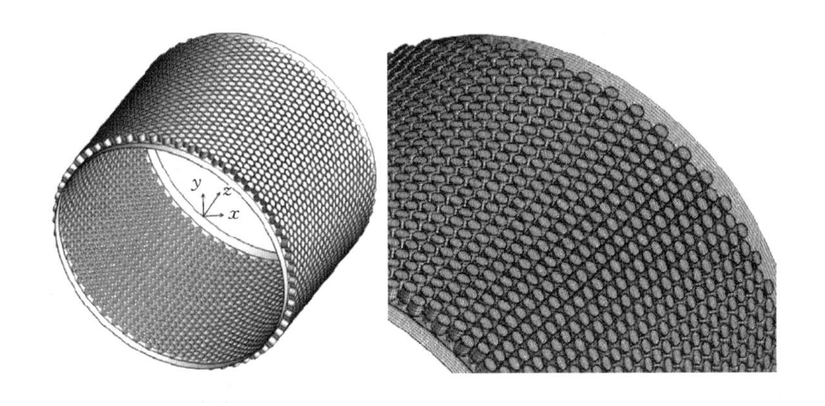

图3-47　计算模型和网格(Yan,2011b)

但“圆形涡动模型”仍然是有缺点的，主要是“圆形涡动模型”在求解每一个激振频率时，需要求解两次URANS方程（正向涡动和反向涡动），因此非常耗费时间。为了减少计算时间，Yan等(2012)发展了“椭圆形涡动模型”，如图3-50所示。“椭圆形涡动模型”使得“圆形涡动模型”的求解时间减少一半，并且计算精度保持不变。图3-51给出了“椭圆形涡动模型”中转子振幅的示意图，图3-52对比了4种不同的求解方法所获得的转子动力特性系数。从图中可以看出：Chochua等(2007)发展的“单向振动”模型和ISOTSEAL等温Bulk Flow模型的求解精度相近，“圆形涡动”模型和“椭圆形”涡动模型求解精度相同，与实验数据相比，“圆形涡动”模型和“椭圆形”涡动模型预测的结果更精确。

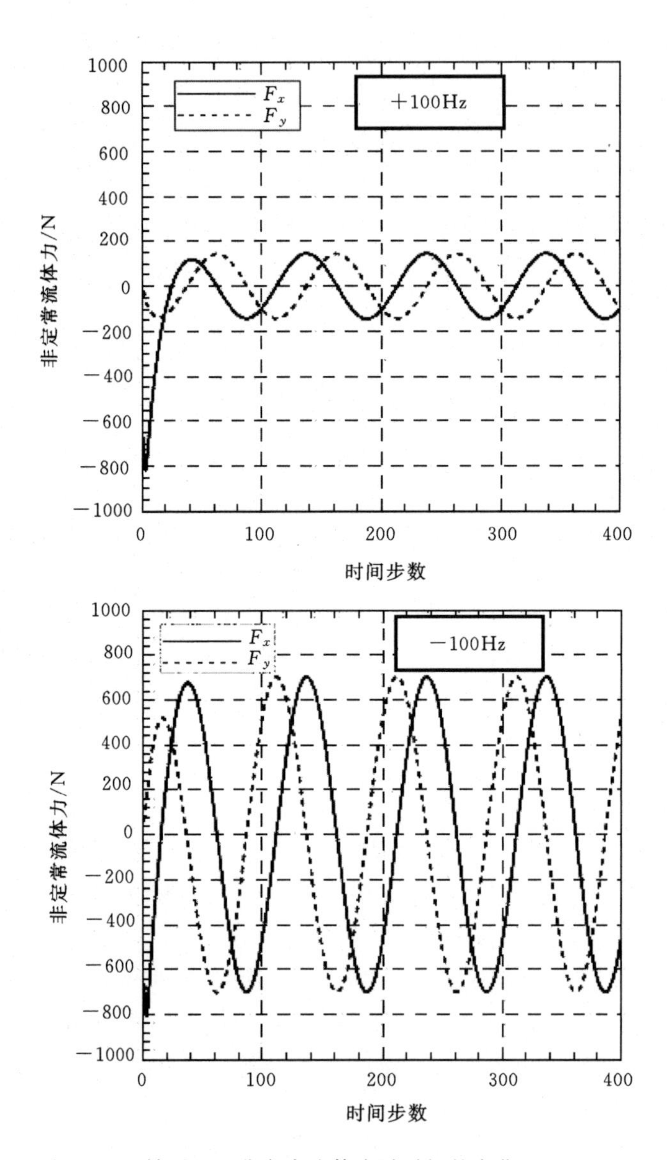

图 3-48 转子面上非定常流体力随时间的变化(Yan,2011b)

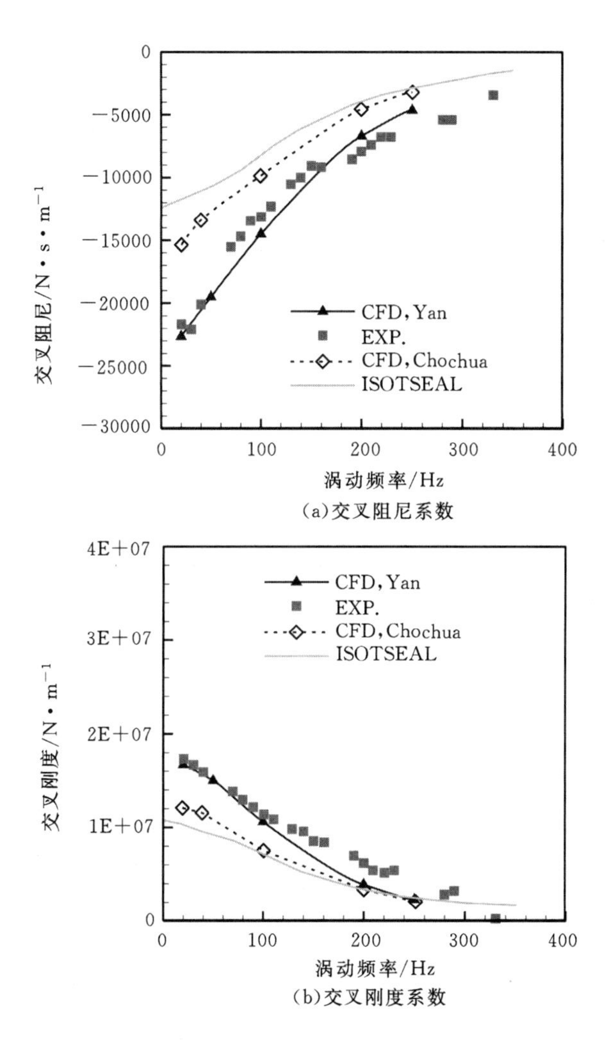

(a)交叉阻尼系数

(b)交叉刚度系数

图3-49　密封转子动力特性系数(Yan,2011b)

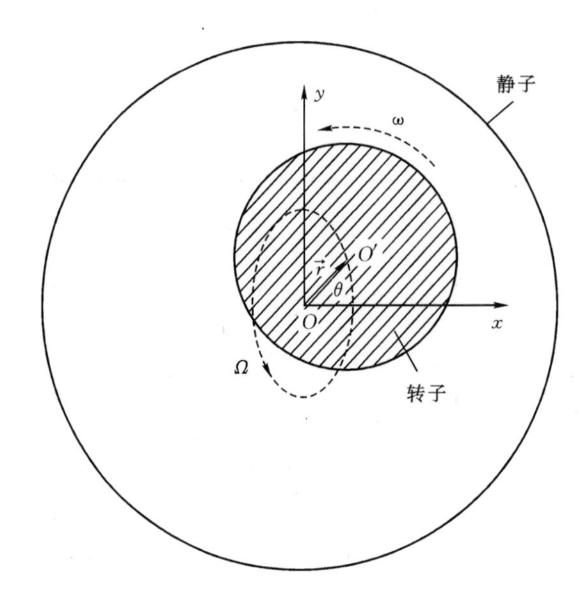

图 3-50　椭圆形涡动模型示意图(Yan,2012)

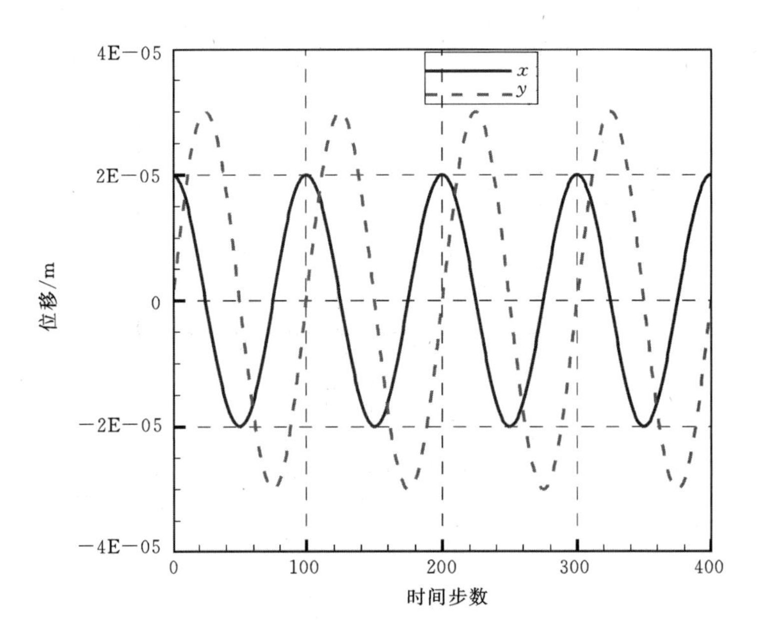

图 3-51　转子运行位移(Yan,2012)

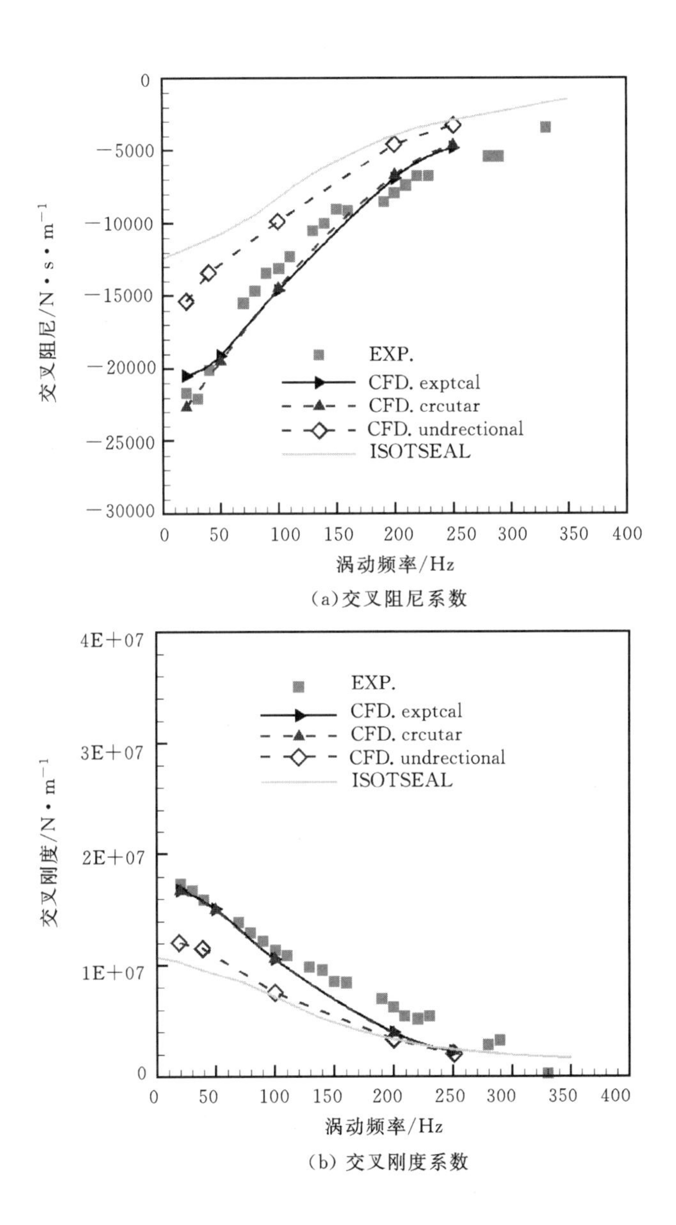

(a)交叉阻尼系数

(b) 交叉刚度系数

图 3-52　计算得到的密封转子动力特性系数对比(Yan,2012)

综上所述,CFD 方法和 Bulk Flow 分析方法均是预测蜂窝密封和孔型密封动力特性的有效方法,计算模型和计算方法对预测结果有显著的影响。在我国,发展蜂窝/孔型密封动力特性的有效预测方法对于蜂窝/孔型密封的设计、优化、研究等方面有着十分重要的作用。

3.6.3 转子-密封系统转子动力特性

对于高速旋转的透平机械而言,仅仅研究动密封的转子动力特性系数是远远不够的。因为转子动力特性系数仅仅描述密封系统的是转子在小位移、线性振动时的运动规律,小位移假设在工程应用中只适用于额定、稳定运行工况。假如要研究动密封在变工况或者大位移振动时的密封系统动力特性,就需要采用非线性动力学理论对转子-密封-轴承混合系统进行分析。研究转子密封系统失稳后的发展趋势,这对于密封的设计和流体激振故障的诊断有重要的意义(曹树廉,2009)。

由于阻尼密封结构和流动的复杂性,目前暂还未有相关的文献专门对阻尼密封的非线性动力特性进行过研究,目前发表的文献仅集中于传统迷宫密封的非线性特性,而且研究报道较少。但是,传统迷宫密封的非线性动力特性的研究方法与阻尼密封稳定性分析方法是一致的,两种方法均可以通用。

国内的研究者对"转子-滑动轴承-迷宫密封"系统的非线性动力特性进行了探索性的初步研究。丁千等(1996)利用中心流形法对 Jeffcott 转子密封系统的分岔方向和稳定性进行了分析。李松涛等(2007)对"滑动轴承-转子-迷宫密封"系统的稳定性和分岔行为进行了深入研究。叶建槐和刘占生(2007)采用快速 Galerkin 方法和 Floquet 理论对单盘转子密封系统的分岔特性进行了研究。Hua 等(2005)基于 Floquet 理论分析了系统参数对失速转速的影响。与 Hua 等(2005)类似,Chen 等(2006)、Shen 等(2008)、李忠刚等(2009),对两自由度 Jeffcott 转子-轴承-密封系统的分岔图、频谱图和轴心轨迹图进行了分析,并结合实验进行了对比分析。但这些工作的共同特点是:①采用 Muszynska 非线性密封力学模型,矩阵系数采用经验公式来计算;②转子模型为 Jeffcott 两自由度转子;③采用 RK 法求解。黄文虎等(2006)、陈予恕等(2009)对近年来透平机械转子密封系统的非线性研究进行了综述后指出:目前对于"转子-滑动轴承-迷宫密封"系统的非线性动力特性研究"只能给出定性的结论,尚无法满足工程定量分析的要求"。

Liu(2007)、Wang(2009)结合 Bulk Flow 分析方法和 Muszynska 非线性密封力学模型来计算密封转子面上非定常流体力与位移的关系，对阶状和联锁迷宫密封在不同转速和齿数条件下转子运行的轨迹以及对数增长率进行了求解，并采用 Liapunov 第一定律对亚临界 300MW 和超临界 1000MW 汽轮机组内的转子-迷宫密封系统的稳定性进行了分析判定。金琰等(2003)采用全三维流固耦合技术对转子-迷宫密封系统转子面上非定常的流体激振力进行了 CFD 求解，研究了迷宫密封内的自激振动现象。王乐勤等(2008)则针对接触式机械密封的流固耦合模型和接触力方面开展了深入的研究。由此可见，对实际“转子-轴承-迷宫密封”系统的非线性动力特性的研究较少，而对实际工作的阻尼密封内的非线性流体激振机理研究还未见报道。建立完善的转子-阻尼密封流固耦合力学模型以及发展精确的求解算法是推进阻尼密封内流体激振机理研究的基础。

对于图 3-53 所示单盘转子-密封-轴承系统，描述动密封转子的运动规律可采用如下的经典 Jeffcott 方程(Vance，2010)。

$$\begin{bmatrix} M & 0 \\ 0 & M \end{bmatrix}\begin{bmatrix} X \\ Y \end{bmatrix}+\begin{bmatrix} C & 0 \\ 0 & C \end{bmatrix}\begin{bmatrix} \dot{X} \\ \dot{Y} \end{bmatrix}+\begin{bmatrix} K & 0 \\ 0 & K \end{bmatrix}\begin{bmatrix} X \\ Y \end{bmatrix}=\begin{bmatrix} F_x + Me\omega^2\cos(\omega t) \\ F_y + Me\omega^2\sin(\omega t) \end{bmatrix} \tag{3-30}$$

其中 $C = 2Mc\omega_{n1}$，$K = M\omega_{n1}^2$，(X,Y) 为转子的位移。轴承(或支撑)对密封系统运动特性的影响主要体现在系数 M,C,K 中。

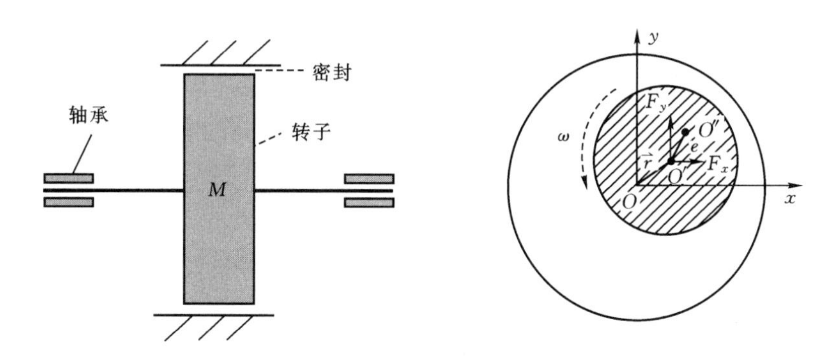

图 3-53　单盘转子-密封系统示意图(Yan，2014)

Yan(2014)采用非定常 CFD 方法求解 Jeffcott 方程，获得了环形动密封的非线性动力特性，对单盘转子-密封-轴承系统的非线性气流激振规律进行了分析，表 3-5 中给出了密封的几何尺寸参数和运行边界条件。

表 3-5 几何尺寸和运行边界条件(Yan,2014)

n_{cr}/r·min^{-1}	8000	间隙尺寸 C_r/mm	0.4
转子质量 M/kg	400	转子直径 D/mm	150
进口压力 P_{in}/MPa	0.8	密封长度 L/mm	50
压比 PR	0.5	偏心率 e/mm	0.0005
进口温度 T_{in}/K	293.15	c/N·s^2·m^{-1}·kg^{-1}	0.001

图 3-54 给出了计算的网格示意图,由于轴承对系统的影响已在系数中计入,故只需要考虑密封间隙内的流动特性即可。表 3-6 给出了所采用的数值方法,图 3-55 给出了计算得到的转子-密封-轴承系统振幅分岔图。从图中可以看出,转速对转子-密封-轴承系统的振动特性和稳定性有显著的影响。当转速小于 4000 r/min 时,系统处于同步运动状态,在分岔图上显示成一个点,表明振幅很小。当转速增大到 4000 r/min 到 8000 r/min 之间时,随转速的增加,振幅也会增加,系统稳定性逐渐减弱。当转速达到转子的一阶临界转速时(8000 r/min),系统达到共振状态。当转速经过 8000 r/min 时,振幅先逐渐降低,再逐渐增大。当转速从 16000 r/min 增大到 28000 r/min 时,转子-密封系统逐渐经历倍周期、准周期和混沌状态(可能)。该结论与转子动力学理论是一致的。因为根据转子动力学理论和工程实际运行经验,随着转子转速的增加,转子系统也将经历这一系列过程。

图 3-56~图 3-60 给出了转子在 4000 r/min,8000 r/min,16000 r/min 、24000 r/min 和 28000 r/min 时转子运行轨迹和 Poincaré 图,可以清晰看出转子-密封-轴承系统的运行状态和稳定性。图 3-61 和图 3-62 分别给出了压比对转子运行轨迹和 Poincaré 图的影响,可以看出,随压比增大,轴心轨迹形状变化不大,图谱形状变化也不大。可见,相对于转速,压比对系统的稳定性影响稍小。

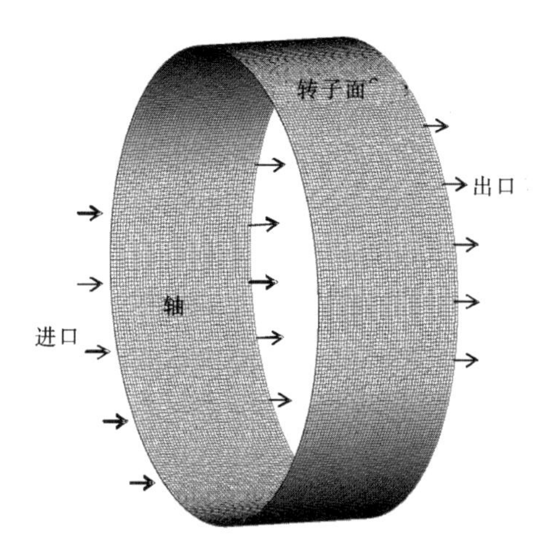

图3-54　计算模型和网格

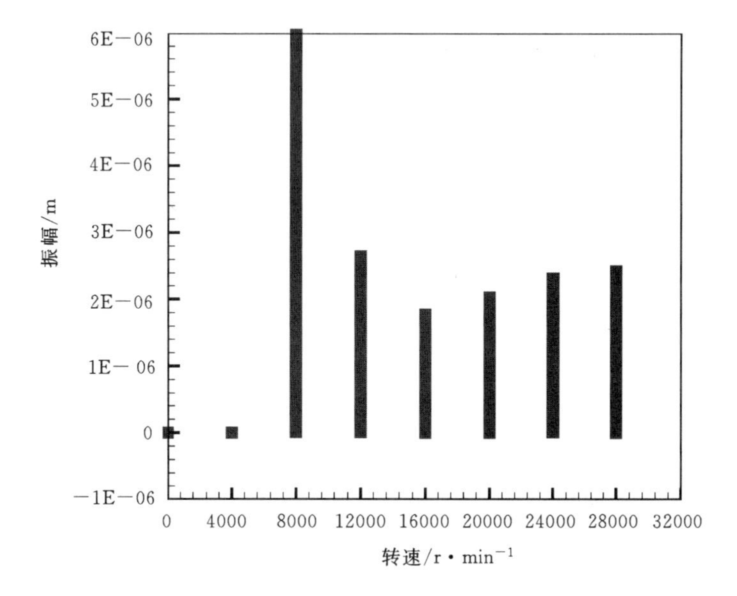

图3-55　转子振动分岔图

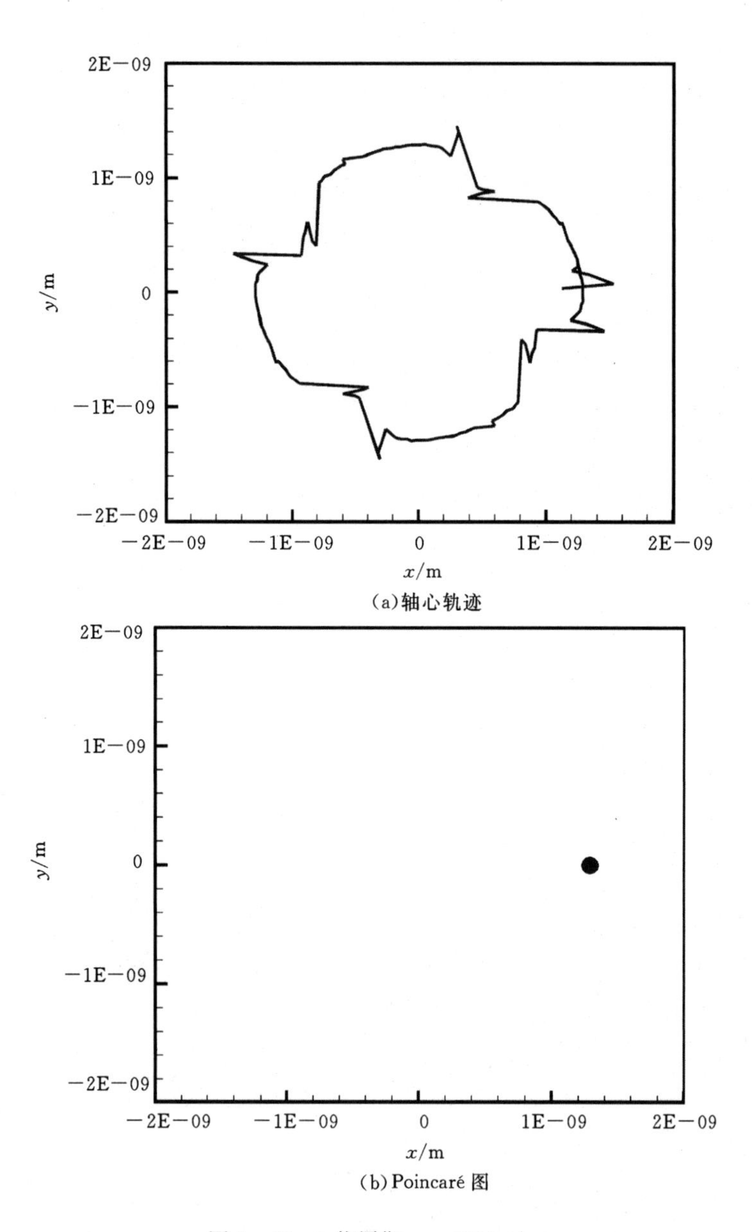

(a)轴心轨迹

(b) Poincaré 图

图 3-56　1 倍周期，n=4000 r/min

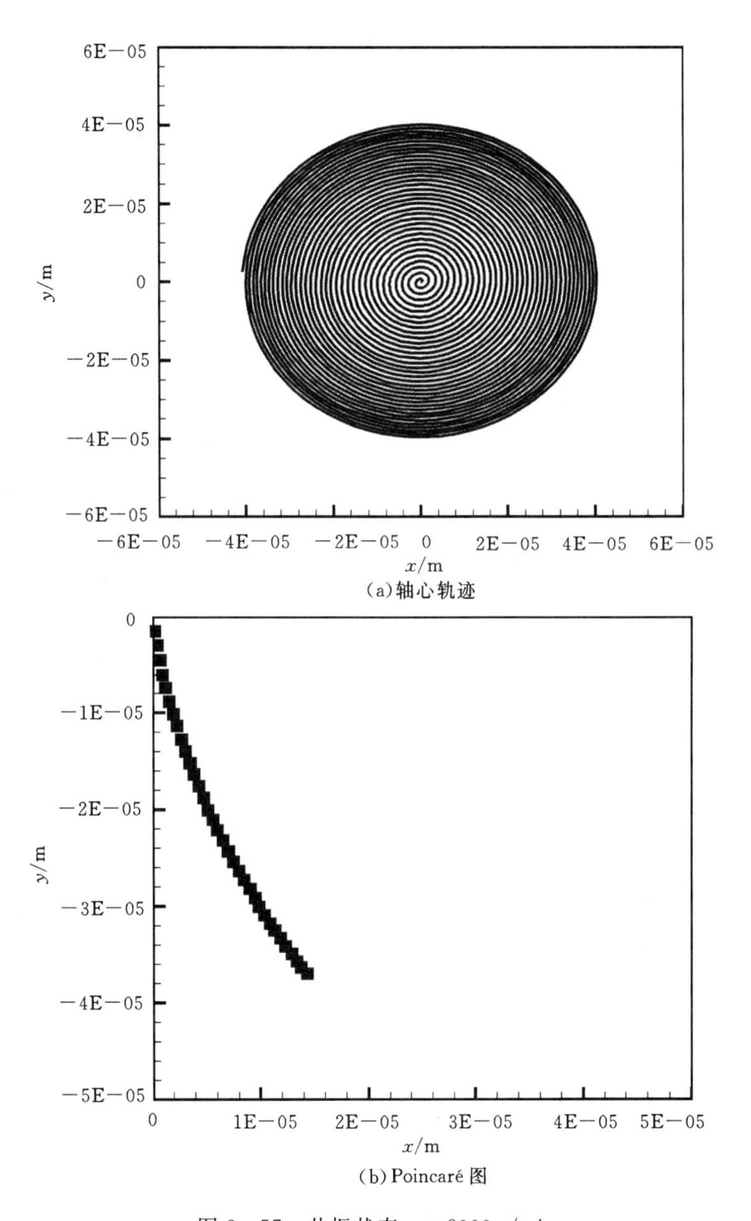

图 3-57　共振状态，$n=8000$ r/min

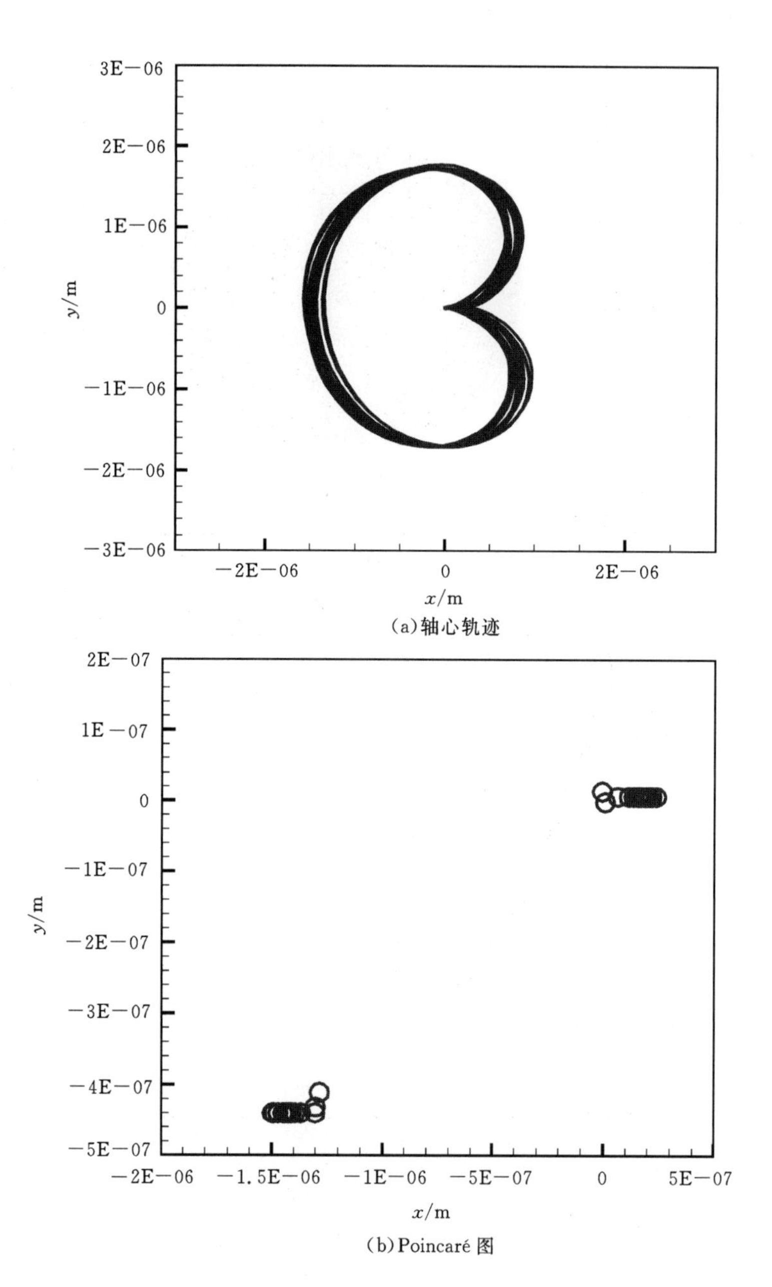

(a)轴心轨迹

(b)Poincaré 图

图 3－58　倍周期，n=16000 r/min

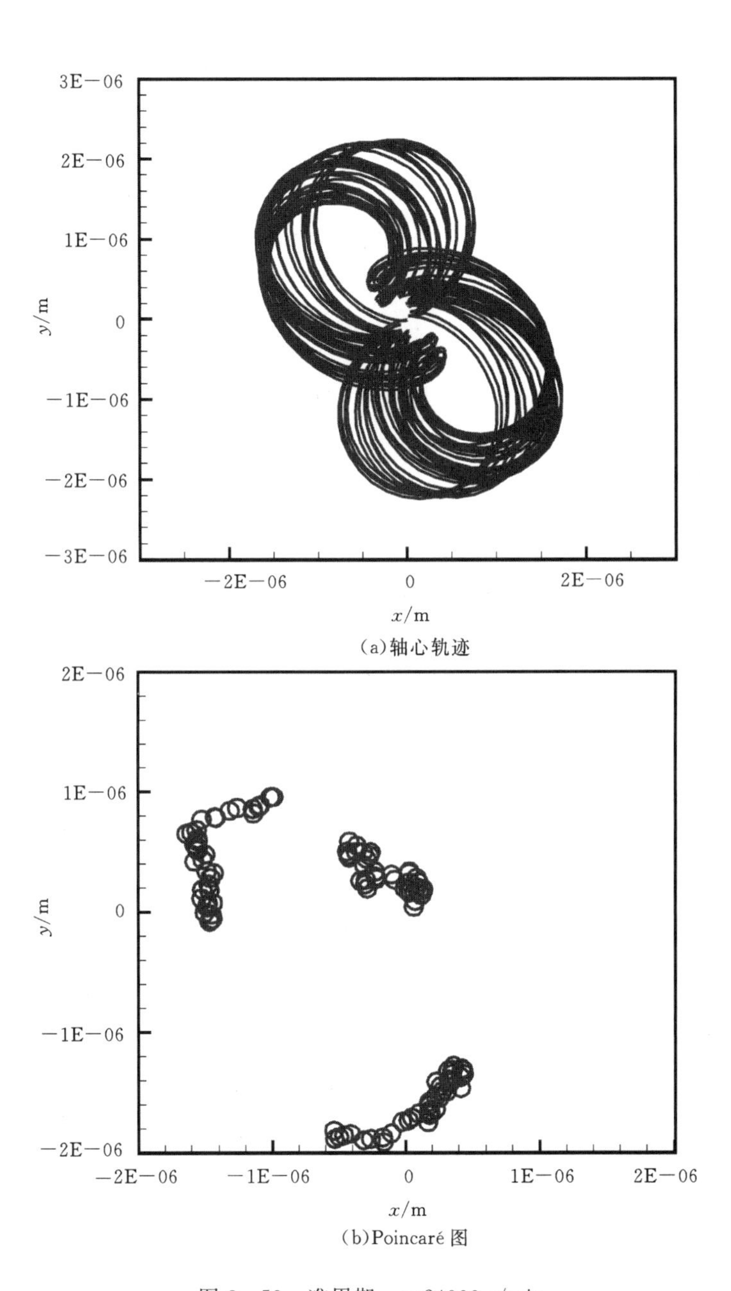

(a)轴心轨迹

(b)Poincaré 图

图 3-59 准周期，n=24000 r/min

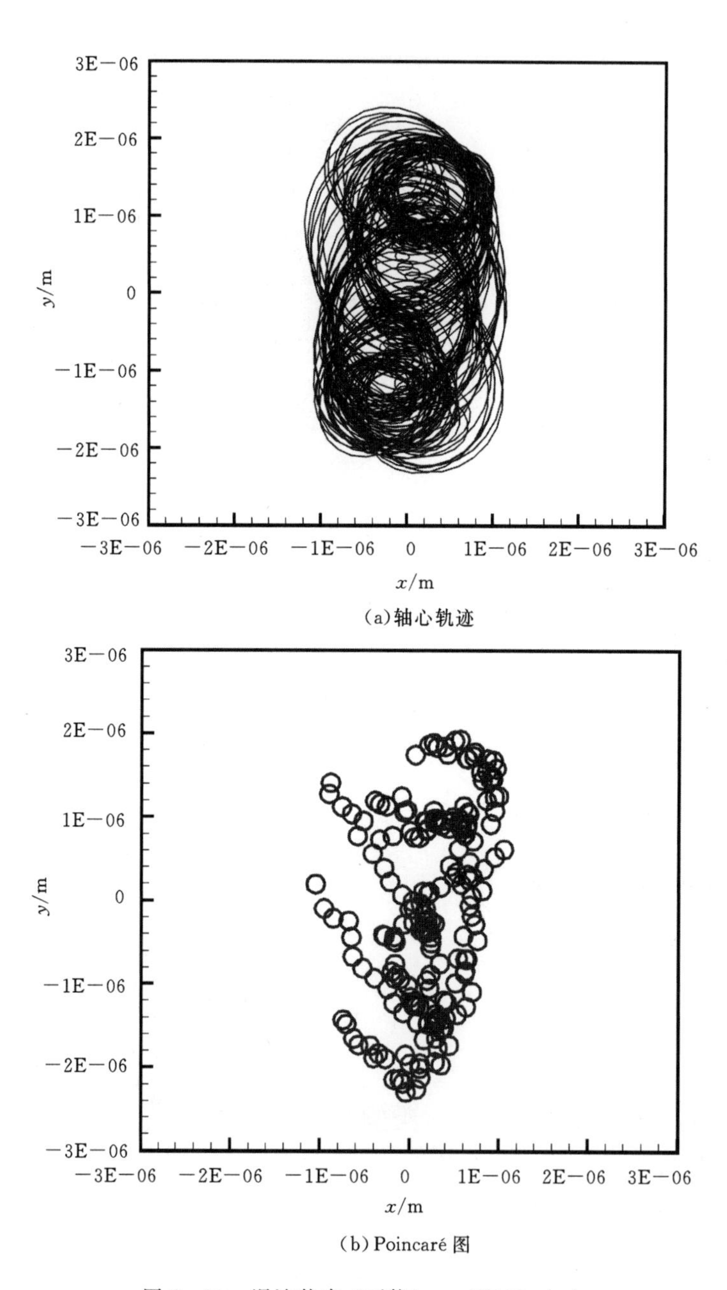

(a)轴心轨迹

(b) Poincaré 图

图 3-60 混沌状态(可能),n=28000 r/min

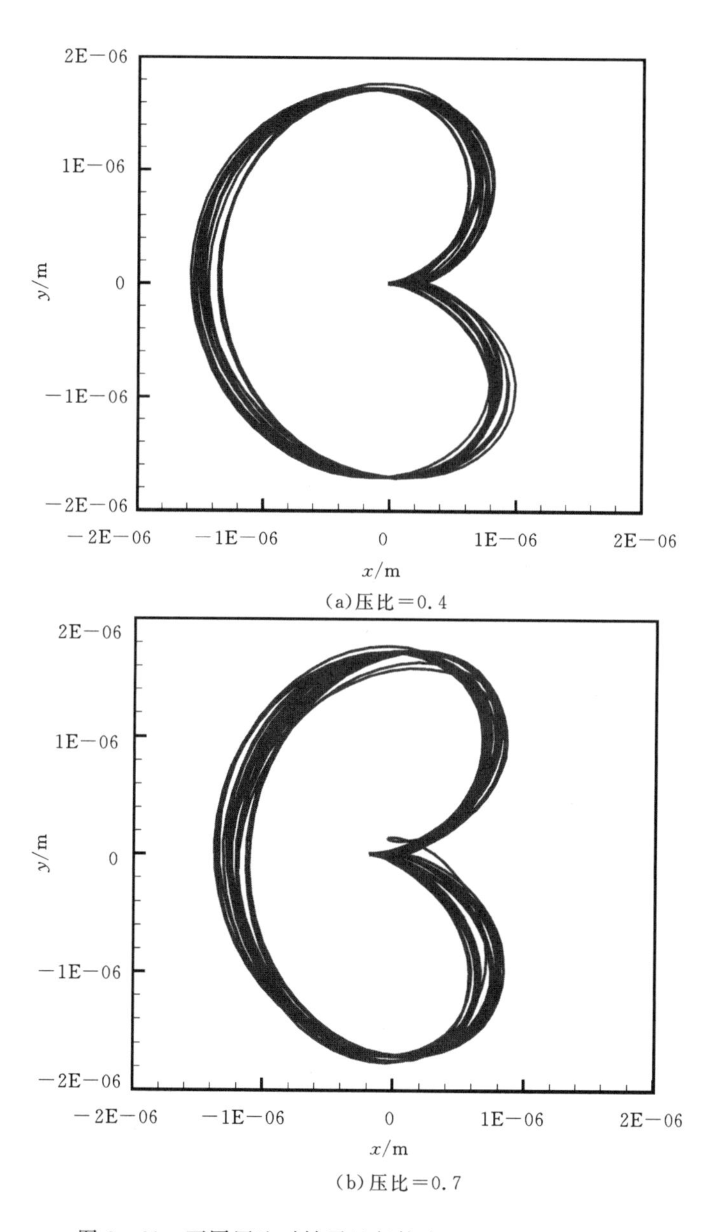

(a)压比=0.4

(b)压比=0.7

图3-61　不同压比时转子运行轨迹（n=16000 r/min）

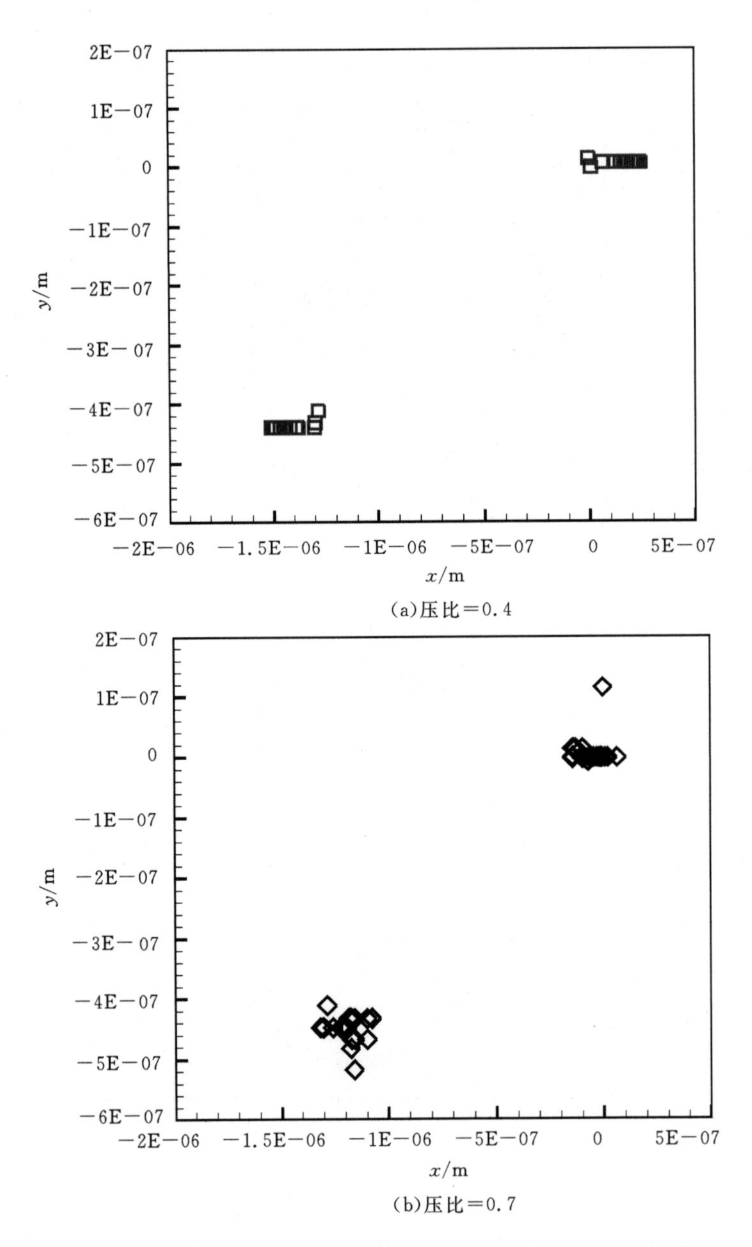

(a)压比=0.4

(b)压比=0.7

图 3-62　不同压比时转子运行 Poincaré 图(n=16000 r/min)

表 3-6 数值方法

求解方法	非定常求解
时间步	0.0001 s
网格变形方法	相位扩散模型(ANSYS, 2007)
求解方法	时间推进
空间离散	高精度
时间离散	二阶后退欧拉格式
内迭代步数	50
内迭代残差	2E－5 (均方根)

3.7 本章小结

本章主要介绍了蜂窝/孔型阻尼密封研究的进展，着重论述了蜂窝/孔型阻尼密封泄漏流动特性、总温升特性、传热特性、转子动力特性和非线性气流激振特性方面所开展的工作。主要结论如下：

(1)泄漏流动特性是蜂窝/孔型阻尼密封最基本的特性。研究表明：几何尺寸、运行条件对蜂窝/孔型阻尼密封的泄漏流量具有复杂的影响，腔室内的漩涡结构以及间隙射流是影响泄漏流动特性重要的因素。目前而言，难以用统一的经验公式对蜂窝/孔型阻尼密封的泄漏流量进行准确估计，而全三维CFD方法是对蜂窝/孔型阻尼密封泄漏流动特性进行预测最为有效的方法，具有较好的精度。

(2)总温升特性和耦合传热特性对高温透平机械内部冷却传热具有较大的影响。预旋比、压比、间隙、转速以及静子面蜂窝孔的尺寸对传热特性具有显著影响。虽然CFD计算表明：计算结果与已有的试验结果吻合较好，但由于传热特性试验的匮乏，使得该方面的研究仍然不够深入。

(3)转子动力特性研究表明：蜂窝/孔型阻尼密封可以产生较大的阻尼，对转子的稳定性具有促进作用。目前，由于Bulk Flow方法计算速度快，仍然是工程应用中的最常用的方法，但精度需要进一步提高；非定常CFD方法虽然具有较高的精度，但求解时间长、求解过程繁琐限制了该方法的大规模工程应用，因此减少求解时间、简化求解过程仍然是将来研究工作的重点。由于缺乏非线性流体激振特性的实验数据，目前该方面的研究仍处于摸索阶段，开展详细的实验测量研究以及利用实验数据来分析、开发理论或验证CFD方法的可靠性是将来研究的重点内容。

参考文献

曹树谦，陈予恕，2009. 现代密封转子动力学研究综述[J]. 工程力学，26(增刊 II)：68－79

曹玉璋，2005. 航空发动机传热学[M]. 北京：北京航空航天大学出版社.

丁千，陈予恕，曹树谦，1996. 非线性转子一密封系统低频失稳机理研究：不平衡系统的亚谐共振[J]. 非线性动力学报，3(4)：310－320.

何立东，夏松波，1999. 转子密封系统流体激振及其减振技术研究简评[J]. 振动工程学报，12(1)：64－72.

何立东，高金吉，尹新，2004. 蜂窝密封的封严特性研究[J]. 机械工程学报，40(6)：45－48.

何立东，诸振友，闻雪友，等，1999. 密封间隙气流振荡流场的动态压力测试[J]. 热能动力工程，14(79)：40－42，78.

黄文虎，夏松波，焦映厚，等，2006. 旋转机械非线性动力学设计基础理论与方法[M]. 北京：科学出版社.

吉桂明，2003. 涡轮机蜂窝状密封优化的方法[J]. 热能动力工程，18(3)：275.

纪国剑，吉洪湖，曹广州，2008. 旋转对小间隙篦齿-蜂窝结构封严特性的影响[J]. 南京航空航天大学学报，40(2)：142－145.

金琰，袁新，2003. 转子密封系统流体激振问题的流固耦合数值研究[J]. 工程热物理学报，24(3)：395－398.

孔胜如，2009. 透平机械蜂窝密封泄漏特性的数值研究[D]. 西安：西安交通大学.

李军，邓清华，丰镇平，2005. 蜂窝汽封和迷宫式汽封流动性能比较的数值研究[J]. 中国电机工程学报，25(16)：108－111，131.

李忠刚，孔达，焦映厚，等，2009. 转子一密封系统非线性动力学特性分析[J]. 振动与冲击，28(6)：159－164.

吕安斌，2006. MS9001E 燃气轮机透平密封改造[J]. 燃气轮机技术，19(2)：69－72，29.

王乐勤，孟祥铠，戴维平，吴大转，2008. 接触式机械密封流固耦合模型及性能分析[J]. 工程热物理学报，29(11):1864 - 1866.
晏鑫，2010. 蜂窝密封内流动传热及转子动力特性的研究[D]. 西安:西安交通大学.
晏鑫，李军，丰镇平，2009a. Bulk Flow 方法分析孔型密封转子动力特性的有效性[J]. 西安交通大学学报，43(1):24 - 28.
晏鑫，李军，丰镇平，2009b. 孔型气体密封转子动力特性的研究[J]. 动力工程，29(1):31 - 35.
叶建槐，刘占生，2007. 非线性转子一密封系统稳定性与分岔[J]. 航空动力学报，22(5):779 - 784.
叶小强，何立东，霍耿磊，2006. 蜂窝密封流场和泄漏特性的实验研究[J]. 润滑与密封，4:95 - 97.
张强，何立东，2007. 蜂窝密封动力特性系数的计算方法[J]. 中国电机工程学报，27(11):98 - 102.
张强，古通生，何立东，2008. 蜂窝密封在 23MW 汽轮机中的应用[J]. 润滑与密封，33(3):109 - 110，103.
张延峰，王绍民，2007. 蜂窝式密封及汽轮机相关节能技术的研究与应用[M]. 北京:中国电力出版社.
张志勇，2012. 透平机械迷宫和蜂窝密封泄漏特性的试验和数值研究[D]. 西安:西安交通大学.
ANSYS，2007. ANSYS CFX-Solver Theory Guide: Version 11. 0. Canonsburg，PA.
Armstrong J，Perricone F，1996. Turbine Instability Solution-Honeycomb Seals[C]//Proceedings of the 25th Turbomachinery Symposium. Turbomachinery Laboratory，Texas A&M University: 47 - 56.
Brownell J B，Millward J A，Parker R J，1988. Non-intrusive investigations into life-size labyrinth seal flow fields[C]. ASME Paper: 88 - GT-45.
Chen M，Meng G，Jing J P，2006. Non-linear dynamics of a rotor-bearing-seal system[J]. Archive of Applied Mechanics，76:215 - 227.
Childs D W，1993. Turbomachinery Rotordynamics: Phenomena，Modeling and Analysis[M]. New York: John Wiley & Sons，Inc.
Childs D W，Moyer D，1985. Vibration Characteristics of the HPOTP (High Pressure Oxygen Turbopump) of the SSME (Space Shuttle Main Engine)[J]. ASME Journal of Engineering for Gas Turbines and Power，107(1):

152 - 159.

Childs D W, Wade J, 2004. Rotordynamic-Coefficients and Leakage Characteristics for Hole-Pattern-Stator Annular Gas Seal-Measurements Versus Predictions[J]. ASME Journal of Tribology, 126(2):326 - 333.

Chochua G, Soulas T A, 2007. Numerical modeling of rotordynamic coefficients for deliberately roughened stator gas annular seals[J]. ASME Journal of Tribology, 129:424 - 429.

Denecke J, Dullenkopf K, Wittig S, et al, 2005a. Experimental investigation of the total temperature increase and swirl development in rotating labyrinth seals[C]. ASME Paper: GT2005 - 68677.

Denecke J, Färber J, Dullenkopf K, et al, 2005b. Dimensional analysis and scaling of rotating seals[C]. ASME Paper: GT2005 - 68676.

Ha T W, Morrison GL, Childs DW, 1992a. Friction-factor characteristics for narrow channels with honeycomb surfaces[J]. ASME Journal of Tribology, 114:714 - 721.

Ha TW, Childs DW, 1992b. Friction-factor data for flat-plate tests of smooth and honeycomb surfaces[J]. ASME Journal of Tribology, 114:722 - 729.

Ha TW, Childs DW. 1994. Annular honeycomb-stator turbulent gas seal analysis using a new friction-factor model based on flat plate tests[J]. ASME Journal of Tribology, 116:352 - 360.

He LD, Yuan X, Jin Y, et al, 2001. Experimental Investigation of the Sealing Performance of Honeycomb Seals[J]. Chinese Journal of Aeronautics, 14 (1):13 - 17.

Hirs G, 1973. A bulk-flow theory for turbulence in lubricating films [J]. ASME Jourrial of Lubrication Technology, 95:137 - 146.

Holt CG, Childs DW, 2002. Theory versus experiment for the rotordynamic impedances of two hole-pattern-stator gas annular seals[J]. ASME Journal of Tribology, 124(1):137 - 143.

Hua J, Swaddiwudhiponga S, Liu ZS, 2005. Numerical analysis of nonlinear rotor-seal system[J]. Journal of Sound and Vibration, 283:525 - 542.

Jun Li, Xin Yan, Zhenping Feng, 2006. Numerical investigations on the flow characteristics in the labyrinth seals with the smooth and honeycomb lands [C]. AJCPP: 2006 - 22114.

Jun Li, Xin Yan, Guojun Li, Zhenping Feng, 2007. Effect of pressure ratio and sealing clearance flow characteristics in the rotating honeycomb labyrinth seal[C]. ASME Paper: GT2007 - 27740.

Jun Li, Zhigang Li, Xin Yan, Liming Song, Zhenping Feng, 2010a. Effect of cell diameter and depth on the leakage flow characteristics of honeycomb seals[C]//ICFD Conference. Japan.

Jun Li, Shengru Kong, Xin Yan, Shinnosuke OBI, Zhengping Feng, 2010b. Numerical investigations on leakage performance of the rotating labyrinth honeycomb seal [J]. ASME Journal of Engineering for Gas Turbines and Power, 132:062501.

Jun Li, Xin Yan, Liming Song, Shengru Kong, Zhenping Feng, 2011. Numerical Investigations on the Leakage Flow Characteristics of Different Honeycomb Seal Configurations [C]//International Gas Turbine Congress. IGTC: 2011 - 0114.

Kapinos VM, Gura LA, 1970. Investigation of heat transfer in labyrinth glands on static models[J]. Thermal Engineering, 17(11):54 - 56.

Kleynhans G, Childs DW, 1997. The acoustic influence of cell depth on the rotordynamic characteristics of smooth-rotor/honeycomb-stator annular gas seals[J]. ASME Journal of Engineering for Gas Turbines and Power, 119: 949 - 957.

Kool G, Bingen F, Paolillo R, et al, 2005. High temperature, high speed seal test rig-design, build, and validation[C]. AIAA: 2005 - 3902.

Kun He, Jun Li, Xin Yan, Zhenping Feng, 2012. Investigations of the Conjugate Heat Transfer and Windage Effect in Stepped Labyrinth Seals [J]. International Journal of Heat and Mass Transfer, 55:4536 - 4547.

Li ST, Xu QY, Zhang XL, 2007. Nonlinear dynamic behaviors of a rotor-labyrinth seal system[J]. Nonlinear Dynamics, 47:321 - 329.

Liu YZ, Wang WZ, Cheng HP, Ge Q, Yuan Y, 2007. Influence of leakage flow through labyrinth seals on rotordynamics: numerical calculations and experimental measurements[J]. Archive of Applied Mechanics, 77:599 - 612.

McGreehan W, Ko S, 1989. Power dissipation in smooth and honeycomb labyrinth seals[C]. ASME Paper: 89 - GT-220.

Millward J, Edwards M, 1996. Windage heating of air passing through labyrinth seals[J]. ASME Journal of Turbomachinery, 118(3):414 - 419.
Moore J, Walker S, Kuzdal M, 2002. Rotordynamic stability measurements during full load testing of a 6000 psi reinjection centrifugal compressor[C]// Proceedings of the 31th Turbomachinery Symposium. Turbomachinery Laboratory, Texas A&M University: 29 - 38.
Nelson CC, 1984. Analysis for leakage and rotordynamic coefficients of surface-roughened tapered annular gas seals[J]. ASME Journal of Engineering for Gas Turbines and Power, 106:927 - 934.
Nelson CC. 1985. Rotordynamic coefficients for compressible flow in tapered annular seals[J]. ASME Journal of Tribology, 107:318 - 325.
Paolillo R, Vashist TK, Cloud D, et al, 2006. Rotating seal rig experiments: Test results and analysis modeling [C]. ASME Paper: GT2006 - 90957.
Papanicolaou E, Giebert D, Koch R, et al, 2001. A conservation-based discretization approach for conjugate heat transfer calculations in hot-gas ducting turbomachinery components[J]. International Journal of Heat and Mass Transfer, 44(18):3413 - 3429.
Schramm V, Willenborg K, Kim S, et al, 2002. Influence of a honeycomb facing on the flow through a stepped labyrinth seal[J]. ASME Journal of Engineering for Gas Turbines and Power, 124(1):140 - 146.
Shen XY, Jia JH, Zhao M, Jing JP, 2008. Experimental and numerical analysis of nonlinear dynamics of a rotor-bearing-seal system[J]. Nonlinear Dynamics, 53:31 - 44.
Shin YS, Childs DW, 2008. The impact of real gas properties on predictions of static and rotordynamic properties of the annular gas seals for injection compressors[J]. ASME Journal of Engineering for Gas Turbines and Power, 130:042504.
Soulas T, San Andres L, 2007. A bulk flow model for off-centered honeycomb gas seals[J]. ASME Journal of Engineering for Gas Turbines and Power, 129:185 - 194.
Sprowl TB, 2003. A study of the effects of inlet preswirl on the dynamic coefficients of a straight-bore honeycomb gas damper seal[D]. Texas, USA:

Texas A&M University, College Station.

Stocker H, Cox D, Holle G, 1977. Aerodynamic performance of conventional and advanced design labyrinth seal leakage with solid-smooth, abradable and honeycomb lands[R]. NASA: CR-135307.

Stocker HL, 1978. Determining and improving labyrinth seal performance in current and advanced high performance gas turbines[C]. AGARD: CP273.

Tipton D, Scott T, Vogel R, 1986. Labyrinth seal analysis: Volume III-analytical and experimental development of design model for labyrinth seals[R]. Indianapolis, Indiana: Allision Gas Turbine Division, General Motors Corporation. AFWAL: TR-85-210.

van der Velder, Childs DW, 2008. Measurements versus predictions for rotordynamic and leakage characteristics of a convergent-tapered, honeycomb-stator/smooth-rotor annular gas seal[C]. ASME Paper: GT2008-50068.

Vance J, Zeidan F, Murphy B, 2010. Machinery Vibration and Rotordynamics[M]. New York: John Wiley & Sons.

Wade JL, 2004. Test versus predictions for rotordynamic coefficients and leakage rates of hole-pattern gas seal at two clearances in choked and unchoked conditions[D]. Texas, USA: Texas A&M University, College Station.

Wang WZ, Liu YZ, Meng G, Jiang PN, 2009. A nonlinear model of flow-structure interaction between steam leakage through labyrinth seal and the whirling rotor[J]. Journal of Mechanical Science and Technology, 23:3302-3315.

Willenborg K, Schramm V, Kim S, et al, 2002. Influence of a honeycomb facing on the heat transfer in a stepped labyrinth seal[J]. ASME Journal of Engineering for Gas Turbines and Power, 124(1):133-139.

Wittig S, Jacobsen K, Schelling U, et al, 1987. Heat transfer in stepped labyrinth seals[C]. ASME Paper: 87-GT-92.

Xin Yan, Jun Li, Liming Song, Zhenping Feng, 2009. Investigations on the discharge and total temperature increase characteristics of the labyrinth seals with honeycomb and smooth lands [J]. ASME Journal of Turbomachinery, 131(4):041009.

Xin Yan, Jun Li, Zhenping Feng, 2010. Effects of inlet preswirl and cell diameter and depth on honeycomb seal characteristics [J]. ASME Journal of Engineering for Gas Turbines and Power, 132(12):122506.

Xin Yan, Jun Li, Zhenping Feng, 2011a. Effects of sealing clearance and stepped geometries on discharge and heat transfer characteristics of stepped labyrinth seals [J]. Journal of Power and Energy, 225(7):521 - 538.

Xin Yan, Jun Li, Zhenping Feng, 2011b. Investigations on the rotordynamic characteristics of a hole-pattern seal using transient CFD and periodic circular orbit model [J]. ASME Journal of Vibration and Acoustics, 133(4):041007.

Xin Yan, Kun He, Jun Li, Zhenping Feng, 2012. Rotordynamic performance prediction for surface-roughened seal using transient computational fluid dynamics and elliptical orbit model[J]. Journal of Power and Energy, 226(8):975 - 988.

Xin Yan, Kun He, Jun Li, Zhenping Feng, 2014. Numerical Techniques for Computing Nonlinear Dynamic Characteristic of Rotor-Seal System[J]. Journal of Mechanical Science and Technology, 28(5):1727 - 1740.

Yu Z, Childs DW, 1998. A comparison of experimental rotordynamic coefficients and leakage characteristics between hole-pattern gas damper seals and a honeycomb seal[J]. ASME Journal of Engineering for Gas Turbines and Power, 120(4):778 - 783.

Zeidan F, Perez R, Stephenson E, 1993. The Use of Honeycomb Seals in Stabilizing Two Centrifugal Compressors[C]//Proceedings of the 22nd Turbomachinery Symposium. Turbomachinery Laboratory, Texas A&M University:3 - 15.

第4章 透平机械袋型阻尼密封技术

4.1 引 言

随着对透平机械的输出功、运行效率和寿命等性能要求的不断提高，透平机械逐渐向高参数化(高温、高压、高转速)方向发展，同时旋转密封内非定常气流激振诱发的低频自激振动对转子系统稳定性的影响日益突出，传统迷宫密封内气流激振引起的不稳定振动成为限制大功率透平机械出力的重要因素。由于密封内气流激振力诱发的自激振动为转子的正向进动，不能用动平衡的方法消除。面对密封气流激振引起的透平机械转子失稳问题，目前研究工作者主要通过研制和更换先进的阻尼轴承结构和旋转阻尼密封结构、调整动静间隙、安装止涡装置改善来流条件等措施来解决(Chupp, 2006; Vance, 2010)。

在一些透平机械中，轴承阻尼能够有效地减小转子亚同步振动的振幅，抑制转子系统失稳。但对于高性能透平机械，特别是大功率汽轮机和高压多级离心压气机而言，虽然轴承能够提供很大的阻尼，但其并不能有效地抑制柔性转子的振动，转子系统依然容易发生失稳。这主要是因为轴承一般安装在转子的两端，此处的振动幅值很小，有效阻尼力并不能得到充分的发展，轴承对转子振动的抑制作用不明显，不可能吸收所有的振动(提供足够的阻尼)。不同于轴承结构，旋转密封的安装位置往往是转子涡动振型的波峰和波谷点，此处具有较大的振动位移，能够产生显著的激振力。旋转密封内的气流激振力对轴系稳定性的影响与密封的转子动力特性有关，这一气流激振力可能抑制转子振动(如旋转阻尼密封，包括蜂窝密封、孔型密封和袋型阻尼密封)，也可能诱发转子失稳(如传统迷宫密封)。因此采用高性能的旋转阻尼密封代替迷宫密封是对转子系统的振动进行主动抑制的最经济和最有效的方法(李军, 2008; 李军, 2009; 李军和李志刚, 2011; Childs and Vance 1994)。

袋型阻尼密封由美国 Texas A&M 大学叶轮机械实验室的 Vance 和 Shultz 首先研发(Vance, 1993)。与迷宫密封易引起转子系统失稳不同，袋型阻尼密封能够提供足够的有效阻尼，显著提高转子系统在密封件处的阻尼，使得转子系统的稳定性得到增强。与蜂窝密封和孔型密封相比，袋型阻尼密封具有结构简单、制造成本低、安装方便、耐腐蚀、寿命长等优点，而且通过对迷宫密封进行简单改造（在周向加挡板）便可获得，可方便地实现对现役迷宫密封的改造升级。由于其低泄漏和高阻尼的优良性能，袋型阻尼密封既可作为密封装置控制动静间隙的泄漏流动，提高透平机械运行效率，又可作为减振阻尼装置抑制转子系统的振动和涡动，保证透平机械运行安全（李军和李志刚，2011）。目前袋型阻尼密封主要代替迷宫密封应用于高压多级离心压气机中解决转子系统亚同步振动问题，提高转子系统的稳定性。图 4－1 给出了背对背式（back-back）和直通式（straight-through）离心压气机中袋型阻尼密

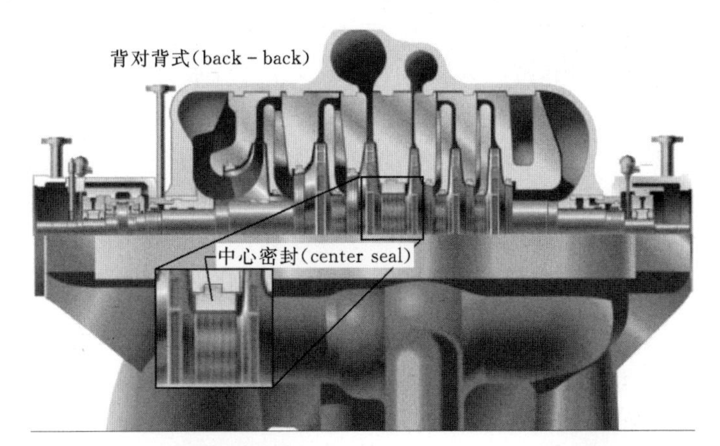

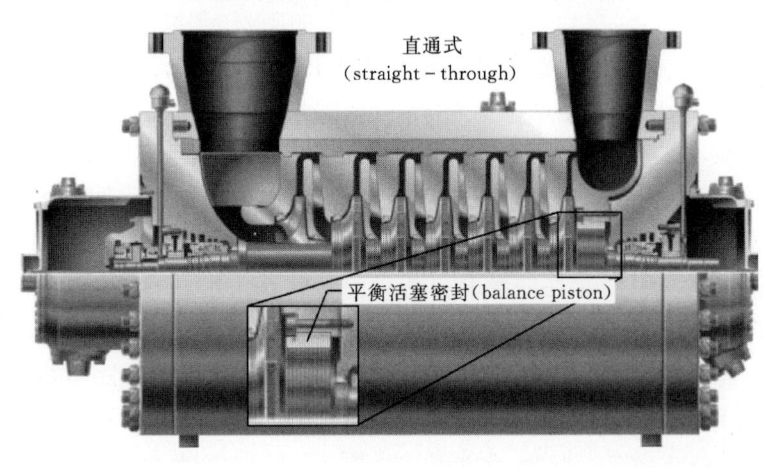

图 4－1　袋型阻尼密封在多级离心压气机中的安装位置（Ertas，2011）

封的安装位置(Ertas，2011)。如图所示，袋型阻尼密封主要安装在背对背式多级离心压气机的中心密封处和直通式多级离心压气机的平衡活塞密封处。因为平衡活塞密封和中心密封承受着最大的压降和流体密度，而且此处的转子振动幅值较大，特别是中心密封处具有最大的转子振动幅值，所以此处的不稳定流体激振力极易引起转子涡动失稳。

4.2　袋型阻尼密封的几何结构

图4-2给出了两种袋型阻尼密封结构。如图4-2(a)所示，不同于迷宫密封，传统的袋型阻尼密封在轴向被密封齿分隔为一系列交替排列的有效腔室和无效腔室。有效腔室沿周向等弧度布置有周向挡板，将其分隔为等弧度的孤立的袋型腔室，能够有效地抑制流体的周向流动，提供较大的阻尼，所以称之为"有效腔室"。无效腔室为周向贯通的环形腔室，对袋型阻尼密封总的有效阻尼贡献很小，所以称之为"无效腔室"。在有限的密封轴向长度下，为使袋型阻尼密封具有更大的阻尼，传统袋型阻尼密封的有效腔室设计有比无效腔室更大的轴向长度。根据Alford理论(Alford，1965)，发散型的密封间隙能够产生更大的正阻尼，所以传统袋型阻尼密封的有效腔室常设计为发散型密封间隙。袋型阻尼密封主要通过两种方式实现发散型密封间隙结构：一种方法是减小有效腔室出口的密封齿高度，使其具有更大的齿顶间隙，在早期的袋型阻尼密封设计中均采用这一方法；另一种方式是在有效腔室出口的密封齿顶加工凹槽结构，增大密封间隙(见图4-2中的"齿顶凹槽"结构)，由于这一方法加工方便、对密封泄漏特性改变小，在目前袋型阻尼密封设计中广泛采用。

目前袋型阻尼密封的设计中，还有一种贯通挡板袋型阻尼密封结构。如图4-2(b)所示，贯通挡板袋型阻尼密封的周向挡板从密封的进口到出口穿过了所有密封腔室，因此所有的密封腔室均为周向孤立的等弧段袋型腔室，没有"有效"和"无效"的区分。沿轴向交替排列有基本腔室和二次腔室，基本腔室具有较大的轴向长度，能够提供较大的阻尼。通过在基本腔室的出口密封齿顶加工凹槽，贯通挡板袋型阻尼密封的基本腔室可设计为扩散型密封间隙结构，而同时二次腔室具有收敛型密封间隙结构。实验结果表明贯通挡板袋型阻尼密封能够提供更大的阻尼和刚度(Ertas，2005)。

为获得最小的泄漏量和最大的有效阻尼，需对袋型阻尼密封的腔室结构进行优化，优化参数主要包括密封齿数、周向挡板数、腔室深度、轴向长度、密封间隙和进出口密封间隙比。

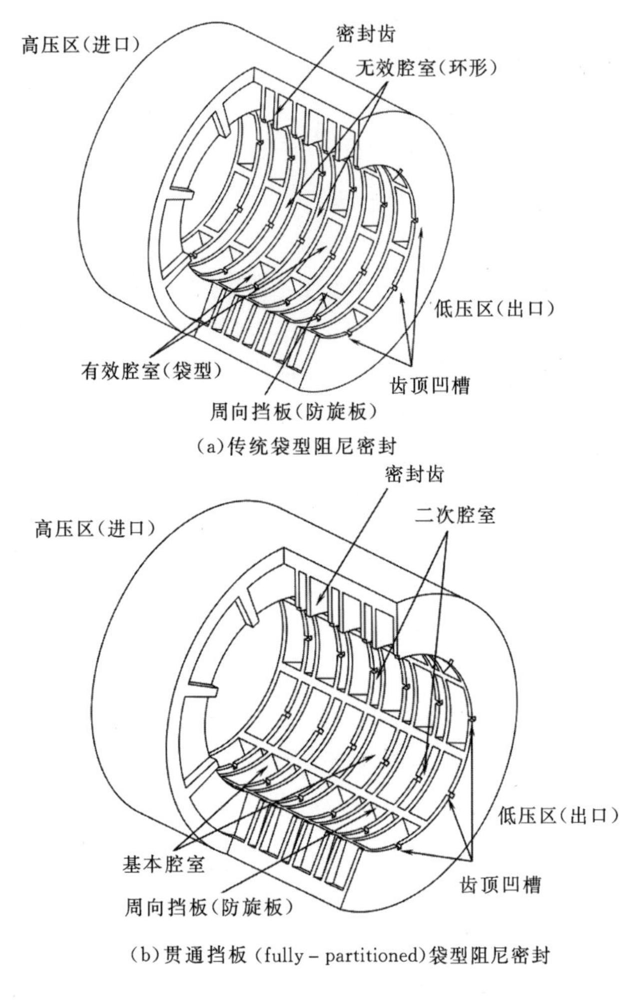

图 4-2 袋型阻尼密封结构示意图

4.3 袋型阻尼密封的阻尼机理

4.3.1 密封气流激振力 Alford 分析模型

Alford(1965)描述了 GE 航空发动机转子失稳的现象,并首次提出了引起转子失稳的两个原因:迷宫密封内气流激振产生的负阻尼和压气机中周向不均匀的叶顶间隙引起的气流激振力,引起了人们对密封间隙气流激振这一问题的重视。为研究迷宫密封对转子稳定性的影响，Alford 提出了一种一维流动 Bulk Flow 模型预测迷宫密封的阻尼。该模型只考虑流体的轴向流动和气体的可压缩性，而忽略流体在迷宫密封环形腔室内的周向旋流速度，假设密封腔室流体激振力与流体的粘性影响无关，主要依赖于流体的可压缩性，是由转子涡动在密封转子面产生的周向不平衡的压力分布引起的。Alford 模型只能预测两个密封齿的迷宫密封在临界状态下的直接刚度和直接阻尼系数，忽略了交叉系数的影响。

如图 4-3 所示，根据 Alford 理论，转子沿竖直方向振动时，由于密封腔室进出口密封齿间隙不同、上下游压力不同，通过的泄漏量也将不同。腔室内的流体受到压缩或膨胀，在转子表面产生了不平衡的压力分布，根据密封几何结构的不同，将产生有利于稳定或不利于稳定的流体激振力。由公式 4-1（m_{i+1} 和 m_i 分别为下游和上游密封齿顶间隙的流量；P_i，T_i 和 V_i 分别为密封腔室控制体内流体的压力、温度和控制体的体积）可得密封腔室动态压力和转子振动位移的时域信号（见图 4-4 左）和矢量相位图（见图 4-4 右）。如图 4-4 左所示，沿流动方向具有发散型密封间隙（见图 4-3 左）的密封腔室中动态压力信号 $P_1(t)$ 领先位移信号 $\delta(t)$ 相位角，$90° < \varphi_1 < 180°$；沿流动方向具有收敛型密封间隙（图 4-3 右）的密封腔室中动态压力信号 $P_2(t)$ 滞后位移信号 $\delta(t)$ 相位角，$0° < \varphi_2 < 90°$。如图 4-4 右所示，压力矢量 $P_1(t)$ 具有与转子振动位移矢量反向的分量 P_{1s} 和与转子振动速度同向的分量 P_{1c}；压力矢量 $P_2(t)$ 具有与转子振动位移矢量同向的分量 P_{2s} 和与转子振动速度反向的分量 P_{2c}。当动态压力分量与转子振动位移和速度同向时，将产生正的气流激振力阻止转子的振动，密封具有正刚度和正阻尼。因此发散型密封间隙（见图 4-3左）产生负的直接刚度和正的直接阻尼，而收敛型密封间隙（见图 4-3 右）产生正直接刚度和负直接阻尼。

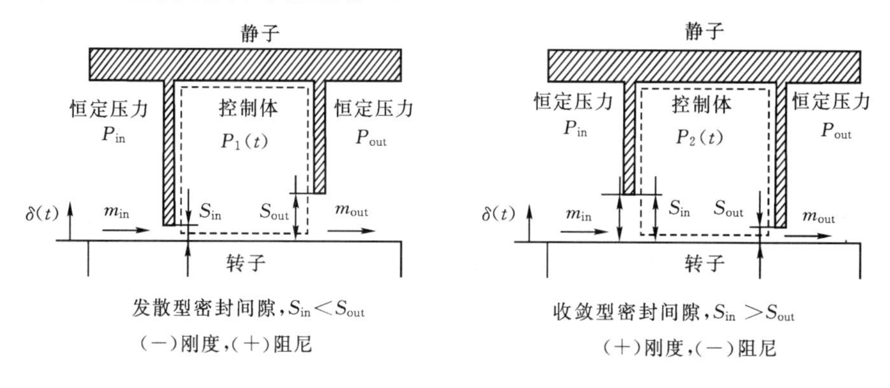

图 4-3　Alford 一维流动 Bulk Flow 模型

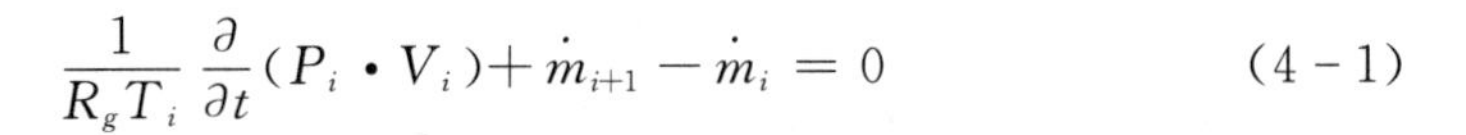

$$\frac{1}{R_g T_i}\frac{\partial}{\partial t}(P_i \cdot V_i) + \dot{m}_{i+1} - \dot{m}_i = 0 \tag{4-1}$$

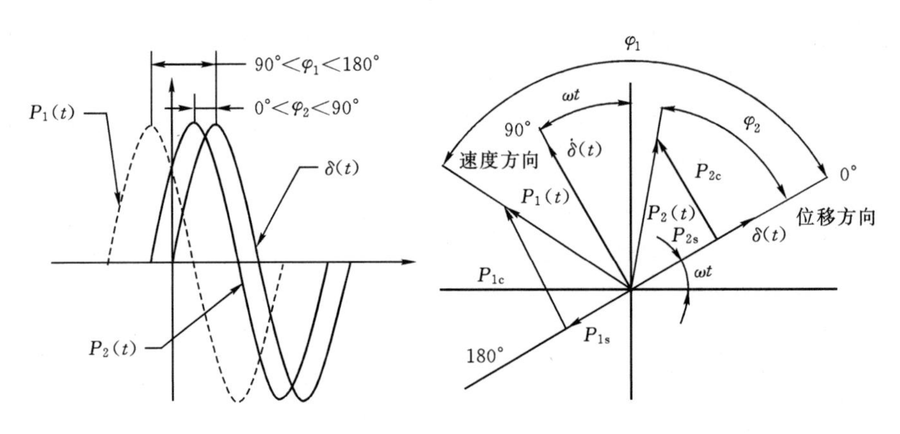

图 4-4　腔室动态压力和转子振动位移相位图

Alford 分析模型计算获得的迷宫密封直接阻尼系数几乎与典型的压膜轴承阻尼器的阻尼大小相同，然而大量的迷宫密封转子动力特性的实验结果均表明迷宫密封的直接阻尼系数很小，仅为 Alford 模型预测结果的百分之几，而且迷宫密封具有显著的交叉刚度（Vance，2010）。Alford 模型对迷宫密封失效的原因是迷宫密封的环形腔室周向是连续的，存在较大的周向旋流速度，转子涡动时并不能在转子表面产生显著的不平衡压力分布，而 Alford 分析模型的一个基本假设是忽略密封腔室内的周向流动。因此 Alford 分析模型适用于具有周向孤立腔室的密封结构，如在迷宫密封环形腔室中沿周向布置周向挡板形成的"袋型腔室"。虽然 Alford 的模型对迷宫密封是不适用的，但它是美国 Texas A&M 大学的 Vance 和 Shultz（Vance，1993）研发袋型阻尼密封的理论基础。

4.3.2　袋型阻尼密封的阻尼机理

基于 Alford 分析模型，Vance 在 1991 年提出如果在迷宫密封腔室内沿周向加入周向挡板，并采用发散型密封间隙便能产生如 Alford 模型预测的显著直接阻尼。Vance 随后研发了袋型阻尼密封，并申请了专利，由于专利所有者是 Texas A&M 大学，所以在一些文献中也称之为"TAMSEAL"。Shultz（Shultz，1996）最先通过实验验证了袋型阻尼密封能够产生显著的阻尼，有效抑制转子振动。Vance 指出虽然 Alford 模型不适用于迷宫密封，但能够准确描述袋型阻尼密封的周向孤立的“袋型腔室”内动态压力波动和阻尼机理，可用于袋型阻尼密封的转子动力特性分析。

袋型阻尼密封的气流激振力主要来自流体的可压缩性，受流体粘性影响很小。转子涡动时，周向孤立的各“袋型腔室”内气体受到压缩或膨胀会产生相当大的动态压力，使转子受到较大的气流激振力，进而产生显著的直接阻尼；同时密封腔室内的周向挡板能够有效地阻隔腔室内气体的周向流动，减小交叉刚度。袋型阻尼密封的转子动力特性主要由腔室内动态压力的幅值、相位角决定。

4.4　袋型阻尼密封泄漏特性

目前对袋型阻尼密封的研究主要集中在其泄漏特性和转子动力特性两个方面。国外对袋型阻尼密封的研究主要集中在美国 Texas A&M 大学叶轮机械实验室的 Childs 和 Vance 研究团队，以及 GE 公司的旋转机械振动实验室，国内李军等针对袋型阻尼密封的泄漏特性和转子动力特性开展了深入的理论分析和三维 CFD 数值研究。

研发袋型阻尼密封的主要目的是解决透平机械转子系统振动失稳的问题，所以在袋型阻尼密封的研发过程中，针对其转子动力特性进行了大量的实验和理论分析，在其转子动力特性的实验分析方法、阻尼机理认识和影响因素等方面取得了一些重要成果。相比于转子动力特性的研究，针对袋型阻尼密封泄漏特性研究的文献较少，对其密封机理的认识还不够深入。虽然袋型阻尼密封的转子动力特性直接影响着叶轮机械转子系统的稳定性，非常值得研究，但旋转密封的首要目的仍然是控制泄漏流动，泄漏量是袋型阻尼密封设计中的一个重要参数，而且泄漏量的大小对旋转密封的刚度和阻尼具有显著影响。因此，对袋型阻尼密封的泄漏特性的研究与转子动力特性的研究同等重要。

针对旋转密封泄漏特性的研究主要是为获得不同运行工况及几何结构与尺寸条件下，旋转密封泄漏量的变化规律，以及寻找准确的泄漏量预测模型。袋型阻尼密封泄漏特性的影响因素主要有压比、密封间隙、齿顶倾斜角度、密封齿齿型和齿厚、腔室深度和轴向长度。从已发表的文献看，目前对袋型阻尼密封泄漏特性的研究方法主要有：试验测量、热力学分析和数值模拟。

4.4.1 袋型阻尼密封泄漏特性的试验研究

为便于在密封腔室内安装周向挡板结构，袋型阻尼密封设计中均选择矩形密封齿，同时为减小密封静子与转子表面碰磨时对转子的损伤，袋型阻尼密封的矩形密封齿往往加工有齿顶斜面，齿顶斜面改变了密封齿齿型，减小了密封齿齿顶厚度。为研究齿顶斜面和周向挡板对袋型阻尼密封泄漏量的影响，Ertas(2005)试验测量了三种6齿袋型阻尼密封在相同工况条件下的泄漏量：①具有矩形密封齿的6齿传统袋型阻尼密封(图4-5左)；②具有齿顶斜面的6齿传统袋型阻尼密封(图4-5中)；③具有矩形密封齿的6齿贯通挡板袋型阻尼密封(图4-5右)。结果表明：传统袋型阻尼密封和贯通挡板袋型阻尼密封具有相近的泄漏量；齿顶斜切面使袋型阻尼密封的泄漏量增大了15％～20％，明显削弱了密封性能。

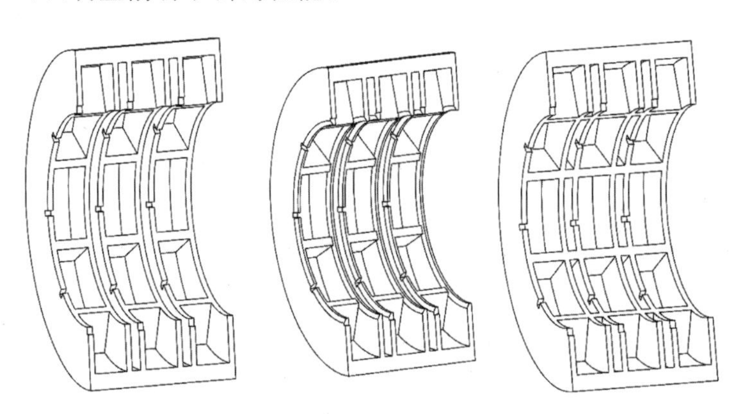

图4-5 6齿传统和贯通挡板袋型阻尼密封

袋型阻尼密封主要应用于多级离心压气机的中心密封(center seal)和平衡活塞密封(balance piston seal)，其实际运行条件具有高压比、高转速的特点。Gamal(2007)试验测量了如图4-6所示的三种袋型阻尼密封在高压比(进口压力达6.9 MPa，出口压力1.0 MPa)、高转速(10200～20200 r/min)下的泄漏量。研究结果表明袋型阻尼密封泄漏特性的主要影响因素包括进出口压降、转速、密封齿数、齿型和腔室深度等，而且这几种影响因素的作用结果是相关联的，密封设计中必须综合考虑。高转速下，袋型阻尼密封泄漏量随转速的增大而显著减小。Gamal指出这主要是由于高转速下，转子半径在离心力作用下径向伸长，引起密封有效间隙减小，从而导致泄漏量的减少。

Gamal(2007)通过总结以往研究工作者的试验数据，引入流量系数 φ(公式(4－2))将泄漏量无量纲化，比较了袋型阻尼密封、光滑面密封、迷宫密封、蜂窝密封和孔型密封的泄漏特性。结果表明与其它密封结构相比，袋型阻尼密封的泄漏特性并不是最优的，这主要是因为为获得较大的密封阻尼，袋型阻尼密封设计中密封齿数一般较少(为了增大腔室的轴向长度)，且密封腔室下游的密封齿上一般加工有凹槽(形成发散型密封间隙结构)，这两个因素均削弱了袋型阻尼密封的封严性。

$$\varphi = m \cdot \sqrt{R_g T_{in}} / (A \cdot P_{in}) \tag{4-2}$$

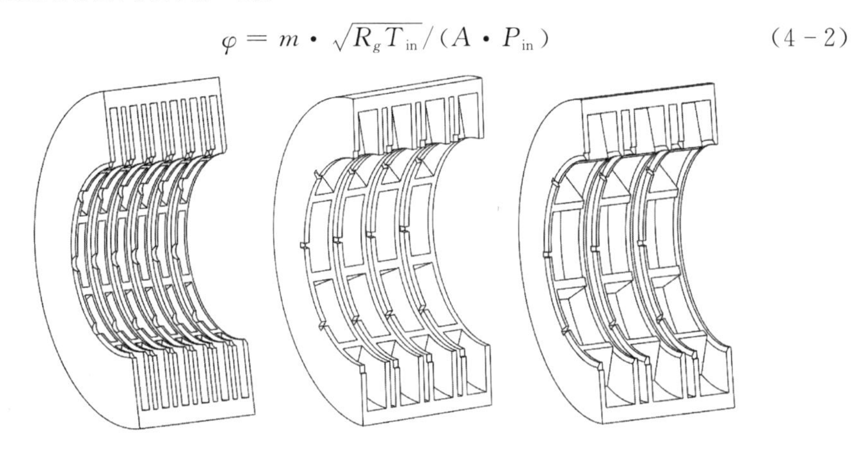

图 4－6　发散型 12 齿(左)，8 齿(中)和 6 齿(右)袋型阻尼密封

4.4.2　袋型阻尼密封泄漏特性的热力学分析法

Gamal(2007)指出由于密封间隙很小，转子半径在高转速下的径向伸长会引起有效密封间隙的显著减小，进而使密封泄漏量严重偏离设计值，因此对袋型阻尼密封泄漏量的热力学分析中必须考虑高转速下有效密封间隙的变化。Gamal 采用理想静止模型(Simple Static Model)迭代求解泄漏方程获得袋型阻尼密封的泄漏量和腔室静压。图 4－7 给出了 2 齿袋型阻尼密封内的流动模型。理想静止模型假设：转子位于密封静子的轴心，绕轴心做自旋运动；密封中的流动是一个理想气体的等熵绝热过程。公式(4－3)～(4－5)给出了流经第 i 个密封齿的泄漏量计算公式，需对其进行迭代求解。Gamal 通过对密封腔室进、出口密封间隙分别给定不同的泄漏系数 $C_{d,in}$，$C_{d,exit}$，考虑密封腔室出口密封齿顶凹槽的影响，并将公式(4－6)(δ，E 和 ν 分别为转子材料的比重，弹性模量和泊松比；g 为重力加速度) 引入理想静止模型的泄漏量

计算中，考虑了高转速下转子半径伸长 ΔR 对密封有效间隙的影响，提高了该模型对高转速下袋型阻尼密封泄漏量的预测精度。

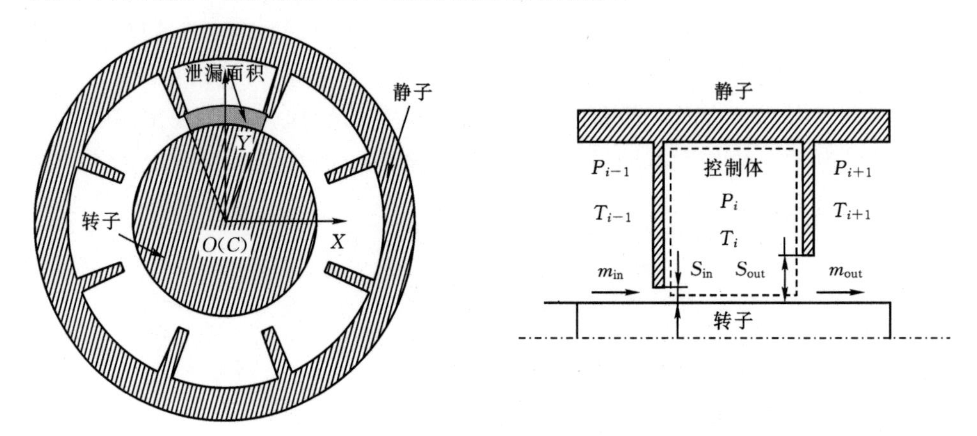

图 4-7 2 齿袋型阻尼密封流动模型(Gamal, 2007)

$$m_1 = m_2 = m_3 = \cdots = m_n \tag{4-3}$$

$$m_i = C_d \frac{P_i A_i}{\sqrt{kR_g T_i}} \sqrt{\frac{2k^2}{k-1}\left[\left(\frac{P_{i+1}}{P_i}\right)^{2/k} - \left(\frac{P_{i+1}}{P_i}\right)^{(k+1)/k}\right]} \tag{4-4}$$

$$m_i = \frac{\beta P_i A_i}{\sqrt{kR_g T_i}} \tag{4-5}$$

$$\Delta R = \frac{\delta w^2}{4gE}(1-v)R^3 \tag{4-6}$$

Srinivas(2003)针对腔室下游密封齿带凹槽的袋型阻尼密封，提出了计算通过凹槽泄漏量的计算公式(4-7)和公式(4-8)。图 4-8 给出了密封齿带凹槽的袋型阻尼密封流动模型，Srinivas 将流经下游密封齿的泄漏量分为间隙泄漏量 m_1 和凹槽泄漏量 m_2，其中间隙泄漏量计算方法与 Gamal 分析方法相同，而凹槽泄漏量采用公式(4-8)计算。式(4-8)中 A_2 为凹槽泄漏面积，f 为摩擦系数，L 是凹槽的轴向长度，h 为凹槽径向高度。试验结果和

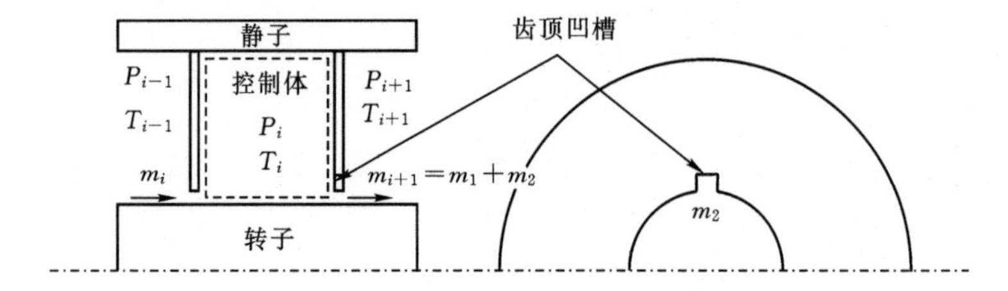

图 4-8 密封齿带凹槽的袋型阻尼密封流动模型(Srinivas, 2003)

Gamal 预测结果的比较表明，采用公式(4－7)计算凹槽泄漏量能更准确地预测发散型(下游密封齿有凹槽)袋型阻尼密封的泄漏流量和腔室静压。

$$m_{i+1} = m_1 + m_2 \tag{4-7}$$

$$m_2 = C_d A_2 \sqrt{(P_i^2 - P_{i+1}^2)/R_g T\left[\left(\frac{fL}{h}\right) + 2\ln\left(\frac{P_i}{P_{i+1}}\right)\right]} \tag{4-8}$$

李志刚(2013)总结了目前常用的预测迷宫密封泄漏流量的泄漏模型，并将其改进应用于袋型阻尼密封泄漏量和腔室压力的预测。目前迷宫密封泄漏量预测模型有很多，均基于三种基本泄漏方程：St. Venant 方程(公式(4－9))、Neumann 方程(公式(4－10))和 Martin 方程(公式(4－11))。基于St. Venant方程和 Neumann 方程的泄漏模型能够通过迭代求解泄漏方程同时获得稳态条件下的密封泄漏流量 $\dot{m}_i$ 和腔室静态压力 P_i 。而基于 Martin 方程的泄漏模型不需要迭代求解，但只能获得密封泄漏量，不能获得密封腔室压力。

$$\dot{m}_i = \mu_{1i} \cdot \mu_{2i} \cdot \frac{P_{i-1} \cdot A_i}{\sqrt{\kappa \cdot R_g \cdot T_{i-1}}} \cdot \sqrt{\frac{2 \cdot \kappa^2}{\kappa - 1}\left[\left(\frac{P_i}{P_{i-1}}\right)^{2/\kappa} - \left(\frac{P_i}{P_{i-1}}\right)^{(\kappa+1)/\kappa}\right]} \tag{4-9}$$

$$\dot{m}_i = \mu_{1i}\mu_{2i}A_i \sqrt{\frac{P_{i-1}^2 - P_i^2}{R_g T}} \tag{4-10}$$

$$\dot{m}_i = \mu_{1i}\mu_{2i} \frac{A \cdot P_{in}}{\sqrt{R_g \cdot T_{in}}} \sqrt{\frac{1 - \left(\frac{P_{out}}{P_{in}}\right)^2}{n - \ln\left(\frac{P_{out}}{P_{in}}\right)}} \tag{4-11}$$

式中 μ_{1i} 为流量系数，μ_{2i} 为动能输运系数。基于 St. Venant、Neumann 和 Martin 三种基本模型，配合不同的流量系数 μ_{1i} 和动能输运系数 μ_{2i} 可获得适用于迷宫密封的多种泄漏量计算公式。目前迷宫密封的泄漏量预测模型中，流量系数 μ_{1i} 有两种：Eser & Kazakis 流量系数和 Chaplygin 流量系数，其定义如表 4－1 所示。动能输运系数有三种：Vermes、Neumann 和 Hodkinson 动能输运系数，其定义如表4－2所示。

表 4－1　流量系数定义式

流量系数	定义式
Eser & Kazakia	0.716
Chaplygin	$\mu_{1i} = \frac{\pi}{\pi + 2 - 5S_i + 2S_i^2}, S_i = \left(\frac{P_{i-1}}{P_i}\right)^{\frac{\gamma-1}{\gamma}} - 1$

表 4-2 动能输运系数定义式

动能输运系数	定义式
Vermes	$\mu_{2i}=\dfrac{1}{(1-\alpha)^{0.5}}$，$\alpha=\dfrac{8.52}{\left(\dfrac{(L_i-Bt_i)}{C_{ri}}+7.23\right)}$
Neumann	$\mu_{2i}=\sqrt{\dfrac{NT}{(1-j)NT+j}}$，$j=1-(1+16.6C_{ri}/L_i)^{-2}$
Hodkinson	$\mu_{2i}=\sqrt{\dfrac{1}{1-\left(\dfrac{i-1}{i}\right)\cdot\left(\dfrac{C_{ri}/L_i}{(C_{ri}/L_i)+0.02}\right)}}$

稳态条件下，转子位于密封轴心，其振动位移和振动速度均为零。此时通过各个密封齿的泄漏量 m_i 相等，如公式(4-12)所示，n 为密封齿的个数。当密封进出口压比增大到一定值时，密封内的流动会在最后一个密封齿处达到临界状态，此时密封泄漏量应由公式(4-13)计算。

$$\dot{m}_1=\dot{m}_2=\cdots=\dot{m}_n=\dot{m} \tag{4-12}$$

$$\dot{m}_i=\beta\cdot P_{n-1}\cdot A_n/\sqrt{R_g\cdot T_{n-1}},\beta=\left(1+\frac{\kappa-1}{2}\right)^{\frac{\kappa-1}{\kappa}} \tag{4-13}$$

对于空气：$\beta=0.5283$ 。通过迭代求解公式(4-9)～(4-13)可得密封泄漏量和各个腔室稳态压力。

相比于迷宫密封，袋型阻尼密封腔室内的周向挡板结构改变了腔室内流体的周向流动，而对流体的轴向流动影响可忽略。迷宫密封的泄漏流动热力学分析模型均只考虑经过密封齿间隙和密封腔室流体的轴向整体流动，与周向流动无关，因此迷宫密封泄漏量的预测模型同样适用于袋型阻尼密封。李志刚(2013)比较研究了基于 St. Venant 方程和 Neumann 方程的 8 种不同泄漏模型对袋型阻尼密封泄漏量的预测精度，如表 4-3 所示。采用表 4-3 中所列的 8 种泄漏模型计算了 4 种袋型阻尼密封不同压比下的泄漏量，并与试验值进行了比较。

表 4-3　袋型阻尼密封泄漏模型(李志刚 2013)

泄漏模型	基本方程	流量系数 μ_1	动能输运系数 μ_2
MOD1	St. Venant	Chaplygin	Hodkinson
MOD2	Neumann	Chaplygin	Neumann
MOD3	Neumann	Chaplygin	Vermes
MOD4	St. Venant	1.0	Hodkinson
MOD5	St. Venant	1.0	Vermes
MOD6	St. Venant	Chaplygin	Vermes
MOD7	Neumann	1.0	Vermes
MOD8	St. Venant	Eser & Kazakia	Hodkinson

表 4-4 给出了 4 种袋型阻尼密封的试验工况和泄漏量试验值(Ertas, 2005; Gamal, 2007)。表 4-5 给出了各试验工况点下,泄漏量的试验结果和 8 种泄漏模型的预测值。从表 4-5 可以发现不同的泄漏模型计算得到的泄漏量值相差很大,最大相差了 1 倍。如图 4-9 所示:采用不同的泄漏模型获得的密封腔室压力也存在很大的差异。为评判各泄漏模型在泄漏量预测方面的优劣,图 4-10 给出了对不同密封结构,8 种泄漏模型的泄漏量预测误差($(m_{\text{prediction}} - m_{\text{exp}})/m_{\text{exp}}$)。总体上,泄漏模型 MOD1 和 MOD2 预测误差最小,各工况点下的误差均小于 10%,对不同的密封结构和边界条件具有很好

表 4-4　4 种袋型阻尼密封的实验工况和泄漏量试验值(Ertas, 2005; Gamal 2007)

工况点	密封结构	进出口间隙 mm	进口压力 kPa	出口压力 kPa	压降 kPa	泄漏量试验值 kg/s
1	8 齿传统,直通型	0.13/0.13	7212.17	930.82	6281.34	0.323
2		0.13/0.13	6984.63	2358.09	4626.54	0.312
3		0.13/0.13	7101.85	3716.4	3385.44	0.288
4	8 齿传统,发散型	0.13/0.19	6474.40	2461.51	4012.89	0.299
5		0.13/0.19	5040.24	1909.91	3130.33	0.224
6	6 齿传统,发散型	0.13/0.25	6943.26	4157.68	2785.58	0.374
7		0.13/0.25	6846.73	4005.99	2840.74	0.359
8	6 齿贯穿挡板,发散型	0.13/0.25	6901.89	4150.79	2751.1	0.362
9		0.13/0.25	6984.64	4137.000	2847.635	0.348

表 4-5 表 4-3 中 8 种泄漏模型的泄漏量预测值与试验值比较(kg/s)

工况点	试验值	MOD1	MOD2	MOD3	MOD4	MOD5	MOD6	MOD7	MOD8
1	0.323	0.291	0.301	0.261	0.400	0.360	0.254	0.365	0.321
2	0.312	0.282	0.296	0.249	0.387	0.376	0.239	0.392	0.318
3	0.288	0.260	0.268	0.226	0.416	0.352	0.220	0.361	0.298
4	0.299	0.311	0.328	0.264	0.491	0.398	0.254	0.415	0.352
5	0.224	0.242	0.256	0.206	0.383	0.310	0.198	0.324	0.274
6	0.374	0.383	0.406	0.391	0.594	0.578	0.372	0.609	0.425
7	0.359	0.335	0.347	0.335	0.530	0.515	0.325	0.532	0.379
8	0.362	0.332	0.344	0.332	0.527	0.512	0.323	0.528	0.377
9	0.348	0.339	0.352	0.340	0.537	0.522	0.329	0.539	0.385

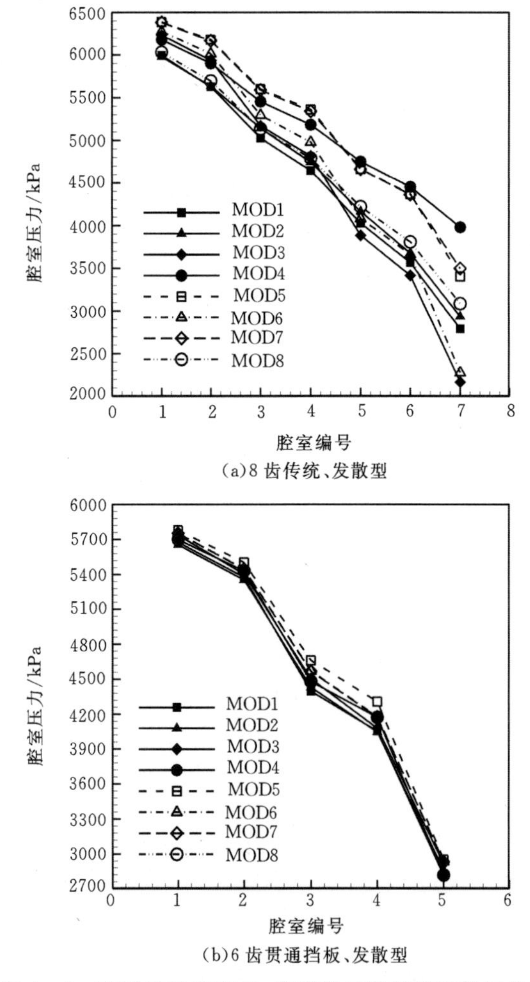

(a)8 齿传统、发散型

(b)6 齿贯通挡板、发散型

图 4-9 不同泄漏模型下,袋型阻尼密封腔室静压分布

的普遍适用性；而泄漏模型 MOD4、MOD5 和 MOD7 存在很大的预测误差，最大误差达 70%。通过比较表 4-3 中的各泄漏模型定义可以发现：泄漏模型 MOD4、MOD5 和 MOD7 中的流量系数均为 1.0，即未考虑流量系数对泄漏量的影响；而其它几种泄漏模型采用 Chaplygin 或 Eser& Kazakia 流量系数，考虑了流量系数对泄漏量的影响；MOD8 采用的 Eser& Kazakia 流量系数是一个定值 0.716，虽然在预测 8 齿传统、直通式袋型阻尼密封泄漏量时具有很高的精度(见图 4-10(a))，但对其它三种密封结构存在较大的预测误差(见图 4-10(b)～(d))；MOD1 和 MOD2 采用了不同的动能输运系数与不同的泄漏基本模型相配合，均获得了很好的预测精确度。

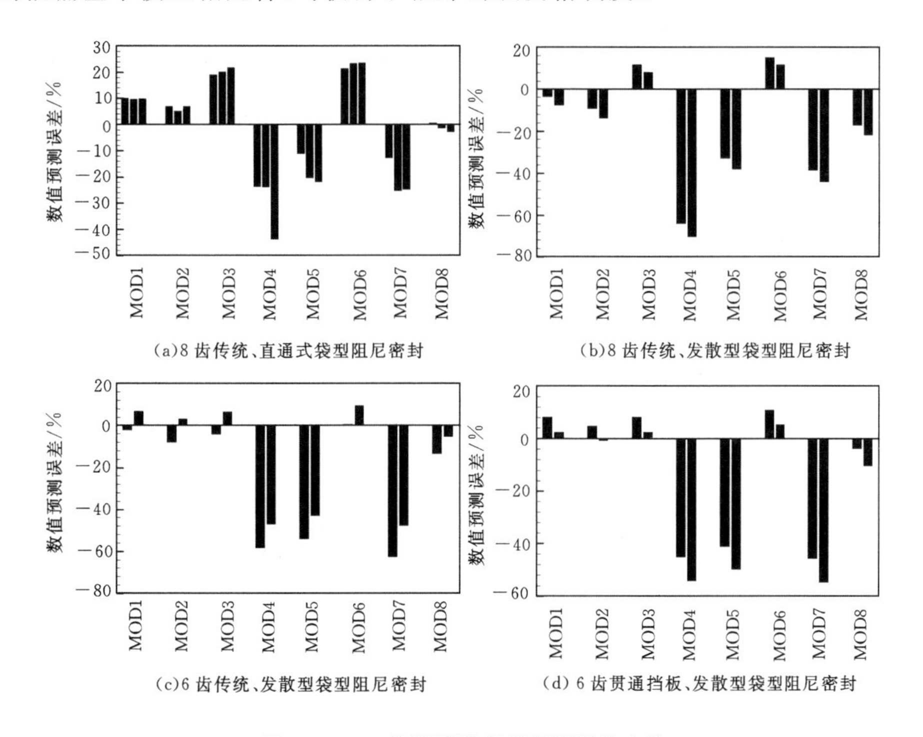

图 4-10 8 种泄漏模型的预测误差比较

通过对表 4-3 和图 4-10 的分析，可以得出结论：泄漏模型中采用 Chaplygin 流量系数是合适的，可使泄漏模型适用于不同的密封结构和边界条件；Neumann 和 St. Venant 两种基本模型各自有最优的动能输运系数和流量系数组合，Neumann 基本模型应配合 Neumann 动能输运系数和 Chaplygin 流量系数(如 MOD2)，而 St. Venant 基本模型应配合 Hodkinson 动能输运系数和 Chaplygin 流量系数(如 MOD1)，如此均能获得较高的泄漏量预测精度。

4.4.3 袋型阻尼密封泄漏特性的数值模拟

虽然热力学分析方法具有计算速度快的优点，但其计算公式中的经验系数需要根据试验数据校核，且无法考虑密封结构细节和流场结构。随着计算机技术和计算流体动力学的发展，CFD数值模拟方法逐渐成为旋转密封泄漏特性研究的重要方法。Li(2011)采用商用CFD软件ANSYS CFX以及三维周期性模型计算了8齿袋型阻尼密封试验件(见图4-3中)在高压力、高转速下的泄漏量，分析了压比、转速和密封间隙对袋型阻尼密封泄漏特性的影响。通过与试验结果比较发现，CFD预测结果偏大，且预测误差随转速的增大而明显增大，这主要是由于试验中转子半径随转速的增大而增大，密封有效间隙减小，CFD计算中采用的密封间隙偏大。随后，李志刚(2012)和LI(2012)采用有限元分析(FEA)与CFD相耦合的方法考虑了转子半径伸长对密封有效间隙的影响，显著提高了泄漏量的预测精确度。通过与迷宫密封流场的比较，证明了袋型阻尼密封的周向挡板显著减小了腔室内的周向旋流速度。

随着透平机械向着高温、高压和高转速方向的发展，旋转密封的运行环境不断恶化。如图4-11所示，在透平机械密封系统的设计和研究中面临着三个挑战：转子振动问题、密封静子和转子热膨胀问题、转子离心力问题。转子振动使转子偏离轴心位置，受转子的高速旋转和高温气体的影响，转子半径会在离心力和热膨胀的作用下而伸长，最终使密封实际有效间隙偏离其设计值。因此在研究旋转密封泄漏特性时，必须考虑实际运行工况下密封有效

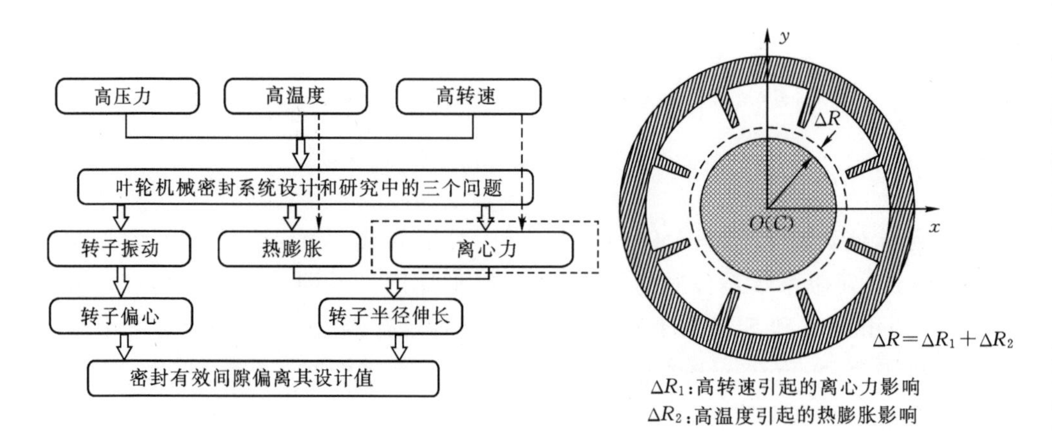

图4-11 高参数叶轮机械中密封有效间隙变化模型

间隙的变化。本节将采用商用CFD软件ANSYS CFX11.0，以美国Texas A&M大学叶轮机械实验室的直通型8齿8袋型腔室的袋型阻尼密封试验件（见图4-3中）为研究对象（Gamal，2007），介绍袋型阻尼密封泄漏特性研究的有限元分析（FEA）和计算流体动力学（CFD）相耦合的数值方法，并采用FEA/CFD数值方法分析运行工况（压比、转速）和几何参数（密封间隙、转子半径伸长）对袋型阻尼密封泄漏特性的影响，给出相应的泄漏特性曲线，并与迷宫密封的泄漏特性进行比较。进口预旋、转子振动、周向挡板数和腔室深度对袋型阻尼密封泄漏特性的影响将在4.7节中进行分析。

图4-12给出了袋型阻尼密封泄漏量计算的CFD和FEA/CFD两种数值方法的流程图。对于FEA/CFD数值方法，先采用有限元分析方法（FEA）计算转子半径伸长量随转速的变化，然后根据新的有效密封间隙，采用CFD数值方法计算密封泄漏量。

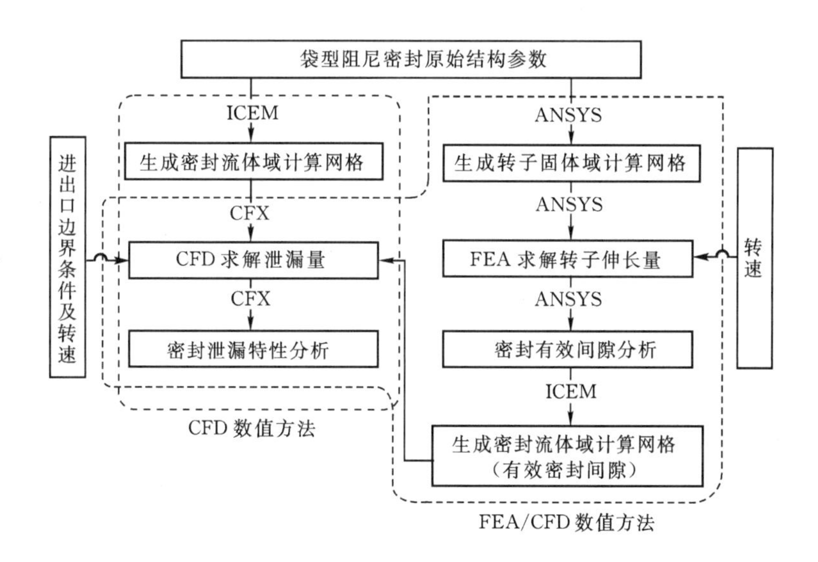

图4-12　袋型阻尼密封泄漏量的CFD和FEA/CFD数值方法流程图

采用商用软件ANSYS ICEM CFD生成密封流体域的三维计算模型和多块结构化网格。图4-13和图4-14分别给出了袋型阻尼密封和传统迷宫密封的三维计算模型和计算网格。计算中考虑到密封结构和流动的轴对称性，为减小计算量，对袋型阻尼密封和传统迷宫密封分别选取了弧度为45°（一个袋型腔室）和3°的弧段作为CFD研究对象，弧段两侧采用旋转周期边界条件。

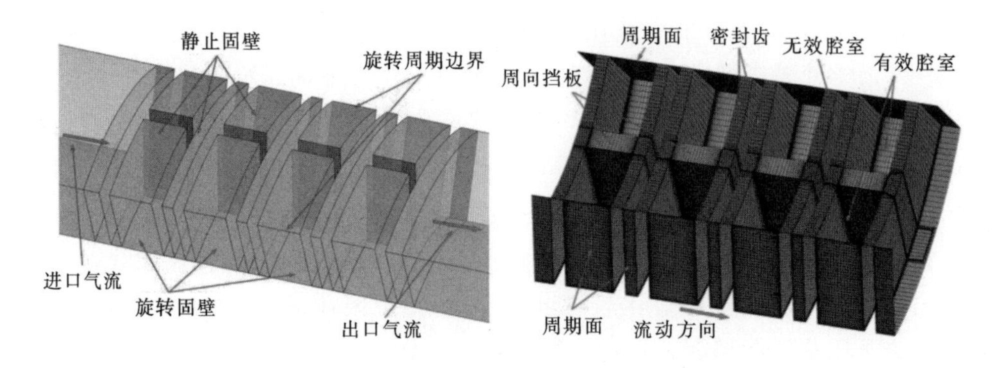

图 4-13　袋型阻尼密封的计算模型及计算网格

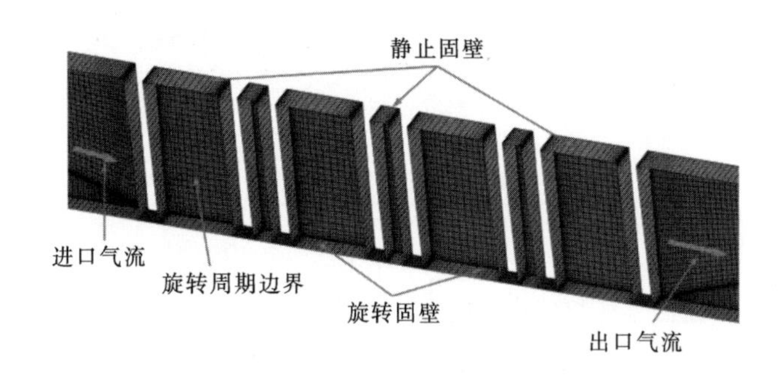

图 4-14　传统迷宫密封的计算网格及边界条件定义

图 4-15 为袋型阻尼密封转子有限元分析三维结构和计算网格(45 度弧段)。根据文献(Ertas, 2005),袋型阻尼密封试验件的转子和静子件的材料为 AISI 4140 合金钢。由于试验中密封内流体温度在 14℃ ～ 18℃范围,在计算转子半径变化时,无需考虑热应力的影响,仅考虑离心力的影响。转子半径随转速的变化是通过有限元分析软件 ANSYS 11.0 计算得到,其中采用 8 节点的六面体单元 Solid45 进行有限元网格划分。表 4-6 给出了密封转子材料的属性。

表 4-6　袋型阻尼密封转子材料属性(Ertas, 2005)

材料	温度(℃)	密度(kg/m^3)	泊松比	弹性模量(Pa)
AISI 4140 合金钢	17.00	7850	0.29	2.05E+11

图4-15　袋型阻尼密封转子有限元分析三维结构与计算网格

文献(Gamal, 2007)指出在高转速下,由于离心力的作用,转子的半径将增大,相应的密封间隙将减小。作者采用Roark经验公式Formula(公式4-14)计算了袋型阻尼密封试验件转子半径伸长量随转速的变化,指出转速为20200 r/min时,由于转子半径的伸长,密封间隙减小了5%。图4-16给出了采用FEA分析法和Roark经验公式Formula两种方法得到的转子直径伸长量随转速的变化曲线。转子直径伸长量随转速的增大而增大,且转速越

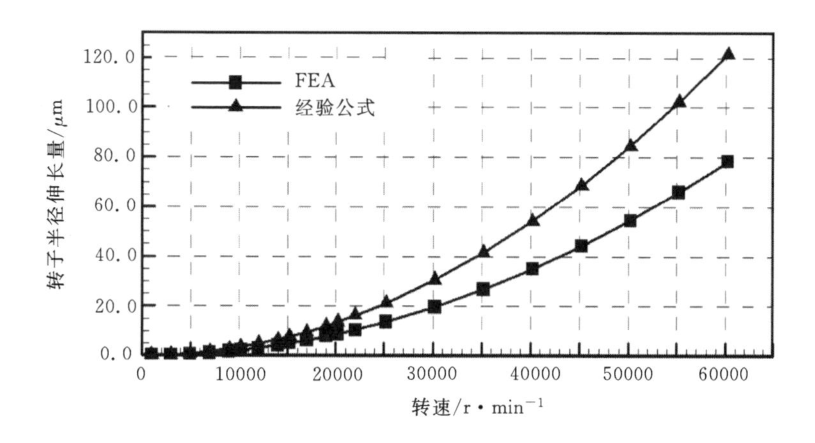

图4-16　转子直径伸长量随转速的变化曲线

大增大的越快，当转速增大到 60000 r/min 时，FEA 计算的转子直径伸长量为 0.08 mm。对于密封间隙为0.13 mm的袋型阻尼密封试验件而言，这意味着密封间隙减小了 31%。相同转速下，FEA 方法得到的转子直径伸长量小于 Formula 的计算值，且差值随转速的增大而增大；转速为 60000 r/min 时，FEA 计算值比 Formula 计算值小 34.6%。

$$R = R_0 + \frac{\delta w^2}{4gE}(1-v)R^3 \tag{4-14}$$

图 4-17(a)～(c)给出了三种转速下，袋型阻尼密封泄漏量随压降的变化曲线。三种转速下，随压差的增大，本节采用的 CFD、Formula/CFD 和 FEA/CFD 三种数值方法的预测结果与试验值具有相同的变化趋势。与试验值相比，各工况下 CFD 计算结果均偏大。转速为 10200 r/min 时，CFD 计算结果与试验值吻合良好，最大误差（ $(m_{CFD} - m_{EXP})/m_{EXP}$ ）为 2%。随转速的增大，CFD 计算结果逐渐偏离试验值，转速为 15200 r/min 和 20200 r/min 时，CFD 预测误差最大值分别为 4.4%和 7.4%。这是由于受高转速的影响，试验中转子半径在离心力作用下伸长，使密封有效间隙减小。如图 4-17(a)～(c)所示，采用 FEA/CFD 数值方法考虑转子半径伸长的影响，使密封有效间隙减小后，获得的 FEA/CFD 预测值与试验值吻合很好，最大预测误差仅为 1.3%。这说明 FEA/CFD 数值方法通过有限元分析考虑了转子半径伸长的影响，有效地提高了高转速下袋型阻尼密封泄漏量的预测精确度。转速为 20200 r/min 时，采用 Formula/CFD 数值方法获得的计算结果比试验值明显偏小，最大误差为−2.5%，说明公式 4-14 预测结果比转子实际伸长量明显偏大。因此，在研究高转速下袋型阻尼密封泄漏特性时，采用 FEA 方法考虑转子半径伸长的影响是必要的，对准确预测密封泄漏量具有重要意义。

图 4-18 给出了 4 种密封间隙、三种转速下，袋型阻尼密封流量系数随压比的变化曲线。流量系数 φ 表征进口总温、总压和密封间隙一定时，密封泄漏量的大小。袋型阻尼密封流量系数随密封间隙的增大而增大，随转速的增大而减小。不同的密封间隙和转速下，袋型阻尼密封流量系数随压比的变化趋势相同，即流量系数随压比的减小而增大，且压比越大，流量系数随压比的变化趋势越明显，当压比减小到一定值时（$\pi < 0.26$），流量系数趋于相应转速、密封间隙下的最大值。这是由于随着压比的减小，密封内的流动在最后一个密封齿顶间隙处逐渐达到临界状态，发生了流动阻塞，泄漏量的大小不再随压比的减小而变化。

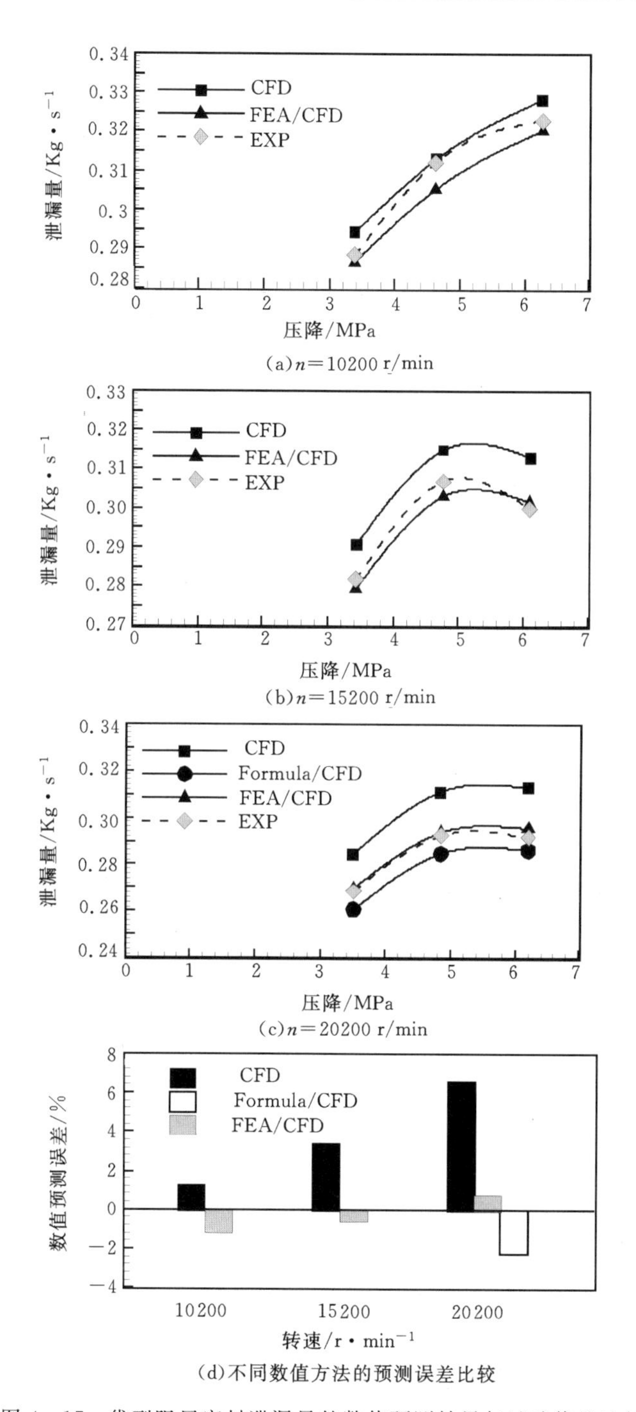

图 4－17　袋型阻尼密封泄漏量的数值预测结果与试验值的比较

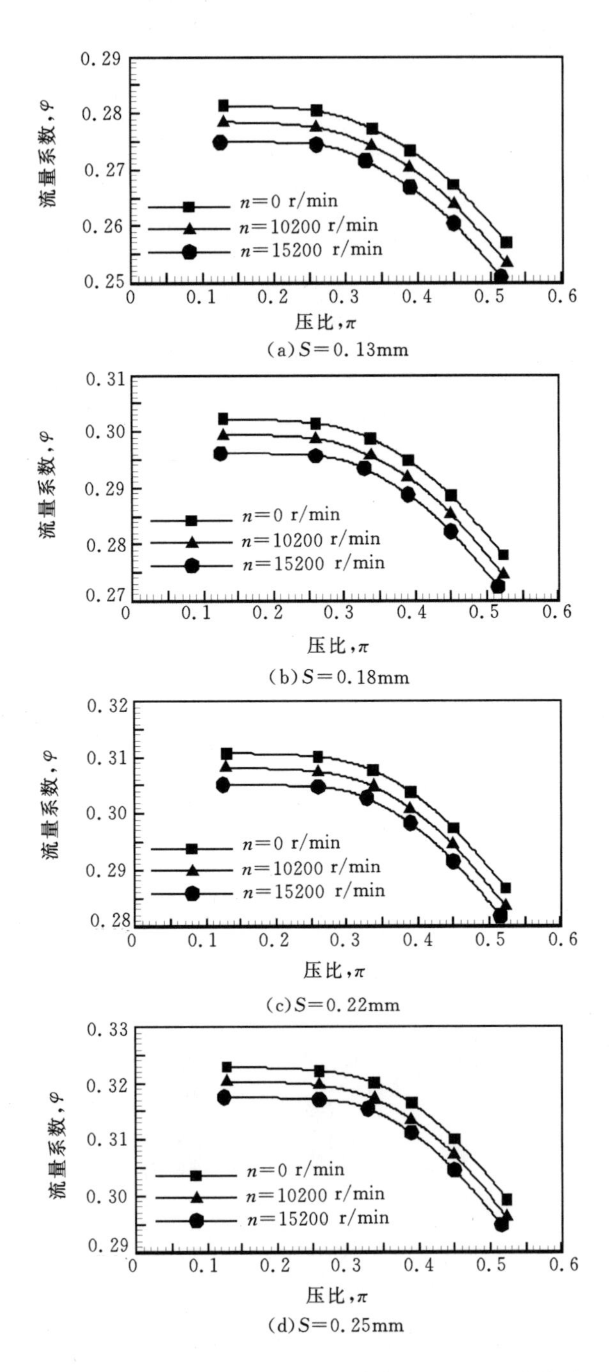

图 4-18　袋型阻尼密封流量系数随压比的变化曲线

图4-19给出了2种转速、6种压比下，袋型阻尼密封泄漏流量随密封间隙的变化曲线。不同转速、压比下，袋型阻尼密封泄漏量随密封间隙的变化规律相同，即泄漏量随密封间隙的增大而线性增大。与压比的影响相比较，泄漏量受密封间隙的影响更为显著。各压比、转速工况下，泄漏流量随密封间隙的变化曲线的斜率 $\Delta m/\Delta S = 2.9 \sim 3.8$ kg/(s·mm)，说明密封间隙每增加0.1 mm，密封泄漏量将增大0.29～0.38 kg/s。各压比、转速工况下，当密封间隙从0.13 mm增大到0.25 mm，即密封间隙增加92%时，密封泄漏流量增大了约120%。密封泄漏量之所以随密封间隙的增大而线性增大，一方面是因为随密封间隙的增大，泄漏面积增大了；另一方面是因为密封间隙的

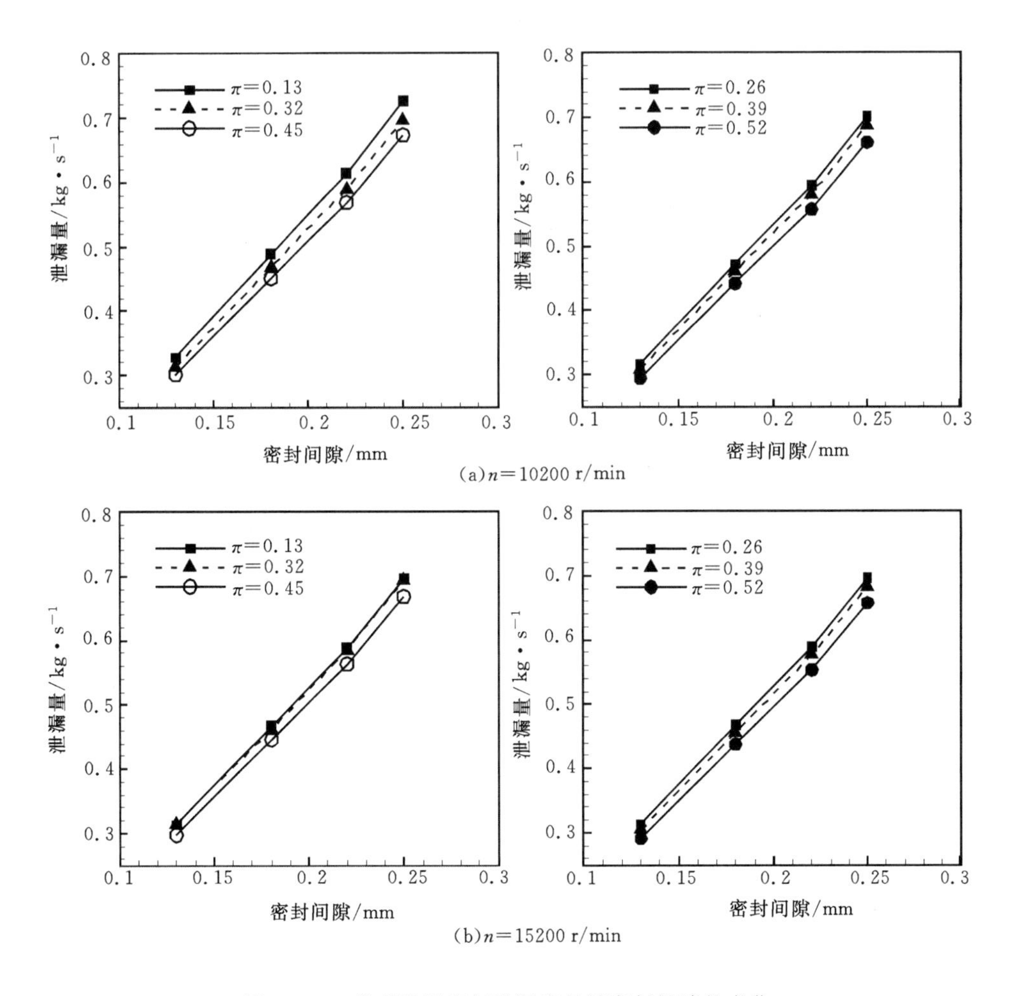

图4-19　袋型阻尼密封泄漏流量随密封间隙的变化

节流耗散作用减弱了。鉴于密封间隙大小对密封泄漏量的显著影响:在加工条件允许、保证机组安全运行的前提下,合理地减小密封间隙能够显著地减小泄漏量,提高机组效率;在预测密封泄漏量时,为得到可靠的计算结果,必须保证计算模型中密封间隙的精确度;在高温、高转速工况下,应考虑高温膨胀和离心力作用下的转子半径伸长对密封有效间隙的影响。

图 4-20 给出了袋型阻尼密封流量系数 φ 随周向马赫数 Mu 的变化曲线。转子面线速度的大小不仅取决于转子的旋转速度,还与转子直径有关。

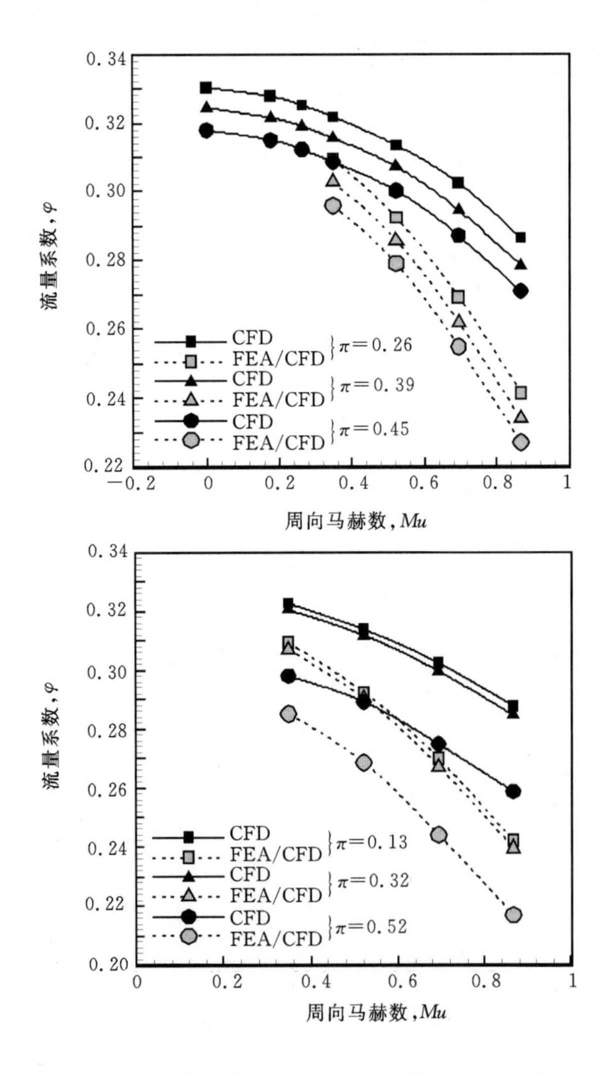

图 4-20 袋型阻尼密封流量系数随周向马赫数的变化

无量纲的周向马赫数 Mu 表征转子面线速度的大小，其定义见公式4-15。如图所示，各压比下，FEA/CFD和CFD两种数值方法计算得到的流量系数均随周向马赫数的增大而减小，且马赫数越大，减小的越明显；随马赫数的增大，FEA/CFD计算结果比CFD计算结果减小的更快。可见，在高转速下，考虑(FEA/CFD)和不考虑(CFD)转子半径伸长对密封有效间隙的影响，密封泄漏量均随转速的增大而减小。这是因为高转速对袋型阻尼密封泄漏特性的影响可分为两个方面：一方面转子面的高速旋转带动密封腔室中的流体周向流动，由于密封齿和周向挡板分别在轴向和周向的阻隔，在密封腔室中形成强烈的漩涡流动，使泄漏流的动能有效地耗散为内能，称之为粘性耗散效应；另一方面受转子高速旋转的影响，转子半径在离心力作用下伸长，使有效密封间隙减小，称之为几何效应。因此，分析高转速对袋型阻尼密封泄漏特性的影响时，必须综合考虑粘性耗散效应和几何效应的共同作用。

$$Mu = n \cdot (2\pi R)/\sqrt{\kappa \cdot R \cdot T_{\mathrm{tot,in}}} \tag{4-15}$$

密封腔室的流场结构是分析粘性耗散效应的有效途径。图4-21给出了袋型阻尼密封周向挡板表面静压云图和腔室内的三维流线图。从图中可以看出：在轴向，在进出口压差的驱动下，流体压力减小、速度增大，具有一定的轴向速度；在周向，在转子面粘性剪切力驱动下，流体具有一定的周向速度。由于密封齿和周向挡板的阻隔作用，流体在密封有效腔室中轴向和周向流动被阻断，在有效腔室中形成了复杂的三维漩涡结构。图4-22给出了袋型阻

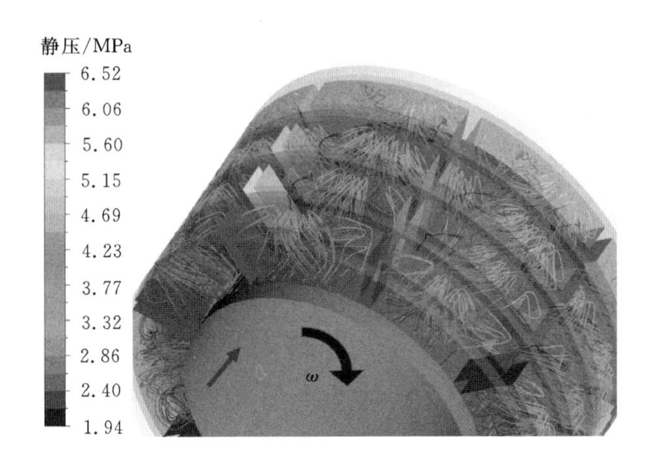

图4-21　袋型阻尼密封周向挡板表面静压和腔室三维流线分布

尼密封三个方向截面的静压云图和速度矢量图。图 4-22(a)为通过腔室中心的子午截面,图 4-22(b)为通过第三个腔室中心与轴线垂直的横截面,图 4-22(c)为通过腔室中心的环形截面。如图 4-22 所示,相比于无效腔室(C.2, C.4, C.6)中的流场结构,由于周向挡板的阻隔作用,有效腔室(C.1, C.3, C.5, C.7)中的流场结构更为复杂,三个截面均存在强烈的旋涡流动。这说明相比于无效腔室,有效腔室中具有更强的粘性耗散作用,更能有效地将流体动能转化为内能。

为分析袋型阻尼密封腔室内周向旋流的发展,引入旋流比 K 及相对腔室深度 H 。K 表征流体周向旋流速度的大小和方向(以转子旋转方向为正方向),其数学定义见公式(4-16),U_{gas} 为流体的周向旋流速度。H 表征腔室内某一点在径向与转子面的相对距离,其数学定义见公式(4-17)。

$$K = U_{gas}/(2\pi R \cdot n) \tag{4-16}$$

$$H = (r - R)/d \tag{4-17}$$

图 4-23 给出了不同转速下,袋型阻尼密封 7 个腔室横截面中间位置处的旋流比沿径向的分布。由图可见,各转速下,有效腔室内的旋流比均小于无效腔室,且转速越大差异越明显,说明周向挡板可有效的减小密封腔室内的旋流速度,这对改善密封的转子动力特性是有益的;有效腔室(C.1, C.3, C.5, C.7)中的旋流比旋转方向沿径向是变化的,说明有效腔室中存在漩涡流动;K 改变正负的径向位置随转速的变化而不同,说明随转速的增大,有效腔室中的漩涡结构和分布发生了变化(见图 4-22)。无效腔室(C.2, C.4, C.6)中的 K 的方向沿径向不变,始终与转子旋转方向相同,说明无效腔室中流动的是在周向与转子面旋转速度同向的环流。随转速的增大,无效腔室中的 K 明显增大,根据 Blasius 湍流壁面剪切应力理论(Childs DW 1993),随着转子转速的增大,流体相对于转子面和静子面的流动速度逐渐增大,转子面和静子面剪切应力随之增大,从而使粘性耗散作用增强。因此,袋型阻尼密封腔室内的粘性耗散效应主要表现为:有效腔室中的漩涡流动和无效腔室中的绕中心轴的环流。

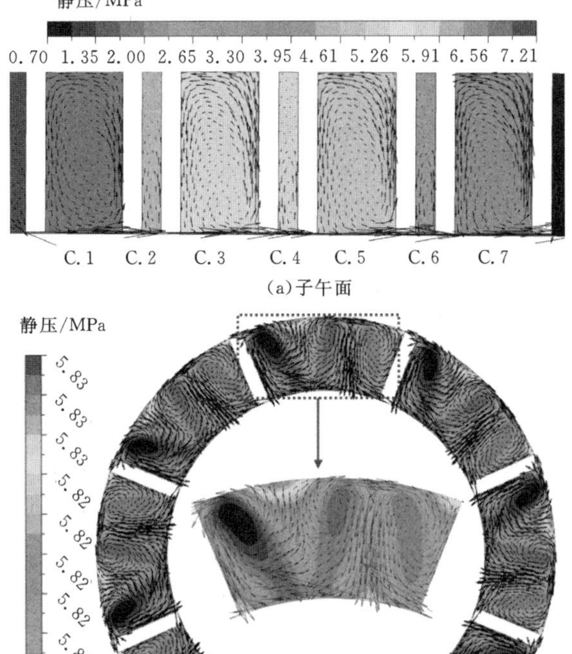

(a)子午面

(b)第3个腔室与轴向垂直的横截面

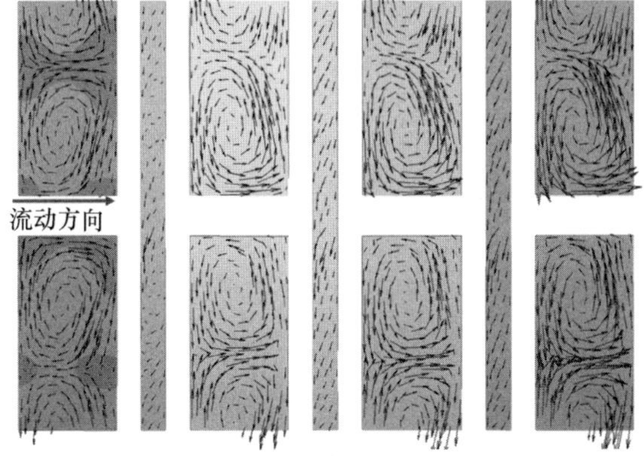

(c)腔室环形截面

图4-22　袋型阻尼密封腔室静压云图和速度矢量分布

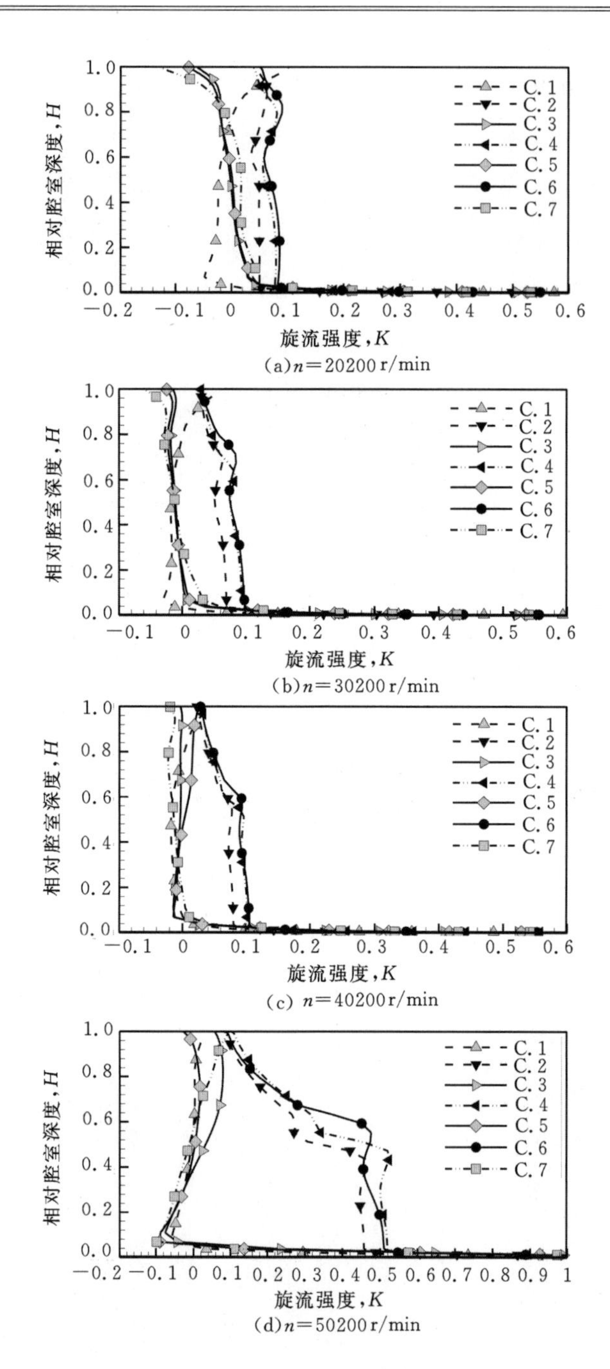

(a)n=20200 r/min

(b)n=30200 r/min

(c) n=40200 r/min

(d)n=50200 r/min

图 4-23 不同转速的袋型阻尼密封腔室横截面上旋流比沿径向的分布

图 4－24 给出了 3 种转速下，袋型阻尼密封（PDS）和迷宫密封（LABY）的流量系数随压比的变化曲线。随压比的减小，两种密封结构的流量系数具有相同的变化规律，均随压比的减小而增大，当压比减小到一定值时，流量系数达到最大值。与迷宫密封相比，袋型阻尼密封具有较小的流量系数，且转速越大，二者的差值越大，也就是说袋型阻尼密封的密封性优于迷宫密封，且转速越高，优越性越明显。

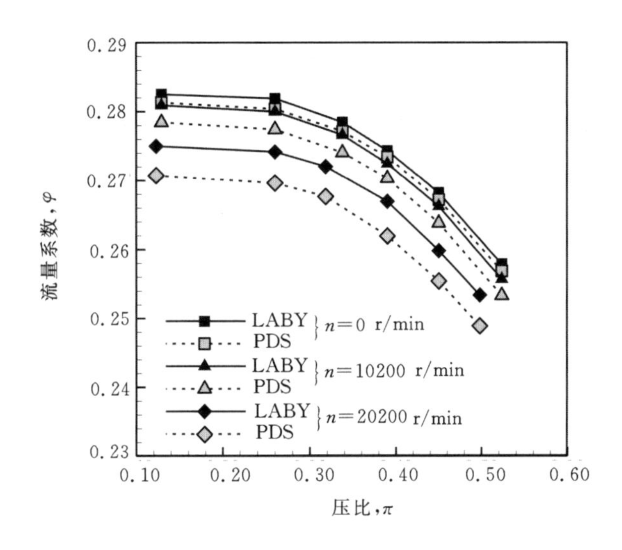

图 4－24　流量系数随压比的变化曲线

图 4－25 给出了袋型阻尼密封（PDS）和迷宫密封（LABY）的 7 个腔室中间位置处旋流比沿径向的分布。袋型阻尼密封与迷宫密封的结构差异在于有效腔室 1,3,5,7 中有无周向挡板，而无效腔室（2,4,6）结构相同。如图 4－25 所示，对于有效腔室（1,3,5,7）：袋型阻尼密封有效腔室的周向旋流比明显小于迷宫密封中的。因此相比于传统迷宫密封，袋型阻尼密封中的周向挡板结构能够显著地减小密封腔室内的周向旋流速度，且转速越高，周向挡板的作用越明显。在高转速下，迷宫密封之所以容易引起转子失稳，是因为迷宫密封腔室内较大的周向旋流速度产生了较大的交叉刚度（与直接阻尼相比）。从密封转子动力学方面而言，袋型阻尼密封有效地减小了密封腔室内的旋流速度，具有比迷宫密封优越的转子动力特性。

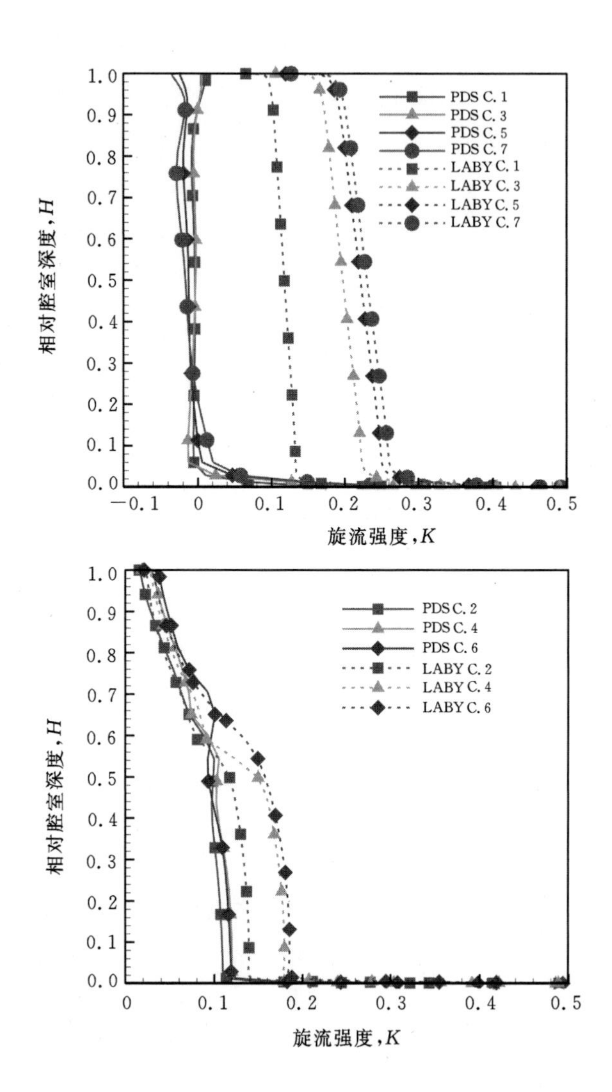

图 4-25 袋型阻尼密封和迷宫密封腔室旋流比沿径向的分布

4.5　袋型阻尼密封转子动力特性

4.5.1　袋型阻尼密封的密封动力特性数学模型

在旋转密封转子动力特性研究中，国内外众多学者围绕旋转密封气流激振和转子动力特性开展了大量的试验测量和数值分析，并建立了较完善的密封动力特性数学模型。目前普遍采用的密封动力特性数学模型有 Thomas-Alford 线性模型（Childs，1993）和 Muszynska 非线性模型（Muszynska，2005）。在袋型阻尼密封转子动力特性研究中均采用 Thomas-Alford 线性模型，如公式(4－18)所示。

$$-\begin{bmatrix}F_x\\F_y\end{bmatrix}=\begin{bmatrix}K_{xx}&K_{xy}\\K_{yx}&K_{yy}\end{bmatrix}\begin{bmatrix}x\\y\end{bmatrix}+\begin{bmatrix}C_{xx}&C_{xy}\\C_{yx}&C_{yy}\end{bmatrix}\begin{bmatrix}\dot{x}\\\dot{y}\end{bmatrix}\qquad(4-18)$$

基于 Thomas-Alford 线性模型，透平机械中的轴承、旋转密封、叶轮等产生的作用于转子的流体激振力相对于转子的涡动轨迹，具有径向和切向两个分量。如图4－26所示，切向力 F_φ 与涡动速度方向相同时，不利于转子稳定，F_φ 与涡动速度方向相反时，能抑制转子涡动，对转子系统的稳定是有利的；径向力 F_r 对转子系统的稳定性影响较小。在转子动力学研究中，常将 F_y 和 F_φ 转换到直角坐标系中，转化为对8个转子动力特性系数的分析：直接刚度系数(K_{xx}，K_{yy})，直接阻尼系数(C_{xx}，C_{yy})，交叉刚度系数(K_{xy}，K_{yx})，交叉阻尼系数(C_{xy}，C_{yx})。与轴承转子动力特性分析方法相同，气体旋转密封转子动力特性研究中，根据小位移涡动理论，忽略气体惯性力的影响，通过线性方程公式(4－18)可建立旋转密封内的流体激振力与转子涡动位移、涡动速度的关系。在转子涡动时，直接刚度系数(K_{xx}，K_{yy})和交叉阻尼系数(C_{xy}，C_{yx})是径向力 F_r 的来源，主要影响转子系统的刚度，所以它们对转子系统的稳定性影响较小，但对转子系统的固有频率和临界转速具有显著影响。气体旋转密封的交叉阻尼系数(C_{xy}，C_{yx})很小，一般不考虑。直接阻尼系数(C_{xx}，C_{yy})和交叉刚度系数(K_{xy}，K_{yx})是切向力 F_φ 的来源，主要影响转子系统的阻尼，所以它们对转子系统的稳定性具有重要影响，而对转子系统的临界转速影响较小。负的直接刚度系数会减小转子系统的临界转速，而正的直接刚度系数使转子系统的临界转速增大。在评判旋转密封对转子系统的稳定性影响时，常引入有效阻尼系数 $C_{eff}=C_{XX}-K_{XY}/\Omega$，有效阻尼越大，越有利于转子系统的稳定。

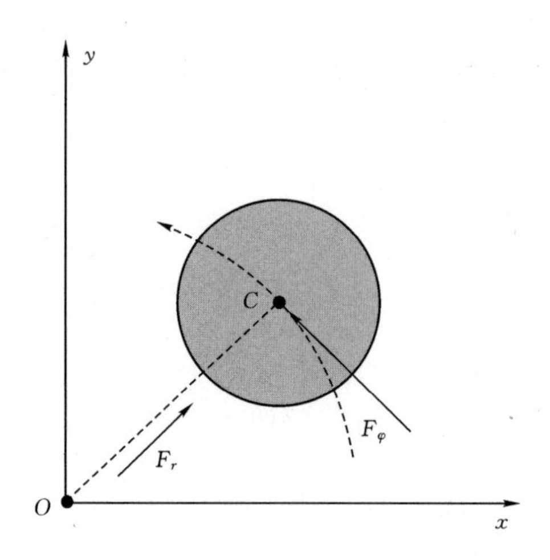

图 4-26 转子涡动时受到的流体激振力

针对袋型阻尼密封转子动力特性的研究主要是为获得不同运行工况和几何参数下，旋转阻尼密封的转子动力特性系数，特别是交叉刚度系数和有效阻尼系数，探索袋型阻尼密封的阻尼机理。目前在袋型阻尼密封转子动力特性研究中存在三种主要研究方法：试验测量、Bulk Flow 模型预测法和 CFD 数值模拟。根据试验研究中的测量方法、测量变量和转子动力特性系数识别方法的不同，可将试验方法分为三种：①系统机械阻抗法(system mechanical impedance method)，根据激励源的不同，系统机械阻抗法又分为冲击激励机械阻抗法和谐波激励机械阻抗法；②腔室动态压力响应法(cavity dynamic pressure response method)；③静态挠度法(static-force deflection method)。其中静态挠度法是一种静态试验测量方法，常用来验证前两种试验方法测量结果的准确性。Ertas(Ertas BH，2005)在其博士论文中详细介绍了这三种试验方法中所需测量的变量、测量方法以及转子动力特性系数的识别方法。根据对密封腔室周向流动的处理方法不同，袋型阻尼密封转子动力特性的 Bulk Flow 模型预测方法分为三种：(1)基于 Alford 理论的一维流动 Bulk Flow 模型。该 Bulk Flow 模型忽略了密封腔室内的周向流动。(2)基于周向压力梯度的 Bulk Flow 模型。(3)基于周向有限差分法的 Bulk Flow 模型。袋型阻尼密封转子动力特性的 CFD 数值模拟方法是由西安交通大学叶轮机械教研室李军教授研究团队提出的基于动网格技术和转子多频涡动模型的非定常 CFD 预测方法(李志刚，2012b；LI，2013)。

4.5.2 袋型阻尼密封转子动力特性的试验研究

国外学者针对袋型阻尼密封的转子动力特性做了大量的试验研究工作，主要集中在美国 Texa A&M 大学叶轮机械实验室的 Childs 和 Vance 研究团队和 GE 公司的旋转机械振动实验室。针对袋型阻尼密封转子动力特性，初期的试验研究主要采用冲击激励机械阻抗法，即冲击锤试验(impact hammer test)和降速试验(coast-down test)，目的是比较迷宫密封和袋型阻尼密封的有效阻尼，验证袋型阻尼密封在抑制转子振动方面的有效性。冲击锤试验利用冲击锤给密封转子或静子一个瞬时冲击激励，通过测量其自由振动对数衰减振幅获得旋转阻尼密封的有效阻尼。通过降速试验可获得旋转阻尼密封对转子系统临界转速和临界转速下振幅的影响。这两种试验方法的优点是可直接测得旋转阻尼密封对转子系统稳定性的影响，缺点是只能近似获得密封的有效阻尼，无法分离直接阻尼和交叉刚度。Shultz (Shultz RR，1996)利用图 4-27 所示的试验台，采用冲击试验方法测量了袋型阻尼密封和迷宫密封在转速为 0、不同进口压力下的有效阻尼，试验结果表明安装袋型阻尼密封后，转子自由振动的幅值衰减速度加快，证明了袋型阻尼密封能够提供比迷宫密封更大的阻尼，有效地抑制转子振动。Li 和 Vance(Li J, Vance J, 1995)针对袋型阻尼密封在旋转条件下的转子动力特性进行了降速试验和冲击锤试验。降速试验结果表明袋型阻尼密封能有效地减小转子系统在临界转速下的振幅；冲击锤试验结果表明袋型阻尼密封的有效阻尼明显大于迷宫密封。综上所述，袋型阻尼密封转子动力特性的初期试验研究工作主要集中在采用冲击激励机械阻抗法评估旋转阻尼密封对转子-轴承系统的临界转速、临界转速下振动幅值和稳定性的影响，对密封转子动力特性系数的测量和转子动力特性影响因素的分析较少。而且试验中存在密封进口压力较低(最大为 0.55 MPa)，转速不高(小于 7000 r/min)的问题，与旋转阻尼密封实际的高压差、高转速、高流体密度运行条件相差很大。

美国 Texas A&M 大学的叶轮机械实验室的 Childs 和 Vance 研究团队建立了高压比(进口压力 6.9 MPa)、高转速(10200～20200 r/min)、宽涡动频率(0～300 Hz)的高精度旋转密封试验台(见图 4-28)，该试验台采用激振器作为激励源给密封静子件加载已知的谐波激振力，驱动密封静子件振动，转子同心旋转。试验时监测密封静子件的位移信号、加速度信号和腔室动态压力信号(Ertas, 2005)。该研究团队的 Ertas(Ertas, 2005; Ertas, 2006; Er-

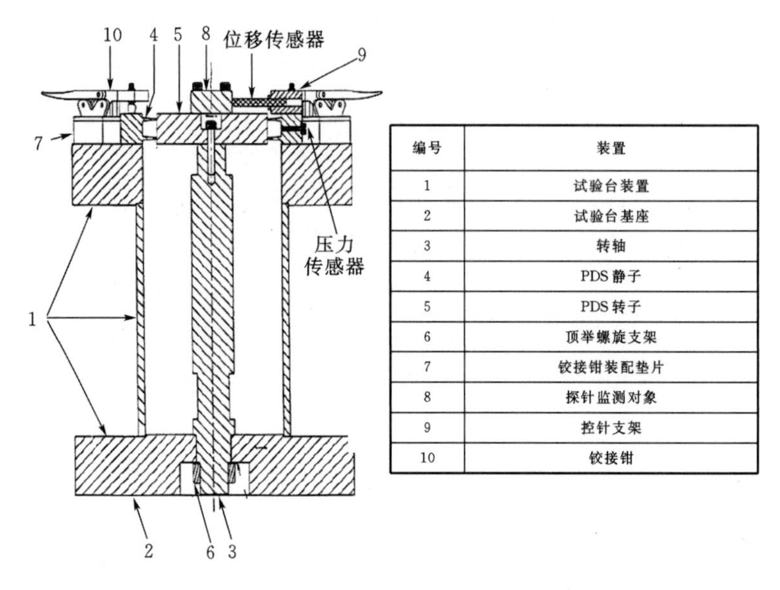

编号	装置
1	试验台装置
2	试验台基座
3	转轴
4	PDS 静子
5	PDS 转子
6	顶举螺旋支架
7	铰接钳装配垫片
8	探针监测对象
9	控针支架
10	铰接钳

图 4-27 Shultz 的静止密封试验台(Shultz, 1996)

tas, 2007a)和 Gamal(2007)试验研究了压比、转速、进口预旋、振动频率等运行工况,以及密封间隙、密封间隙比、密封齿数、腔室深度等几何参数对袋型阻尼密封转子动力特性系数的影响规律。研究结果表明:密封间隙比对袋型阻尼密封的转子动力特性具有显著影响,相比于直通型密封结构,发散型袋型阻尼密封具有更大的直接阻尼;发散型袋型阻尼密封的直接刚度在整个频率范围内均为负值;密封齿数较少的袋型阻尼密封具有更大的直接刚度和直接阻尼;传统袋型阻尼密封具有相同符号的交叉刚度;袋型阻尼密封的直接阻尼随压比的减小而增大,直接刚度系数受压比的影响较小。Ertas(2011)在 GE 公司旋转机械振动实验室搭建了与 Texas A&M 大学的叶轮机械实验室相似的旋转密封试验台,用三种试验方法(系统机械阻抗法,腔室动态压力响应法,静态挠度法),研究了转速和进口预旋对迷宫密封、袋型阻尼密封和蜂窝密封的转子动力特性的影响规律。试验结果表明:蜂窝密封和袋型阻尼密封具有相近的、优于迷宫密封的转子动力特性;转速和进口预旋均使三种旋转密封的交叉刚度显著增大,有效阻尼显著减小。Gamal 等(2007)试验测量了迷宫密封、蜂窝密封、孔型密封、光滑面密封和袋型阻尼密封的泄漏量和转子动力特性系数,引入无量纲的有效阻尼系数 C_{eff}^{*} (公式(4-19))比较了这几种旋转密封的转子动力特性。结果表明:相比迷宫密封,蜂窝密封、孔型密封和袋型阻尼密封在低频区均具有更大的正有效阻尼;旋转阻尼密封的发散型结构具有比直通型结构更大的有效阻尼；密封齿较少(腔室轴向长度较大)的袋型阻尼密封具有更大的有效阻尼。Ertas(2007b)详细分析了相同符号的交叉刚度系数对袋型阻尼密封转子动力特性的影响，指出在转子涡动过程中，相同符号的交叉刚度产生的激振力并不总是与转子涡动速度同向的“伴随力”，存在与涡动速度方向相反、垂直的情况，因此相同符号的交叉刚度不会引起转子涡动失稳。

$$C_{\mathrm{eff}}^{*} = C_{xx}/((L \cdot D \cdot \Delta P)/C_{\mathrm{r}}) - K_{xx}/((L \cdot D \cdot \Delta P) \cdot \omega/C_{\mathrm{r}}) \tag{4-19}$$

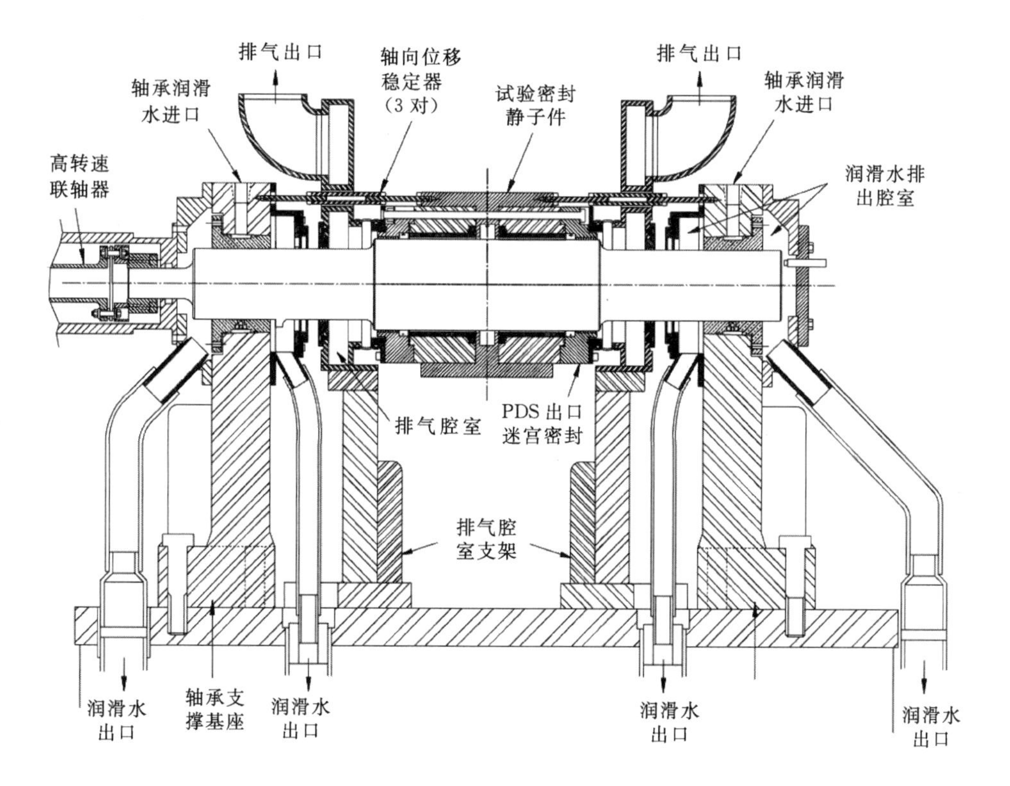

图 4 - 28　高压高转速密封试验台(Ertas，2005)

系统机械阻抗法采用激振器对密封静子件施加一个已知的 X 方向或 Y 方向激励信号，使密封静子件绕轴心涡动。采用力传感器、位移传感器和加速度传感器测量不同激振频率下激振器的激振力、密封静子件的位移和加速度，然后采用力-位移模型公式(4 - 20)～(4 - 23)计算得到频率相关的 8 个转子动力特性系数。式中：F 为激振器的激振力；f 为密封静子件内的气流激振力(有效力);M 为密封静子件质量;A 为密封静子件的加速度;D 为密封静子件的位移;H 为阻抗;ω 为激振频率。f_{ij} 和 D_{ij} 中第一个下标表示外部激励的方向,第二个下标表示密封静子件的响应方向;H_{ij}、K_{ij} 和 C_{ij} 中第一个下标表示阻尼或刚度的方向,第二个坐标表示密封静子件位移的方向。

应当注意由公式(4-20)~(4-23)求出的8个转子动力特性系数并不是试验密封件的转子动力特性系数,而是整个试验系统的特性系数,包括图4-28中所示的轴向位移稳定器和试验密封件出口的迷宫密封,因为 F 为激振器的激振力,而不是密封静子件的气流激振响应力。为提取出密封件的转子动力特性系数,需进行“基准试验”。“基准试验”有两种方法:一种方法是采用“基准密封件”代替试验密封件进行相同工况的激励试验(基准密封件的密封间隙很大,可以忽略基准密封件的刚度和阻尼影响),获得试验系统的基准阻抗$[H_{ij}]_{\mathrm{BL}}$(Ertas, 2005);另一种方法是在0转速、不通压缩气体条件下,进行激励试验,获得试验系统的基准阻抗$[H_{ij}]_{BL}$(Ertas, 2011)。然后根据公式(4-20)和公式(4-25)便可得到试验密封件的阻抗$[H_{ij}]_{\mathrm{PDS}}$,进而根据公式(4-21)和公式(4-24)求得试验密封件的转子动力特性系数。$[H_{ij}]_{\mathrm{BL}}$为试验系统的基准阻抗,$[H_{ij}]_{\mathrm{TS}}$为试验系统的总阻抗。

$$\begin{bmatrix} f_{xx} & f_{yx} \\ f_{xy} & f_{yy} \end{bmatrix} = \begin{bmatrix} H_{xx} & H_{yx} \\ H_{xy} & H_{yy} \end{bmatrix} \cdot \begin{bmatrix} D_{xx} & D_{yx} \\ D_{xy} & D_{yy} \end{bmatrix} \tag{4-20}$$

X 方向有效力:

$$f_{xx} = F_{xx} - MA_{xx},\ f_{yx} = F_{yx} - MA_{yx} \tag{4-21}$$

Y 方向有效力:

$$f_{yy} = F_{yy} - MA_{yy},\ f_{yx} = F_{xy} - MA_{xy} \tag{4-22}$$

X 方向直接和交叉阻抗:

$$H_{xx} = K_{xx} + \mathrm{j}\omega C_{xx},\ H_{xy} = K_{xy} + \mathrm{j}\omega C_{xy} \tag{4-23}$$

Y 方向直接和交叉阻抗:

$$H_{yy} = K_{yy} + \mathrm{j}\omega C_{yy},\ H_{yx} = K_{yx} + \mathrm{j}\omega C_{yx} \tag{4-24}$$

试验密封件的直接和交叉阻抗:

$$\begin{bmatrix} H_{xx} & H_{yx} \\ H_{xy} & H_{yy} \end{bmatrix}_{\mathrm{PDS}} = \begin{bmatrix} H_{xx} & H_{yx} \\ H_{xy} & H_{yy} \end{bmatrix}_{\mathrm{TS}} - \begin{bmatrix} H_{xx} & H_{yx} \\ H_{xy} & H_{yy} \end{bmatrix}_{\mathrm{BL}} \tag{4-25}$$

由于袋型阻尼密封特殊的腔室结构(周向隔离的袋型腔室),可将腔室动态压力对转子面进行积分获得作用于转子面的气流激振力。腔室动态压力响应法同样需采用激振器对密封静子件施加一个已知的 X 方向或 Y 方向激励信号,使密封静子件绕轴心涡动。除测量密封静子件的位移信号外,还需监测各个袋型腔室内的动态压力 P_k，通过公式(4-26)对 P_k 绕转子面进行积分获得转子面受到的流体激振力，然后根据公式(4-20)、(4-23)和(4-24)便可获得袋型阻尼密封的转子动力特性系数，因此无需进行“基准试验”。如图4-29所示，公式(4-26)中的 θ_1 和 θ_2 分别为袋型腔室中动态压力作用的转子面区域的起始角和终止角，R 为转子半径，L 为袋型腔室轴向长度。

$$\begin{cases} -f_x = \sum_{k=1}^{NP} \int_{\theta_1}^{\theta_2} P_k \cdot R \cdot L \cdot \cos\theta \cdot \mathrm{d}\theta \\ -f_y = \sum_{k=1}^{NP} \int_{\theta_1}^{\theta_2} P_k \cdot R \cdot L \cdot \sin\theta \cdot \mathrm{d}\theta \end{cases} \tag{4-26}$$

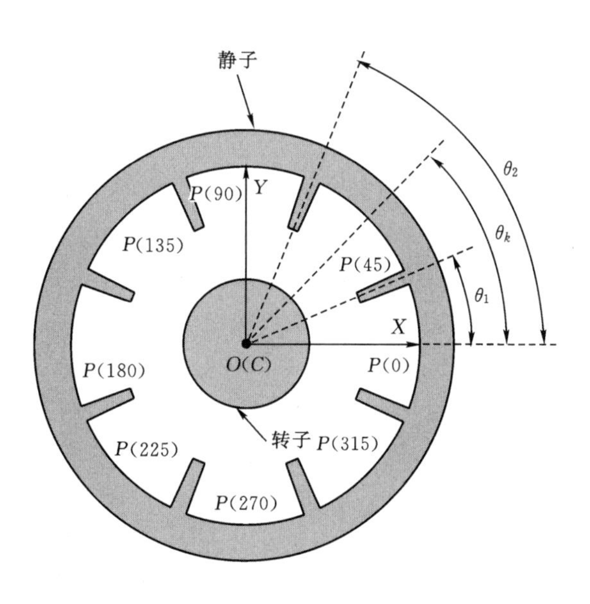

图4-29　袋型阻尼密封腔室动态压力积分示意图

静态挠度法是测量密封件静态偏心工况下的直接刚度和交叉刚度的方法，常用于验证前两种动态试验方法测量结果的可靠性。这里的“静态”不是指密封转子的转速为0，而是指对密封静子件施加的激励信号为静态激振力，密封静子件在该激励下发生静态偏心，振动频率为0。静态挠度法通过对密封静子件施加一个已知静态激振力，使密封静子件偏心，测出密封静子件在该激励力作用下偏离轴心的位移，采用公式(4-27)计算出密封的直接刚度和交叉刚度。公式(4-27)中的密封气流激振力 f 可通过两种方法获得：一是系统机械阻抗法中采用的“基准试验”方法；二是动态压力响应法中采用的“腔室动态压力积分”方法。

$$-\begin{bmatrix} f_x \\ f_y \end{bmatrix} = \begin{bmatrix} K_{xx} & K_{xy} \\ K_{yx} & K_{yy} \end{bmatrix} \begin{bmatrix} x \\ y \end{bmatrix} \tag{4-27}$$

静态挠度法只能获得旋转密封静态偏心下的密封刚度系数，而无法获得对转子系统稳定性具有决定性作用的密封阻尼系数，因此静态挠度法常用于评估动态试验方法测量结果的可靠性。目前旋转密封转子动力特性研究中采用的系统机械阻抗法和腔室动态压力响应法两种试验方法所需测量的物理变量和转子动力特性系数的求解方法均存在差异，各有优缺点。两种试验方法均需采用激振器（如谐波激振器、冲击锤）给密封静子或转子一个激振力，监测密封静子或转子在该激振力下的位移信号。两种试验方法的主要区别在于对密封转子面受到的气流激振力的测量方法。除密封静子件的位移信号外，系统机械阻抗法还需监测密封静子件的加速度信号，直接求得的刚度和阻尼系数并不是旋转密封件的转子动力特性系数，还包括密封实验台的刚度和阻尼。因此，系统机械阻抗法需要进行“基准试验”，即用“基准密封件”（基准密封件具有很大的密封间隙，可忽略其对转子系统的刚度和阻尼影响）代替旋转密封试验件或不通压缩气体进行相同的激励试验。系统机械阻抗法的主要缺点是需进行“基准试验”，试验测量过程复杂，但其具有较高的精度。相比于系统机械阻抗法，腔室动态压力响应法除测量密封静子件或转子的位移信号外，还需监测密封腔室内不同周向位置的动态压力，其主要缺点是转子面的气流激振力是通过对腔室动态压力积分获得，存在一定的误差；优点是无需“基准试验”，试验过程简单，而且可获得密封腔室的压力响应峰值、动态压力相位角，以及沿流动方向的不同腔室对密封总的转子动力特性系数的贡献大小，便于分析旋转阻尼密封的气流激振机理和阻尼机理。因此，系统机械阻抗法适用于旋转阻尼密封整体转子动力特性的研究，而腔室动态压力响应法更适用于旋转阻尼密封腔室结构优化和阻尼机理的研究。

4.5.3　袋型阻尼密封转子动力特性的 Bulk Flow 模型预测

在旋转密封转子动力特性的研究中，应用最广泛的数值方法是 Bulk Flow 模型分析法。相比于 CFD 数值预测方法，Bulk Flow 模型的主要优点是程序简单，计算速度快，计算精度能够满足工程需要，因此在工程领域应用较为广泛。Iwataubo(1980)首次提出了适用于迷宫密封转子动力特性预测的单控制体 Bulk Flow 模型，该模型包括连续方程和周向动量方程，通过求解线性化的 N－S 方程，采用摄动分析法获得密封转子动力特性系数。随后“Bulk Flow”模型逐步得到完善，逐渐成为一种预测旋转密封转子动力特性的标准数值分析方法，被推广应用于多种密封结构，如迷宫密封(Childs DW，Scharrer J，1996)、蜂窝密封(Kleynhans GF，1996)、孔型密封(晏鑫，2009a；晏鑫，2009b)和袋型阻尼密封(Li，1999；Armendariz，2002；Ertas，2005)。目前迷宫密封、蜂窝密封和孔型密封的转子动力特性系数的 Bulk Flow 模型分析法已发展得较为完善和统一，包括单控制体 Bulk Flow 模型和双控制体 Bulk Flow 模型，流动工质可以是等温气体、理想气体和实际气体。不同于传统迷宫密封和蜂窝/孔型密封结构，袋型阻尼密封腔室中沿周向设置有挡板将其分割为等弧度的袋型腔室，阻滞流体的周向流动。因此，以往 Bulk Flow 模型中的周向动量方程不能描述袋型阻尼密封腔室内的周向流动。根据对密封腔室周向流动的处理方法不同，袋型阻尼密封转子动力特性的 Bulk Flow 模型预测方法分为三种：①基于 Alford 理论的一维流动 Bulk Flow 模型(Ertas BH，2005)，该 Bulk Flow 模型忽略了密封腔室内的周向流动；②基于周向压力梯度的 Bulk Flow 模型(Armendariz，2002)，该模型将周向挡板视为密封齿，采用泄漏公式计算在周向相邻的袋型腔室压差的驱动下流经周向挡板的泄漏量；③基于周向有限差分法的 Bulk Flow 模型(Li，1999)，该模型采用有限差分法求解周向动量方程，获得袋型腔室内的周向旋流速度和通过周向挡板的泄漏量。由于具有预测精度较高、程序简单和计算速度快的优点，目前基于 Alford 理论的一维流动 Bulk Flow 模型应用最为广泛。

李志刚(2013)基于 Iwatsubo(1980)提出的广泛应用于迷宫密封的单控制体等温 Bulk Flow 模型和 Alford(1965)提出的一维轴向流动 Bulk Flow 模型，发展了适用于袋型阻尼密封转子动力特性预测的理想气体单控制体等温 Bulk Flow 计算模型和数值算法。通过忽略密封腔室中的周向流动，推导了描述袋型阻尼密封一维轴向可压缩流动的基本控制方程。采用摄动分析法将控制方程线性化，采用分离变量法迭代求解了线性化的一阶控制方程，获得了频率相关的转子动力特性系数。开发了相关计算程序，通过与试验值的比较，验证了所发展的 Bulk Flow 模型和数值算法的有效性。采用 Bulk Flow 程序研究了密封齿数、密封间隙和腔室深度等几何参数对袋型阻尼密封转子动力特性的影响。下文详细推导了基于 Alford 理论的一维流动 Bulk Flow 模型。

以两种典型的4齿、8袋型腔室的袋型阻尼密封作为计算模型，推导袋型阻尼密封 Bulk Flow 模型的控制方程，给出转子动力特性系数的求解方法。

图 4-30 给出了两种袋型阻尼密封的结构示意图。如图所示，对于传统袋型阻尼密封，相邻的有效腔室（袋型腔室）在轴向被无效腔室（环形腔室）分开；对于贯通挡板袋型阻尼密封，周向挡板从密封进口贯通至密封出口，密封腔室均为有效腔室（袋型腔室）。由于结构的差异，两种袋型阻尼密封（传统型和贯通挡板型）的 Bulk Flow 模型中的控制方程是不同的，需针对两种袋型阻尼密封分别进行控制方程的推导。

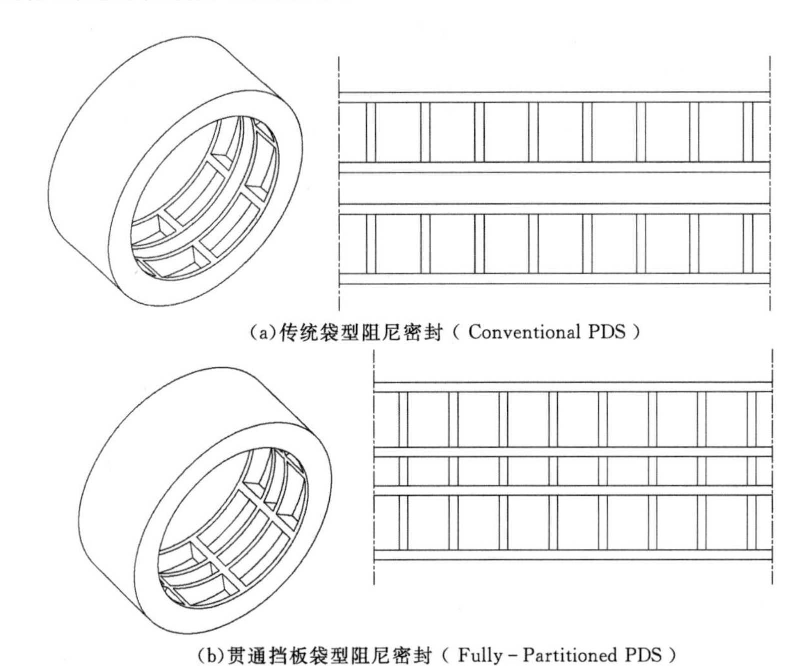

(a)传统袋型阻尼密封（Conventional PDS）

(b)贯通挡板袋型阻尼密封（Fully - Partitioned PDS）

图 4-30　两种 4 齿、8 袋型腔室的袋型阻尼密封结构示意图

图 4-31 给出了两种 4 齿、8 袋型腔室的袋型阻尼密封控制容积示意图。假设袋型腔室中的静压均匀分布，将每个袋型腔室作为一个单独的控制体。当转子涡动时，袋型腔室的体积随之变化，流体受到压缩或膨胀，进而使腔室静压随时间变化。对于传统型袋型阻尼密封，由于其无效腔室周向是相通的（与迷宫密封腔室相同），可假设腔室中气体的静压不受转子振动的影响，不随时间而改变，为恒定值。

图 4-32 给出了袋型阻尼密封有效腔室单个控制体的示意图。基于 Bulk Flow 模型，为获得转子振动时的流体激振力，需推导适用于图 4-32 中所示控制体的控制方程，包括泄漏方程、连续方程和动量方程。求解时，首先通过求解泄漏方程获得稳态时（转子位于密封轴心，振动位移和速度为零）的

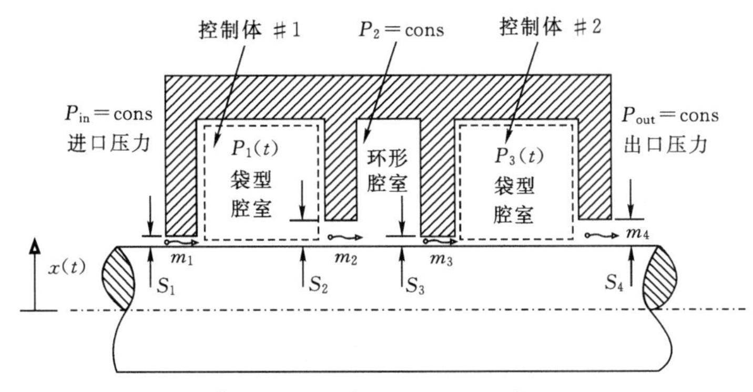

(a)传统袋型阻尼密封(Conventional PDS)

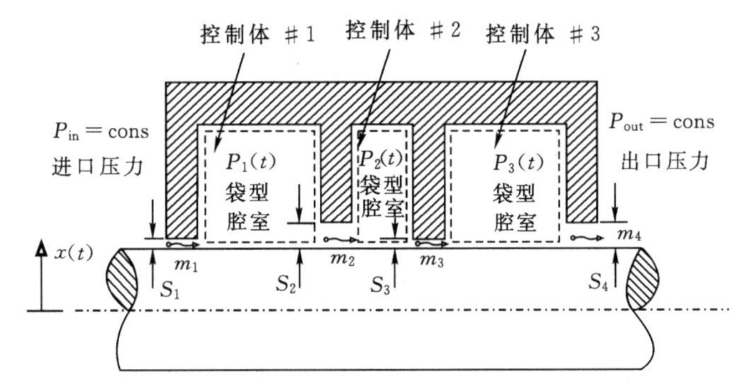

(b)贯通型袋型阻尼密封(Fully partitioned PDS)

图4-31 袋型阻尼密封控制容积子午面示意图

密封泄漏量和各个密封腔室稳态静压。然后,以稳态下的密封泄漏量和腔室压力为已知参数对连续方程进行摄动分析,获得密封腔室内随时间变化的动态压力。最后,将密封腔室动态压力在转子面上沿周向和轴向进行积分,获得密封内的流体激振力,进而依据力-位移方程提取出转子动力特性系数。

为简化控制方程和求解过程,需对密封内的流动过程做如下假设:

(1)工质为理想气体,流动过程为等熵绝热过程。

(2)有效腔室内的压力均匀分布,且随时间变化;无效腔室内的压力不受转子振动的影响,为恒定值。

(3)由于周向挡板的存在,密封腔室内的周向旋流速度很小,可忽略不计。

(4)转子振动的位移幅值很小,流体激振力和振动位移满足线性关系。

(5)流体激振力由密封腔室压力决定,流体粘性剪切力的影响可忽略。

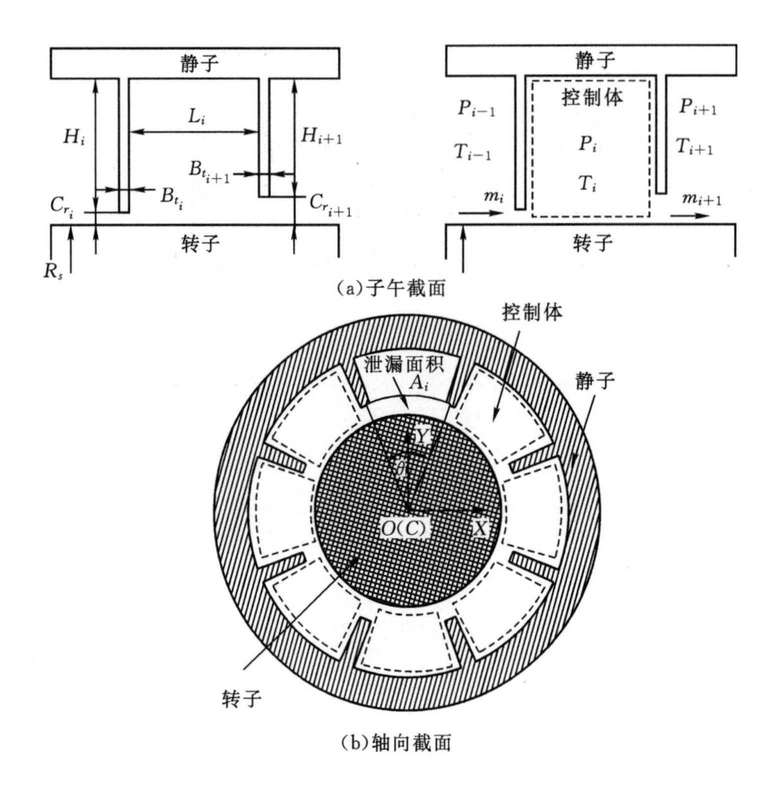

(a)子午截面

(b)轴向截面

图 4-32 袋型阻尼密封控制容积示意图

基于 Iwatsubo(1980)的迷宫密封单控制体 Bulk Flow 模型中的控制方程,通过忽略流体的周向速度,可获得如图 4-3 所示的袋型阻尼密封控制体的控制方程,如公式(4-28):

$$\frac{\partial}{\partial t}(\rho_i \cdot V_i)+\dot{m}_{i+1}-\dot{m}_i=0 \tag{4-28}$$

式中 V_i 为单个控制体的体积。

为减少求解变量,根据理想气体定理:$P=\rho \cdot R_g \cdot T$,将公式(4-28)中所有密度项转化为压力项:

$$\frac{V_i}{\kappa \cdot R_g \cdot T_i} \cdot \frac{\partial P_i}{\partial t}+\frac{P_i}{R_g \cdot T_i} \cdot \frac{\partial V_i}{\partial t}=\dot{m}_i-\dot{m}_{i+1} \tag{4-29}$$

由于理想气体在等熵绝热过程中气体的温度是恒定的,可知 $T_i=T_{\text{in}}$。当转子的振动轨迹一定时,公式(4-29)中的腔室体积 V_i 和泄漏量 m_i 均是随时间变化的已知量,因此待求变量只有腔室静压 P_i,方程(4-29)是封闭的。

为求解公式(4-29)中的动态压力 $P_i(t)$,首先需引入合适的泄漏模型,通过迭代求解泄漏方程(公式 4 - 30)获得稳态条件下的泄漏流量 m_i 和腔室静态压力 P_i。如公式(4 - 2)所示,腔室动态压力 $P_i(t)$ 与密封泄漏量密切相关,因此泄漏模型的选择直接影响密封流体激振力和转子动力特性系数的预测精度。本节将采用 8 种袋型阻尼密封泄漏模型分析泄漏模型对转子动力特性系数预测结果的影响。

$$\dot{m}_i = \mu_{1i} \cdot \mu_{2i} \cdot \frac{P_{i-1} \cdot A_i}{\sqrt{\kappa \cdot R_g \cdot T_{i-1}}} \cdot \sqrt{\frac{2 \cdot \kappa^2}{\kappa - 1}\left[\left(\frac{P_i}{P_{i-1}}\right)^{2/\kappa} - \left(\frac{P_i}{P_{i-1}}\right)^{(\kappa+1)/\kappa}\right]} \tag{4-30}$$

图 4 - 33 给出了转子涡动时,袋型阻尼密封控制容积轴向截面示意图。假设袋型阻尼密封转子沿 Y 轴以角速度 Ω 进行单向涡动,涡动位移为:

$$\delta(t) = a \cdot \sin(\Omega \cdot t) \tag{4-31}$$

涡动速度为:

$$\delta'(t) = a \cdot \Omega \cdot \cos(\Omega \cdot t) \tag{4-32}$$

式中 $\Omega = 2 \cdot \pi \cdot f$,$f$ 为涡动频率。

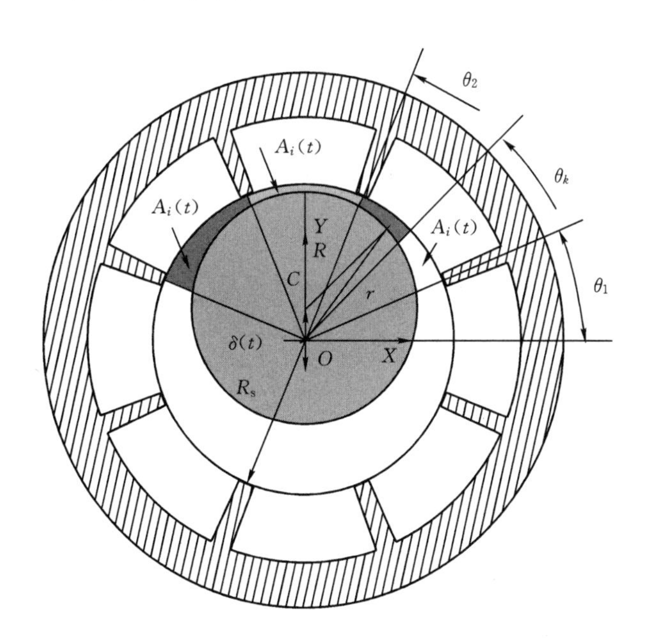

图 4 - 33　转子单向涡动时,袋型阻尼密封控制容积轴向截面示意图

Ertas(Ertas BH, 2005)建立的 Bulk Flow 模型忽略了周向挡板个数的影响,将所有的袋型阻尼密封结构均简化为 $NP=4$ 的结构,并且认为转子涡动时,各袋型腔室对应弧段的密封间隙是均匀变化的。为更准确地预测袋型

阻尼密封转子动力特性系数，本节的 Bulk Flow 模型考虑了袋型阻尼密封真实结构中 NP 大小及动态非均匀密封间隙的影响，引入了随腔室压力变化的流量系数 μ_1 和随腔室几何尺寸变化的动能输运系数 μ_2。如图 4－33 所示，袋型阻尼密封齿顶半径为 R_s，转子半径为 R，转子面上某点到坐标原点 O 距离为 r，其为角度 θ 的函数，转子轴心 C 的位移为 δ。转子涡动时，袋型腔室进出口的泄漏面积 $A_i(t)$ 随转子涡动位移 δ 的变化而变化，而且与袋型腔室的周向位置（由腔室周向方位角 θ_k 决定）有关，如公式（4－33）和（4－34）所示。

$$A_i(t) = A_{\text{seal}} - A_{\text{rotor}} \tag{4-33}$$

$$\theta_k = \frac{2\pi \cdot k}{NP}, \theta_1 = \theta_k - \frac{2\pi}{NP}, \theta_2 = \theta_k + \frac{2\pi}{NP} \tag{4-34}$$

式中：θ_k 为周向第 k 个袋型腔室的方位角（以 X 轴正方向对应的袋型腔室为起点，逆时针编号）；A_{seal} 为坐标原点与密封齿顶弧线在 θ_1—θ_2 间的扇形面积：

$$A_{\text{seal}} = \frac{\theta_2 - \theta_1}{2} \cdot R_s^2 \tag{4-35}$$

A_{rotor} 为坐标原点与转子面弧线在 θ_1—θ_2 间的扇形面积：

$$A_{\text{rotor}} = \frac{1}{2}\int_{\theta_1}^{\theta_2} r^2 \,\mathrm{d}\theta \tag{4-36}$$

转子面上某点到坐标原点的距离 r 为：

$$r = \sqrt{R^2 - \delta^2 \cdot \sin^2(\theta - \alpha)} + \delta \cdot \cos(\theta - \alpha) \tag{4-37}$$

式中 $\theta_1 < \theta < \theta_2$。

将公式（4－37）代入公式（4－36）可得：

$$\begin{aligned} A_{\text{rotor}} &= \frac{1}{2}\int_{\theta_1}^{\theta_2} \left[\sqrt{R^2 - \delta^2 \cdot \sin^2(\theta - \alpha)} + \delta \cdot \cos(\theta - \alpha)\right]^2 \mathrm{d}\theta \\ &= \frac{1}{4} \cdot \delta^2 \cdot [\sin(2\theta_2 - 2\alpha) - \sin(2\theta_1 - 2\alpha)] + \frac{1}{2} \cdot R^2 \cdot (\theta_2 - \theta_1) \\ &\quad + \delta \cdot R \cdot [\sin(\theta_2 - \alpha) - \sin(\theta_1 - \alpha)] - \frac{1}{2} \cdot \delta^2 \\ &\quad \cdot [\sin^2(\theta_2 - \alpha) - \sin^2(\theta_1 - \alpha)] \end{aligned} \tag{4-38}$$

式中 α 为转子涡动位移方向角，当转子沿 Y 轴单向涡动时，$\alpha = \frac{\pi}{2}$。

对于图 4－31 中的单个控制体，控制方程（公式（4－29））中只有一个未知变量 P_i，理论上是可以求解的。但对于多个密封齿（$n > 2$）的袋型阻尼密封，这是一组非线性偏微分方程组，直接求解比较困难。可采用摄动分析法对方程组线性化，将公式(4-29)中的各变量分成两部分：稳态值(均值)和摄动量(随时间变化)，引入摄动变量：

$$\dot{m}_i = \dot{m}_{0i} + \dot{m}_{1i};P_i = P_{0i} + P_{1i};A_i = A_{0i} + A_{1i};$$
$$V_i = V_{0i} + V_{1i};Cr_i = Cr_{0i} + Cr_{1i} \tag{4-39}$$

由泄漏量计算公式(4-30)可知：转子涡动时，通过第 i 个密封齿的泄漏量 $\dot{m}_i$ 由其上下游袋型腔室中随时间变化的腔室压力 $P_{i-1}(t)$、$P_i(t)$(进口密封齿和出口密封齿除外)和泄漏面积 $A_i(t)$(由涡动位移 $\delta(t)$ 决定)决定，如公式(4-40)所示：

$$m_i = f(P_{i-1}(t), P_i(t), \delta(t)) \tag{4-40}$$

将公式(4-40)进行 Taylaor 展开，可得轴向第 i 个密封腔室进出口密封齿间隙处的动态泄漏量：

$$m_i = m_{0i} + \left.\frac{\partial m_i}{\partial P_{i-1}}\right|_{P_{0i-1},P_{0i}} \cdot P_{1i-1} + \left.\frac{\partial m_i}{\partial P_i}\right|_{P_{0i-1},P_{0i}} \cdot P_{1i} + \left.\frac{\partial m_i}{\partial \delta}\right|_{\delta_{0i}} \cdot \delta_{1i} \tag{4-41}$$

$$m_{i+1} = m_{0i+1} + \left.\frac{\partial m_{i+1}}{\partial P_i}\right|_{P_{0i},P_{0i+1}} \cdot P_{1i} + \left.\frac{\partial m_{i+1}}{\partial P_{i+1}}\right|_{P_{0i},P_{0i+1}} \cdot P_{1i+1} + \left.\frac{\partial m_{i+1}}{\partial \delta}\right|_{\delta_{0i+1}} \cdot \delta_{1i+1} \tag{4-42}$$

将公式(4-41)和(4-42)代入公式(4-29)后，控制方程可重写为：

$$\begin{aligned}
&\frac{V_i}{\kappa \cdot R_g \cdot T_i} \cdot \frac{\partial P_i}{\partial t} + \frac{P_i}{R_g \cdot T_i} \cdot \frac{\partial V_i}{\partial t} \\
&= \left.\frac{\partial m_i}{\partial P_{i-1}}\right|_{P_{0i-1},P_{0i}} \cdot P_{1i-1} + \left(\left.\frac{\partial m_i}{\partial P_i}\right|_{P_{0i-1},P_{0i}} - \left.\frac{\partial m_{i+1}}{\partial P_i}\right|_{P_{0i},P_{0i+1}}\right) \cdot P_{1i} - \left.\frac{\partial m_{i+1}}{\partial P_{i+1}}\right|_{P_{0i},P_{0i+1}} \\
&\quad \cdot P_{1i+1} + \left(\left.\frac{\partial m_i}{\partial \delta}\right|_{\delta_{0i}} - \left.\frac{\partial m_{i+1}}{\partial \delta}\right|_{\delta_{0i+1}}\right) \cdot \delta_{1i}
\end{aligned} \tag{4-43}$$

应当注意在传统袋型阻尼密封中(见图 4-31(a))，由于有效腔室在轴向被无效腔室隔开，本章 Bulk Flow 模型假设无效腔室内的压力是恒定值，即摄动量为零。因此，对于传统袋型阻尼密封，控制体上游和下游腔室的动态压力摄动量 $P_{1i-1}=0$，$P_{1i+1}=0$，其控制方程(公式(4-43))可重写为：

$$\begin{aligned}
&\frac{V_i}{\kappa \cdot R_g \cdot T_i} \cdot \frac{\partial P_i}{\partial t} + \frac{P_i}{R_g \cdot T_i} \cdot \frac{\partial V_i}{\partial t} \\
&= \left(\left.\frac{\partial m_i}{\partial P_i}\right|_{P_{0i-1},P_{0i}} - \left.\frac{\partial m_{i+1}}{\partial P_i}\right|_{P_{0i},P_{0i+1}}\right) \cdot P_{1i} - \left(\left.\frac{\partial m_i}{\partial \delta}\right|_{\delta_{0i}} - \left.\frac{\partial m_{i+1}}{\partial \delta}\right|_{\delta_{0i+1}}\right) \cdot \delta_{1i}
\end{aligned} \tag{4-44}$$

公式(4-43)～(4-44)中的偏导数 $\frac{\partial m_i}{\partial P_i}$，$\frac{\partial m_{i+1}}{\partial P_i}$，$\frac{\partial m_{i+1}}{\partial P_{i+1}}$ 和 $\frac{\partial m_i}{\partial P_{i-1}}$ 可通过对泄

漏方程(4－30)求导获得，控制体体积对时间的偏导数$\frac{\partial V_i}{\partial t}=L_i\cdot\frac{\partial A_i}{\partial\delta}\cdot\frac{\partial\delta}{\partial t}$可通过对非稳态泄漏面积计算公式(4－33)求导获得。对于不同的泄漏模型(不同的泄漏基本模型、动能输运系数、流量系数)，偏导数$\frac{\partial m_i}{\partial P_i}$，$\frac{\partial m_{i+1}}{\partial P_i}$，$\frac{\partial m_{i+1}}{\partial P_{i+1}}$和$\frac{\partial m_i}{\partial P_{i-1}}$是不同的。本章附录1给出了采用不同泄漏模型时，公式(4－43)和(4－44)中偏导系数的计算公式。

将本章附录1中的偏导系数代入公式(4－43)可得一阶方程(公式(4－45))。由于传统型袋型阻尼密封和贯通挡板袋型阻尼密封的结构差异，对于两种结构的袋型阻尼密封，公式(4－45)具有不同的项。本章附录2给出了公式(4－45)中各系数G_i的定义。对于传统袋型阻尼密封，公式(4－45)中的P_{1i-1}和P_{1i+1}两项的系数$G_{2i}=0$，$G_{4i}=0$，其余各项系数与贯通挡板袋型阻尼密封相同。

$$G_{1i}\cdot\frac{\partial P_{1i}}{\partial t}+G_{2i}\cdot P_{1i-1}+G_{3i}\cdot P_{1i}+G_{4i}\cdot P_{1i+1}+$$
$$G_{5i}\cdot\frac{\partial\delta_{1i}}{\partial t}+G_{6i}\cdot\delta_{1i}+G_{7i}\cdot\delta_{1i+1}=0 \quad (4-45)$$

袋型阻尼密封有效腔室内的动态压力摄动量$P_{1i}(t)$是与转子振动信号相关联、均值为0的单频周期信号，因此可用周期信号的三角函数形式表示为：

$$P_{1i}=P_{ci}\cdot\cos(\Omega t)+P_{si}\cdot\sin(\Omega t) \quad (4-46)$$

$$\frac{\partial P_{1i}}{\partial t}=-\Omega\cdot P_{ci}\cdot\sin(\Omega t)+\Omega\cdot P_{si}\cdot\cos(\Omega t) \quad (4-47)$$

将涡动位移公式(4－32)、涡动速度公式(4－33)、以及压力摄动量公式(4－46)和(4－47)代入公式(4－45)，并按正弦函数项$\sin(\Omega t)$和余弦函数项$\cos(\Omega t)$进行归纳、分离后，每个袋型腔室具有两个线性方程。本章附录3给出了正弦函数项和余弦函数项的推导过程和定义。公式(4－48)给出了轴向第i个袋型腔室中动态压力的线性控制方程组：

$$[A_i^{-1}]\cdot(X_{i-1})+[A_i^0]\cdot(X_i)+[A_i^{+1}]\cdot(X_{i+1})=(B_i) \quad (4-48)$$

式中$(X_{i-1})=(P_{si-1},P_{ci-1})$，$(X_i)=(P_{si},P_{ci})$，$(X_{i+1})=(P_{si+1},P_{ci+1})$。

本章附录2给出了矩阵$\boldsymbol{A}_i$和列向量$\boldsymbol{B}_i$的定义。对于袋型阻尼密封的$NP\times NC$个袋型腔室(NC为袋型阻尼密封轴向腔室个数)，由于忽略了流体的周向流动，周向NP个袋型腔室中的动态压力是相互独立的，互不影响，因此可对其分别独立求解方程(4－48)。对于周向方位角为θ_k的NC个袋型腔室，方程(4-48)矩阵的维数为 $2NC\times 2NC$，密封进出口的压力摄动量为零。通过对线性方程组(公式(4-48))的 NP 次求解，最终获得 $NP\times NC$ 个袋型腔室内的压力摄动量(P_{si}，P_{ci})。

根据小位移涡动理论，对于气体密封，忽略质量力的作用，密封中的流体激振力与转子的涡动位移、涡动速度成线性关系，满足力-位移线性方程：

$$-\begin{Bmatrix} F_x \\ F_y \end{Bmatrix} = \begin{bmatrix} K_{xx} & K_{xy} \\ K_{yx} & K_{yy} \end{bmatrix} \begin{Bmatrix} X \\ Y \end{Bmatrix} + \begin{bmatrix} C_{xx} & C_{xy} \\ C_{yx} & C_{yy} \end{bmatrix} \begin{Bmatrix} \dot{X} \\ \dot{Y} \end{Bmatrix} \tag{4-49}$$

当转子沿 Y 轴做小位移单向涡动时，转子轴心的位移和速度为：

$$X = 0, Y = a\sin(\Omega t), \dot{X} = 0, \dot{Y} = a \cdot \Omega \cdot \cos(\Omega t) \tag{4-50}$$

将公式(4-50)代入公式(4-49)得：

$$-F_y = K_{yy} \cdot a \cdot \sin(\Omega t) + C_{yy} \cdot a \cdot \Omega\cos(\Omega t) \tag{4-51}$$

公式(4-51)可重写为：

$$-F_y = F_{yc}\cos(\Omega t) + F_{ys}\sin(\Omega t) \tag{4-52}$$

式中：

$$F_{yc} = C_{yy} \cdot a \cdot \Omega\ ;\ F_{ys} = K_{yy} \cdot a \tag{4-53}$$

沿周向对 NP 个腔室压力摄动量 P_{1i} 进行积分，可得轴向第 i 个密封腔室内的流体激振力：

$$\begin{aligned} -F_{yi} &= \sum_{k=1}^{NP} \int_{\theta_1}^{\theta_2} P_{1i}(k) \cdot L_i \cdot R \cdot \sin\theta \cdot d\theta \\ &= \sum_{k=1}^{NP} 2 \cdot P_{1i}(k) \cdot R \cdot L_i \cdot \sin\theta_k \cdot \sin\left(\frac{\pi}{N}\right) \end{aligned} \tag{4-54}$$

将公式(4-46)代入公式(4-54)，并归纳正弦和余弦项可得：

$$\begin{aligned} -F_{yi} = & \sum_{k=1}^{NP} 2 \cdot P_{ci}(k) \cdot R \cdot L_i \cdot \sin\theta_k \cdot \sin\left(\frac{\pi}{N}\right) \cdot \cos(\Omega t) + \\ & \sum_{k=1}^{NP} 2 \cdot P_{si}(k) \cdot R \cdot L_i \cdot \sin\theta_k \cdot \sin\left(\frac{\pi}{N}\right) \cdot \sin(\Omega t) \end{aligned} \tag{4-55}$$

比较公式(4-52)和公式(4-55)可得：

$$\begin{aligned} F_{yci} &= \sum_{k=1}^{NP} 2 \cdot P_{ci}(k) \cdot R \cdot L_i \cdot \sin\theta_k \cdot \sin\left(\frac{\pi}{N}\right) = C_{yyi} \cdot a \cdot \Omega \\ F_{ysi} &= \sum_{k=1}^{NP} 2 \cdot P_{si}(k) \cdot R \cdot L_i \cdot \sin\theta_k \cdot \sin\left(\frac{\pi}{N}\right) = K_{yyi} \cdot a \end{aligned} \tag{4-56}$$

根据公式(4-56)，可得轴向第 i 个密封腔室的直接阻尼系数和直接刚度系数为：

$$C_{yyi} = \frac{\sum_{k=1}^{NP} P_{ci}(k) \cdot A_{pi} \cdot \sin\theta_k}{a \cdot \Omega}; K_{yyi} = \frac{\sum_{k=1}^{NP} P_{si}(k) \cdot A_{pi} \cdot \sin\theta_k}{a} \quad (4-57)$$

式中 $A_{pi} = 2 \cdot L_i \cdot R \cdot \sin\left(\frac{\pi}{N}\right)$。

由于密封中的流体激振力与转子的涡动位移、涡动速度满足线性关系，因此单个腔室的转子动力特性系数（C_{yyi}，K_{yyi}）与整个密封的转子动力特性系数（C_{yy}，K_{yy}）满足线性组合的关系。密封的转子动力特性系数为：

$$C_{yy} = \sum_{i=1}^{NC} C_{yyi}, K_{yy} = \sum_{i=1}^{NC} K_{yyi} \quad (4-58)$$

为验证所发展的袋型阻尼密封 Bulk Flow 模型和数值算法的可靠性及对不同袋型阻尼密封结构的普遍适用性，选取了 4 种典型的袋型阻尼密封结构做为验证算例，计算了它们的直接刚度系数和直接阻尼系数，并与试验结果和 Ertas（Ertas，2005）的 Bulk Flow 模型预测结果进行了比较。图 4-34 给出了 4 种袋型阻尼密封的结构示意图。表 4-7 给出了四个算例对应的袋型阻尼密封的几何参数及边界条件。

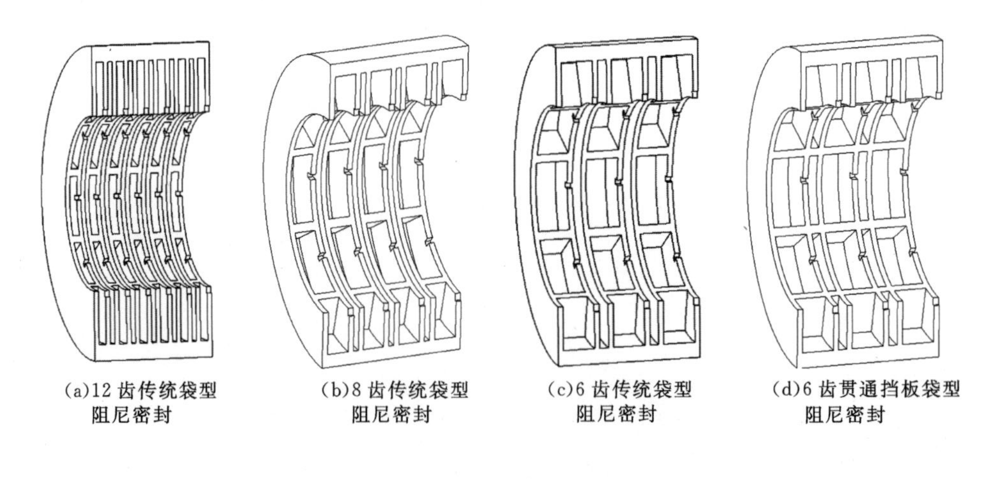

(a)12 齿传统袋型阻尼密封　(b)8 齿传统袋型阻尼密封　(c)6 齿传统袋型阻尼密封　(d)6 齿贯通挡板袋型阻尼密封

图 4-34　4 种典型袋型阻尼密封的结构示意图

图 4-35 给出了 4 种袋型阻尼密封的直接刚度系数 K 和直接阻尼系数 C 随涡动频率的变化曲线。如图所示：本节所发展的 Bulk Flow 模型具有比 Ertas 的 Bulk Flow 模型更高的预测精度，能较好地预测不同类型的袋型阻尼密封的转子动力特性系数。

为研究泄漏模型对本节所发展的Bulk Flow模型和相关数值算法的预测结果的影响，采用所发展的Bulk Flow模型，引入8种泄漏模型(4.4.2节中表4-3中的MOD1～MOD8)计算了3种袋型阻尼密封的泄漏量和转子动力特性系数，并与试验值进行了比较。

表4-7　4个算例对应的袋型阻尼密封的几何参数及边界条件(Ertas BH, 2005)

参数	符号/单位	12齿袋型阻尼密封	8齿袋型阻尼密封	6齿袋型阻尼密封
转子半径	R_s/mm	57.275	57.275	57.275
腔室进口密封间隙	C_r/mm	0.13	0.13	0.13
腔室进出口密封比	CR/mm	2.0	1.5	2.0
腔室深度	H/mm	35.56	25.4	14.22
周向挡板个数	NP/—	8	8	8
密封齿个数	NC/—	12	8	6
密封齿厚度	Bt/mm	3.18	3.18	3.18
有效腔室轴向长度	L/mm	5.29	12.7	18.85
二次腔室轴向长度	L/mm	3.18	3.18	5.08
进口压力	P_{in}/kPa	6895	6895	6895
进口温度	T_{in}/℃	14	14	14
出口压力	P_{out}/kPa	1379	3585.4	4274.9
转速	n/r·min^{-1}	10200	10200	10200

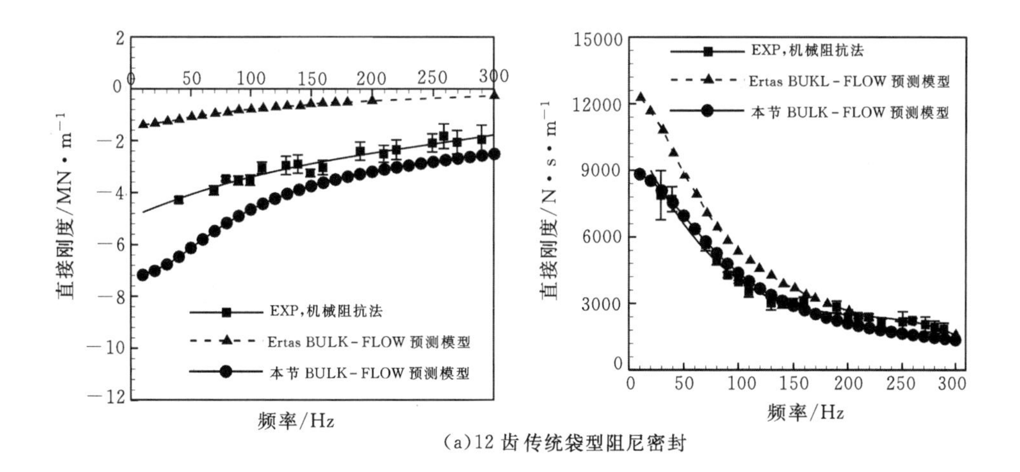

(a)12齿传统袋型阻尼密封

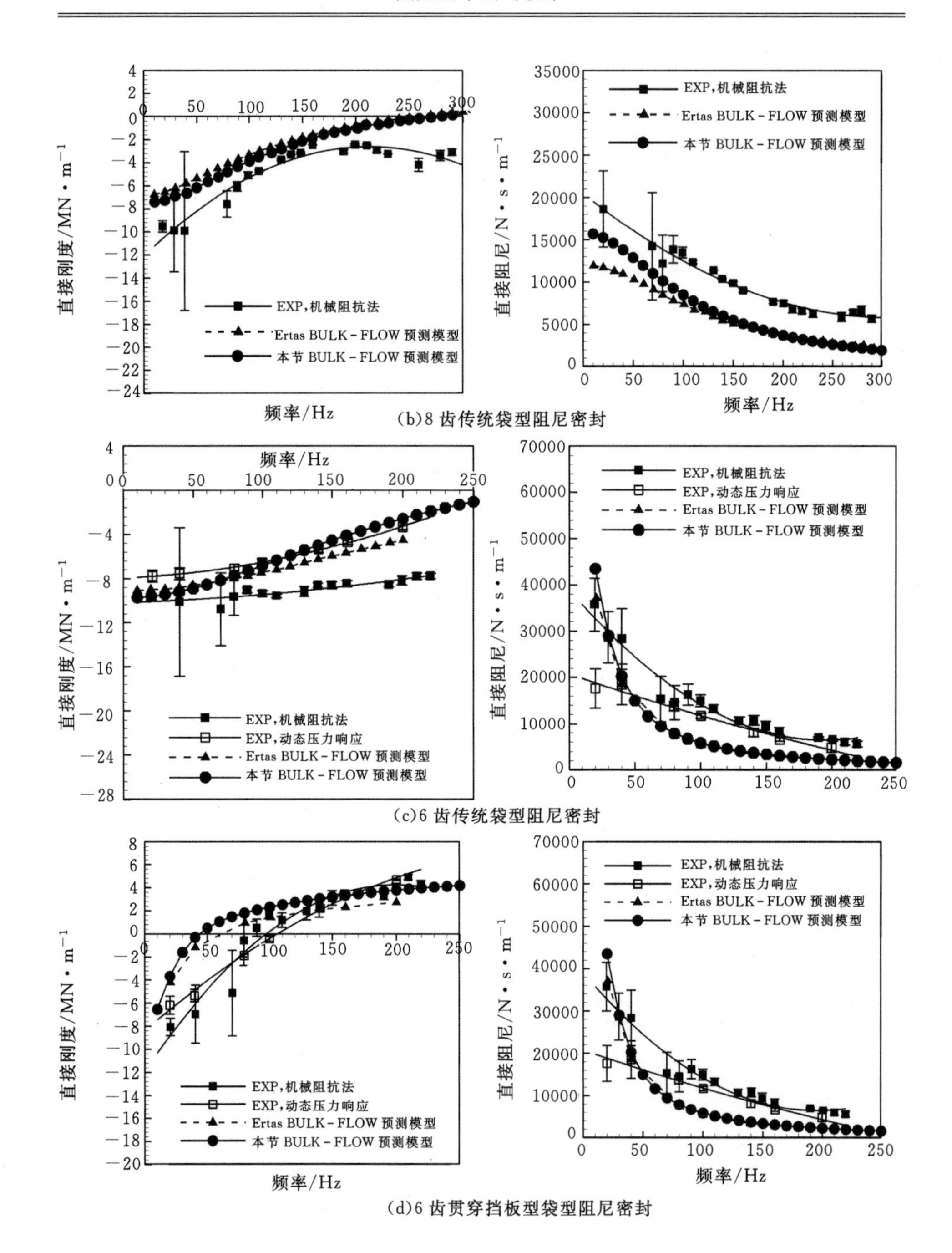

图 4-35 袋型阻尼密封直接刚度 K 和直接阻尼 C 随涡动频率 f 的变化关系

图4-36给出了不同泄漏模型时，直接刚度系数K和直接阻尼系数C随涡动频率f的变化。如图所示：采用不同的泄漏模型时，发展的理想气体单

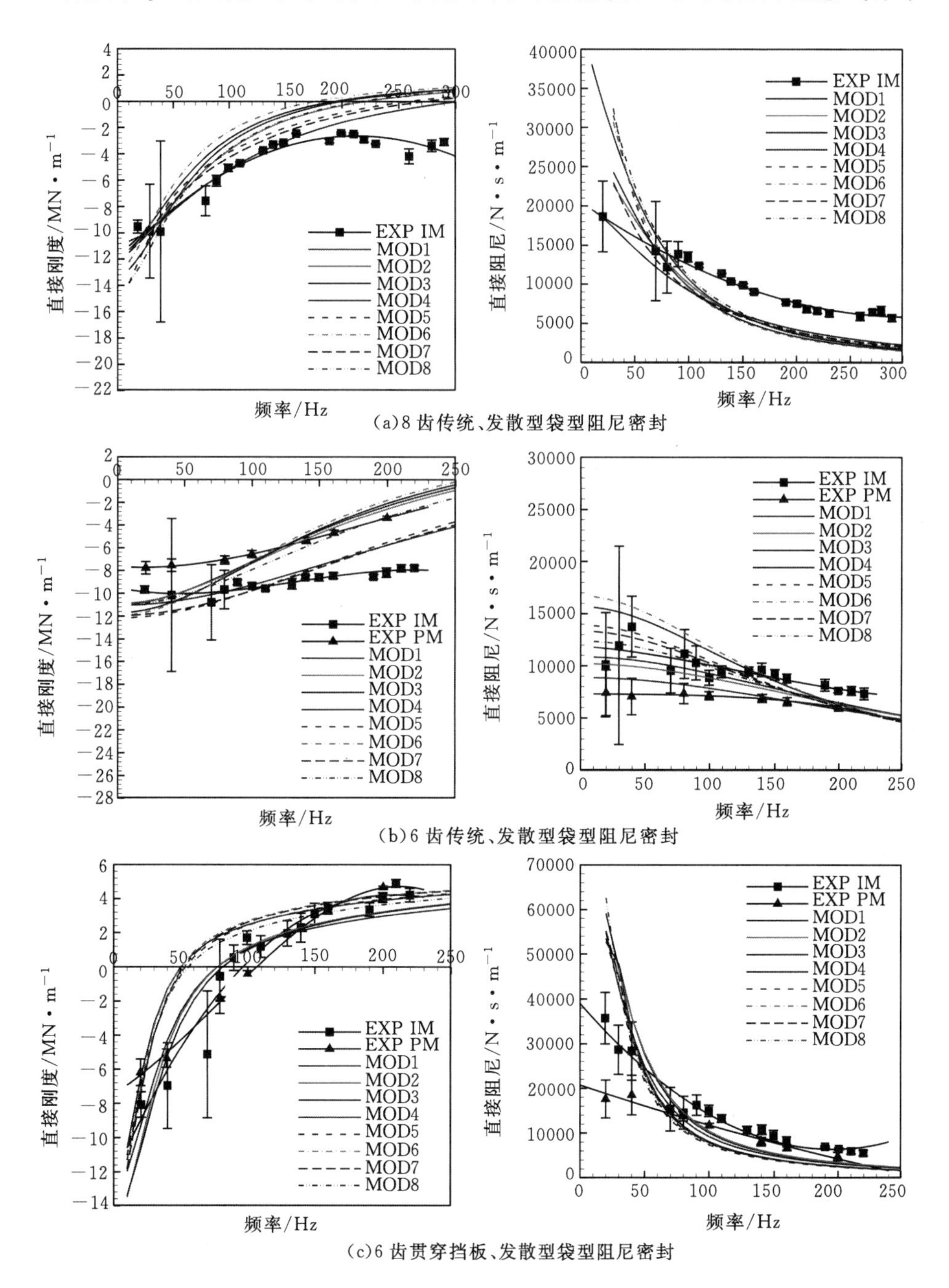

图4-36　采用不同泄漏模型得出的直接刚度系数K和直接阻尼系数C随涡动频率f的变化曲线

控制体等温 Bulk Flow 模型及相关数值算法计算得到的直接刚度系数 K 和直接阻尼系数 C 随涡动频率 f 的变化规律相同，但数值相差很大。通过分析图 4-36，可得出结论：采用 MOD1 泄漏模型时，即采用 St. Venant 基本模型，配合 Hodkinson 动能输运系数和 Chaplygin 流量系数时，所发展的 Bulk Flow 模型及相关数值算法对袋型阻尼密封的泄漏流量、直接刚度系数和直接阻尼系数的预测精度最高，且对不同的密封结构和边界条件具有较好的适应性。

4.5.4 袋型阻尼密封转子动力特性的 CFD 数值预测

随着 CFD 技术的发展，三维 CFD 技术逐渐应用于旋转密封的非定常泄漏流动和转子动力特性的研究。相比于试验测量和 Bulk Flow 模型预测方法，基于 CFD 的数值预测方法可提供更为详细的密封内定常和非定常流场细节，特别是与转子涡动轨迹耦合的密封内周向速度、泄漏量、腔室动态压力和气流激振力等参数，能够进一步提高旋转密封转子动力特性系数的预测精度，便于深刻理解和掌握旋转密封非定常泄漏流动和气流激振作用下的转子动力特性变化规律，以及旋转阻尼密封的阻尼机理。目前针对旋转密封转子动力特性的数值研究主要存在两种 CFD 数值预测方法：①基于坐标变换技术的三维稳态“3D Steady-state”CFD 预测方法，②基于动网格技术的三维非定常“3D Transient-state”CFD 预测方法。

国内外许多研究工作者采用“3D Steady-state”CFD 预测方法针对迷宫密封的转子动力特性开展了数值研究（晏鑫，2009；Moore JJ，2003；Pugachev A，2012）。如图 4-37 所示，“3D Steady-state”CFD 预测方法假设转子偏心涡动轨迹为圆形，在静止坐标系中，转子绕转子中心自旋的同时，还绕静子中心沿圆形轨迹涡动，由于计算区域的变化，需采用瞬态分析方法求解密封内部流场；而在旋转坐标系中（附在转子轴心上），转子在偏心位置绕转子中心做自旋运动，同时静子绕静子中心做自旋运动（与转子涡动方向相反），由于计算区域不变，可采用稳态分析方法求解密封内部流场。三维稳态 CFD 数值方法利用了迷宫密封几何结构的轴对称性（静子面是一个回转面）和转子动力特性系数频率无关性等特征，通过坐标变化的方法将迷宫密封内静止坐标系中的非定常泄漏流动转化为旋转坐标系中的稳态流动，进行转子偏心下的稳态流场求解。三维稳态 CFD 数值方法仅适用于迷宫密封，而不能用于阻尼密封转子动力特性的求解。这是因为蜂窝/孔型密封、袋型阻尼密封等阻尼密封结构的粗糙静子面具有孔槽结构，不是周向回转面，同时阻尼密封的转子动力特性系数具有很强的频率相关性。

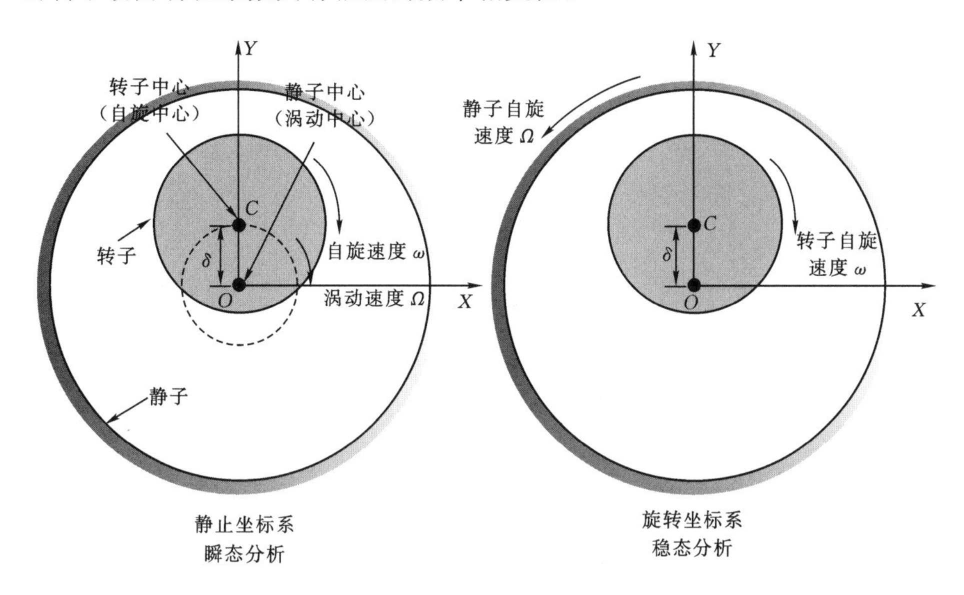

图 4-37　旋转密封转子动力特性的“3D Steady-state”CFD 预测模型

基于动网格技术的三维非定常“3D Transient-state”CFD 预测方法(见图 4-38)已被应用于求解蜂窝密封和孔型密封等阻尼密封的内部三维瞬态流场、非定常气流激振力和频率相关的转子动力特性系数。Chochua 提出了基于转子一维单频涡动模型非定常 CFD 数值预测方法,计算了孔型密封的转子动力特性。西安交通大学叶轮机械教研室的李军教授研究团队(晏鑫,2010; YAN, 2011; YAN, 2012)提出了基于圆涡动模型和椭圆涡动模型的单频非定常 CFD 数值预测方法,并与试验结果进行了比较,结果表明二维涡动模型(圆涡动、椭圆涡动)具有比一维涡动模型更高的预测精度。单频非定常 CFD 数值方法基于动网格技术,求解转子单频偏心涡动时旋转阻尼密封内非定常泄漏流动。试验结果表明阻尼密封的转子动力特性系数具有很强的频率相关性,研究其随频率的变化规律对掌握阻尼密封转子动力特性具有重要作用,因此需求解宽频域下的密封转子动力特性系数。对于单频涡动模型而言,无论转子的涡动轨迹为单向或圆形,转子涡动频率均只有一个,即单频涡动,一次非定常 CFD 求解只能获得一个频率下的密封转子动力特性系数。因此,对于转子动力特性系数是频率相关的旋转阻尼密封(蜂窝密封,孔型密封和袋型阻尼密封)而言,为获得宽频域下的转子动力特性系数,需进行多次非定常求解,计算量巨大,不能满足目前科学研究和工程应用的需要。

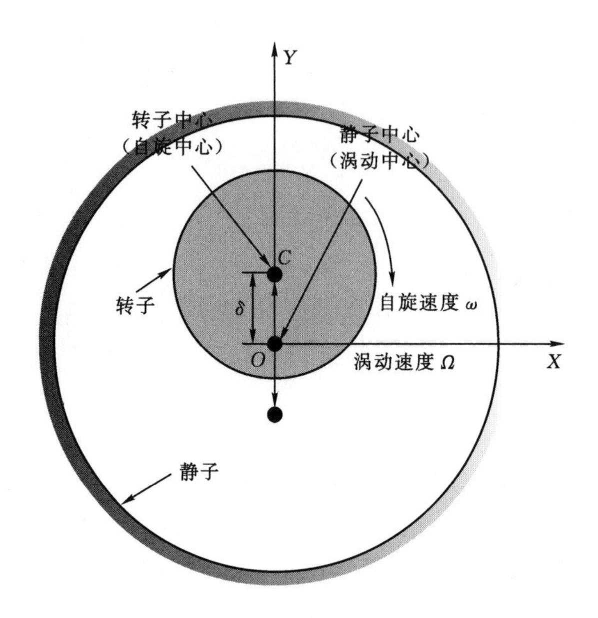

图 4-38 旋转密封转子动力特性的"3D Transient-state"CFD 预测模型(单向涡动)

针对旋转密封转子动力特性的"3D Steady-state"CFD 和单频"3D Transient-state"CFD 数值预测模型中存在的一些缺陷和不足,为快速、准确地预测转子涡动时,旋转密封内的非定常流场细节、流体激振力和频率相关的转子动力特性系数,(李志刚, 2012a; 李志刚, 2012b; 李志刚, 2012b; LI, 2013; LI, 2012; LI, 2014a; LI, 2014b)提出了一种基于转子多频涡动模型(多频直线涡动模型,多频圆涡动模型和多频椭圆涡动模型)的"3D Transient-state"CFD 数值预测方法,并研究了进口预旋、转速、压比、周向挡板类型、周向挡板数和腔室深度对袋型阻尼密封转子动力特性的影响。基于多频涡动模型的非定常 CFD 数值方法具有预测精度高、计算速度快的优点。

4.6 基于转子多频涡动模型的非定常 CFD 数值方法

工程实际和试验研究均表明:转子涡动时,其涡动位移信号并不是简单的只包含一个频率的单频周期性信号,而是包含有多个频率的多频周期性信号。转子多频涡动模型的主要思想是这一多频的周期性位移信号加载到密封转子上,作为转子的涡动位移,那么在转子多频涡动位移的驱动下,密封内的流体将会产生多频周期性气流激振力信号。图 4-39 给出了多频涡动模型的求解思路和求解过程中需解决的新问题。如图所示，多频涡动模型的求解思路是：首先给定转子一个多频的涡动位移信号，然后将这一多频涡动位移信号加载到三维 CFD 计算中，从而驱动三维非定常 CFD 求解，进而获得多频的流体激振力信号，最终通过分析多频的位移信号和流体激振力信号提取出各频率下的转子动力特性系数。基于多频涡动模型，通过一次非定常 CFD 计算便可获得多个频率下的转子动力特性系数，这将显著地减小旋转密封转子动力特性系数预测的计算量，加快计算速度。

如图 4-39 所示，由于多频涡动模型不同于以往的三种数值预测模型，要实现其求解过程，需要解决三个新的问题：

(1)首先是如何给定转子的多频涡动位移，需要用数学表达式定义出转子的多频涡动位移信号，即多频涡动位移的数学模型问题。

(2)第二个问题是如何将这一多频涡动位移加载到 CFD 计算中，驱动非定常 CFD 计算的进行，即涡动位移与 CFD 计算的接口问题，可归于非定常 CFD 数值方法的问题。

(3)第三个问题是如何从位移信号和流体激振力信号中分离出各频率下的转子动力特性系数，即转子动力特性系数的提取方法问题。

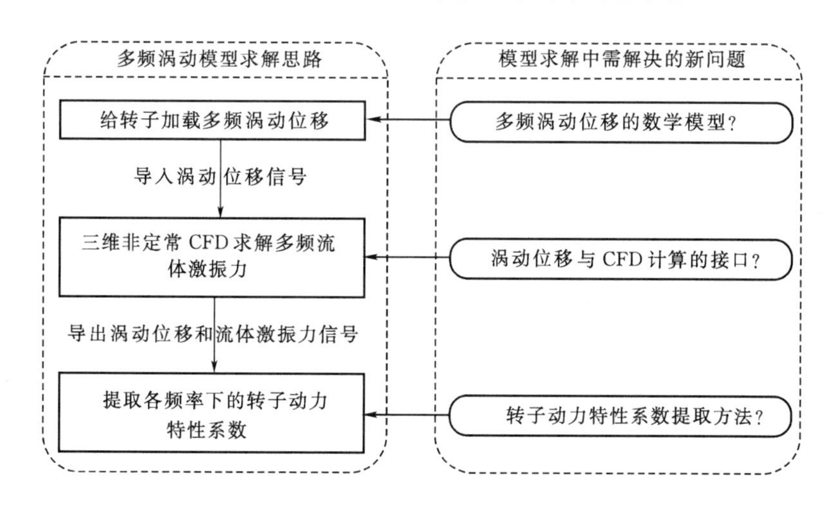

图 4-39　多频涡动模型的求解思路和需解决的新问题

本节首先将从以上三个问题出发，分三个方面（转子多频涡动位移信号的数学模型；基于动网格技术的三维非定常 CFD 数值方法；转子动力特性系数频域提取方法）介绍基于转子多频涡动模型的密封转子动力特性非定常

CFD 数值预测方法；然后选取目前工程常用的三种旋转密封（迷宫密封；袋型阻尼密封；孔型密封）对涡动模型和数值方法进行验证；最后将分析运行工况（压比、转速、进口预旋）和几何参数（周向挡板类型、周向挡板数、腔室深度）对袋型阻尼密封转子动力特性的影响。

4.6.1　转子多频涡动位移信号的数学模型

根据傅里叶级数理论，任何周期性信号均可展开为若干简谐信号的叠加。设 $x(t)$ 为任意的周期性信号，其数学表达式为：

$$x(t) = A_0 + \sum_{i=1}^{\infty} A_i \cdot \sin(i \cdot \Omega_0 t + \varphi_i) \tag{4-59}$$

式中：A_0 为静态分量；$\Omega_0 = 2\pi f_0$ 为基频，$i\Omega_0$ 是第 i 次谐波频率（$i=1,2,3,\cdots$）；A_i 为第 i 次谐波的幅值；φ_i 为第 i 次谐波的相位。

为简化公式（4-59），对转子的多频涡动位移信号做如下合理的假设：

（1）转子以坐标原点为中心做多频周期性涡动，即位移静态分量 $A_0=0$。

（2）各频率下，转子在初始时刻均位于坐标原点，即初始时刻位移为 0，各频率下的初相位 $\varphi_i=0$。

（3）转子多频涡动位移包含的涡动频率个数是有限的，即 $i_{max}=N$，N 为有限值。

（4）各频率下，涡动位移的幅值相同，即 $A_1=A_2=\cdots=A_N=A$。

基于以上 4 条假设对公式（4-59）简化后可得：

$$x(t) = \sum_{i=1}^{N} A \cdot \sin(i \cdot \Omega_0 t) \tag{4-60}$$

公式（4-60）可作为转子在某个方向的多频涡动位移信号的数学表达式。

目前在刚性转子振动分析中存在两种分析模型：单自由度弹簧-质量模型（single-degree-of-freedom spring-mass model）和双自由度弹簧-质量模型（two-degree-of-freedom spring-mass model）（Vance，2010）。由于转子涡动时，其涡动轨迹的形状是多样的，所以双自由度弹簧-质量模型更接近于转子的实际涡动情况。本章提出的多频涡动模型选取了双自由度弹簧-质量模型来描述转子在各个频率下的涡动轨迹，在两个相互垂直的方向 X 和 Y，均加载涡动位移信号。转子在 $X-Y$ 平面内的涡动轨迹取决于 X 和 Y 两个方向涡动位移信号的幅值和相位关系。如果转子涡动位移信号只包含一个频率，那么转子的涡动轨迹有三种:圆轨迹(见图 4-40(a)),椭圆轨迹(见图 4-40(b))和直线轨迹(见图 4-40(c))。假设各个频率下的转子涡动位移信号是相同的,可采用相同的涡动轨迹模型描述各个频率下的转子涡动位移。对图 4-40 中的三种转子单频涡动轨迹进行变换便可得到适用于多频涡动模型的各个频率下的涡动位移数学模型。获得了单个频率下涡动位移的数学表达式后,利用公式(4-60)通过线性叠加便可获得多频涡动模型的数学表达式。

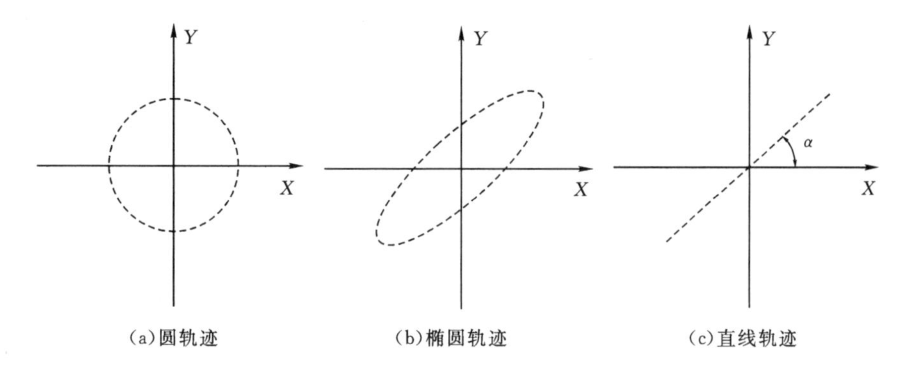

图 4-40　转子单频涡动时的三种单频涡动轨迹示意图

1. 转子多频圆涡动模型

图 4-40(a)所示的转子圆涡动轨迹可分为两种情况:转子涡动方向与自旋方向相同,称之为正向涡动;转子涡动方向与自旋方向相反,称之为逆向涡动。分别给出两种情况下涡动位移的数学表达式,便可得转子单频涡动时的圆涡动模型。如图 4-41 所示。转子单频涡动时,圆涡动模型的数学表达式为:

正向涡动

$$X = r \cdot \cos(\Omega \cdot t), Y = r \cdot \sin(\Omega \cdot t) \tag{4-61}$$

逆向涡动

$$X = r \cdot \cos(\Omega \cdot t), Y = -r \cdot \sin(\Omega \cdot t) \tag{4-62}$$

式中,r 为圆轨迹的半径;$\Omega = 2\pi f$ 为涡动角速度;f 为涡动频率。

通过对公式(4-61)和(4-62)线性叠加,可得转子多频涡动下的多频涡动位移的圆涡动模型数学表达式:

正向涡动

$$X = r \cdot \sum_{i=1}^{N} \cos(i \cdot \Omega_0 t), Y = r \cdot \sum_{i=1}^{N} \sin(i \cdot \Omega_0 t) \tag{4-63}$$

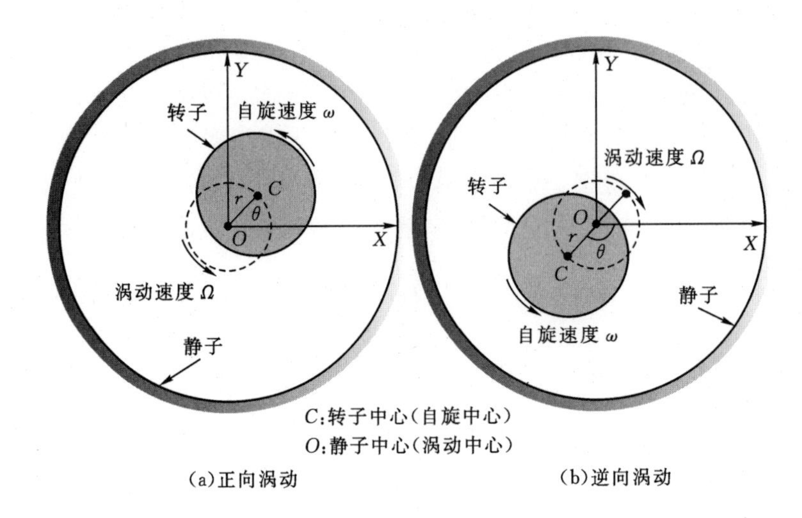

(a)正向涡动 (b)逆向涡动

图 4-41 转子单频涡动时的圆涡动模型

逆向涡动

$$X = r \cdot \sum_{i=1}^{N} \cos(i \cdot \Omega_0 t), Y = -r \cdot \sum_{i=1}^{N} \sin(i \cdot \Omega_0 t) \qquad (4-64)$$

式中,N 为多频涡动位移信号包含的频率个数,$\Omega_0 = 2\pi f_0$ 为基频。

2. 转子多频椭圆涡动模型

将图 4-40(b)中椭圆轨迹的长轴和短轴分别移到 X 或 Y 方向。长轴位于 X 方向时,称之为 x 方向激励;长轴位于 Y 方向时,称之为 y 方向激励。由此,可得转子单频涡动时的椭圆涡动模型(见图 4-42)。如图 4-42 所示,分别给出转子单频涡动时的 X 方向激励和 Y 方向激励的椭圆涡动模型的数学表达式,然后对其线性叠加便可获得转子多频涡动时的多频涡动位移的椭圆涡动模型数学表达式:

X 方向激励

$$X = a \cdot \sum_{i=1}^{N} \cos(i \cdot \Omega_0 t), Y = b \cdot \sum_{i=1}^{N} \sin(i \cdot \Omega_0 t) \qquad (4-65)$$

Y 方向激励

$$X = b \cdot \sum_{i=1}^{N} \cos(i \cdot \Omega_0 t), Y = a \cdot \sum_{i=1}^{N} \sin(i \cdot \Omega_0 t) \qquad (4-66)$$

式中,a 和 b 分别为椭圆轨迹的长轴和短轴的值。

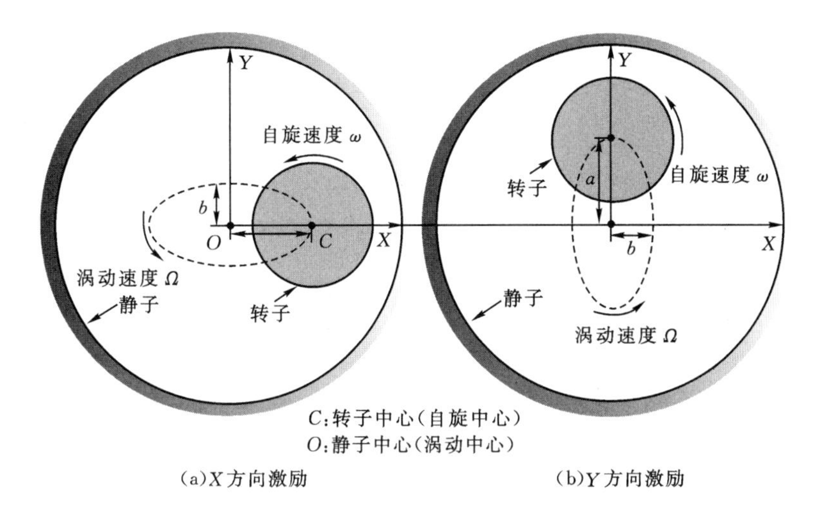

图 4-42 转子单频涡动时的椭圆涡动模型

3. 转子多频单向涡动模型

将图 4-40(c)中直线轨迹的方向移到 X 或 Y 方向。直接轨迹沿 X 方向时,称之为 X 方向激励;直线轨迹沿 Y 方向时,称之为 Y 方向激励。由此,可得转子单频涡动时,单向涡动模型(见图 4-43)。如图 4-43 所示,分别给出转子单频涡动时,X 方向激励和 Y 方向激励的单向涡动模型的数学表达式,然后对其线性叠加获得转子多频涡动时的多频涡动位移的单向涡动模型数学表达式:

X 方向激励

$$X = \delta \cdot \sum_{i=1}^{N} \sin(i \cdot \Omega_0 t), Y = 0 \tag{4-67}$$

Y 方向激励

$$X = 0, Y = \delta \cdot \sum_{i=1}^{N} \sin(i \cdot \Omega_0 t) \tag{4-68}$$

式中,δ 为直线轨迹偏离坐标原点的幅值。

对于多频圆涡动模型(公式(4-63)和(4-64)):转子的多频涡动位移由 r、N 和 Ω_0 三个参数决定;对于多频椭圆涡动模型(公式(4-65)和(4-66)):转子的多频涡动位移由 a、b、N 和 Ω_0 四个参数决定;对于多频单向涡动模型(公式(4-67)和(4-68)):转子的多频涡动位移由 δ、N 和 Ω_0 三个参数决定。应用这三个数学模型时,应根据旋转密封的涡动频率范围,先选择合适的基

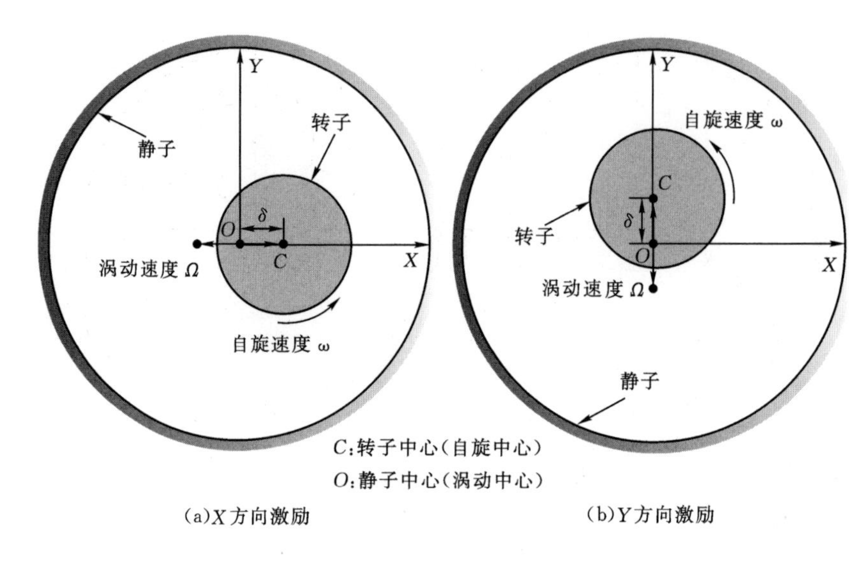

(a)X方向激励　　(b)Y方向激励

图 4-43　转子单频涡动时的单向涡动模型

频 Ω_0 和频率个数 N,然后根据小位移涡动理论(Childs, 1993)(涡动位移小于10%的密封间隙),选择合适的涡动幅值 r、a、b 和 δ,使转子轴心多频涡动位移的峰值 $|X_{max},Y_{max}|<0.1\cdot S$,$S$ 为旋转密封的径向间隙。

在转子的实际涡动过程中,应具有两个垂直方向的位移,而“单向涡动模型”只给出了转子在一个方向的运动,虽然这样可简化求解过程,但与实际物理现象不符。由于交叉刚度的存在,相比于圆涡动模型,转子在稳定状态下的单频涡动轨迹更接近椭圆(Vance, 2010)。因此,本节在验证多频涡动模型有效性时,采用了多频椭圆涡动模型作为多频涡动位移的数学模型,并对三种多频涡动位移数学模型的预测结果进行了比较。

4.6.2 基于动网格技术的非定常CFD数值方法

为了将多频涡动位移加载到非定常CFD数值计算中,本节采用了商用CFD软件ANSYS CFX中的动网格技术,通过添加用户自定义函数(UDF)的方法实现对转子多频涡动位移的控制。

图4-44给出了非定常CFD数值计算的流程图。如图所示,首先需要利用三维造型软件获得旋转密封的360°整周全三维的计算模型。在旋转密封泄漏特性的CFD预测中,计算模型往往采用轴对称的周期性模型,但在旋转密封转子动力特性的CFD预测中,为获得转子面上的周向不平衡力,计算模

型必须是360°全三维的。不同于迷宫密封转子动力特性“3D steady-state”CFD预测模型采用的转子偏心的360°三维计算模型，多频涡动模型中旋转密封的计算模型是密封转子与静子同心的360°整周全三维结构。

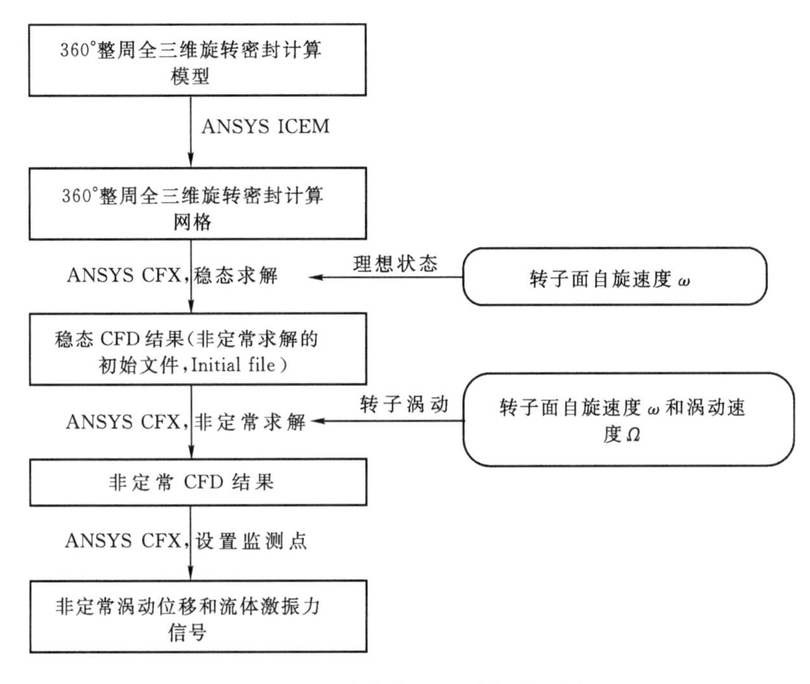

图4-44　非定常CFD求解流程图

如图4-44所示，在对旋转密封进行非定常CFD计算前，先要对其进行稳态CFD求解，从而获得非定常计算的初始条件。稳态CFD计算中，假设转子做理想状态下的同轴旋转运动。如图4-45所示，在理想状态下，密封转子和静子同轴，密封的转子绕静子中心O，以自旋速度ω做同轴的旋转运动。在理想状态下密封内流场是严格轴对称的，转子面不会受到不平衡力作用($F_x=0,F_y=0$)。因此，在稳态CFD计算中，只需给转子面加载一个旋转速度ω即可。通过稳态CFD计算获得非定常计算的初始条件后，便可进行非定常的CFD计算。非定常CFD计算中，对转子除给定其自旋速度ω外，还需加载X方向和Y方向的多频涡动速度Ω作为非定常的激励信号。转子在X方向和Y方向的多频涡动位移由多频涡动位移的数学模型(公式(4-63)～(4-68))给出，通过用户自定义函数加载到ANSYS CFX中，利用ANSYS CFX中的动网格技术和非定常数值方法求解获得非定常的CFD结果，并设置监测点从中提取出非定常的转子涡动位移信号和转子表面的流体激振力信号。

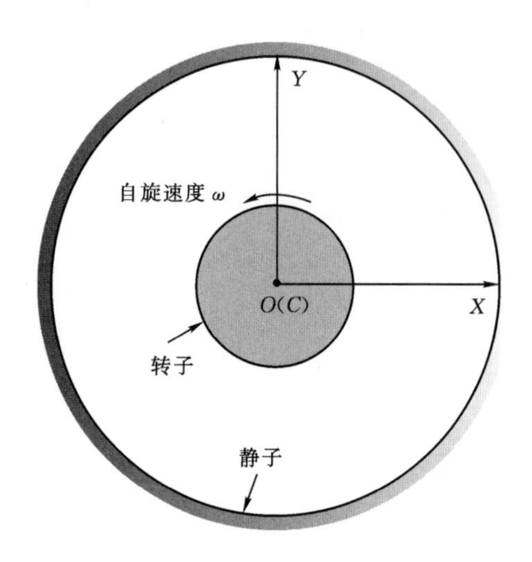

图 4-45 理想状态下转子的同轴旋转运动

4.6.3 转子动力特性系数频域提取方法

根据转子小位移涡动理论(Childs, 1993),当转子轴心绕静子中心做小位移涡动时,密封中的流体激振力(F_x,F_y)与转子的涡动位移(X,Y)、涡动速度($\dot{X}$,$\dot{Y}$)成线性关系,并满足关系式:

$$-\begin{bmatrix} F_x \\ F_y \end{bmatrix} = \begin{bmatrix} K_{xx} & K_{xy} \\ K_{yx} & K_{yy} \end{bmatrix} \cdot \begin{bmatrix} X \\ Y \end{bmatrix} + \begin{bmatrix} C_{xx} & C_{xy} \\ C_{yx} & C_{yy} \end{bmatrix} \cdot \begin{bmatrix} \dot{X} \\ \dot{Y} \end{bmatrix} \tag{4-69}$$

以多频椭圆涡动模型为例,推导多频涡动模型中转子动力特性系数的提取方法。对于多频涡动模型而言,转子的涡动位移(X,Y)和涡动速度($\dot{X}$,$\dot{Y}$)在时域内是多频周期性信号。受转子多频涡动激励产生的密封流体激振力(F_x,F_y)也是一个时域内的多频周期信号,且包含与涡动位移、涡动速度相同的频率。为获得各频率下的转子动力特性系数,需将位移、速度和激振力等时域信号转化为频域信号,在频域内求解方程(4-69)。对公式(4-69)中的涡动位移(X,Y)、涡动速度($\dot{X}$,$\dot{Y}$)和激振力(F_x,F_y)进行快速傅里叶变换(FFT)可得频率内的激振力与位移的关系式:

$$-F_x = (K_{xx} + \mathrm{j}\Omega C_{xx}) \cdot \boldsymbol{D}_x + (K_{xy} + \mathrm{j}\Omega C_{xy}) \cdot \boldsymbol{D}_y \tag{4-70}$$

$$-F_y = (K_{yy} + \mathrm{j}\Omega C_{yy}) \cdot \boldsymbol{D}_y + (K_{yx} + \mathrm{j}\Omega C_{yx}) \cdot \boldsymbol{D}_x \tag{4-71}$$

式中 $\mathrm{j}=\sqrt{-1}$,$\boldsymbol{D}_x$ 和 $\boldsymbol{D}_y$ 为转子在 X 和 Y 两个方向涡动位移的频域信号。

(F_x, F_y)和(D_x, D_y)均为复数。公式(4-70)和(4-71)中的(D_x, D_y)为已知量，由公式(4-65)和(4-66)决定。通过三维非定常 CFD 计算可获得转子面受到的流体激振力(F_x, F_y)的多频时域信号，然后对其进行 FFT 可得各频率激振力信号的频域复数形式。公式(4-70)和(4-71)两个方程包含了四个未知数：$K_{xx}+\mathrm{j}\Omega C_{xx}$，$K_{xy}+\mathrm{j}\Omega C_{xy}$，$K_{yy}+\mathrm{j}\Omega C_{yy}$，$K_{yx}+\mathrm{j}\Omega C_{yx}$。为求解这四个未知数，需分别对 X 方向激励和 Y 方向激励(见图 4-42)产生的转子涡动进行独立的三维非定常 CFD 求解，从而获得足够的方程：

X 方向激励，激振力与涡动位移方程

$$-F_{xx} = (K_{xx}+\mathrm{j}\Omega C_{xx})\cdot \boldsymbol{D}_{xx} + (K_{xy}+\mathrm{j}\Omega C_{xy})\cdot \boldsymbol{D}_{xy} \tag{4-72}$$

$$-F_{xy} = (K_{yy}+\mathrm{j}\Omega C_{yy})\cdot \boldsymbol{D}_{xy} + (K_{yx}+\mathrm{j}\Omega C_{yx})\cdot \boldsymbol{D}_{xx} \tag{4-73}$$

Y 方向激励，激振力与涡动位移方程

$$-F_{yy} = (K_{yy}+\mathrm{j}\Omega C_{yy})\cdot \boldsymbol{D}_{yy} + (K_{yx}+\mathrm{j}\Omega C_{yx})\cdot \boldsymbol{D}_{yx} \tag{4-74}$$

$$-F_{yx} = (K_{xx}+\mathrm{j}\Omega C_{xx})\cdot \boldsymbol{D}_{yx} + (K_{xy}+\mathrm{j}\Omega C_{xy})\cdot \boldsymbol{D}_{yy} \tag{4-75}$$

其中，F_{ij} 和 D_{ij} 的第一个下标 i 表示激励的方向，第二个下标 j 表示流体激振力或转子涡动位移的方向。(K_{ij}, C_{ij})的第一个下标 i 表示流体激振力的方向，第二个下标 j 表示转子涡动位移的方向。公式(4-72)～(4-75)中每个未知量 $K_{ij}+\mathrm{j}\Omega C_{ij}$ 均包含实部(决定密封刚度系数)和虚部(决定密封阻尼系数)，其可定义为密封阻抗系数 H_{ij}：

X 方向的直接和交叉阻抗系数

$$H_{xx} = K_{xx} + \mathrm{j}(\Omega C_{xx}) \tag{4-76}$$

$$H_{xy} = K_{xy} + \mathrm{j}(\Omega C_{xy}) \tag{4-77}$$

Y 方向的直接和交叉阻抗系数

$$H_{yy} = K_{yy} + \mathrm{j}(\Omega C_{yy}) \tag{4-78}$$

$$H_{yx} = K_{yx} + \mathrm{j}(\Omega C_{yx}) \tag{4-79}$$

将公式(4-76)～(4-79)代入到公式(4-72)～(4-75)可得密封激振力与涡动位移方程：

$$-\begin{bmatrix} F_{xx} & F_{yx} \\ F_{xy} & F_{yy} \end{bmatrix} = \begin{bmatrix} \boldsymbol{H}_{xx} & \boldsymbol{H}_{xy} \\ \boldsymbol{H}_{yx} & \boldsymbol{H}_{yy} \end{bmatrix} \cdot \begin{bmatrix} \boldsymbol{D}_{xx} & \boldsymbol{D}_{yx} \\ \boldsymbol{D}_{xy} & \boldsymbol{D}_{yy} \end{bmatrix} \tag{4-80}$$

求解公式(4-80)可得密封的直接和交叉阻抗系数 H_{ij}：

X 方向的直接阻抗系数

$$\boldsymbol{H}_{xx} = \frac{(-F_{xx})\cdot \boldsymbol{D}_{yy} - (-F_{yx})\cdot \boldsymbol{D}_{xy}}{\boldsymbol{D}_{xx}\cdot \boldsymbol{D}_{yy} - \boldsymbol{D}_{yx}\cdot \boldsymbol{D}_{xy}} \tag{4-81}$$

X 方向的交叉阻抗系数

$$\boldsymbol{H}_{xy}=\frac{(-F_{xx})\cdot \boldsymbol{D}_{yx}-(-F_{yx})\cdot \boldsymbol{D}_{xx}}{\boldsymbol{D}_{xy}\cdot \boldsymbol{D}_{yx}-\boldsymbol{D}_{yy}\cdot \boldsymbol{D}_{xx}} \tag{4-82}$$

Y 方向的直接阻抗系数

$$\boldsymbol{H}_{yy}=\frac{(-F_{yy})\cdot \boldsymbol{D}_{xx}-(-F_{xy})\cdot \boldsymbol{D}_{yx}}{\boldsymbol{D}_{yy}\cdot \boldsymbol{D}_{xx}-\boldsymbol{D}_{yx}\cdot \boldsymbol{D}_{xy}} \tag{4-83}$$

Y 方向的交叉阻抗系数

$$\boldsymbol{H}_{yx}=\frac{(-F_{yy})\cdot \boldsymbol{D}_{xy}-(-F_{xy})\cdot \boldsymbol{D}_{yy}}{\boldsymbol{D}_{xy}\cdot \boldsymbol{D}_{yx}-\boldsymbol{D}_{yy}\cdot \boldsymbol{D}_{xx}} \tag{4-84}$$

求解得到密封的阻抗系数 H_{ij} 后，便可通过公式(4－76)～(4－79)获得密封的八个转子动力特性系数：

X 方向的直接刚度和直接阻尼系数

$$\begin{cases}K_{xx}=\mathrm{Re}(H_{xx})\\C_{xx}=\mathrm{Im}(H_{xx})/\Omega\end{cases} \tag{4-85}$$

X 方向的交叉刚度和交叉阻尼系数

$$\begin{cases}K_{xy}=\mathrm{Re}(H_{xy})\\C_{xy}=\mathrm{Im}(H_{xy})/\Omega\end{cases} \tag{4-86}$$

Y 方向的直接刚度和直接阻尼系数

$$\begin{cases}K_{yy}=\mathrm{Re}(H_{yy})\\C_{yy}=\mathrm{Im}(H_{yy})/\Omega\end{cases} \tag{4-87}$$

Y 方向的交叉刚度和交叉阻尼系数

$$\begin{cases}K_{yx}=\mathrm{Re}(H_{yx})\\C_{yx}=\mathrm{Im}(H_{yx})/\Omega\end{cases} \tag{4-88}$$

4.6.4　涡动模型和数值方法验证

为验证所提出的多频涡动模型和非定常 CFD 数值方法的准确性和适用性，本节选取了三种典型的旋转密封结构：迷宫密封、袋型阻尼密封和孔型密封。采用多频涡动模型计算了这三种旋转密封在不同转速和进口预旋工况下的转子动力特性系数，并与试验结果进行了比较。为与文献(Ertas, 2004)中的试验结果进行比较，引入了变量：平均直接刚度 K_{avg}、平均直接阻尼 C_{avg}、有效阻尼 C_{eff}。其数学定义式为：

$$K_{\mathrm{avg}}=(K_{xx}+K_{yy})/2 \tag{4-89}$$

$$C_{\mathrm{avg}}=(C_{xx}+C_{yy})/2 \tag{4-90}$$

$$C_{\mathrm{eff}} = C_{xx} - K_{xy}/\Omega \tag{4-91}$$

1. 迷宫密封

迷宫密封的研究对象是GE公司旋转机械振动实验室的迷宫密封试验件(Ertas, 2011),迷宫密封试验件的几何尺寸和试验工况列于表4-8。CFD计算中的边界条件和试验结果来自文献(Ertas, 2011)。图4-46给出了迷宫密封试验件的几何结构图、三维计算模型图和三维计算网格图。计算模型和计算网格均是360°转子同心的全三维结构。

表4-8　迷宫密封试验件的几何尺寸和试验工况(Ertas, 2011)

项目	数值	项目	数值
进口总压/bar	6.9	转子直径/mm	170.6
出口压力/bar	1.0	密封间隙/mm	0.3
工质温度/℃	14	密封齿数/个	14
转子转速/r·min^{-1}	7000	腔室深度/mm	4.01
进口预旋/m·s^{-1}	0,60	密封齿厚度/mm	0.3
密封长度/mm	65	腔室长度/mm	5

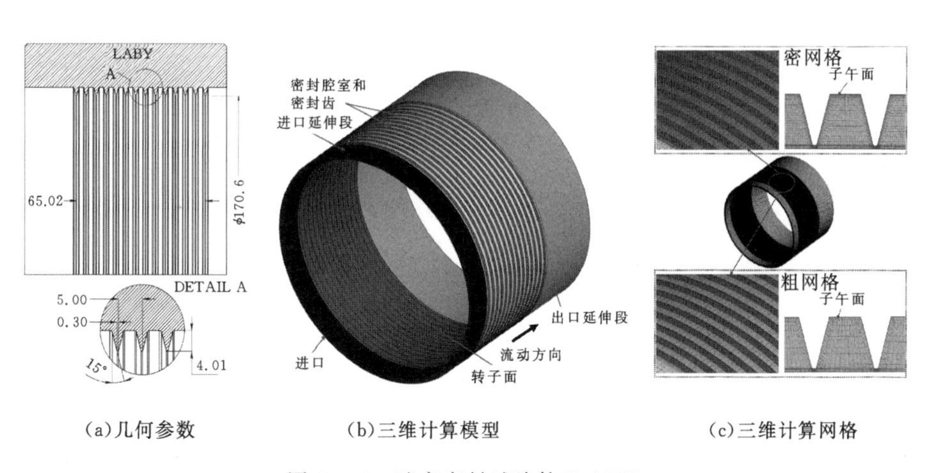

(a)几何参数　(b)三维计算模型　(c)三维计算网格

图4-46　迷宫密封试验件(LABY)

表4-9列出了迷宫密封转子动力特性系数计算中采用的多频涡动模型的参数。采用多频椭圆涡动模型作为涡动位移的数学模型。由于文献(Ertas, 2011)中的试验测量的频率范围为20～250 Hz,所以本节计算中选取基频 $f_0=20$ Hz,频率个数 $N=13$。为使计算结果满足小位移涡动理论,单频下的涡动幅值取为 $a=0.01S$,$b=0.005S$。计算时间步长为0.0001 s。

表 4-9 迷宫密封采用的多频涡动模型与参数

名称	方法与参数
多频涡动位移的数学模型	多频椭圆涡动模型
涡动频率/Hz	$f_0=20,N=13(20,40,60,\cdots,140,260)$
涡动位移幅值(单个频率下)/mm	$a=0.01S,b=0.005S,S=0.3$
计算时间步长/s	0.0001

图 4-47 给出了采用表 4-9 中的多频涡动模型时，X 方向激励产生的转子涡动位移信号的时域和频域图。如图所示，在一些频率点，X 和 Y 方向的涡动位移信号在频域内的幅值稍偏离了公式(4-65)的设定值(图 4-47 左中的虚线所示)，这是由 CFX 的动网格技术求解网格变形的位移扩散方程(mesh deformation)时和 FFT 变化时产生的数值误差引起的。因此，在转子动力特性系数的求解中，涡动位移信号不能直接通过公式(4-63)～(4-68)计算获得，而应通过在非定常的 CFD 中设置监测点，获得 CFD 计算中实际的位移信号。

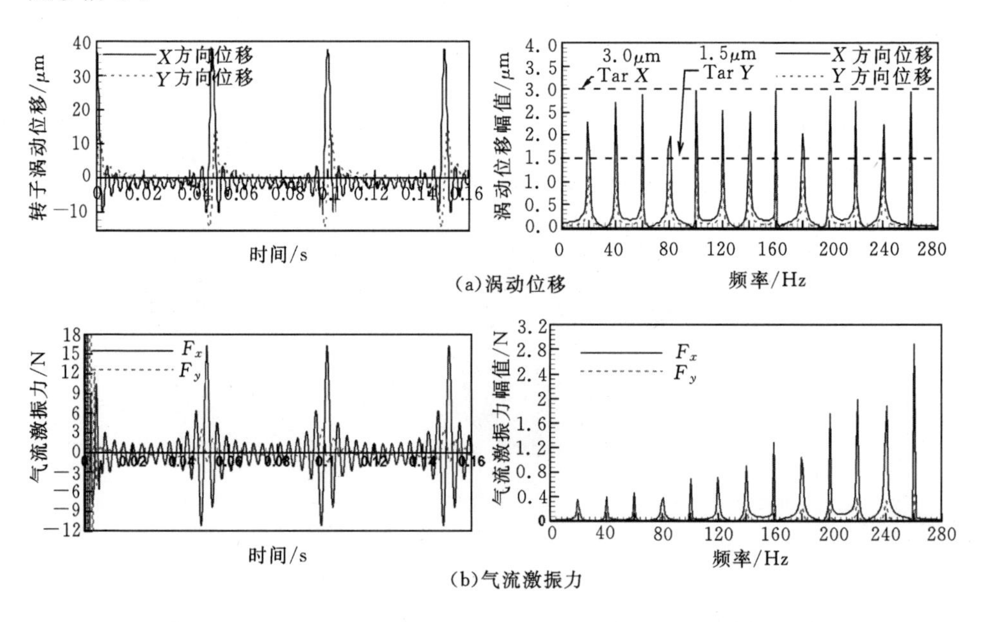

图 4-47 迷宫密封转子涡动位移和转子面上流体激振力信号的时域和频域图(X 方向激励)

图 4-48 给出了转速为 7000 r/min 时，不同进口预旋条件下，迷宫密封转子动力特性系数随涡动频率的变化曲线。图中 NPS 表示进口预旋速度为 0，即无进口预旋(None-Preswirl)；PS 表示进口预旋速度为 60 m/s。从图中

可以看出：两种进口预旋条件下，直接刚度和直接阻尼预测结果偏小，交叉刚度和有效阻尼预测结果与试验值符合的很好，CFD预测结果和试验结果总体上均吻合良好，所发展的多频涡动模型和非定常CFD数值方法能够准确、有效地预测迷宫密封在的转子动力特性系数。

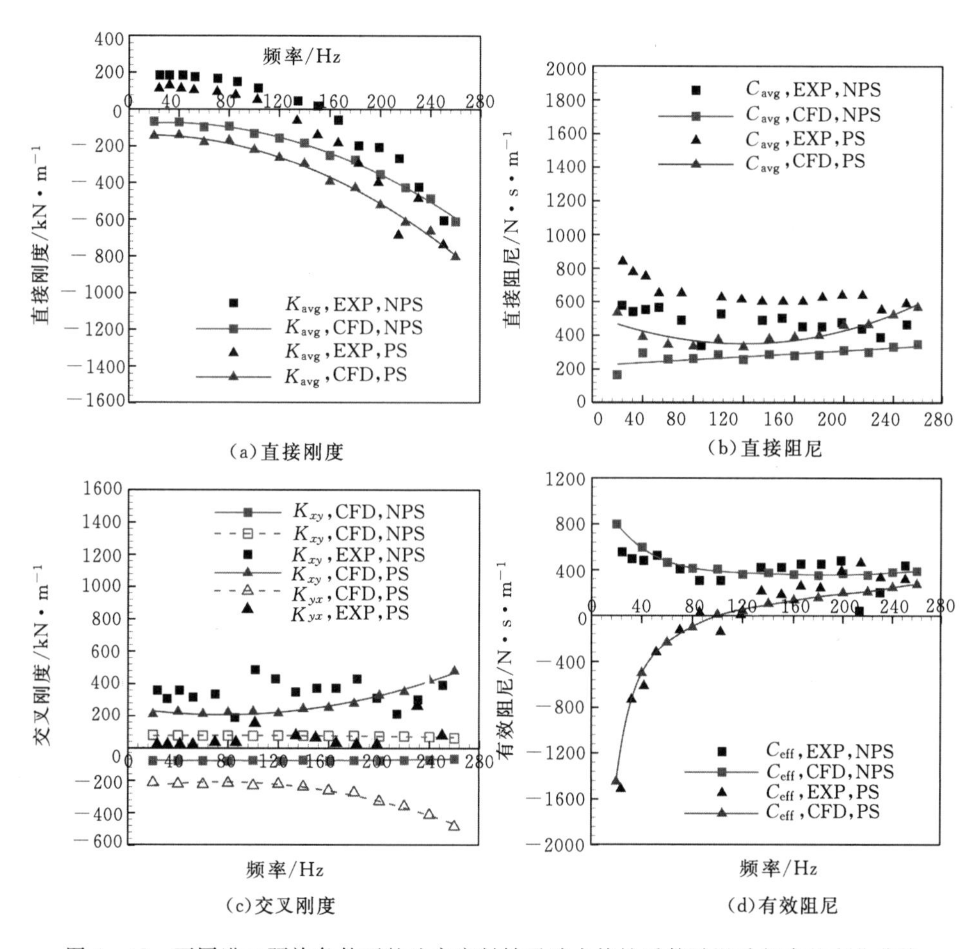

图4-48　不同进口预旋条件下的迷宫密封转子动力特性系数随涡动频率的变化曲线

2. 袋型阻尼密封

袋型阻尼密封的研究对象选取了GE公司旋转机械振动实验室的袋型阻尼密封试验件(Ertas, 2011)，表4-10列出了袋型阻尼密封试验件的几何尺寸和试验工况。采用文献(Ertas, 2011)中的边界条件和试验结果，对多频涡动模型在预测袋型阻尼密封转子动力特性方面的准确性和有效性进行了考核。

表 4-10 袋型阻尼密封几何尺寸和试验工况(Ertas, 2011)

项目	数值	项目	数值
进口总压/bar	6.9	密封间隙/mm	0.3
出口压力/bar	1.0	周向挡板数/个	8
工质温度/℃	14	密封齿数/个	8
转子转速/$r \cdot min^{-1}$	7000,15000	腔室深度/mm	3.175
进口预旋速度/$m \cdot s^{-1}$	0,60	密封齿厚度/mm	3.175
密封长度/mm	102	周向挡板厚度/mm	3.175
转子直径/mm	170.6	腔室长度/mm	13.97/6.35

图 4-49 给出了袋型阻尼密封试验件的几何结构、三维计算模型和三维计算网格。如图 4-49(a)所示，该密封试验件是一个贯通挡板袋型阻尼密封，沿流动方向具有 7 个有效的袋型腔室。如图 4-49(b)所示，袋型阻尼密封的计算模型为 360°整圈三维结构，密封转子和静子同轴。

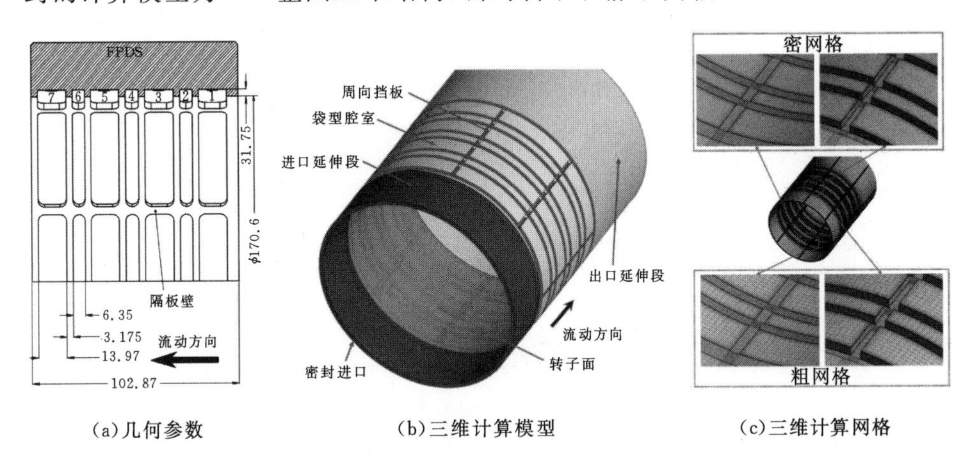

(a)几何参数 (b)三维计算模型 (c)三维计算网格

图 4-49 袋型阻尼密封试验件(FPDS)

图 4-50 给出了不同进口预旋条件下，袋型阻尼密封转子动力特性系数随涡动频率的变化曲线。从图中可以看出，两种进口预旋条件下：与试验结果相比，CFD 计算得到的直接刚度系数均偏大，直接阻尼系数略偏小，交叉刚度系数与试验值吻合很好，有效阻尼系数偏小；CFD 预测结果和试验结果随涡动频率具有相同的变化趋势；所提出的多频涡动模型和非定常 CFD 数值方法能够准确、有效地预测袋型阻尼密封在不同进口预旋条件下的转子动力特性系数。

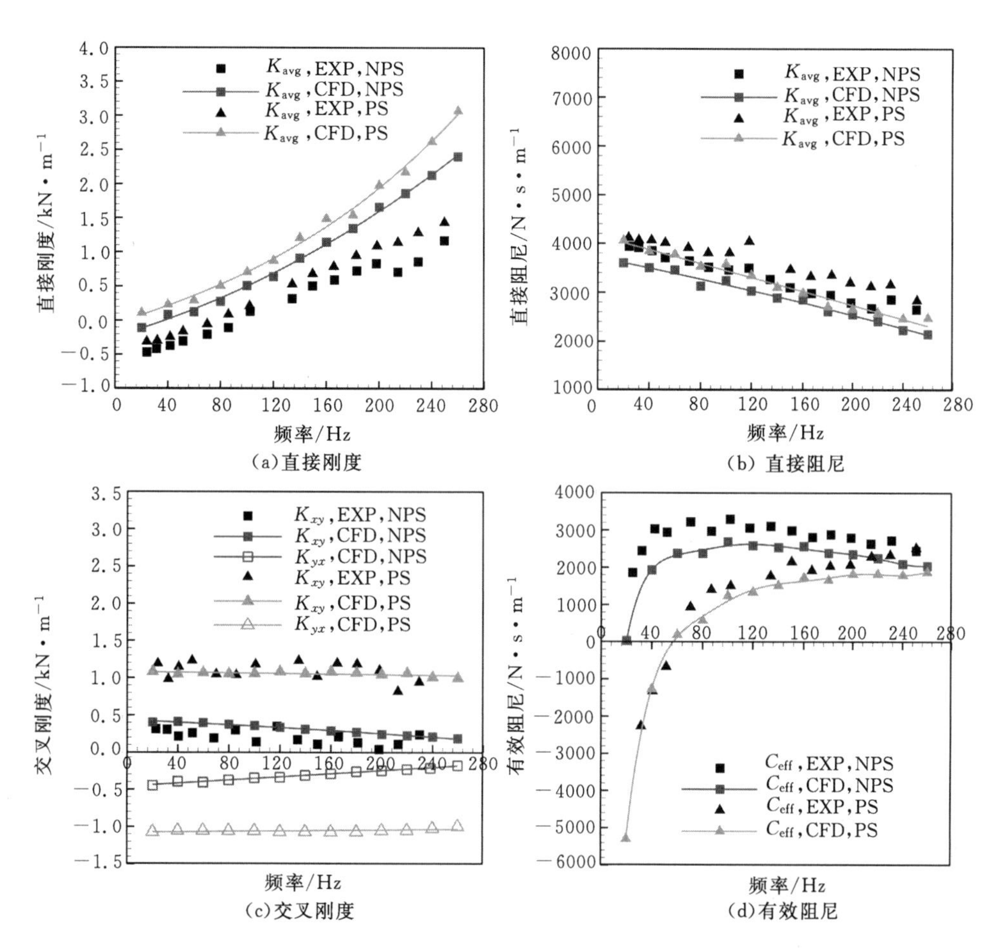

(a)直接刚度 (b) 直接阻尼

(c)交叉刚度 (d)有效阻尼

图4-50 不同进口预旋条件下,袋型阻尼密封转子动力特性系数随涡动频率的变化曲线

3. 孔型密封

孔型密封的研究对象选取了 Texas A&M 大学叶轮机械实验室的孔型密封试验件(Childs, 2004),表4-11给出了孔型密封试验件的几何尺寸和试验工况(Childs, 2004)。采用多频涡动模型及相关数值方法计算了孔型密封试验件的转子动力特性系数,并与 Childs(2004)的试验结果、ISOT 预测结果(等温 Bulk Flow 模型)、Chochua(2007)的"单频单向涡动模型"预测结果和 Yan(2011)的"单频圆涡动模型"预测结果进行了比较。

图4-51给出了孔型密封试验件的几何结构、三维计算模型和三维计算网格图。计算模型和计算网格均为360°整周全三维结构,几何造型和网格划分时需表示出2668个孔结构。对孔型密封的计算网格采用多块结构化网

格，对每个孔内生成了O型网格，壁面区域采用加密的网格。

表4-11 孔型密封试验件几何尺寸和试验工况(Childs, 2004)

项目	数值	项目	数值
进口总压/bar	70	转子直径/mm	114.74
出口压力/bar	31.5	密封间隙/mm	0.2
工质温度/℃	17.4	孔直径/mm	3.18
转子转速/r·min^{-1}	20200	孔深度/mm	3.302
进口预旋比	0,0.3,0.598	孔数目/个	2668
密封长度/mm	85.7	孔面积比	69%

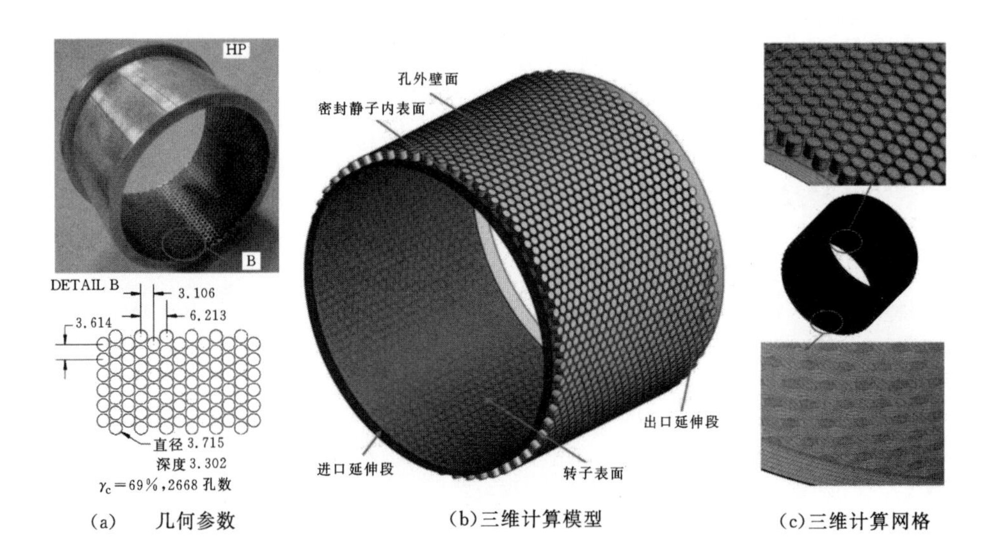

(a) 几何参数 (b)三维计算模型 (c)三维计算网格

图4-51 孔型密封试验件(HPS)

图4-52给出了孔型密封转子动力特性系数随涡动频率的变化曲线。从图中可以看出：

(1)从预测精度方面看：与Childs(Childs DW, Wade J, 2004)的ISOT Bulk Flow模型计算值和Chochua(2007)的“单频单向涡动模型”的CFD计算值相比，本章的多频涡动模型的CFD预测结果更接近于试验值，与Yan(2011)的“单频圆涡动模型”的CFD预测结果具有相同的预测精度，与试验值吻合良好。

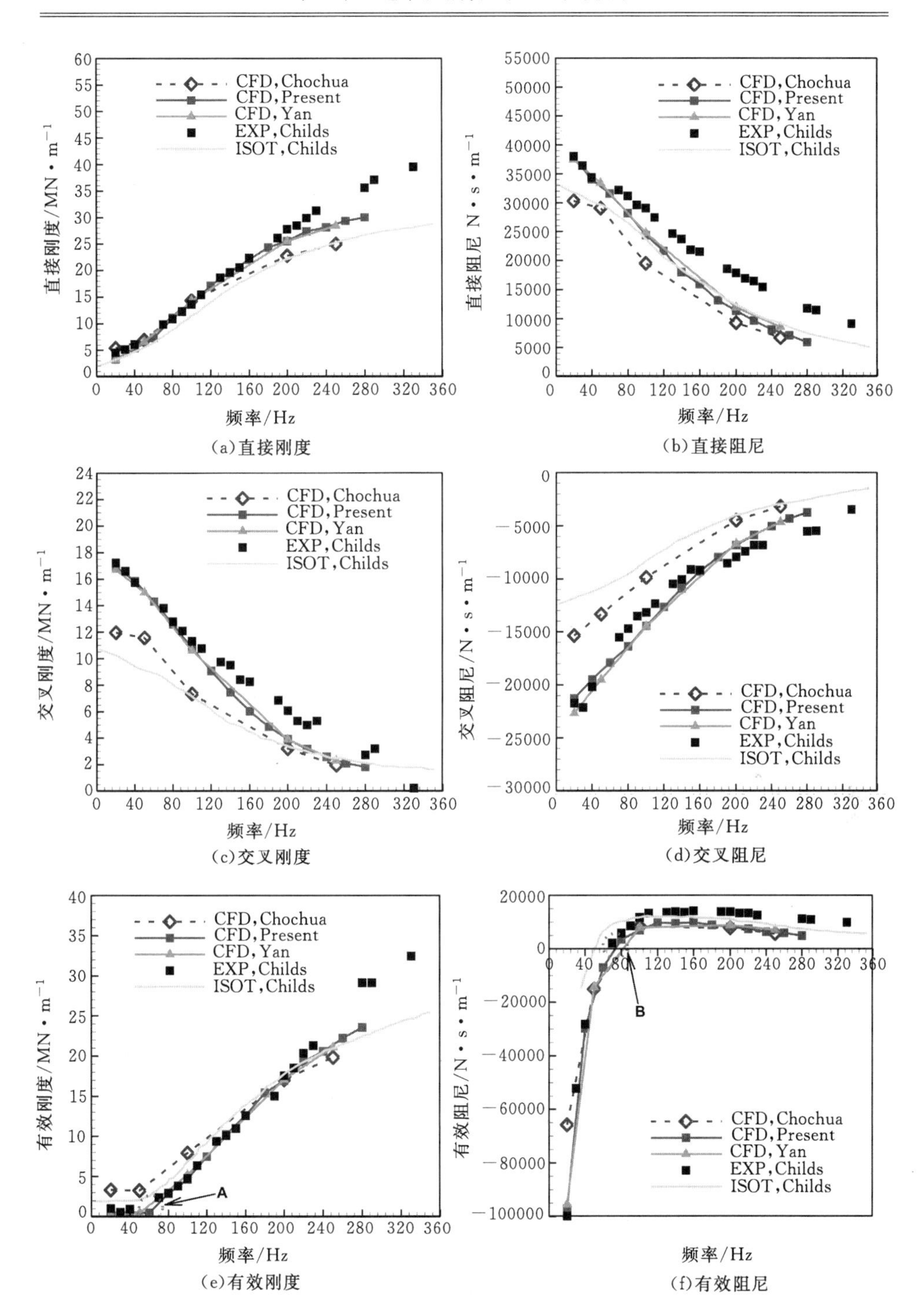

图4-52 孔型密封转子动力特性系数随涡动频率的变化曲线

(2)从计算时间上看:Childs(2004)的 ISOT Bulk Flow 模型的计算量最小、计算时间最短,每个涡动频率所需的计算时间仅为几分钟,但 Bulk Flow 模型的预测精确度有限,不能提供密封内的详细流场;Yan(2011)的"单频圆涡动模型"计算单个涡动频率下的孔型密封的转子动力特性系数所需的时间为 360 个小时左右;采用与 Yan 相同的计算资源(酷睿 II 4 核 Q6600、主频 2.4GHz、内存 16GB 的计算机),本章的多频涡动模型只需 374 个小时便可获得 20~280 Hz 范围内 14 个涡动频率下的孔型密封转子动力特性系数,平均单个频率的耗时仅为 Yan(2011)的"单频圆涡动模型"的 7%。因此,相比于以往的 CFD 预测模型,本章提出的多频涡动模型及相关非定常 CFD 数值方法显著地缩短了旋转密封转子动力特性的预测周期,能够快速、准确地预测旋转密封的转子动力特性,更适用于工程实际。

(3)从适用的涡动频率范围方面看:由于 Chochua(2007)的"单频单向涡动模型"和 Yan(2011)的"单频圆涡动模型"获得一个涡动频率下结果的计算时间很大,所以其在预测旋转密封在宽频域下(0~400Hz)的转子动力特性系数时,只能计算有限个频率点的转子动力特性系数。而有限个频率点的值在拟合旋转密封转子动力特性系数随涡动频率的变化曲线时存在较大的误差,特别是对频率相关性较强、变化曲线存在拐点的情况(如图 4-52(e)和(f)中的 A 点和 B 点);由于本章提出的多频涡动模型及相关数值方法通过一次非定常的 CFD 求解便可获得多个频率下的密封转子动力特性系数,如需增大某一频率范围内的频率点数,只要增大多频涡动位移数学模型(公式(4-63)~(4-68))中的 N,同时调整涡动幅值 r 或 a、b 或 δ 的大小,使其满足小位移涡动理论便可,并不会增大计算量和计算时间,所以更适用于旋转密封宽频域下的转子动力特性系数预测。

综上分析可知,所提出的多频涡动模型和非定常 CFD 数值方法能够准确、有效地预测孔型密封的转子动力特性系数。

转子在不同的涡动位移数学模型作用下,将产生不同的涡动轨迹。为研究涡动位移的数学模型对多频涡动模型及相关非定常 CFD 数值方法的预测结果的影响,选用表 4-11 列出的袋型阻尼密封结构(腔室深度为 6.35 mm)做为研究对象,基于三种不同的涡动位移数学模型,采用多频涡动模型计算了该密封结构在转速为15000 r/min、进口预旋速度为 0 m/s 时的转子动力特性系数,并与试验结果进行了比较。

表 4-12 给出了三种多频涡动位移数学模型采用的参数。三种多频涡动位移的数学模型选用了相同的基频、频率个数和时间步长,不同的涡动位移幅值。

表 4-12　三种多频涡动位移数学模型的参数

参数	多频直线涡动模型	多频圆涡动模型	多频椭圆涡动模型
涡动频率/Hz	$f_0=20, N=13$	$f_0=20, N=13$	$f_0=20, N=13$
涡动位移幅值/mm	$\delta=0.01S, S=0.3$	$r=0.01S, S=0.3$	$a=0.01S, b=0.005S, S=0.3$
计算时间步长/s	0.0001	0.0001	0.0001

图4-53给出了三种多频涡动位移的数学模型的转子多频涡动轨迹。如图所示：采用多频直线涡动模型时，转子涡动轨迹为沿 X 轴或 Y 轴的直线；采用多频圆涡动模型时，转子涡动轨迹在 X 轴两侧是对称的，正向涡动和逆向涡动的轨迹重合，但方向不同；采用多频椭圆涡动模型时，两个方向的激励产生的涡动轨迹不同。

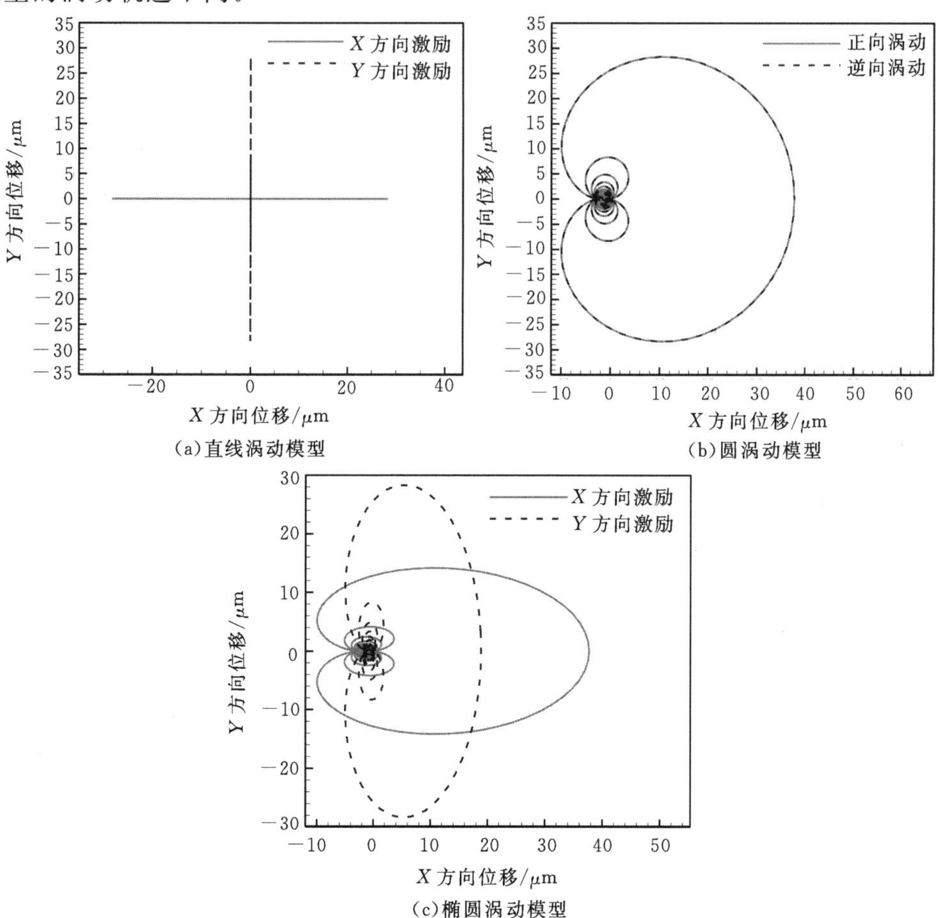

图4-53　三种涡动位移数学模型下，转子的多频涡动轨迹

图 4-54 给出了三种多频涡动位移的数学模型下，转子表面流体激振力的时域信号。不同涡动位移数学模型产生的流体激振力信号的幅值和相位均存在很大的差异。

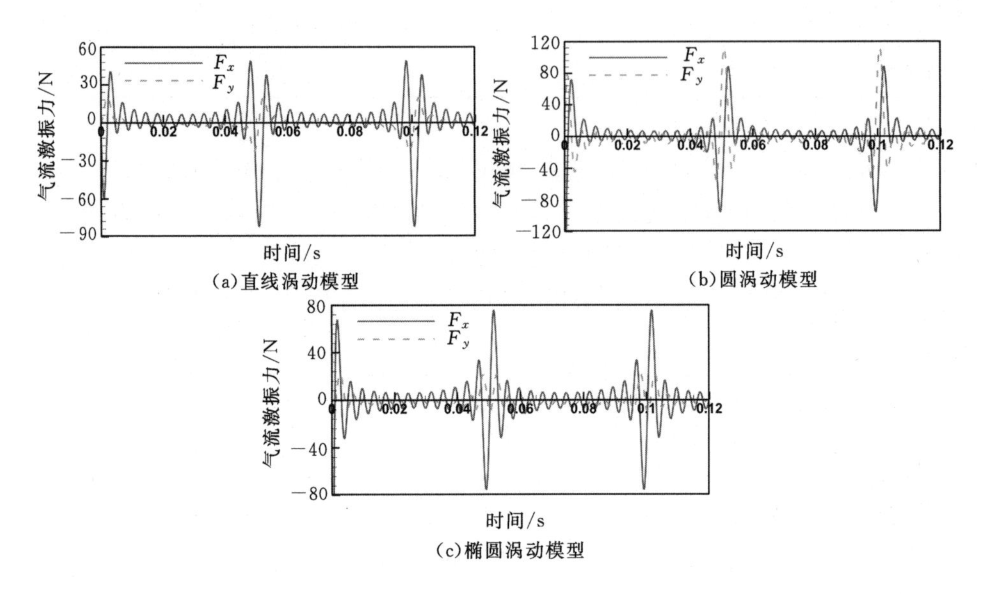

图 4-54 三种不同涡动位移数学模型得出的转子表面流体激振力时域图（X 方向激励）

图 4-55 给出了采用不同涡动位移数学模型得出的袋型阻尼密封转子动力特性系数随涡动频率的变化曲线。从图中可以看出：

(1)虽然三种多频涡动位移的数学模型产生的转子涡动轨迹不同，但计算得到的袋型阻尼密封的转子动力特性系数完全相同。因此，涡动位移的数学模型，即转子涡动轨迹对多频涡动模型和非定常 CFD 数值方法的转子动力特性系数预测结果没有影响。

(2)采用三种涡动位移的数学模型计算得到的袋型阻尼密封转子动力特性系数总体上均与试验值吻合良好；因此，它们均适用于多频涡动模型。

从图 4-53、图 4-54 和图 4-55 还可得出结论：本节提出的多频涡动模型和非定常 CFD 数值方法除了可以有效地预测旋转密封的转子动力特性系数外，在已知转子的涡动位移信号时，还可准确地计算出旋转密封内的流体激振力，而且转子涡动位移信号可以是满足小位移涡动理论的任意多频周期性信号。

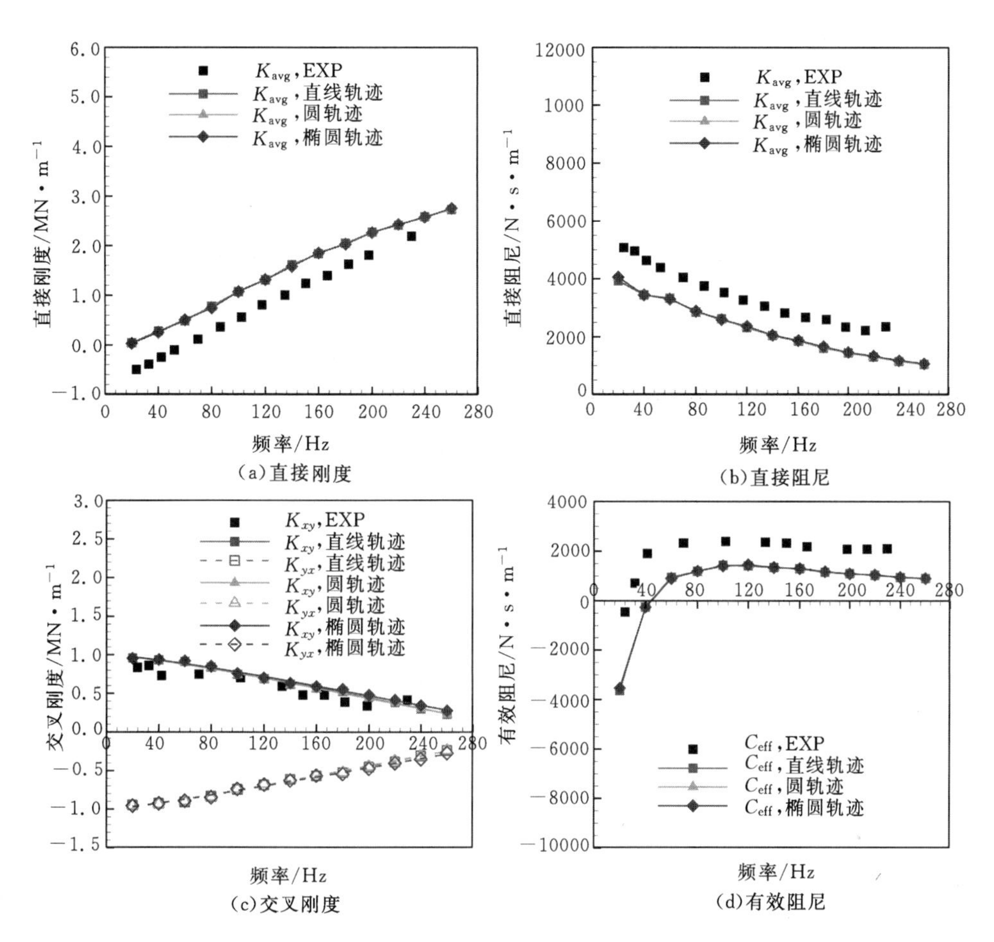

(a)直接刚度　(b)直接阻尼　(c)交叉刚度　(d)有效阻尼

图4-55　采用不同涡动位移数学模型得出的袋型阻尼密封转子动力特性系数随涡动频率的变化曲线(转速为15000 r/min,进口预旋为0 m/s)

4.6.5　袋型阻尼密封转子动力特性影响因素研究

对于袋型阻尼密封而言,几何结构和运行工况等因素不但决定着密封的泄漏流量,对其转子动力特性也有重要影响。为准确、全面地评估几何结构和运行工况等因素对袋型阻尼密封转子动力特性的影响,本节将采用上一节提出的转子多频涡动模型和非定常CFD数值方法,研究压比、转速、进口预旋、周向挡板数和腔室深度等因素对袋型阻尼密封转子动力特性的影响规律。

1. 密封几何参数和运行工况

选取GE公司旋转机械振动实验室的袋型阻尼密封试验件(Ertas, 2011)做为袋型阻尼密封研究对象的原型。表4-13给出了袋型阻尼密封的几何尺寸和计算边界条件。图4-56给出了周向挡板数为8,腔室深度为12.7 mm时,袋型阻尼密封的几何结构示意图。

表4-13 袋型阻尼密封几何尺寸和计算边界条件

项目	数值	项目	数值
进口总压/bar	6.9,10.843,25.3	密封间隙/mm	0.3
出口压力/bar	1.0,2.415,3.795	周向挡板数/个	0,4,8,16
工质温度/℃	14	密封齿数/个	8
转子转速/$r \cdot min^{-1}$	0,7000,15000	腔室深度/mm	0,1.5,3.175,6.35,12.7,30
进口预旋速度/$m \cdot s^{-1}$	0,30,60	密封齿厚度/mm	3.175
密封长度/mm	102	周向挡板厚度/mm	3.175
转子直径/mm	170.6	腔室长度/mm	13.97/6.35

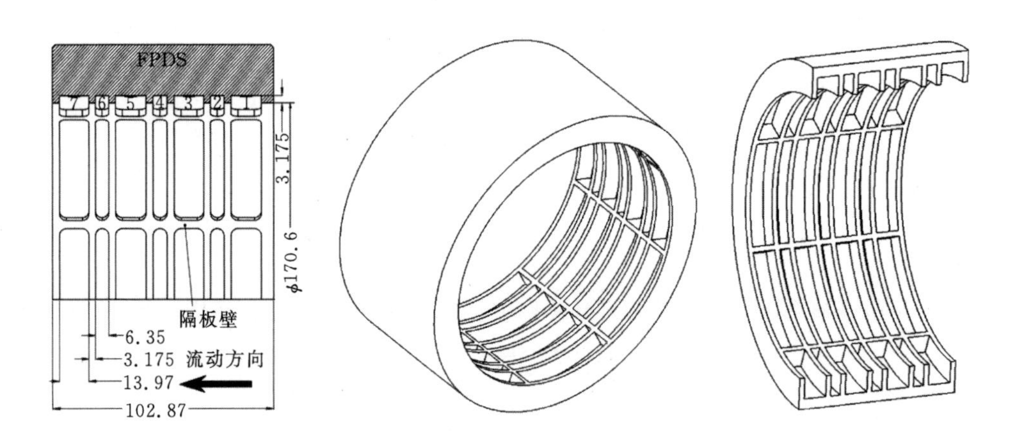

图4-56 袋型阻尼密封几何结构示意图

在进行非定常CFD计算之前,首先需根据研究对象的转子直径、涡动频率范围和密封间隙确定多频涡动模型的一些参数,如涡动位移数学模型、基频、频率个数、位移幅值和时间步长等。由于在各运行工况和几何结构影响因素研究中,袋型阻尼密封的转子直径、涡动频率范围和密封间隙是恒定的,所以计算中可采用相同的多频涡动模型参数。表4-14给出了本节计算中采用的多频涡动模型参数。采用多频椭圆涡动模型做为涡动位移的数学模型,研究的袋型阻尼密封的涡动频率范围为20～260 Hz,基频选取为20 Hz,频率个数为13,涡动位移幅值取a=0.01 s,b=0.005 s,时间步长为0.0001 s。

表4-14 多频涡动模型的参数

名称	方法与参数
多频涡动位移的数学模型	多频椭圆涡动模型
涡动频率/Hz	$f_0=20, N=13(20,40,60,\cdots,140,260)$
涡动位移幅值(单个频率下)/mm	$a=0.01S, b=0.005S, S=0.3$
计算时间步长/s	0.0001

2. 压比的影响

为研究压比对袋型阻尼密封转子动力特性系数的影响,选取表4-15所列的密封几何尺寸和边界条件作为计算模型。周向挡板数为8个,腔室深度为6.35 mm,转子旋转速度为15000 r/min,进口预旋速度为0 m/s,表中未列出的参数与表4-13中的相同。采用表4-14所列的多频涡动模型计算了3种压比下5个工况点的袋型阻尼密封转子动力特性系数。计算的压比工况点列于表4-16,以进口压力P_{in} = 6.9 bar,出口压力P_{out} = 3.795 bar,压比π = 0.55为基准工况点(工况点3),通过两种方法改变密封的进出口压比:一种方法是设定密封进口压力P_{in} = 6.9 bar,减小密封出口压力P_{out};另一种方法是设定密封出口压力P_{out} = 3.795 bar,增大密封进口压力P_{in}。通过两种方法均得到了三种压比0.55,0.35,0.15。

表4-15 研究压比影响的袋型阻尼密封几何尺寸和边界条件

项目	数值	项目	数值
进口总压/bar	6.9,10.843,25.3	进口预旋速度/m·s^{-1}	0
出口压力/bar	1.0,2.415,3.795	周向挡板数/个	8
转速/r·min^{-1}	15000	腔室深度/mm	6.35

表4-16 研究压比影响的压比计算工况点

工况点	进口总压 P_{in}/bar	出口静压 P_{out}/bar	压比 $\pi=P_{out}/P_{in}$	压差/bar
1	6.9	1.0	0.15	5.9
2	6.9	2.415	0.35	4.485
3(基准工况点)	6.9	3.795	0.55	3.105
4	10.843	3.795	0.35	7.048
5	25.3	3.795	0.15	21.505

图 4-57 和图 4-58 分别给出了出口压力 $P_{out}=3.795$ bar、进口压力增大时和进口压力 $P_{in}=6.9$ bar、出口压力减小时，不同压比下，袋型阻尼密封转子动力特性系数随涡动频率的变化曲线。从图中可以看出：当密封出口压力恒定时，随进口压力的增大（压比的减小），袋型阻尼密封的直接刚度系数、直接阻尼系数、交叉刚度系数的绝对值和有效阻尼系数均逐渐增大，有效阻尼系数的“穿越频率”f_{co} 逐渐减小；当密封进口压力恒定时，随出口压力的减小（压比的减小），直接刚度系数和交叉刚度系数基本不受影响，直接阻尼系数和有效阻尼系数在低频区略有增大，在高频区基本不变。各压比条件下，随涡动频率的增大，袋型阻尼密封的直接刚度系数逐渐增大，交叉刚度系数的绝对值和直接阻尼系数逐渐减小，有效阻尼系数先增大后减小。因此袋型

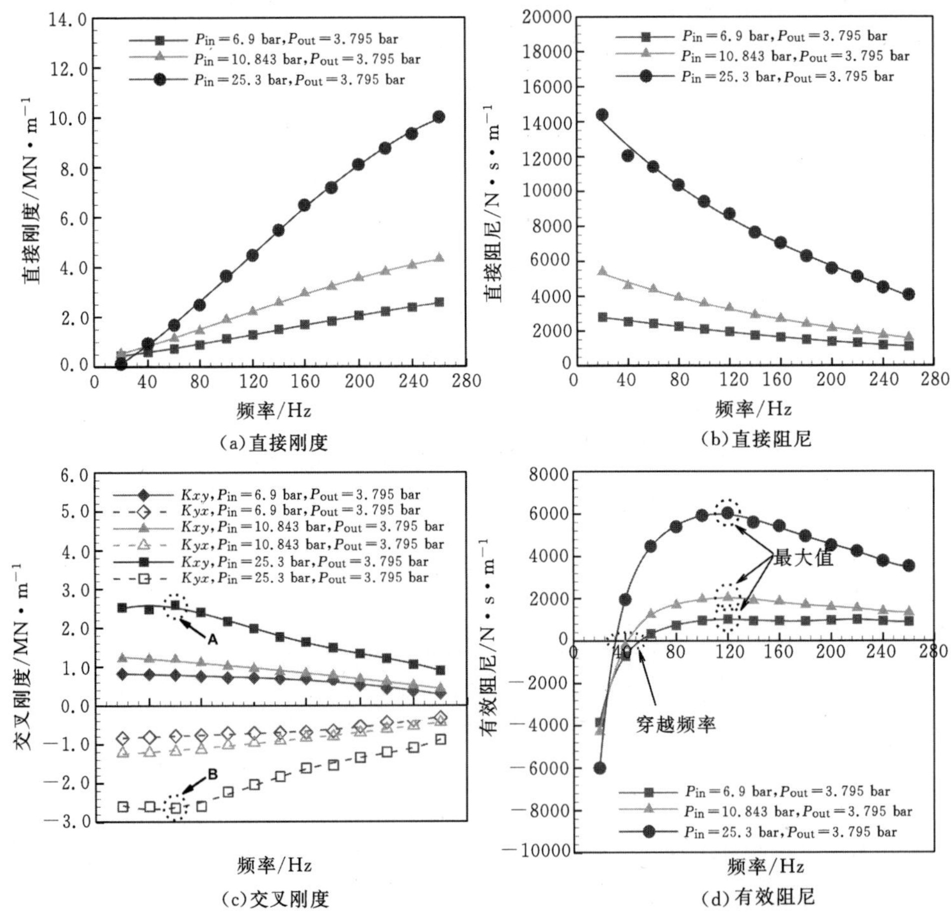

图 4-57 不同压比下的袋型阻尼密封转子动力特性系数随涡动频率的变化曲线（出口压力 $P_{out}=3.795$ bar，进口压力增大）

阻尼密封更适宜安装在进口压力高，进出口压差大的区域，如作为多级离心压气机的平衡活塞密封(balance piston seal)和中心密封(center seal)。

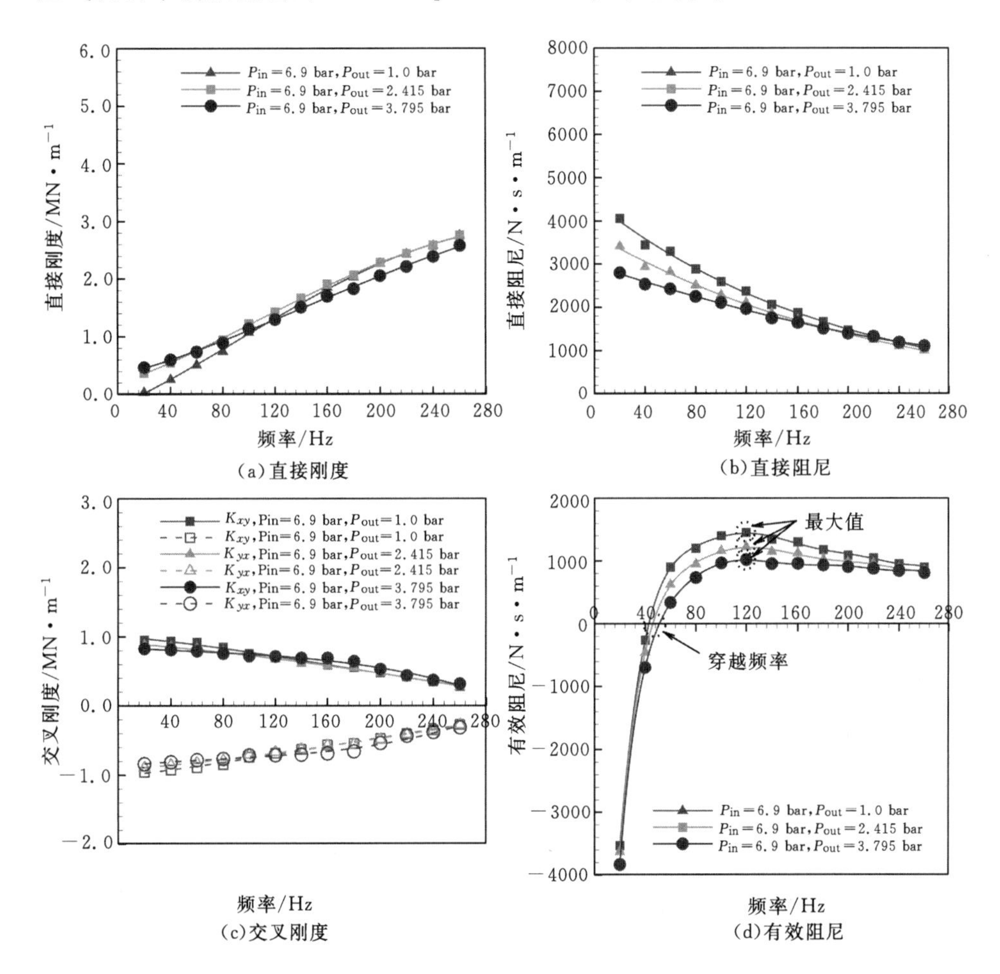

图 4-58　不同压比下的袋型阻尼密封转子动力特性系数随涡动频率的变化曲线(进口压力 P_{in} = 6.9 bar，出口压力减小)

3. 转速的影响

为研究转速对袋型阻尼密封转子动力特性系数的影响，采用多频涡动模型计算了袋型阻尼密封在 2 种进口预旋、3 种转速下 6 个工况点的转子动力特性系数。表 4-17 列出了转速影响因素研究中，袋型阻尼密封的几何尺寸和边界条件，未列出的参数与表 4-13 中的相同。表 4-18 列出了转速影响因素研究中的 6 个转速计算工况点。

表 4-17 研究转速影响时的袋型阻尼密封几何尺寸和边界条件

项目	数值	项目	数值
进口总压/bar	6.9	进口预旋速度/m・s^{-1}	0,60
出口压力/bar	1.0	周向挡板数/个	8
转速/r・min^{-1}	0,7000,15000	腔室深度/mm	6.35

表 4-18 研究转速影响时的转速计算工况点

工况点	进口预旋速度/m・s^{-1}	转子转速/r・min^{-1}
1		0
2	0	7000
3		15000
4		0
5	60	7000
6		15000

图 4-59 给出了不同进口预旋下，袋型阻尼密封泄漏量随转速的变化曲线。如图所示，袋型阻尼密封的泄漏量随转速的增大而减小，且转速越大，减小的越快。相比于无进口预旋时的泄漏量，进口预旋使袋型阻尼密封的泄漏量明显减小。

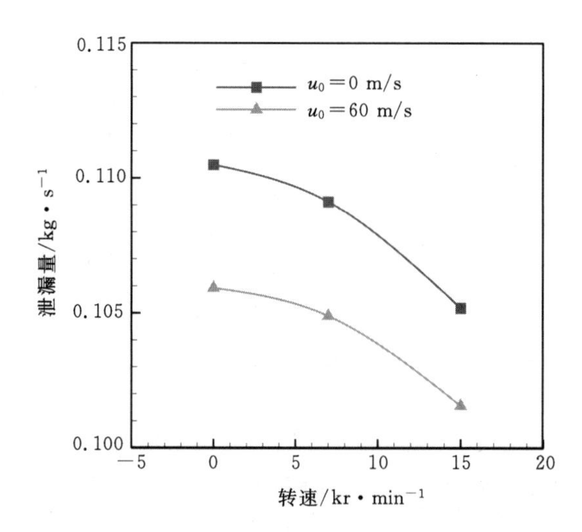

图 4-59 不同进口预旋的袋型阻尼密封泄漏量随转速的变化曲线

图4-60和图4-61分别给出了进口预旋速度$u_0=0\ \mathrm{m/s}$和$u_0=60\ \mathrm{m/s}$时,不同转速下的袋型阻尼密封转子动力特性系数随涡动频率的变化曲线。从图中可以看出:转速对袋型阻尼密封的直接阻尼系数影响较小,对交叉刚度系数和有效阻尼系数影响显著;在无进口预旋时,转速的影响更明显,这主要是由于转速和预旋对袋型阻尼密封的流场具有相同的作用,即均增大了密封内流体的周向旋转速度。转子系统的转速越高,袋型阻尼密封能够提供的有效阻尼越小,越容易发生转子系统失稳。

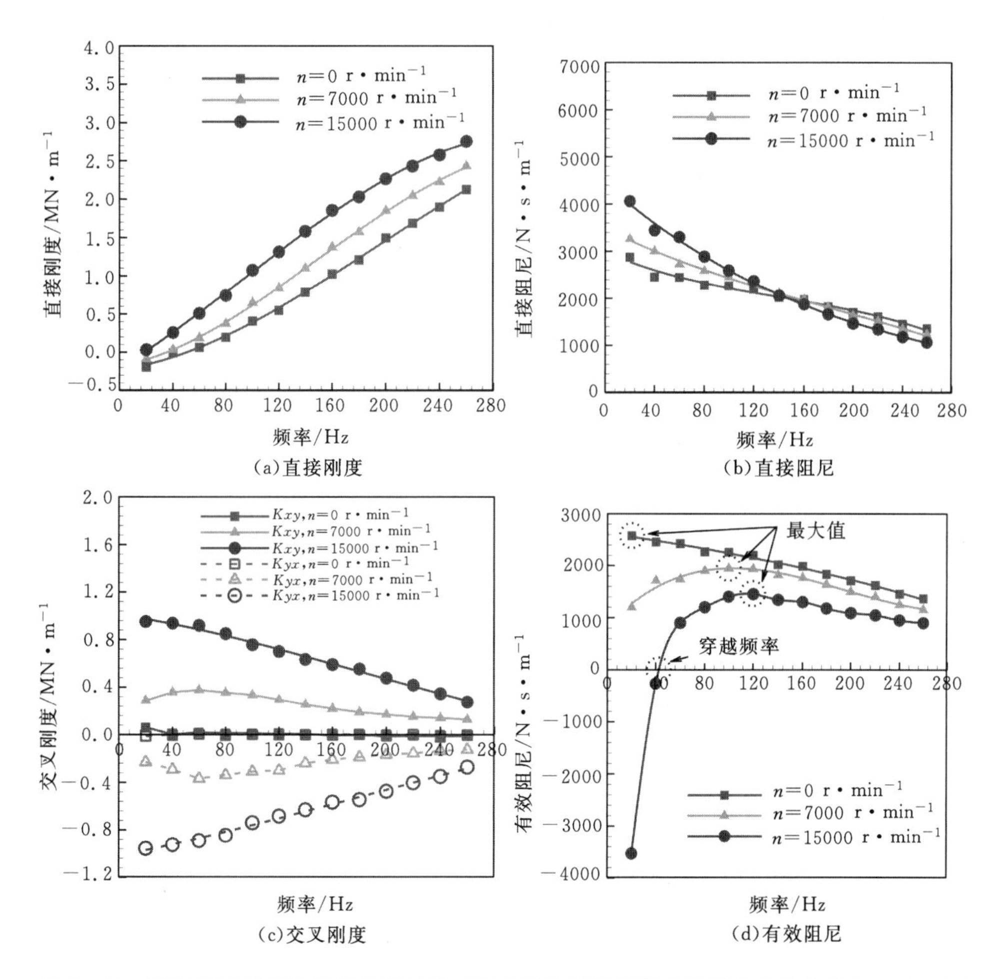

图4-60 不同转速下的袋型阻尼密封转子动力特性系数随涡动频率的变化曲线($u_0=0\ \mathrm{m/s}$)

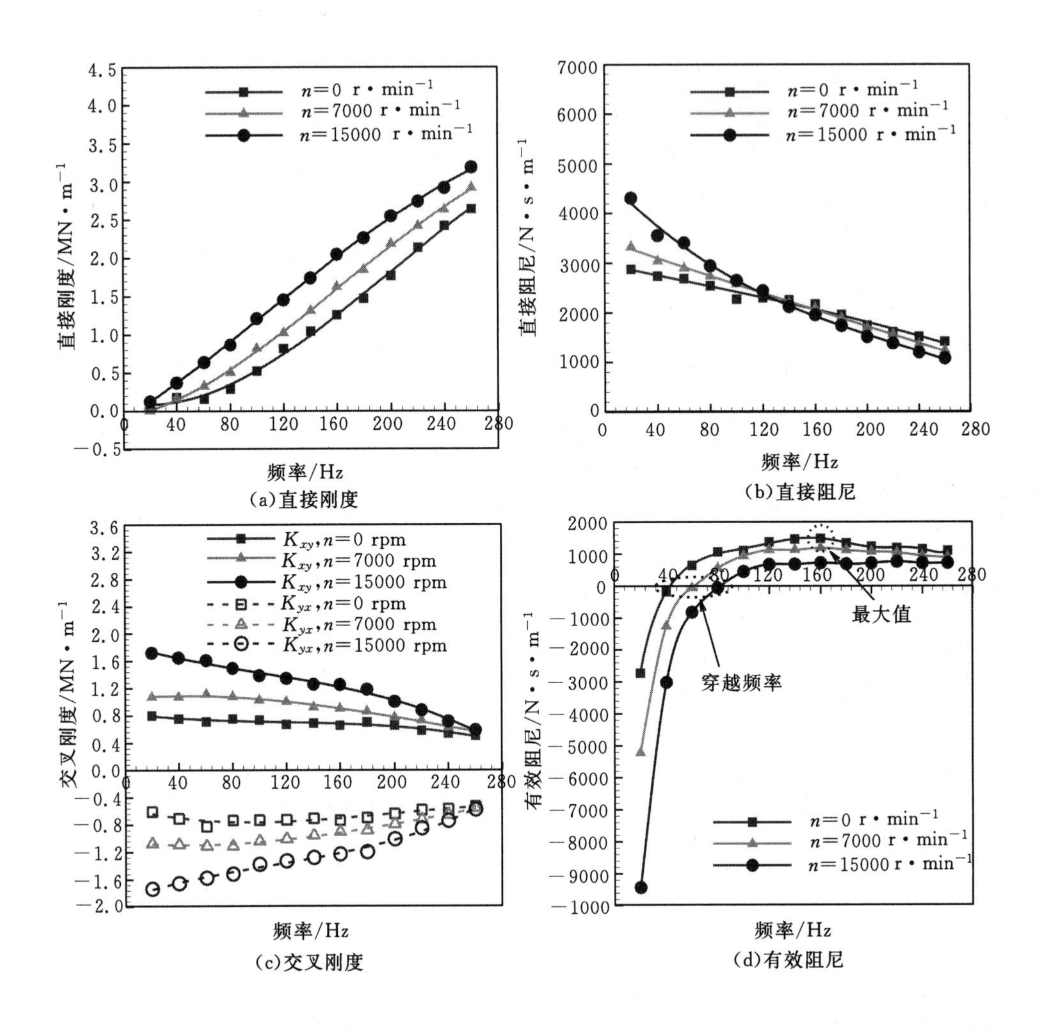

图 4-61 不同转速下的袋型阻尼密封转子动力特性系数随涡动频率的变化(u_0 =60 m/s)

4. 进口预旋的影响

为研究进口预旋对袋型阻尼密封转子动力特性系数的影响,采用多频涡动模型计算了袋型阻尼密封在 3 种转速、3 种进口预旋下 8 个工况点的转子动力特性系数。表 4-19 列出了进口预旋影响因素研究中,袋型阻尼密封的几何尺寸和边界条件,表中未列出的部分与表 4-13 中的相同。表 4-20 列出了进口预旋影响因素研究中的 8 个进口预旋速度的计算工况点。

表 4-19　研究进口预旋影响时的袋型阻尼密封几何尺寸和边界条件

项目	数值	项目	数值
进口总压/bar	6.9	进口预旋速度/m·s^{-1}	0,30,60
出口压力/bar	1.0	周向挡板数/个	8
转速/r·min^{-1}	0,7000,15000	腔室深度/mm	6.35

表 4-20　研究进口预旋影响时的进口预旋速度计算工况点

工况点	转子转速/r·min^{-1}	进口预旋速度/m·s^{-1}	进口预旋比
1	0	0	0
2	0	60	∞
3	7000	0	0
4	7000	30	0.45
5	7000	60	0.9
6	15000	0	0
7	15000	30	0.225
8	15000	60	0.45

图 4-62 给出了不同转速下,袋型阻尼密封泄漏量随进口预旋速度的变化曲线。如图所示,袋型阻尼密封泄漏量随进口预旋速度的增大而减小,随转速的增大而减小。这是因为进口预旋和转子旋转均增大了密封腔室内流体的周向速度和转子面附近的速度梯度,增大了粘性耗散和漩涡耗散。

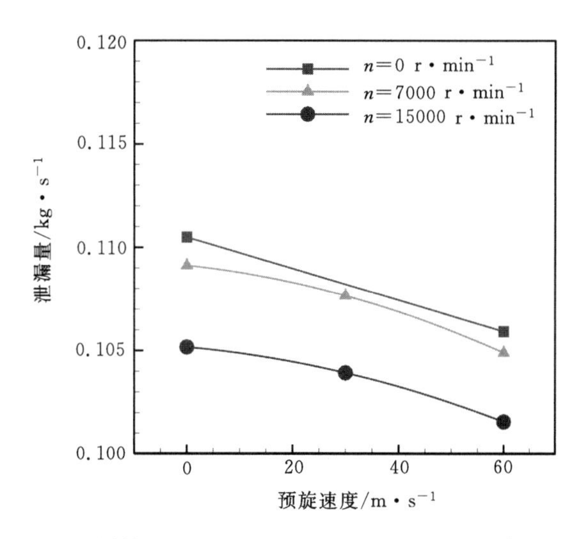

图 4-62　不同转速的袋型阻尼密封泄漏量随进口预旋速度的变化

图 4 - 63、图 4 - 64 和图 4 - 65 分别给出了转速 $n = 0$ r/min、$n = 7000$ r/min 和 $n = 15000$ r/min 时，不同进口预旋下，袋型阻尼密封转子动力特性系数随涡动频率的变化曲线。如图所示：与转速影响因素相同，进口预旋对袋型阻尼密封的直接刚度系数和直接阻尼系数影响也很小，对交叉刚度系数和有效阻尼系数具有显著的影响；随进口预旋的增大，交叉刚度系数的值明显增大，有效阻尼系数明显减小，对转子系统的稳定是不利的；相同进口预旋速度下，转速越小，进口预旋对转子动力特性系数的影响越明显，这是因为转速和进口预旋对袋型阻尼密封转子动力特性系数的影响规律是相似的。随进口预旋速度的增大，有效阻尼系数在低频区逐渐减小，且涡动频率越小，

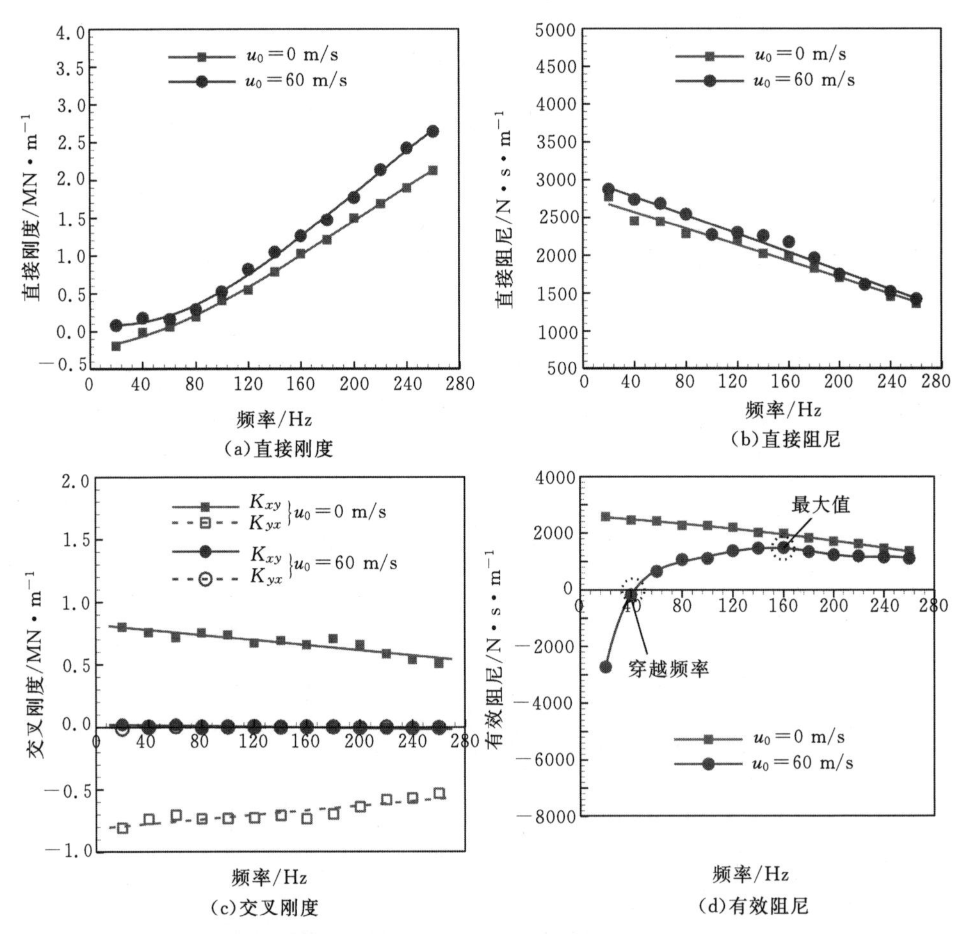

图 4 - 63　不同进口预旋的袋型阻尼密封转子动力特性系数随涡动频率的变化曲线（转速 $n=0$ r/min）

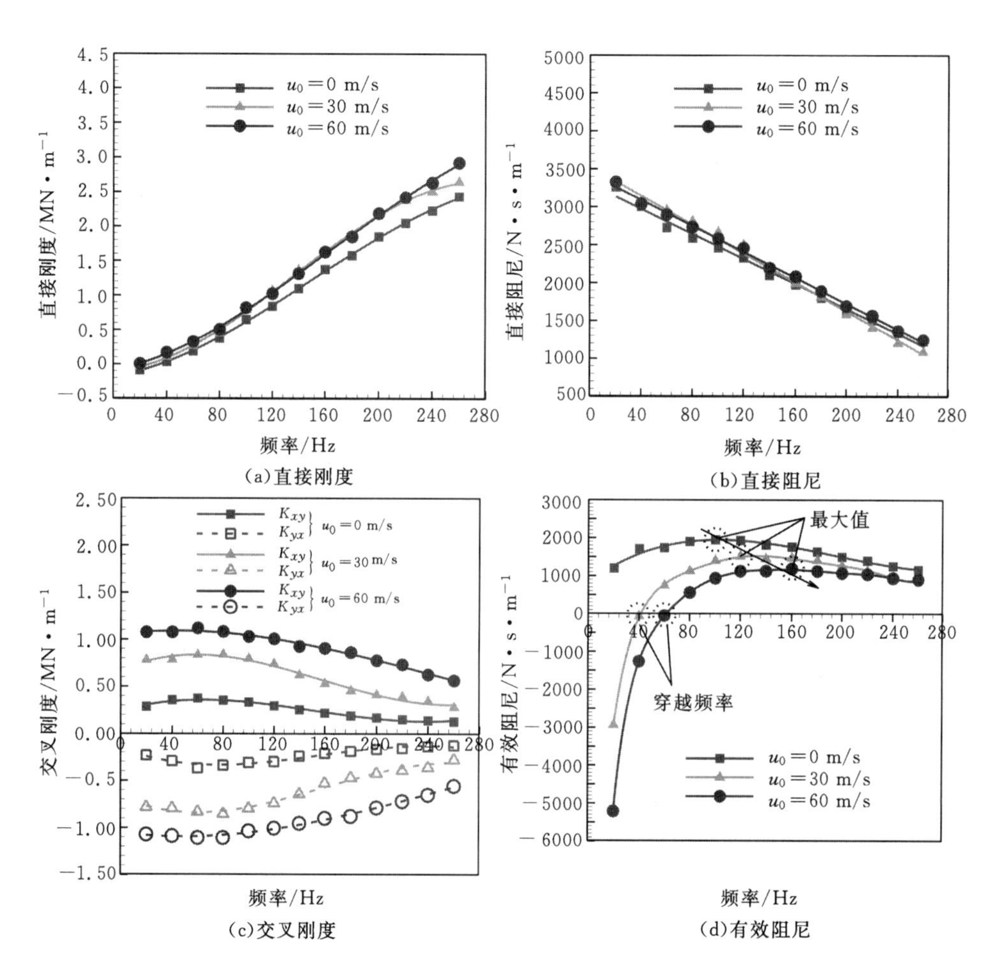

图 4-64　不同进口预旋的袋型阻尼密封转子动力特性系数随涡动频率的变化曲线(转速 n=7000 r/min)

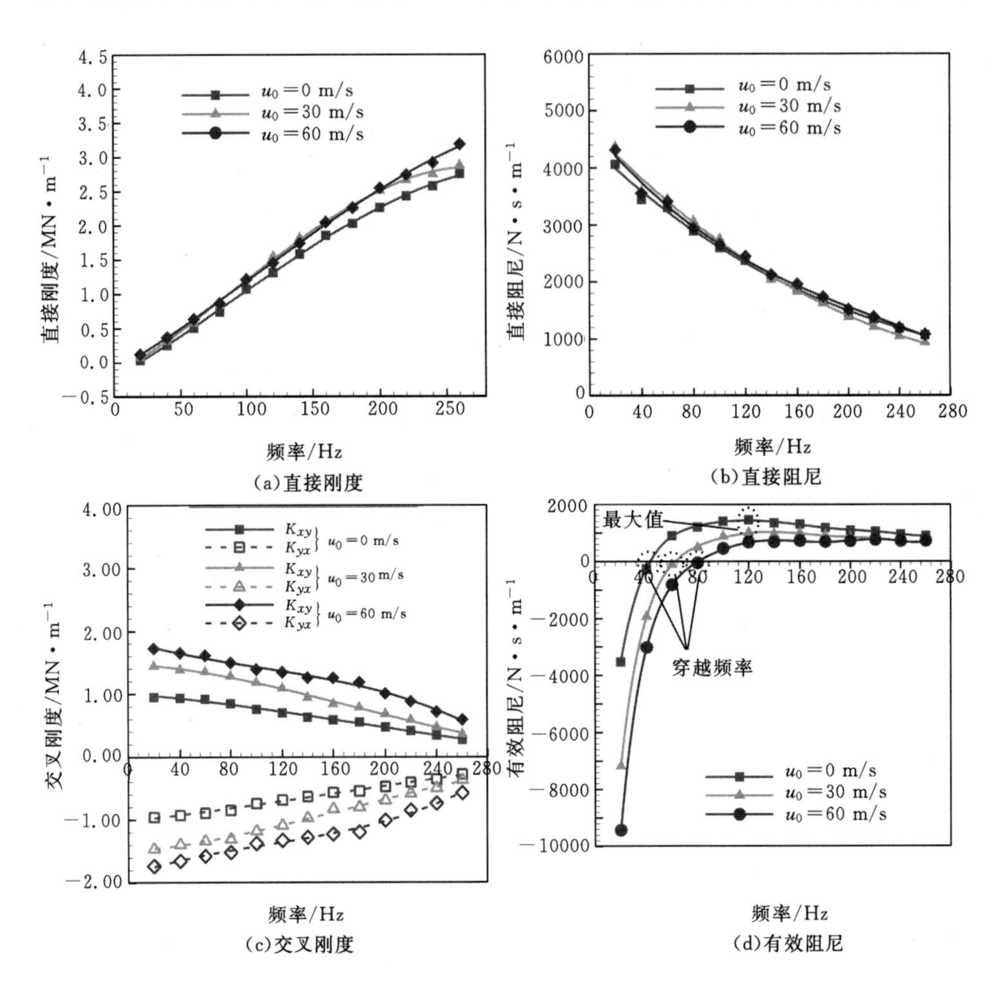

图 4-65　不同进口预旋下的袋型阻尼密封转子动力特性系数随涡动频率的变化曲线(转速 $n=15000$ r/min)

减小的越明显，在高频区受进口预旋速度的影响较小；有效阻尼的“穿越频率”f_{co} 随进口预旋速度的增大而增大，说明随进口预旋速度的增大，袋型阻尼密封能够提供正有效阻尼的频率范围逐渐缩小，并向高频区移动。因此，进口预旋对转子系统的稳定性是十分不利的，在工程实际中，可通过在密封进口前安装防旋板的方法减小进口预旋速度，从而达到增大袋型阻尼密封有效阻尼的目的。

5. 周向挡板类型的影响

袋型阻尼密封有两种基本结构：周向挡板在轴向被“无效腔室”隔断的传统

袋型阻尼密封和周向挡板贯通整个密封的贯通挡板袋型阻尼密封。为研究密封周向挡板类型对袋型阻尼密封转子动力特性的影响规律，本节建立了传统袋型阻尼密封和贯通挡板袋型阻尼密封2种密封结构的计算模型。表4-21列出了周向挡板类型影响时的袋型阻尼密封几何尺寸和边界条件，未列出的参数与表4-13中的相同。表4-22列出了研究周向挡板类型影响时的袋型阻尼密封的计算工况，计算了进口预旋速度分别为0 m/s和60 m/s时，2种袋型阻尼密封结构共4种工况下袋型阻尼密封的转子动力特性系数。图4-66给出了传统和贯通挡板袋型阻尼密封的结构示意图。

表4-21　研究周向挡板类型影响时的袋型阻尼密封几何尺寸和边界条件

项目	数值	项目	数值
进口总压/bar	6.9	进口预旋速度/$m \cdot s^{-1}$	0,60
出口压力/bar	1.0	周向挡板数/个	8
转速/$r \cdot min^{-1}$	15000	腔室深度/mm	6.35

表4-22　研究周向挡板类型影响时的两种袋型阻尼密封计算工况点

工况点	1	2	3	4
进口预旋速度/$m \cdot s^{-1}$	0	0	60	60
周向挡板类型/个	传统(CPDS)	贯通挡板(FPDS)	传统(CPDS)	贯通挡板(FPDS)

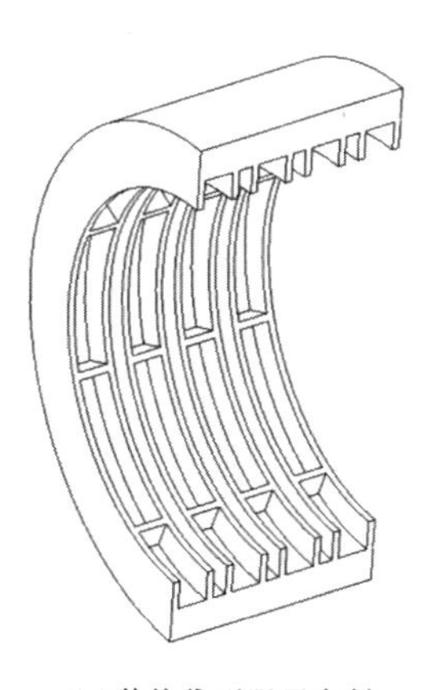

(a)传统袋型阻尼密封

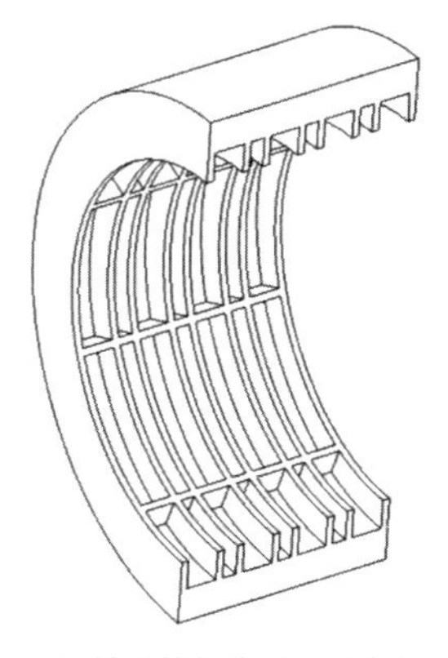

(b)贯通挡板袋型阻尼密封

图4-66　传统和贯通挡板袋型阻尼密封的结构示意图

图4-67给出了不同进口预旋下，传统和贯通挡板袋型阻尼密封转子动力特性系数随涡动频率的变化曲线。从图中可以看出，对贯通挡板袋型阻尼密封而言：直接刚度在整个频率范围内均为正值，随涡动频率的增多而增大；

直接阻尼系数和交叉刚度系数随涡动频率的增大而减小。对传统袋型阻尼密封而言:直接刚度在低频区为负,当涡动频率增大到 140Hz 时直接刚度增大为正值;直接阻尼系数基本与涡动频率无关;交叉刚度系数随涡动频率的增大而减小。总体上,贯通挡板袋型阻尼密封具有更大的正直接刚度、直接阻尼和交叉刚度,两种袋型阻尼密封具有相近的有效阻尼。

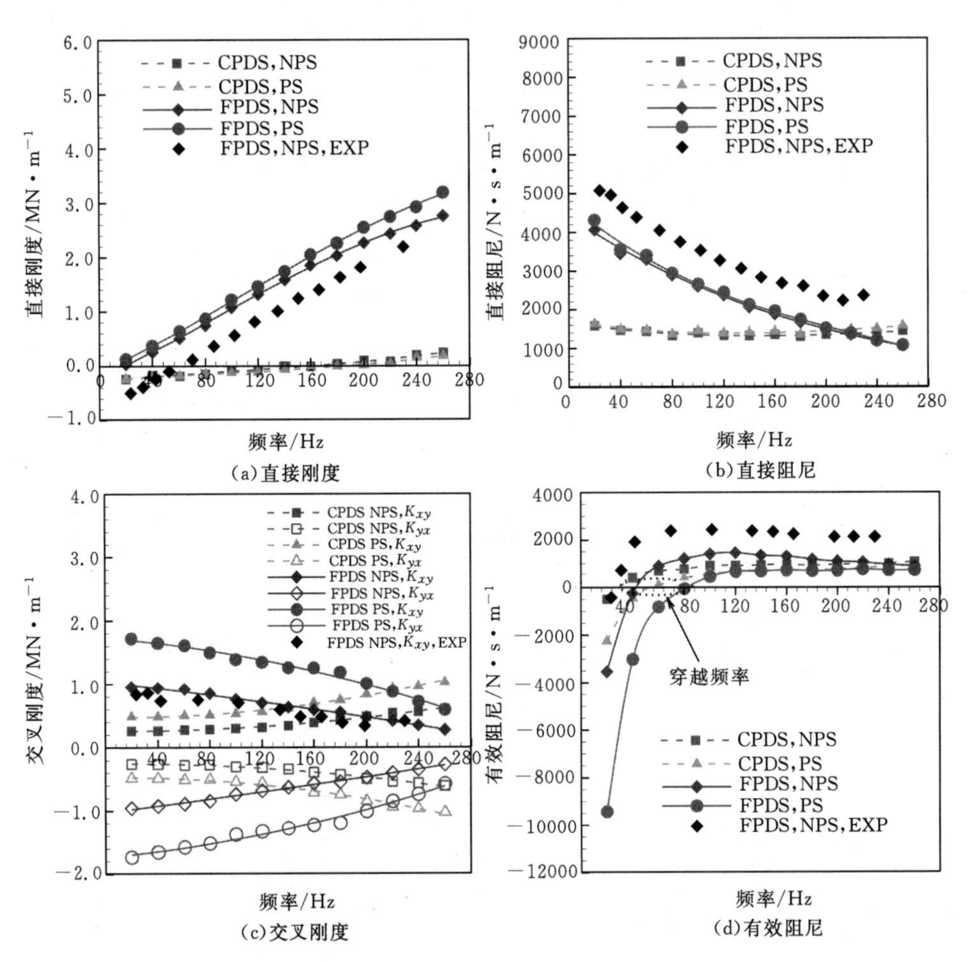

图 4-67 传统和贯通挡板袋型阻尼密封转子动力特性系数随涡动频率的变化曲线(NPS 表示 $u_0=0$ m/s,PS 表示 $u_0=60$ m/s)

6. 周向挡板数的影响

为研究密封周向挡板数对袋型阻尼密封转子动力特性的影响规律,通过改变袋型阻尼密封周向挡板数建立了 4 种袋型阻尼密封的计算模型。表

4-23列出了研究周向挡板数影响时的袋型阻尼密封几何尺寸和边界条件，未列出的参数与表 4-13 中的相同。表 4-24 列出了研究周向挡板数影响时的周向挡板数的计算工况，计算了进口预旋速度分别为 0 m/s 和 60 m/s 时，4 种周向挡板个数共 8 种工况下袋型阻尼密封的转子动力特性系数，包括周向挡板个数 $NP=0$，即迷宫密封的转子动力特性系数。在袋型阻尼密封的设计中，为保证密封静子结构的轴对称性，周向挡板个数通常为 4 的倍数。图 4-68给出了计算采用的 4 种袋型阻尼密封的结构示意图。

表 4-23　研究周向挡板数影响时的袋型阻尼密封几何尺寸和边界条件

项目	数值	项目	数值
进口总压/bar	6.9	进口预旋速度/m·s^{-1}	0,60
出口压力/bar	1.0	周向挡板数/个	0,4,8,16
转速/r·min^{-1}	15000	腔室深度/mm	6.35

表 4-24　研究周向挡板数影响时的周向挡板个数的计算工况点

工况点	1	2	3	4	5	6	7	8
进口预旋速度/m·s^{-1}	0	0	0	0	60	60	60	60
周向挡板个数/个	0	4	8	16	0	4	8	16

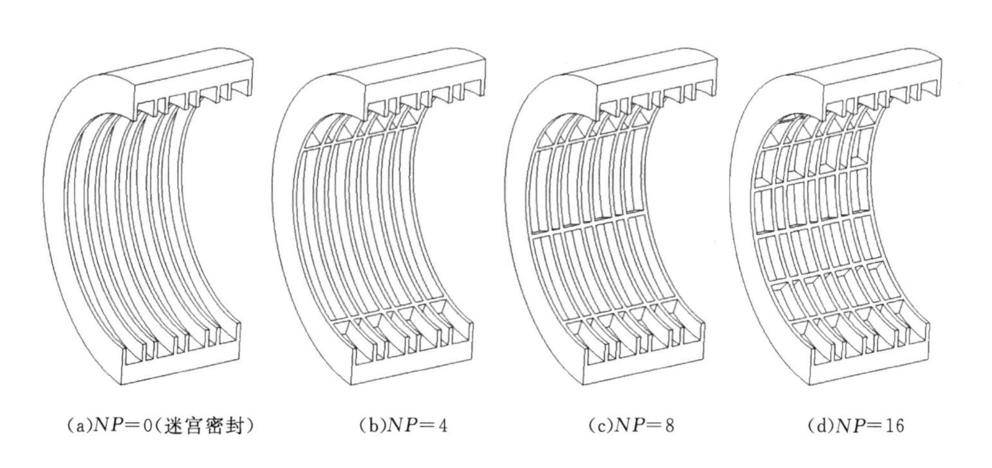

(a)$NP=0$(迷宫密封)　(b)$NP=4$　(c)$NP=8$　(d)$NP=16$

图 4-68　不同周向挡板个数的袋型阻尼密封结构示意图

图 4-69 给出了袋型阻尼密封泄漏量随周向挡板数的变化曲线。如图所示，随周向挡板数的增大，袋型阻尼密封的泄漏量先增大后减小：当 NP 由 0

增大到 4 时(由迷宫密封变为袋型阻尼密封),有进口预旋和无进口预旋下的泄漏量分别增大了 2.8%和 3.8%;当 NP 由 4 增大到 8 时,泄漏量分别减小了 1.6%和 1.3%;当 NP 由 8 增大到 16 时,泄漏量均基本不变(小于 0.4%)。因此,袋型阻尼密封的周向挡板数对其泄漏量影响较小,在设计过程中可不考虑其对泄漏量的影响。

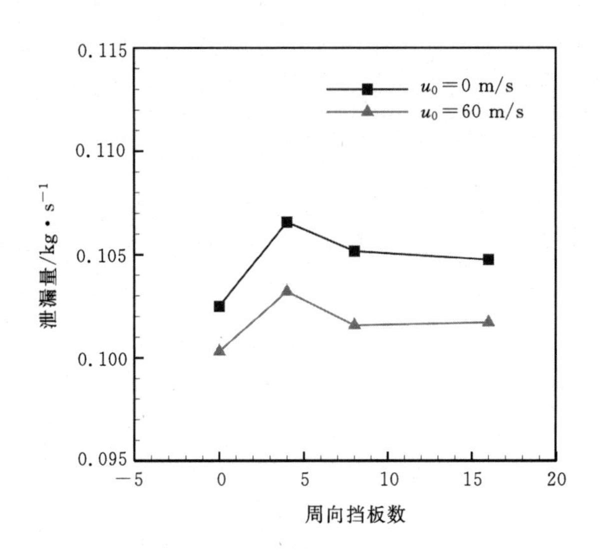

图 4-69 袋型阻尼密封泄漏量随周向挡板数的变化曲线

图 4-70 和图 4-71 分别给出了无进口预旋(u_0=0 m/s)和进口预旋 u_0=60 m/s 时,不同周向挡板数下,袋型阻尼密封转子动力特性系数随涡动频率的变化曲线。如图所示:袋型阻尼密封的直接刚度系数、直接阻尼系数和交叉刚度系数均明显大于迷宫密封;在高频率区(f>40~80 Hz),袋型阻尼密封的有效阻尼系数是迷宫密封的 5~10 倍;因此,袋型阻尼密封适宜安装在高转速的转子系统中。在高速透平机械中(如压气机),由于转子的涡动频率一般集中在高频率区(大于100 Hz),用袋型阻尼密封取代迷宫密封能够显著地提高转子系统的有效阻尼。增加周向挡板数能够显著提高袋型阻尼密封的直接刚度系数,这对提高转子系统的临界转速是有利的。增大周向挡板数对有效阻尼系数的提高很有限,特别是在有进口预旋时,袋型阻尼密封的有效阻尼基本不受周向挡板数的影响。因此,周向挡板数并不是越大越好,应根据安装的转子系统的临界转速及涡动频率范围选择合适的周向挡板数。

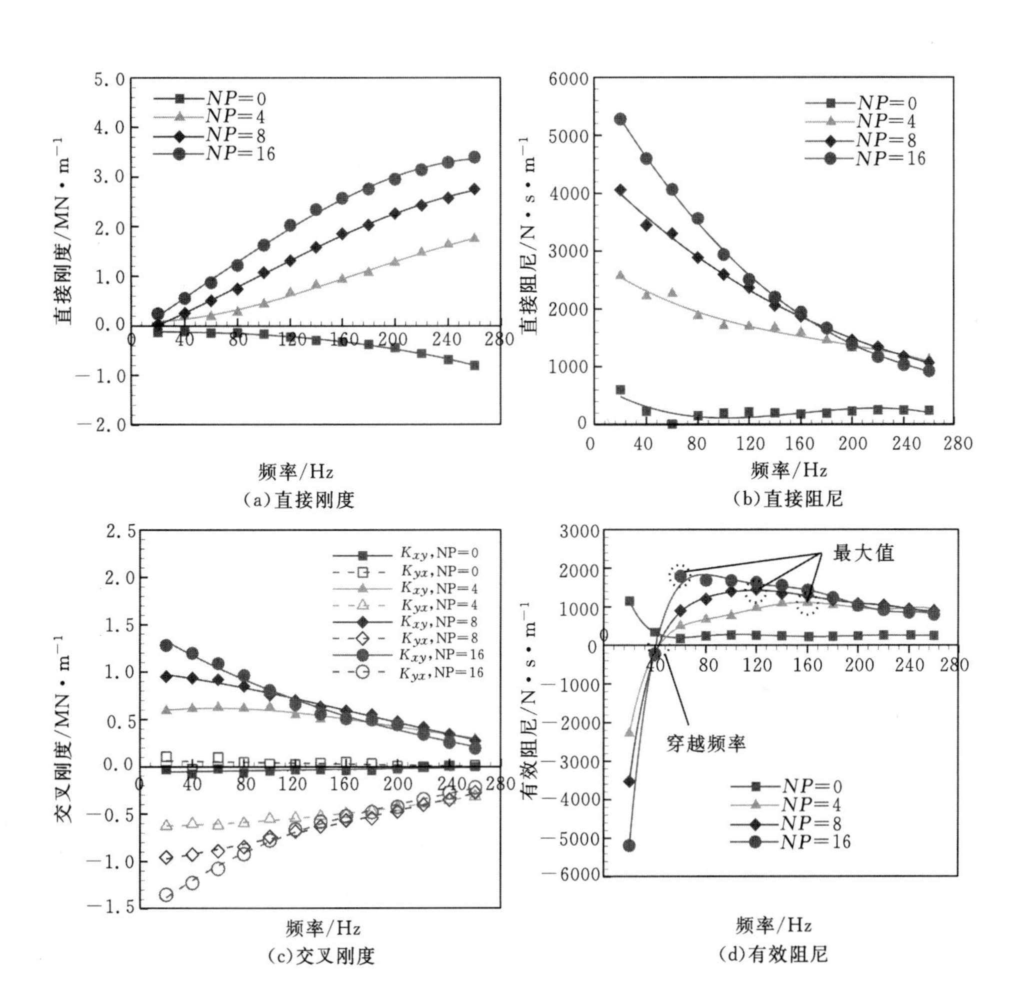

图 4-70　不同周向挡板数下的袋型阻尼密封转子动力特性系数随涡动频率的变化曲线 ($u_0=0$ m/s)

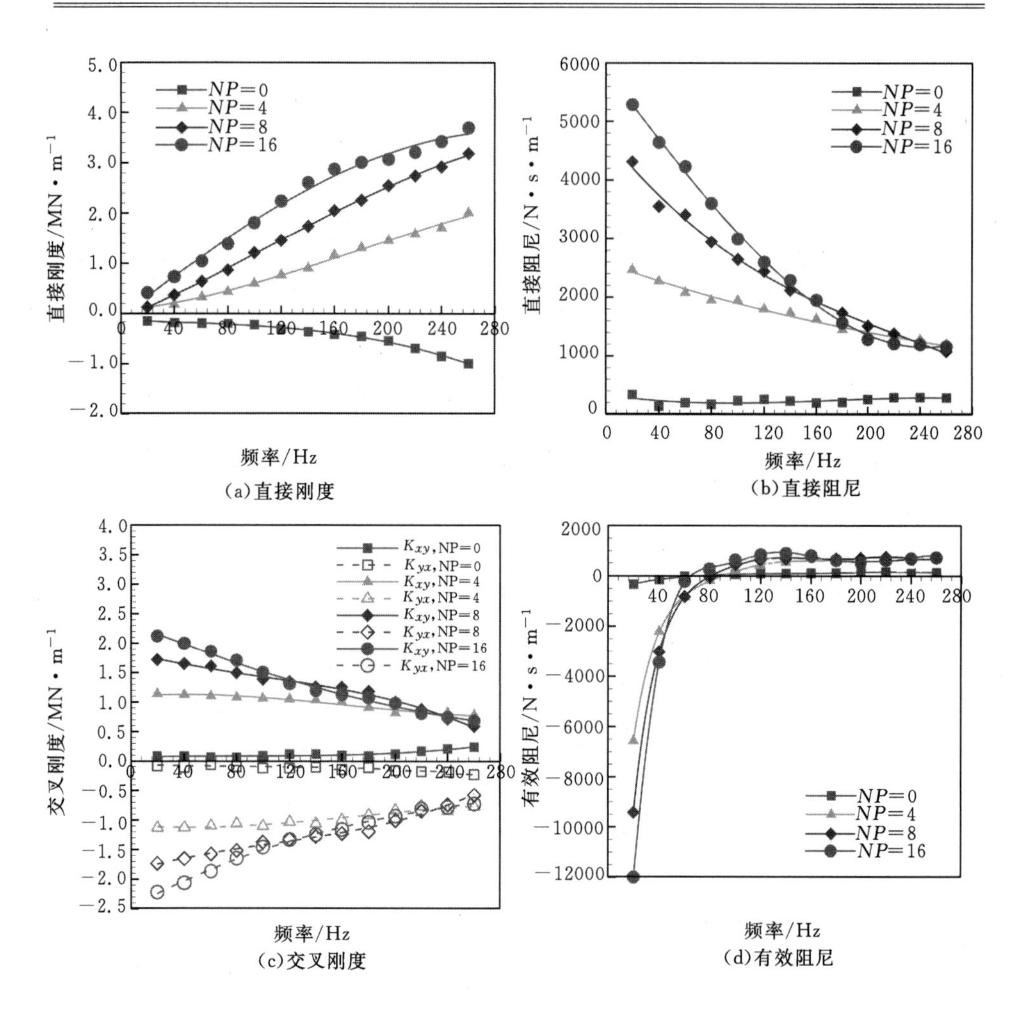

(a)直接刚度 (b)直接阻尼

(c)交叉刚度 (d)有效阻尼

图 4-71 不同周向挡板数下的袋型阻尼密封转子动力特性系数随涡动频率的变化曲线(u_0=60 m/s)

7. 腔室深度的影响

为研究腔室深度对袋型阻尼密封转子动力特性系数的影响，选取了 6 种腔室深度进行计算分析，腔室深度的变化范围为 0～30 mm，包括腔室深度 H=0 mm的直通光滑环形密封(straight smooth annular seal)。表 4-25 给出了腔室深度影响因素研究中，袋型阻尼密封的几何结构和计算边界条件，未列出的参数见表4-13。图 4-72 给出了 6 种腔室深度的袋型阻尼密封的结构示意图。

表 4-25　研究腔室深度影响的袋型阻尼密封几何尺寸和边界条件

项目	数值	项目	数值
进口总压/bar	6.9	进口预旋速度/$m \cdot s^{-1}$	0
出口压力/bar	1.0	周向挡板数/个	8
转速/$r \cdot min^{-1}$	15000	腔室深度/mm	0,1.5,3.175,6.35,12.7,30

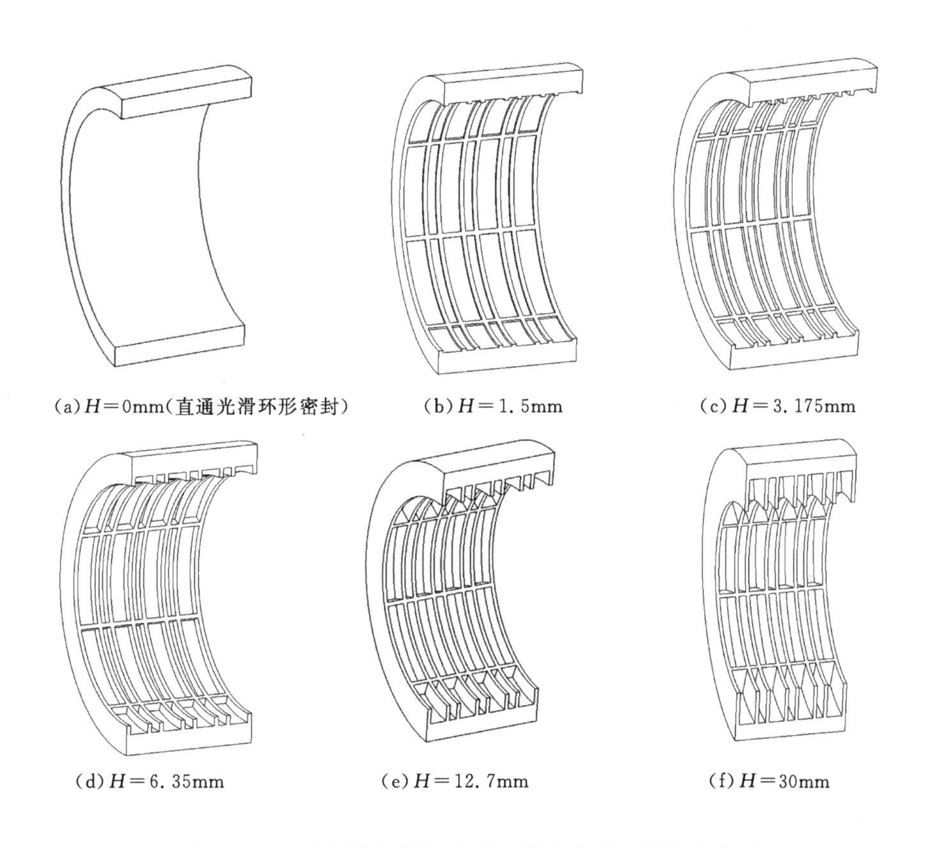

图 4-72　不同腔室深度下，袋型阻尼密封的结构示意图

图 4-73 给出了稳态计算得出的袋型阻尼密封的泄漏量随腔室深度的变化曲线。如图所示，随腔室深度的增大，泄漏量先减小后增大，然后又趋于恒定。当腔室深度 H 从 0 mm 增大到 1.5 mm 时，泄漏量减小幅度很大，约减小了 21%。这主要是因为相比于 $H=0$ mm 的直通光滑环形密封，$H>0$ 时密封结构发生了根本性变化，变为袋型阻尼密封。可见，相比于直通环形密封，袋型阻尼密封只需要很小的腔室深度，便可显著改变密封内的流动形态，进

而明显减小泄漏量。当腔室深度增大到 2.0 mm 附近时，泄漏量取得最小值，然后随腔室深度的增大而增大。当腔室深度 $H>6.35$ mm 时继续增大，泄漏量基本不变，这说明当腔室深度增大到一定值时，泄漏量与腔室深度无关。对于本节研究的袋型阻尼密封而言，从有效控制泄漏量方面来看，$H=2.0$ mm为腔室深度的最优设计值。

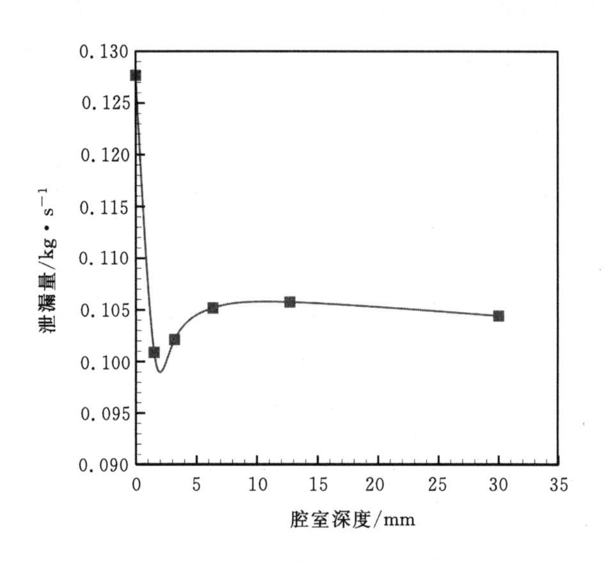

图 4-73 泄漏量随腔室深度的变化曲线

图 4-74 给出了不同腔室深度的，袋型阻尼密封转子动力特性系数随涡动频率的变化曲线。从图中可以看出：相比于袋型阻尼密封（$H>0$ mm），直通光滑环形密封（$H=0$ mm）具有较大的直接阻尼系数和有效阻尼系数，约是袋型阻尼密封的 2 倍，但直通光滑环形密封的直接刚性系数很小，且在 $f<160$ Hz 范围内均为负值，这将减小转子系统的临界转速。腔室深度对袋型阻尼密封直接刚度系数的影响规律比较复杂：当 $H\leqslant 3.175$ mm 时，直接刚度系数随腔室深度的增大而增大；当 $H>3.175$ mm 时，直接刚度系数在高频区随腔室深度的增大而减小，且涡动频率越大，减小的越明显；从增大密封有效刚度角度考虑，$H=3.175$ mm 为腔室深度的最优值。直接阻尼系数和交叉刚度的绝对值均随腔室深度的增大而显著减小；对于袋型阻尼密封（$H>0$ mm）而言，$H=3.175$ mm 时，有效阻尼系数具有较大的值。袋型阻尼密封的腔室深度并不是越大越好，从有效控制泄漏量、增大直接刚度和有效阻尼三方面综合考虑，$H=3.175$ mm 为最优的腔室深度。

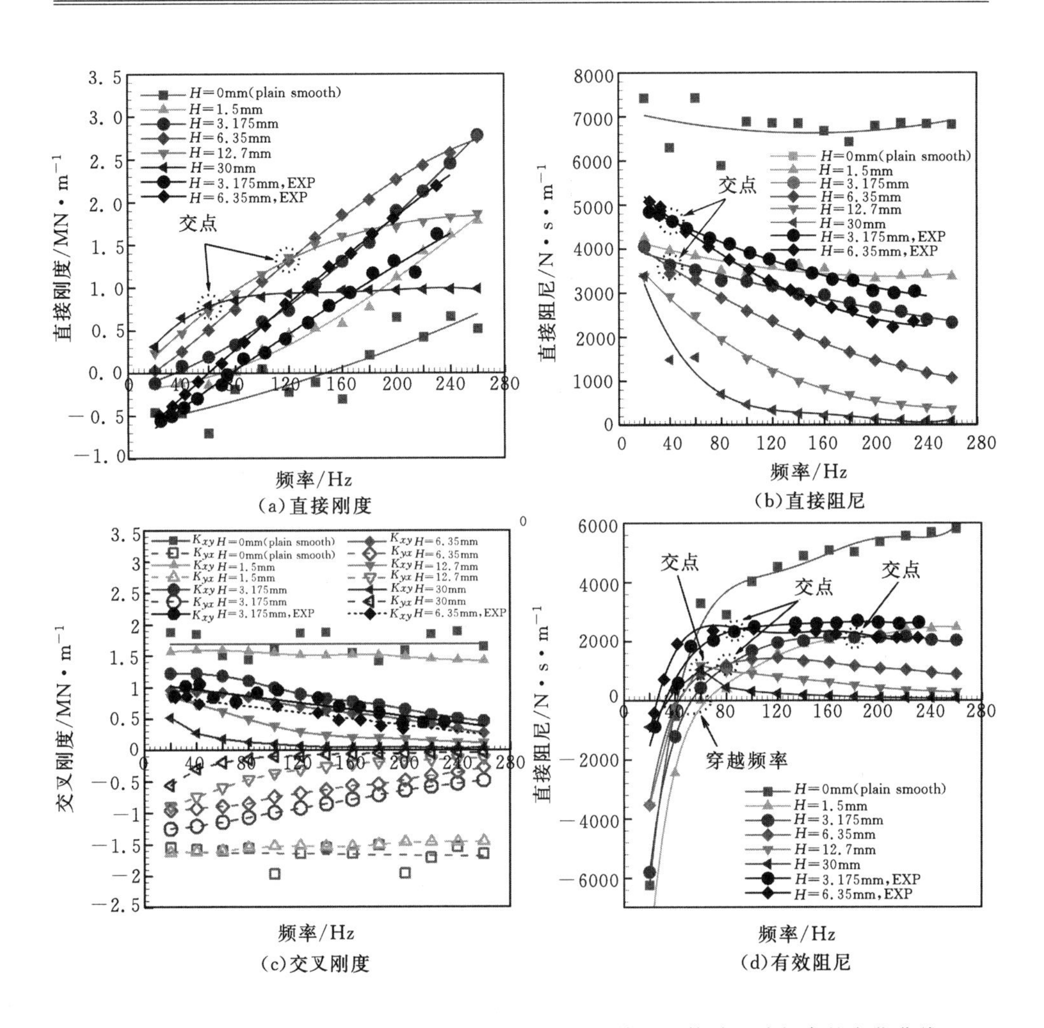

(a)直接刚度　(b)直接阻尼

(c)交叉刚度　(d)有效阻尼

图4-74　不同腔室深度的袋型阻尼密封转子动力特性系数随涡动频率的变化曲线

4.7　本章小结

旋转密封内的气流激振力对轴系稳定性的影响与密封的转子动力特性密切相关，这一气流激振力可能抑制转子振动（如旋转阻尼密封，包括蜂窝密封、孔型密封和袋型阻尼密封），也可能诱发转子失稳（如传统迷宫密封），而采用高性能的旋转阻尼密封代替传统迷宫密封是对转子系统的振动进行主动抑制的最经济和最有效的方法。目前袋型阻尼密封主要代替迷宫密封应用于背对背式多级离心压气机的中心密封处和直通式多级离心压气机的平衡活塞密封处，解决转子系统亚同步振动问题，提高转子系统的稳定性。

目前对袋型阻尼密封的研究主要集中在泄漏特性和转子动力特性两个方面。研发袋型阻尼密封的主要目的是解决叶轮机械转子系统振动失稳的问题,所以在袋型阻尼密封的研发过程中,针对其转子动力特性进行了大量的试验和理论分析,在其转子动力特性的试验分析方法、阻尼机理认识和影响因素等方面取得了一些重要成果。相比于转子动力特性的研究,针对袋型阻尼密封泄漏特性研究的文献较少。国外对袋型阻尼密封的研究主要集中在美国德克萨斯 A&M 大学的叶轮机械实验室和 GE 公司的旋转机械振动实验室;国内西安交通大学叶轮机械研究所的李军研究团队对袋型阻尼密封开展了详细的理论分析和全三维 CFD 数值研究。

针对旋转密封泄漏特性的研究主要是为获得不同运行工况和几何条件下,旋转密封泄漏量的变化规律,以及寻找准确的泄漏量预测模型。袋型阻尼密封泄漏特性的影响因素主要有压比、密封间隙、齿顶倾斜角度、密封齿齿型和齿厚、腔室深度和轴向长度。袋型阻尼密封泄漏特性的研究方法主要包括:试验测量、热力学分析和全三维 CFD 数值模拟。高转速下,采用有限元 FEA 和 CFD 相结合的数值方法考虑转子半径伸长的影响能够显著提高密封泄漏量的预测精度;相比于压比和转速,密封间隙对泄漏量的影响更为显著,周向挡板对泄漏量几乎没有影响;袋型阻尼密封泄漏量随压比的减小而增大,并逐渐趋近与临界状态对应的最大值;高转速对泄漏特性的影响可分为两个方面:粘性耗散效应和几何效应;袋型阻尼密封的周向挡板结构能够显著地减小密封腔室内的周向旋流速度。袋型阻尼密封泄漏量随进口预旋的增大而减小。周向挡板数对袋型阻尼密封的泄漏量影响较小(小于 1.6%)。在袋型阻尼密封设计中可不必考虑周向挡板数对泄漏量的影响。随腔室深度的增大,袋型阻尼密封的泄漏量先减小后增大,然后又趋于恒定。

针对袋型阻尼密封转子动力特性的研究主要是为获得不同运行工况和几何参数下,旋转阻尼密封的转子动力特性系数,特别是交叉刚度系数和有效阻尼系数,探索袋型阻尼密封的阻尼机理。目前在袋型阻尼密封转子动力特性研究中存在三种主要研究方法:试验测量、Bulk Flow 模型预测法和 CFD 数值模拟。根据试验研究中的测量方法、测量变量和转子动力特性系数识别方法的不同,可将试验方法分为三种:①系统机械阻抗法(system mechanical impedance method),根据激励源的不同,系统机械阻抗法又分为冲击激励机械阻抗法和谐波激励机械阻抗法;②腔室动态压力响应法(cavity dynamic pressure response method);③静态挠度法(static-force deflection method)。其中静态挠度法是一种静态试验测量方法,常用来验证前两种试验方法测量结果的准确性。根据对密封腔室周向流动的处理方法不同，袋型阻尼密封转子动力特性的 Bulk Flow 模型预测方法分为三种：①基于 Alford 理论的一维流动 Bulk Flow 模型，该 Bulk Flow 模型忽略了密封腔室内的周向流动；②基于周向压力梯度的 Bulk Flow 模型；③基于周向有限差分法的 Bulk Flow 模型。袋型阻尼密封转子动力特性的 CFD 数值模拟方法是基于动网格技术和转子多频涡动模型的非定常 CFD 预测方法。转子多频涡动模型及非定常 CFD 数值方法能够准确、可靠地预测迷宫密封、袋型阻尼密封和孔型密封的转子动力特性系数，具有计算速度快、预测精度高的优点。

袋型阻尼密封转子动力特性的影响因素主要有压比、转速、进口预旋、振动频率等运行工况参数，以及密封间隙、密封间隙比、密封齿数、腔室结构等几何结构参数。随密封进出口压差的增大，袋型阻尼密封的直接刚度系数、直接阻尼系数、交叉刚度系数的绝对值和有效阻尼系数均逐渐增大，有效阻尼系数的“穿越频率” f_{co} 逐渐减小。袋型阻尼密封更适宜安装在进口压力高、进出口压差大的区域，如多级离心压气机的平衡活塞密封（balance piston seal）和中心密封（center seal）。交叉刚度系数的绝对值随转速和进口预旋的增大而显著增大；有效阻尼系数随转速和进口预旋的增大而迅速减小，特别是在低频区。相比于转速，进口预旋对交叉刚度和有效阻尼的影响更为显著。进口预旋显著减小了袋型阻尼密封的有效阻尼，对转子系统的稳定性是十分不利的，在工程实际中，可通过在密封进口前安装防旋板减小进口预旋速度，从而达到增强袋型阻尼密封转子系统稳定性的目的。随周向挡板数的增大，袋型阻尼密封的直接刚度系数逐渐增大；增加袋型阻尼密封的周向挡板数对有效阻尼的增大效果有限，特别是在高频区对有效阻尼没有影响。相对于周向挡板数为0的迷宫密封而言，只要很少的周向挡板（8个），便使得有效阻尼显著提高，再继续增大周向挡板数对有效阻尼的影响不明显。腔室深度对袋型阻尼密封直接刚度系数的影响规律比较复杂：在腔室深度较小时，直接刚度系数随腔室深度的增大而增大，但当腔室深度增大到一定值时，直接刚度系数在高频区随腔室深度的增大而减小，且涡动频率越大，减小的越明显；直接阻尼系数和交叉刚度系数的绝对值均随腔室深度的增大而减小。对袋型阻尼密封而言，有效阻尼系数随腔室深度的增大而先增大后减小，袋型阻尼密封的腔室深度并不是越大越好，从有效控制泄漏量、增大直接刚度和有效阻尼三方面综合考虑，腔室深度存在一个最优值。

附　录

附录1　泄漏方程的偏导数

控制体体积对时间偏导数：

$$\frac{\partial V_i}{\partial t}=L_i\cdot\frac{\partial A_i}{\partial\delta}\cdot\frac{\partial\delta}{\partial t}$$

泄漏量对涡动位移的偏导数：

$$\left.\frac{\partial m_i}{\partial\delta}\right|_{\delta_{0i}}=\frac{m_{0i}}{A_{0i}}\cdot\frac{\partial A_i}{\partial\delta}$$

$$\left.\frac{\partial m_{i+1}}{\partial\delta}\right|_{\delta_{0i+1}}=\frac{m_{0i+1}}{A_{0i+1}}\cdot\frac{\partial A_{i+1}}{\partial\delta}$$

泄漏量对腔室压力的偏导数：

(1)St. Venant 泄漏模型：

$$\frac{\partial\dot{m}_i}{\partial P_i}=\frac{m_{0i}}{\frac{2\cdot\kappa^2}{\kappa-1}\cdot\left[\left(\frac{P_{0i}}{P_{0i-1}}\right)^{\frac{2}{\kappa}}-\left(\frac{P_{0i}}{P_{0i-1}}\right)^{\frac{(\kappa+1)}{\kappa}}\right]}\cdot\frac{1}{P_{0i-1}}\cdot\left[\frac{2\cdot\kappa}{(\kappa-1)}\cdot\left(\frac{P_{0i}}{P_{0i-1}}\right)^{\frac{(2-\kappa)}{\kappa}}-\frac{\kappa\cdot(\kappa+1)}{\kappa-1}\cdot\left(\frac{P_{0i}}{P_{0i-1}}\right)^{\frac{1}{\kappa}}\right]+\frac{m_{0i}}{\mu_{01i}}\cdot\frac{\partial\mu_{1i}}{\partial P_i}$$

$$\frac{\partial\dot{m}_i}{\partial P_{i-1}}=\frac{m_{0i}}{\frac{2\cdot\kappa^2}{\kappa-1}\cdot\left[\left(\frac{P_{0i}}{P_{0i-1}}\right)^{\frac{2}{\kappa}}-\left(\frac{P_{0i}}{P_{0i-1}}\right)^{\frac{(\kappa+1)}{\kappa}}\right]}\cdot\frac{P_{0i}}{P_{0i-1}^2}\cdot\left(2\cdot\kappa\cdot\left(\frac{P_{0i}}{P_{0i-1}}\right)^{\frac{(2-\kappa)}{\kappa}}-\kappa\cdot\left(\frac{P_{0i}}{P_{0i-1}}\right)^{\frac{1}{\kappa}}\right)+\frac{m_{0i}}{\mu_{01i}}\cdot\frac{\partial\mu_{1i}}{\partial P_{i-1}}$$

(2)Neumann 泄漏模型：

$$\frac{\partial m_i}{\partial P_i}=-\frac{m_{0i}\cdot P_{0i}}{P_{0i-1}^2-P_{0i}^2}+\frac{m_{0i}}{\mu_{01i}}\cdot\frac{\partial\mu_{1i}}{\partial P_i}$$

$$\frac{\partial m_i}{\partial P_{i-1}}=\frac{m_{0i}\cdot P_{i-1}}{P_{i-1}^2-P_i^2}+\frac{m_{0i}}{\mu_{01i}}\cdot\frac{\partial\mu_{1i}}{\partial P_{i-1}}$$

流量系数 μ_{1i} 对腔室压力的偏导数：

(1)Chaplygin’s 流量系数：

$$\frac{\partial\mu_{1i}}{\partial P_i}=\frac{\mu_{01i}^2}{\pi}\cdot(4S_{0i}-5)\cdot\frac{1}{P_{0i}}\cdot\left(\frac{\gamma-1}{\gamma}\right)\cdot\left(\frac{P_{0i-1}}{P_{0i}}\right)^{\frac{\gamma-1}{r}}$$

$$\frac{\partial \mu_{1i}}{\partial P_{i-1}} = -\frac{\mu_{01i}^2}{\pi} \cdot (4S_{0i}-5) \cdot \frac{1}{P_{0i}} \cdot \left(\frac{\gamma-1}{\gamma}\right) \cdot \left(\frac{P_{0i-1}}{P_{0i}}\right)^{-\frac{1}{r}}$$

(2)Eser & Kazakia 流量系数：

$$\frac{\partial \mu_{1i}}{\partial P_i} = \frac{\partial \mu_{1i}}{\partial P_{i-1}} = 0$$

附录 2　摄动方程的系数

线性方程系数：

$$G_{1i} = \frac{V_{0i}}{\kappa \cdot R_g \cdot T_{0i}}; G_{2i} = -\left.\frac{\partial m_i}{\partial P_{i-1}}\right|_{P_{0i-1},P_{0i}}; G_{3i} = \left.\left(\frac{\partial m_{i+1}}{\partial P_i} - \frac{\partial m_i}{\partial P_i}\right)\right|_{P_{0i-1},P_{0i},P_{0i+1}}$$

$$G_{4i} = -\left.\frac{\partial m_{i+1}}{\partial P_{i+1}}\right|_{P_{0i},P_{0i+1}}; G_{5i} = \frac{L_i \cdot P_{0i}}{R_g \cdot T_{0i}} \cdot \frac{\partial A_i}{\partial \delta}; G_{6i} = -\left.\frac{\partial m_i}{\partial \delta}\right|_{P_{0i-1},P_{0i}};$$

$$G_{7i} = \left.\frac{\partial m_{i+1}}{\partial \delta}\right|_{P_{0i},P_{0i+1}}$$

矩阵[A_i^{-1}]：

$$A_{1,1} = A_{2,2} = 0; A_{1,2} = A_{2,1} = G_{2i};$$

矩阵[A_i^0]：

$$A_{1,1} = G_{1i} \cdot \Omega; A_{1,2} = A_{2,1} = G_{3i}; A_{2,2} = -G_{1i} \cdot \Omega$$

矩阵[A_i^{+1}]：

$$A_{1,1} = A_{2,2} = 0; A_{1,2} = A_{2,1} = G_{4i}$$

向量(B_i)：

$$B_i = \begin{Bmatrix} -G_{5i} \cdot \Omega \cdot a \\ -(G_{6i}+G_{7i}) \cdot a \end{Bmatrix}$$

附录 3　控制方程的分离

线性方程的正弦、余弦项合并：

$$(G_{1i} \cdot \Omega \cdot P_{si} + G_{2i} \cdot P_{ci-1} + G_{3i} \cdot P_{ci} + G_{4i} \cdot P_{ci+1} + G_{5i} \cdot \Omega \cdot a) \cdot \cos(\Omega t) + (-G_{1i} \cdot \Omega \cdot P_{ci} + G_{2i} \cdot P_{si-1} + G_{3i} \cdot P_{si} + G_{4i} \cdot P_{si+1} + G_{6i} \cdot a + G_{7i} \cdot a) \cdot \sin(\Omega t) = 0$$

余弦 $\cos(\Omega t)$项：

$$G_{1i} \cdot \Omega \cdot P_{si} + G_{2i} \cdot P_{ci-1} + G_{3i} \cdot P_{ci} + G_{4i} \cdot P_{ci+1} + G_{5i} \cdot \Omega \cdot a = 0$$

正弦 $\sin(\Omega t)$项：

$$-G_{1i} \cdot \Omega \cdot P_{ci} + G_{2i} \cdot P_{si-1} + G_{3i} \cdot P_{si} + G_{4i} \cdot P_{si+1} + G_{6i} \cdot a + G_{7i} \cdot a = 0$$

参考文献

李军，李志刚，2011. 袋型阻尼密封泄漏流动和转子动力特性的研究进展[J]. 力学进展，41(5):519－536.

李军，晏鑫，宋立明，等，2008. 透平机械密封技术研究进展[J]. 热力透平，37(3):141－148.

李军，晏鑫，丰镇平，等，2009. 透平机械阻尼密封技术及其转子动力特性研究进展[J]. 热力透平，389(1):5－9.

李志刚，2013. 袋型阻尼密封泄漏特性和转子动力特性的研究[D]. 西安:西安交通大学.

李志刚，李军，2012a. 透平机械旋转密封转子动力特性研究—第一部分:多频椭圆涡动数值预测模型[J/OL]. 中国科技论文在线 [2012－06－08].

李志刚，李军，2012b. 透平机械旋转密封转子动力特性研究—第二部分:迷宫密封[J/OL]. 中国科技论文在线 [2010－07－25].

李志刚，李军，丰镇平，2012a. 高转速袋型阻尼密封泄漏的特性[J]. 航空动力学报，2012，27(12):2829－2835.

李志刚，李军，丰镇平，2012b. 袋型阻尼密封转子动力特性的多频单向涡动预测模型[J]. 西安交通大学学报，2012，46(5):13－18.

晏鑫，2010. 蜂窝密封内流动传热及转子动力特性的研究[D]. 西安:西安交通大学.

晏鑫，李军，丰镇平，2009a. 孔型气体密封的转子动力特性研究[J]. 动力工程，29(1):31－35.

晏鑫，李军，丰镇平，2009b. BULK FLOW 方法分析孔型密封转子动力特性的有效性[J]. 西安交通大学学报，43(1):24－28.

晏鑫，蒋玉娥，李军，等，2009. 迷宫密封转子动力特幸福的数值模拟[J]. 热能动力工程学报，24(5):566－570.

Alford J，1965. Protecting Turbomachinery from Self-excited Rotor Whirl [J]. Journal of Engineering for Power，1965，87(4):333 － 343.

Armendariz RA，2002. Rotordynamic Analysis of A Pocket Damper Seal Using Circular Orbits of Large Amplitude[D]. Texas，USA:Texas A&M University，College Station.

Childs DW，1993. Turbomachinery Rotordynamic:Phenomena，Modeling，

and Analysis[M]. New York:John Wiley & Sons, Chapter 5.
Childs DW, Vance J, 1994. Annular Seals as Tools to Control Rotordynamic Response of Future Gas Turbine Engines[C]. AIAA Paper: 94 - 2804.
Childs DW, Scharrer J, 1996. An Iwatsubo-Based Solution for Labyrinth Seals:Comparison to Experimental Results[J]. ASME Journal of Engineering for Gas Turbines and Power, 108(2):325 - 331.
Childs DW, Wade J, 2004. Rotordynamic-Coefficient and Leakage Characteristics for Hole-Pattern-Stator Annular Gas Seals-Measurements Versus Predictions[J]. ASME Journal of Tribology, 126(2):326 - 333.
Chocgua G, Soulas TA, 2007. Numerical Modeling of Rotordynamic Coefficients for Deliberately Roughened Stator Gas Annular Seals[J]. ASME Journal of Tribology, 129(2):424 - 429.
Chupp RE, Hendricks RC, Lattime SB, et al, 2006. Sealing in Turbomachinery[J]. ASME Journal of Propulsion and Power, 22(2):313 - 349.
Ertas BH, 2005. Rotordynamic Force Coefficients of Pocket Damper Seals [D]. Texas, USA:Texas A&M University, College Station.
Ertas BH, Gamal AM, Vance J, 2006. Rotordynamic Force Coefficients of Pocket Damper Seals[J]. ASME Journal of Turbomachinery, 128(4):725 - 737.
Ertas BH, Vance J, 2007a. Rotordynamic Force Coefficients for a New Damper Seal Design[J]. ASME Journal of Tribology, 129(2):365 - 374.
Ertas BH, Vance J, 2007b. The Influence of Same-Sign Cross-Coupled Stiffness on Rotordynamics[J]. ASME Journal of Vibration and Acoustics, 129 (1):24 - 31.
Ertas BH, Delgado A, Vannini G, 2011. Rotordynamic Force Coefficients for Three Types of Annular Gas Seals with Inlet Preswirl and High Differentail Pressure Ratio[C]. ASME Paper: GT2011 - 45556.
Gamal AM, 2007. Leakage and Rotordynamic Effects of Pocket Damper Seals and See-Through Labyrinth Seals[D]. Texas, USA:Texas A&M University, College Station.
Gamal AM, Ertas BH, Vance J, 2007. High-Pressure Pocket Damper Seals: Leakage Rates and Cavity Pressures[J]. ASME Journal of Turbomachinery, 129(4):826 - 834.

Iwatsubo T, 1980. Evaluation of Instability of Forces of Labyrinth Seals in Turbines or Compressors[R]. Workshop on Rotordynamic Instability Problems in High-Performance Turbomachinery, Texas A&M University, NASA Conference Publication No. 2133:139 - 67.

Jun LI, Zhigang LI, Zhenping FENG, 2012. Investigations on the Rotordynamic Coefficients of Pocket Damper Seals Using the Multi-frequency, One-Dimensional, Whirling Orbit Model and RANS Solutions[J]. ASME Journal of Engineering for Gas Turbines and Power, 134(10):102510.

Kleynhans GF, 1996. A Two-Control-Volume Bulk-Flow Rotordynamic Analysis for Smooth-Rotor/Honeycomb-Stator Gas Annular Seals[D]. Texas, USA:Texas A&M University, College Station.

Li J, 1999. A Bulk-Flow Model of Multiple-blade, Multiple-pocket Gas Damper Seals[D]. Texas, USA:Texas A&M University, College Station.

Li J, Vance J, 1995. Effects of Clearance and Clearance Ratio on Two and Three Bladed TAMSEALS[R]. TRC-Seal-4 - 95, Turbomachinery Laboratory Research Progress Report, Texas A&M University, College Station.

Li Z, Li J, Feng Z, et al., 2011. Numerical Investigations on the Leakage Flow Characteristics of Pocket Damper Seals[C]//Proceeding of ASME Turbo Expo. Vancouer, Canada.

Moore JJ, 2003. Three-Dimensional CFD Rotordynamic Analysis of Gas Labyrinth Seals[J]. ASME Journal of Vibration and Acoustics, 125(4):427 - 433.

Muszynska A, 2005. Rotordynamics[M]. Taylor & Francis Group, Boca Raton CRC Press:214 - 222.

Pugachev A, Kleinhans U, Gaszner M, 2012. Prediction of Rotordynamic Coefficients for Short Labyrinth Gas Seals Using Computational Fluid Dynamics[J]. ASME Journal of Engineering for Gas Turbines and Power, 134(6):062501.

Shultz RR, 1996. Analytical and Experimental Investigations of a Labyrinth Seal Test Rig and Damper Seals for Turbomachinery[D]. Texas, USA:Texas A&M University, College Station.

Srinivas BK, 2003. Development and Validation of an Analytical Model for the Notched Pocket Damper Seal[D]. Texas, USA:Texas A&M University, College Station.

Vance J, Shultz RR, 1993. A New Damper Seal for Turbomachinery[C]// Proceeding of 14th Vibration and Noise Conference. New Mexico:139 - 148.

Vance J, Zeidan F, Murphy B, 2010. Machinery Vibration and Rotordynamics[M]. New York:John Wiley and Sons.

Xin YAN, Jun LI, Zhenping FENG, 2011. Investigations on the Rotordynamic Characteristics of a Hole-Pattern Seal Using Transient CFD and Periodic Circular Orbit Model[J]. ASME Journal of Vibration and Acoustics, 133(4):041007.

Xin YAN, Kun HE, Jun LI, et al, 2012. Rotordynamic Performance Prediction for Surface-roughened Seal Using Transient Computational Fluid Dynamics and Elliptical Orbit Model[J]. IMechE Journal of Power and Energy, 226(8):975 - 988.

Zhigang LI, Jun LI, Xin YAN, Zhenping FENG, 2012. Numerical investigations on the leakage flow characteristics of pocket damper labyrinth seals [J]. Proc. IMechE Part A:Journal of Power and Energy, 226(7):932 - 948.

Zhigang LI, Jun Li, XinYAN, 2013. Multiple Frequencies Elliptical Whirling Orbit Model and Transient RANS Solution Approach to Rotordynamic Coefficients of Annual Gas Seals Prediction[J]. ASME Journal of Vibration and Acoustics,135(3):031005.

Zhigang LI, Jun LI, Zhenping FENG, 2014a. Numerical Investigations on the Leakage and Rotordynamic Characteristics of Pocket Damper Seals Part I: Effects of Pressure Ratio, Rotational Speed and Inlet Preswirl [C]. ASME: GT2014 - 25300.

Zhigang LI, Jun LI, Zhenping FENG, 2014b. Numerical Investigations on the Leakage and Rotordynamic Characteristics of Pocket Damper Seals Part II:Effects of Partition Wall Type, Partition Wall Number and Cavity Depth [C]. ASME: GT2014 - 25301.

第5章 透平机械刷式密封技术

5.1 引 言

在透平机械中，流体在压差的作用下通过非接触式密封(迷宫密封、蜂窝密封)的固有间隙产生泄漏。因此，要想更进一步降低泄漏量，就需要减小或者消除密封的动静间隙。刷式密封便是透平机械领域常用的一种接触式动密封技术，具有优良的密封性能。图5-1是典型刷式密封结构示意图。图5-2是某刷式密封实物照片。刷式密封是由前夹板、刷丝束和后夹板三部分组成。刷丝束是由排列紧密的纤细金属刷丝层叠构成。前夹板起到固定和保护刷丝束的作用；后夹板对刷丝束起到支撑的作用，使刷丝束在气动力的作用下避免产生较大的轴向变形，从而保持稳定的封严性能。刷丝束与转子有微小的过盈量，运行时其与转子保持接触。因此，气流只能通过刷丝间微小空隙泄漏，泄漏量极低。此外，柔性的刷丝束顺着转子旋转方向以一定角度与转子表面相接触。这种特殊的结构设计不仅可以有效地减缓刷丝的磨损，而且使刷丝束在转子瞬时径向偏移时有极强的适应性。当转子发生径向偏移时，刷丝束可以产生弹性退让，避免刷丝过度磨损；当转子从偏心位置恢复时，刷丝又会在弹性恢复力的作用下及时跟随转子，保证良好的封严性能。因此，刷式密封作为接触式动密封相比传统迷宫密封具有更加优良、稳定和持久的密封性能。此外，刷式密封比传统迷宫密封占据的轴向空间要小，这样可以使密封系统较轻巧。

刷式密封最初是为适应航空发动机复杂多变的工作环境而设计的。飞机在起飞或降落时，航空发动机内的转动部件和静止部件变形速率不一致，会造成密封间隙产生很大的变化。迷宫密封与转子可能发生碰磨，造成永久性泄漏通道。而刷式密封中柔性的刷丝束可以适应转子的径向偏移，及时跟随转子，保证良好的密封性能。英国罗罗公司上世纪 80 年代在实际航空发动机中对刷式密封进行了应用试验，并在 1987 年成功地将刷式密封技术应用于 IAEV2500 发动机中。该发动机安装在空中客车 A320 飞机中(陈春新，2011a)。1994 年美国普惠公司将刷式密封技术应用于 F－119 型号发动机，该发动机装备于 F－15 和 F－16 战机(陈春新，2011a)。目前刷式密封技术的研究和应用已日益成熟，刷式密封不仅广泛应用于航空发动机，而且越来越多地应用于工业燃气轮机和蒸汽轮机(Chupp，2006)。

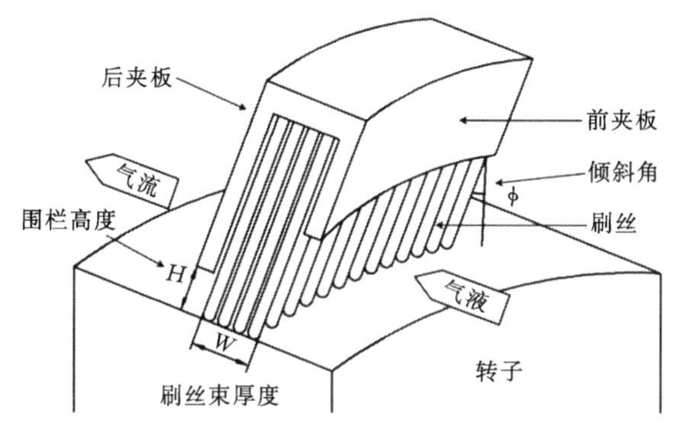

图 5－1　刷式密封结构示意图

图 5－2　刷式密封实物图

刷式密封是一种看似简单实际上却非常复杂的密封装置，气流是从刷丝束内部随机分布的空隙泄漏通过，具有复杂的泄漏流动形态。为了确保刷式密封的优良封严性能，运行时刷丝束必须与转子相接触。刷丝在运行时受到泄漏气流、转子、刷丝以及后夹板的共同作用会产生变形和磨损，同时刷式密封会产生吹闭效应、摩擦热效应、刚化效应、迟滞效应等。

吹闭效应(blow-down effect)是指刷丝束经过长时间高频率与转子碰磨后形成密封间隙。柔性的刷丝束会在气动力的作用下改变刷丝的倾斜角，自动减小或者关闭密封间隙，从而维持良好的封严性能。

摩擦热效应(frictional heat effect)是指刷式密封在运行时，刷丝与转子之间发生高速摩擦并伴随产生的热。在转子产生瞬时径向偏移时摩擦更加剧烈，产热增加，刷丝束自由端温度急剧升高，刷丝磨损加剧，这会对刷式密封的密封性能和运行寿命产生不利影响。

刚化效应(stiffness effect)是指刷式密封在转子发生径向偏移或升速时，刷丝由于摩擦力的作用不能及时偏移的现象。该效应好比刷丝的瞬时刚度增加。

迟滞效应(hysteresis effect)是指当转子从偏心位置恢复或降速时，由于刷丝束与后夹板间的摩擦力以及刷丝之间摩擦力的作用，变形的刷丝束不能及时地跟随转子表面仍保持一定的偏移位置的现象。此时刷丝与转子的接触力与转子产生偏移或升速时不同,也就是说刷丝与转子的接触力在转子偏移或升速时与转子从偏移位置恢复或降速时的变化不一致,这种与载荷历史有关的差异就是刷式密封的迟滞效应。

刷式密封的吹闭效应、摩擦热效应、迟滞效应都会对其封严性能和使用寿命产生重要影响,同时也会限制刷式密封的应用范围。本章将详细介绍刷式密封的泄漏特性、传热特性及力学特性的研究方法和结论,并详细分析这些效应产生的原因及对刷式密封的影响,以期对刷式密封技术的研发设计提供理论基础和技术支撑。

5.2 刷式密封泄漏特性

封严性、运行寿命、工作条件(压力、温度、转速)是衡量刷式密封性能好坏的主要技术指标。其中,封严性是透平机械密封最重要的技术指标,通常用密封的泄漏量来表征。刷式密封作为接触式密封可以消除密封件和转子面的动静间隙,具有很好的封严性。但是由于刷式密封的刷丝束是由排列紧密的纤细刷丝层叠构成,刷丝间随机分布着许多微小的空隙,气流会在压差的作用下通过这些微小间隙泄漏。刷式密封内的流动形态非常复杂,使得数值预测刷式密封的泄漏流动变得比较困难。尽管如此,刷式密封泄漏特性的研究是开展最早、最重要、也是最为成熟的研究领域。本节从数值预测和试验测量方法两个方面介绍刷式密封泄漏特性的研究,为刷式密封的设计和计算分析提供支持。

5.2.1 数值预测方法

刷式密封的刷丝直径非常小(0.05～0.15 mm),排列非常紧密,气流是从刷丝间随机分布的微小空隙中泄漏通过的。如果像迷宫密封那样建立实际的三维模型直接求 RANS 方程是异常困难的,研究人员发展了许多近似的数值模型来模拟刷式密封的复杂流场。

研究人员把刷丝束简化为多排交错排列的圆柱体,用气流泄漏通过理想化的刷丝束来模拟刷丝束内部空隙中的泄漏流动形态(Braun, 1995)。研究人员通过实验验证了采用这种理想化的泄漏模型预测刷丝束内部的流场和压力分布具有一定的精度。在实际运行中的刷式密封。刷丝束受到泄漏流体、转子及前后夹板的共同作用，刷丝发生变形、相互挤压，在刷丝束区域内形成不规则分布的空隙。泄漏流体通过这些随机分布的空隙，产生不同方向的射流与漩涡流。同时刷丝束内流动的不均匀性使得流体产生自密封效应。根据刷丝束内部空隙随机分布的特性，可以将刷丝束近似处理为多孔介质（李军，2007a）。具体方法是在动量方程中增加阻力源项 F_i 代表刷丝束对流体的阻力。

$$\frac{\partial(\rho u_i u_j)}{\partial x_j} = -\frac{\partial p}{\partial x_i} + \frac{\partial \tau_{ij}}{\partial x_j} + F_i \tag{5-1}$$

刷丝束对流体既有粘性阻力又有惯性阻力，为了更好地模拟刷式密封泄漏流动，应采用式（5-2）所表示的非达西多孔介质模型（non-darcian porous model）。

$$F_i = -A_i \mu u_i - \frac{1}{2} B_i \rho |u| u_i \tag{5-2}$$

式中：A_{ij} 和 B_{ij} 表示刷丝束多孔介质内部的粘性损失系数矩阵和惯性损失系数矩阵。如何确定刷丝束多孔介质区域的阻力系数是准确预测刷式密封泄漏流动的关键。流体泄漏通过刷丝束的流动与流体渗透通过填充床的流动相似。式（5-3）所示 Ergun 方程给出了流体渗透通过填充床时压降与阻力系数之间的关联式（Ergun，1952）：

$$\frac{\Delta p}{L} = \frac{\alpha \cdot \mu (1-\varepsilon)^2}{D_p^2 \varepsilon^3} V + \frac{\beta \cdot \rho (1-\varepsilon)}{D_p \varepsilon^3} V^2 \tag{5-3}$$

其中，α 和 β 是 Ergun 方程的经验常数，大量试验论证 $\alpha=150$ 和 $\beta=1.75$ 时适用于常见雷诺数范围。ε 为刷丝束多孔介质区域的孔隙率；D_p 为填充床内平均颗粒直径。圆球的比表面积 a_v 为：

$$a_v = \frac{S_{\text{Total}}}{V_{\text{Total}}} = \frac{4\pi r^2}{(4\pi r^3/3) \cdot l} = \frac{3}{r} = \frac{6}{d} \tag{5-4}$$

$$D_p = 6/a_v = d \tag{5-5}$$

对于圆柱体刷丝：

$$a_v = \frac{S_{\text{Total}}}{V_{\text{Total}}} = \frac{\pi d \cdot l}{(\pi d^2/4) \cdot l} = \frac{4}{d} \tag{5-6}$$

$$D_p = 6/a_v = 1.5d \tag{5-7}$$

利用式（5-2）、（5-3）和（5-7）可以计算出垂直于刷丝方向的粘性阻力系数 a_z、a_n 和惯性阻力系数 b_z、b_n，沿着刷丝方向的惯性阻力系数 b_s 为零（邱波，2011）。

$$a_z = a_n = \frac{66.67(1-\varepsilon)^2}{d^2 \varepsilon^3} a_s = 0.4\varepsilon \cdot a_n$$

$$b_z = b_n = \frac{2.33(1-\varepsilon)}{d\varepsilon^3} b_s = 0 \tag{5-8}$$

式中：d 为刷丝直径；ε 为刷丝束的孔隙率，它是影响刷丝束内流体传输性能的重要参数。刷丝束的孔隙率为刷丝束内微小空隙的体积与刷丝束总体积 V_{Total} 的比值(Li, 2012)：

$$\varepsilon = 1 - V_{\text{Bristle}}/V_{\text{Total}} = 1 - \pi d^2 N/(4w\sin\Phi) \tag{5-9}$$

式中：V_{Bristle} 为刷丝束多孔介质区域内固体刷丝的体积；N 为刷丝密度；w 为刷丝束厚度；Φ 为刷丝倾斜角。

根据刷丝束的几何结构可知，刷丝束在距离转子面近端的排列比远端更加紧密。刷丝束的孔隙率沿转子径向逐渐增大，刷丝束的阻力系数也会随着孔隙率的增大而减小。本节根据刷丝束的几何结构，推导了孔隙率沿转子径向变化的表达式。

根据图 5-3 所示，刷丝的体积可以表示为：

$$V_{\text{Bristle}} = N\pi D \cdot (\Delta r/\sin\Phi) \cdot (\pi d^2/4) \tag{5-10}$$

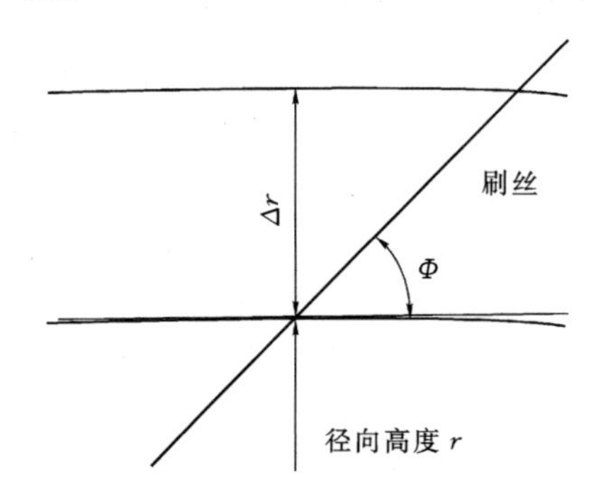

图 5-3 刷丝示意图

根据图 5-1 所示，刷丝束的总体积可以表示为：

$$V_{\text{Total}} = (\pi(r+\Delta r)^2 - \pi r^2) \cdot w \tag{5-11}$$

刷丝束孔隙率可以表示为：

$$\varepsilon_r = 1 - \frac{N\pi D(\Delta r/\sin\Phi)(\pi d^2/4)}{(\pi(r+\Delta r)^2 - \pi r^2)w} = 1 - \frac{N\pi D d^2/\sin\Phi}{4w(\Delta r + 2r)} \tag{5-12}$$

当 $\Delta r \to 0$，

$$\varepsilon_r = 1 - \frac{d^2 N\pi D}{8rw\sin\Phi} \tag{5-13}$$

式中：D 为密封直径；r 为径向高度。

刷丝束的阻力系数可通过经验公式推导得出，数值计算时需要用试验数据进行校准。从式(5－8)和(5－13)中可以看出,刷丝束的阻力系数是由孔隙率所决定的,而孔隙率主要由刷丝束厚度所决定。如图 5－4 所示刷丝的排列布置,刷丝束厚度为

$$w = d + \frac{\sqrt{3}}{2}(d+\delta)(N_{\text{row}} - 1) \tag{5-14}$$

$$N_{\text{row}} = Nd/\sin\Phi \tag{5-15}$$

式中:δ 为刷丝之间的平均间隙;N_{row} 为刷丝束沿转子轴向的排数。因此,在校准刷式密封的阻力系数时,只需要改变刷丝间隙 δ,使得刷式密封的泄漏量和压力分布与试验值相吻合。

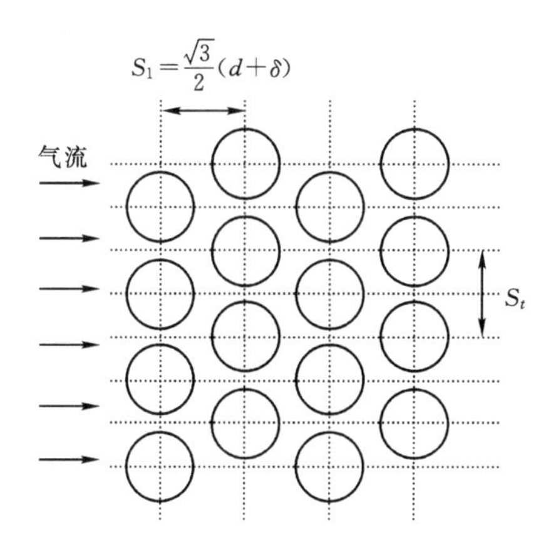

图 5－4　刷丝排列示意图

本节选择文献(Bayley, 1993)刷式密封结构来验证数值方法的可靠性。首先根据刷式密封几何参数采用 ANSYS ICEM CFD 生成刷式密封的多块结构化网格,网格沿周向弧度为 1°。由于刷式密封结构的轴对称性以及流动在转子圆周方向的周期性,可以取一部分弧段作为研究对象。弧段的两侧采用旋转周期性边界。然后采用商用软件 ANSYS－CFX 对刷式密封泄漏流动进行数值预测;工质为理想空气;进口给定总压总温;出口给定静压。刷丝束以外的流体区域选用 SST 湍流模型;由于刷丝束内部的流速较低,雷诺数也相对较低,刷丝束多孔介质区域采用层流模型。对于文献(Bayley, 1993)刷式密封结构,当刷丝平均间隙为 $d/13$ 时,数值预测的泄漏量和压力分布与试验值吻合良好。图 5－5 给出了数值预测的刷式密封泄漏量的计算值与试验值的对比。泄漏量的计算值与试验值在整个压力范围内吻合很好。图 5－6 和图 5－7 分别给出了刷丝束顶部沿转子面的轴向压力分布和刷丝束沿后夹板的径向压力分布的计算值与试验值。图中的无量纲压力系数 $P^* =(P-$

$P_d)/(P_{up}-P_d)$，无量纲径向位置定义为 $Y=y/l_b$，y 为与转子的径向距离，l_b 为刷丝束自由长度。刷丝束顶部的轴向压力分布和后夹板的径向压力分布的计算值与试验值具有相同的变化趋势。文献(Bayley，1993)的刷式密封试验没有考虑转子旋转，为了进一步验证本节数值方法在旋转条件下的可靠性，对比计算了文献(Carlile，1993)的刷式密封的泄漏量。如图5-8所示，在整个压力范围，工质为空气、氦气和二氧化碳时，数值预测的泄漏体积流量值与试验值吻合良好。

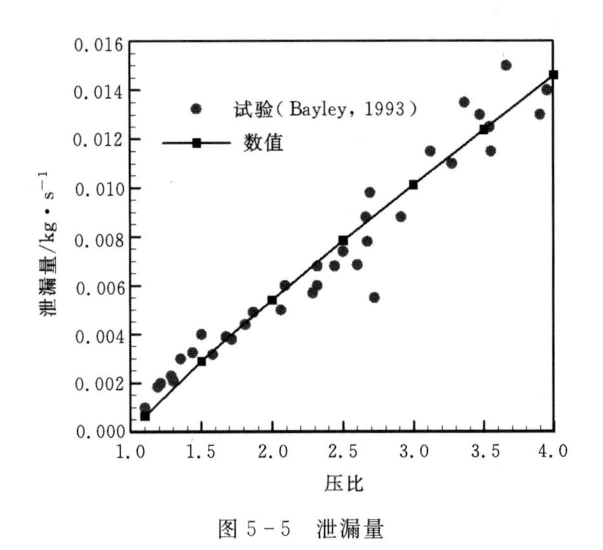

图5-5 泄漏量

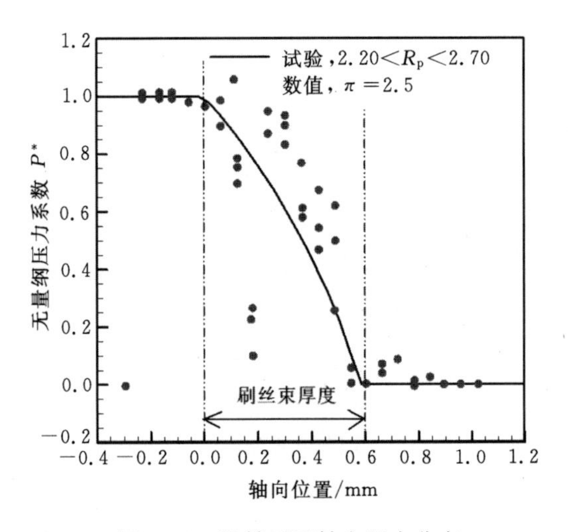

图5-6 沿转子面轴向压力分布

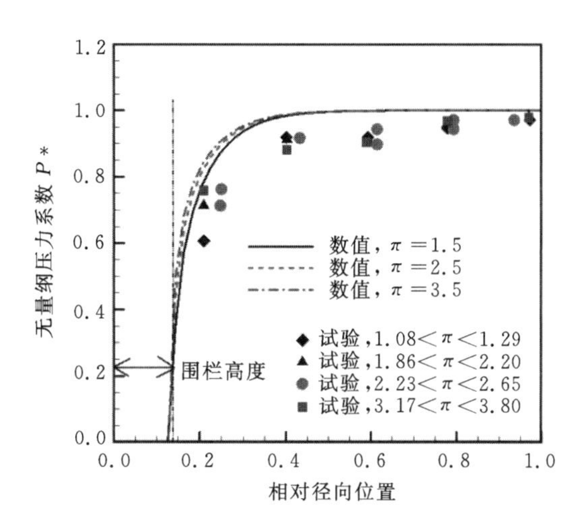

图5-7 沿后夹板径向压力分布

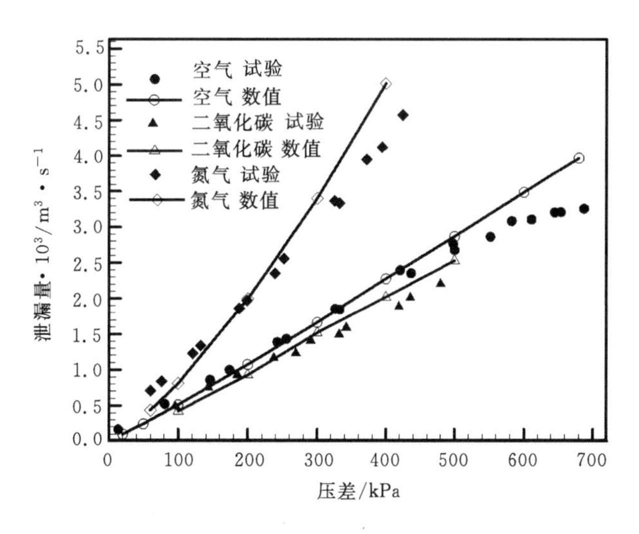

图5-8 刷式密封在不同工质下的泄漏量

5.2.2 试验测量装置

刷式密封的试验测量研究是验证数值预测可靠性的基础。国内外研究人员均建立了刷式密封泄漏量测试试验台，用以研究刷式密封的泄漏特性及各种因素的影响。Ferguson(1988)首先通过实验验证了刷式密封的密封性能远优于传统迷宫密封。Bayley 和 Long 在静态刷式密封试验台上测量了沿刷丝顶端轴向压力分布和沿后夹板的径向压力分布规律(Bayley, 1993)。Carlile(1993)试验测量了三种不同工质在转子静止和低转速的条件下刷式密封的泄漏量。图 5-9 是刷式密封泄漏特性旋转密封试验台实物照片(Li, 2012)。该试验台主要包括供气系统、密封试验段和测量系统。

刷式密封旋转试验系统中由压缩机供给的高压空气经过油气和气水分离器变得干燥和洁净，然后流经调节阀与流量计后进入密封试段，最终直接排入大气环境。密封件静子由周向布置的 6 块角度为 60°的扇形弧段组成。转子转速调节是通过变频器控制电机来实现的，电机与试验台旋转轴通过联轴器连接，可实现0～8000 r/min范围内连续调速。

刷式密封的泄漏量由试验台进气管道上安装的涡轮流量计测量。涡轮流量计具有温度和压力补偿功能，测量精度为±1%。进口压力通过位于涡轮流量计下游的流量调节阀进行调节。进口总压可通过试验台进口总压探针和压力传感器测得，测量精度为±0.075%。进口温度由 WRK(镍铬-康铜)装配式 T 型热电偶测得，测量精度为 0.75%。出口静压为大气环境的压力。试验中定义 R_p 为进口总压与出口静压之比。

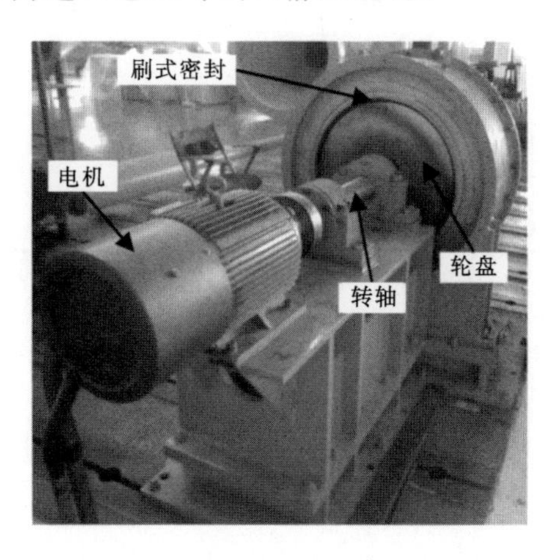

图 5-9 两级刷式密封旋转试验台

5.2.3 泄漏量的影响因素

密封性能是刷式密封最重要的性能指标，泄漏量是衡量刷式密封封严性能的指标。国内外众多学者采用试验和数值方法研究刷式密封的泄漏流动机理。刷式密封的几何结构参数（刷丝束厚度、密封间隙）及运行参数（压比、转速）都会对刷式密封的泄漏量产生重要影响。本节就这些因素对泄漏量影响的试验结果及数值预测结果进行介绍（Li，2009；Li，2010；Li，2012）。

采用刷式密封旋转试验台测量不同压比、转速和间隙下的泄漏量（Li，2012）。在刷式密封旋转试验台上，试验密封件要将迷宫密封的长迷宫齿替换为刷丝束，如图 5－10 所示。刷式密封的转子直径是 671 mm；初始刷丝束厚度为 1.0 mm；刷丝束围栏高度为 1.5 mm；刷丝束自由长度为 9.5 mm。试验分别测量了迷宫刷式密封在 5 种压比（1.1～1.5），4 种转速（0 r/min、1500 r/min、2400 r/min、3000 r/min）和 2 种密封间隙（0.1 mm、0.2 mm）下的泄漏量。同时采用多孔介质模型的方法数值预测试验刷式密封在不同工况下的泄漏量。图 5－11 为刷式密封的计算区域。图 5－12 为刷式密封的二维计算网格。采用二维轴对称计算模型，刷丝束区域处理为多孔介质，转子面给定转速，进口给定总温总压，出口给定静压。

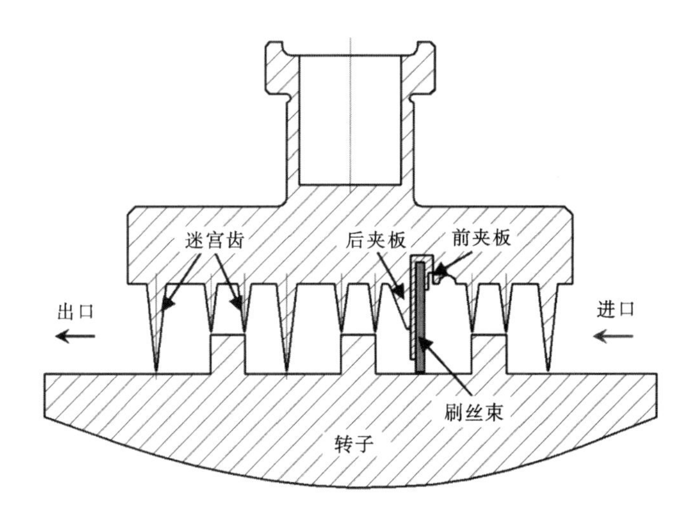

图 5－10　迷宫刷式密封结构

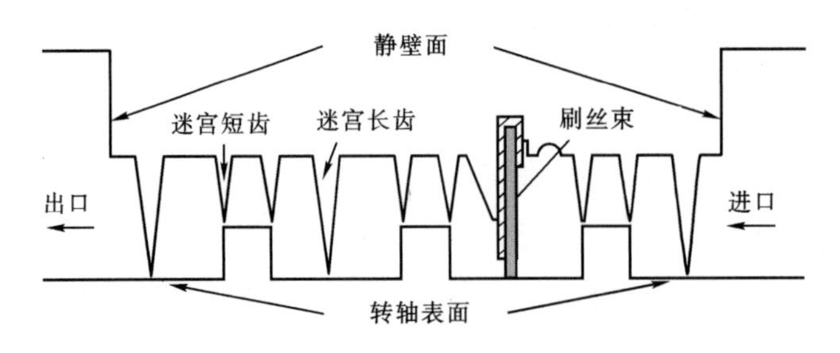

图 5-11 计算区域

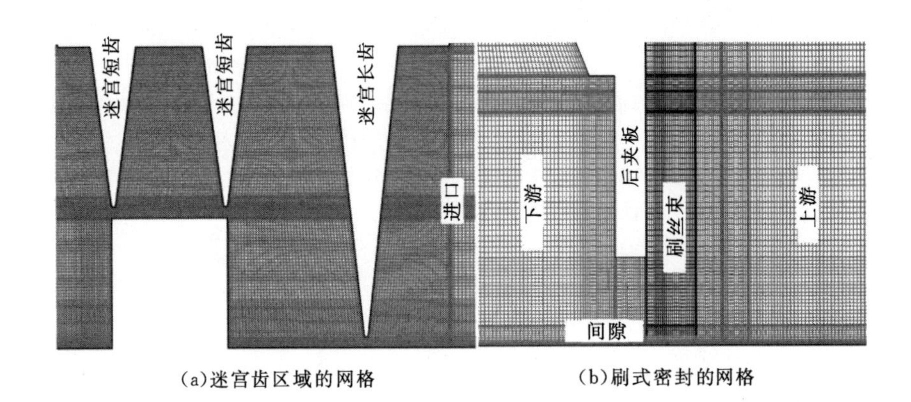

(a)迷宫齿区域的网格　　(b)刷式密封的网格

图 5-12 迷宫刷式密封的计算网格

图 5-13 给出了试验测量和数值预测的刷式密封在不同压比和间隙时的泄漏量。试验测量时转子转速为 3000 r/min。如图 5-13 所示，刷式密封的泄漏量随着密封间隙的增大而显著增加。由此可见密封间隙的存在显著降低刷式密封的封严性能。刷式密封经过长期的运行，不可避免地会产生运行间隙。如何降低刷丝磨损确保刷式密封的封严性能将是刷式密封的关键技术。例如有研究人员开发了浮动式刷式密封，即刷丝束随着转子径向跳动而浮动，可大大降低刷丝磨损。

如图 5-13 所示，在相同密封间隙下刷式密封的泄漏量随着压比增大而增大。值得注意的是泄漏量增加的幅度会随着压比增大略微减小。这是由于刷丝束随着压力载荷增大而产生吹闭效应(blow-down effect)，即刷丝束在气动力的作用下会改变刷丝倾斜角，逐渐地减小或者关闭刷丝束与转子间的运行间隙。可以说，刷式密封的吹闭效应对提高封严性能是有利的。为了更加准确地预测刷式密封的泄漏量应该考虑刷丝束的吹闭效应。具体方法是在数值计算时根据试验数据适当地减小刷丝束与转子间的密封间隙。

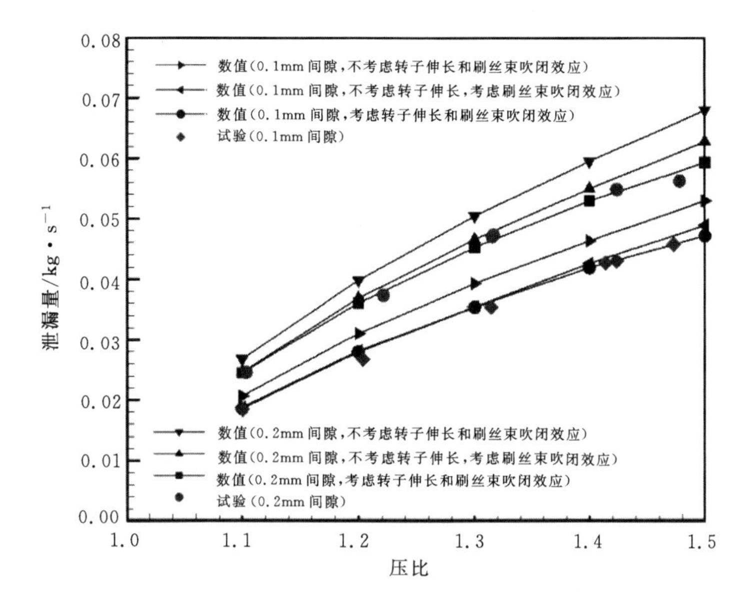

图5-13　泄漏量随压比的变化

由于转子直径较大,转子在高速旋转时在离心力的作用下会产生径向伸长效应。刷丝束与转子间的间隙尺寸很小,转子微小的径向伸长都会对密封间隙产生很大影响。因此,数值预测本试验的刷式密封的泄漏量时必须考虑转子的径向伸长。转子的径向伸长量可以通过公式(4-6)计算得到。

采用有限元方法也可以精确地获得转子在高速旋转时的径向伸长量。图5-14给出了转子离心伸长量随转速的变化。转子的离心伸长量随转速显著增大。图5-15给出转速为3000 r/min时转子的径向离心伸长云图。转子表面处,最大径向伸长达到25 μm。图5-16给出密封间隙随转速的变化量。对于0.1 mm的密封间隙,当转速为3000 r/min时,转子微小的径向伸长量使密封间隙减小了25%,当转速上升到6000 r/min时,转子的径向伸长使密封间隙关闭。

如图5-13所示,当考虑转子的离心伸长效应和刷丝束吹闭效应时,数值预测刷式密封的泄漏量与试验值吻合良好。以0.2 mm密封间隙为例,如果不考虑转子的离心伸长效应和刷丝束吹闭效应,数值预测刷式密封的泄漏量的误差可达17.56%,因此,转子直径较大或转速较高时,采用数值方法预测刷式密封的泄漏量时需要考虑转子的离心伸长效应对密封间隙的影响。

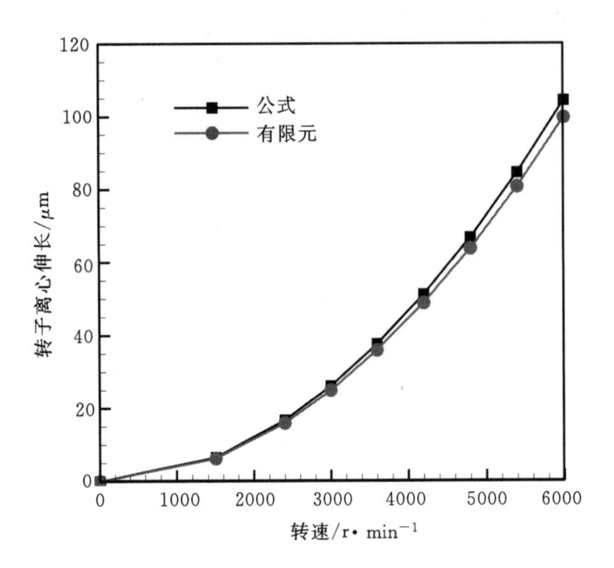

图 5-14　转子离心伸长随转速的变化

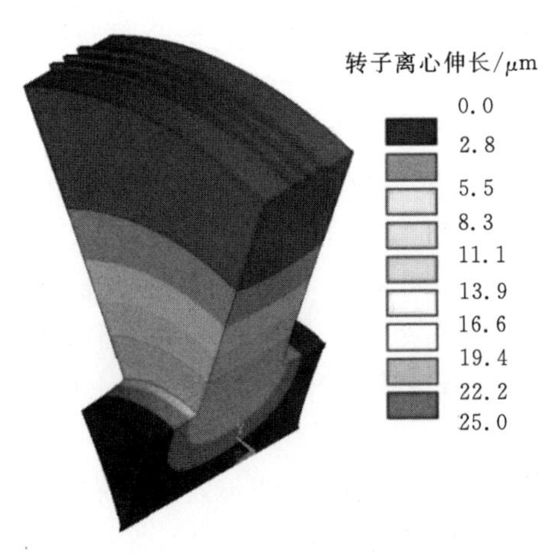

图 5-15　转子离心伸长云图(转速为 3000 r/min)

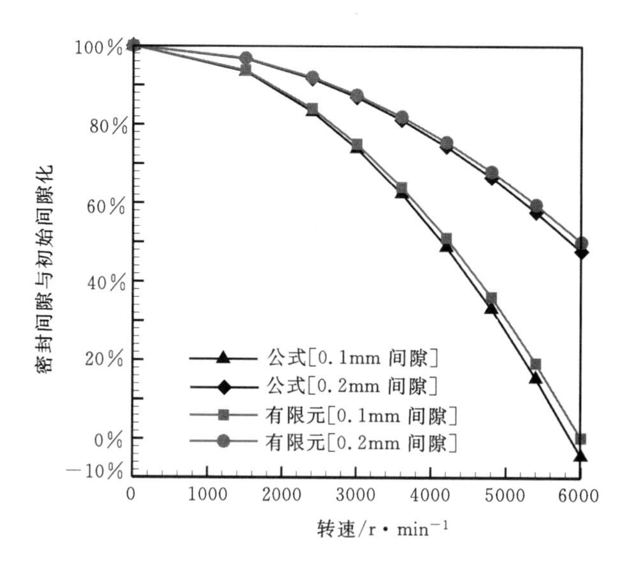

图 5-16　密封间隙变化

图 5-17 给出了两种间隙下刷式密封泄漏量随转速的变化。由图可见，刷式密封的泄漏量随着转速的升高而略微降低。这是由两方面原因造成的。首先，转子直径由于离心伸长效应随着转速升高而略微增大，刷式密封的间隙随着转速升高而略微较小，而密封间隙的减小就会使刷式密封泄漏量降

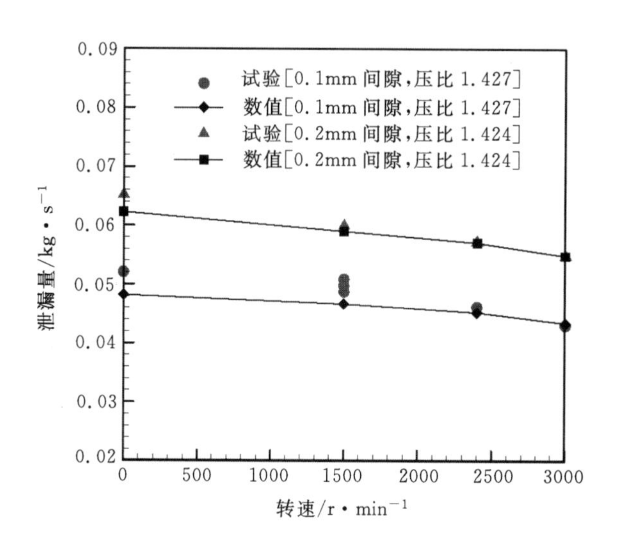

图 5-17　刷式密封泄漏量随转速的变化

低。其次，由于密封齿和刷丝束的阻隔，泄漏气流在密封腔室中形成强烈的旋涡流动，使泄漏气流的动能有效地转化为内能，即粘性耗散效应。随着转速升高，密封腔室中的旋涡流动强度和壁面剪切力显著增大，粘性耗散作用逐渐增强，泄漏气流的动能更有效地耗散为热能，刷式密封的泄漏量降低。

此外，刷丝束厚度也会对刷式密封的泄漏量产生影响。刷丝束厚度增加时，刷丝束对泄漏气流的阻力增加，刷式密封的泄漏量降低(李军，2007b)。

5.2.4 流场及压力分布

图5-18给出了零间隙刷式密封的静压和流线分布。在刷丝束的上游和下游区域内，气流压力均匀分布，压力下降主要集中在刷丝束内部区域。刷丝束围栏高度以下区域存在着一个较大的轴向和径向的压力梯度，这是由于通过刷丝束的泄漏气流主要在此区域膨胀、加速，压力迅速下降到刷丝束下游值。上游的泄漏气流渗入刷丝束上部区域后，由于后夹板的阻隔作用，泄漏气流沿径向向转子面流动，最终从围栏高度区域泄漏进入下游腔室。图5-19给出了0.2 mm间隙刷式密封的静压和流线分布。对于带间隙的刷式密封，泄漏气流还会从刷丝束与转子之间的间隙进入下游腔室。

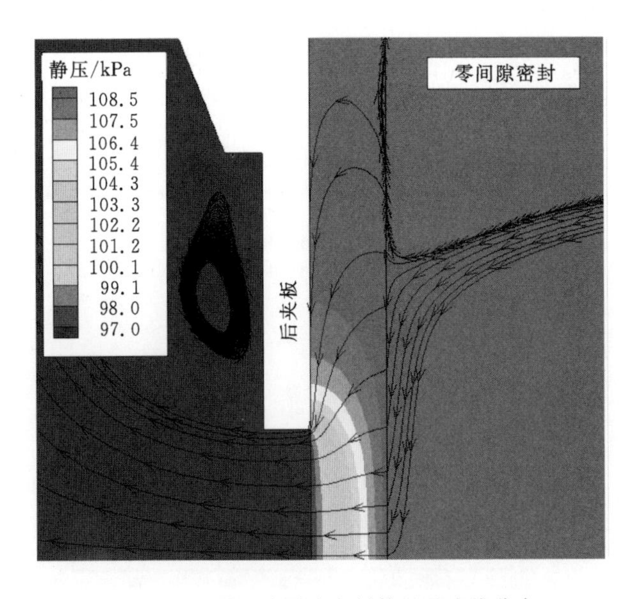

图5-18 零间隙刷式密封静压及流线分布

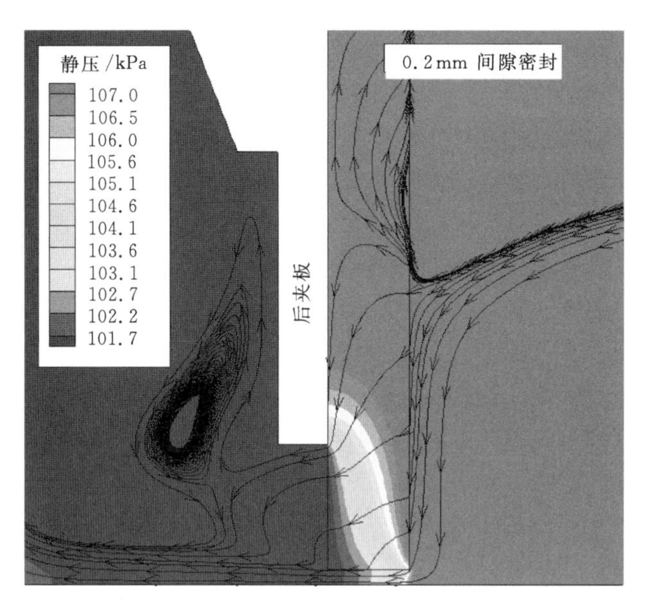

图 5－19　0.2 mm 间隙刷式密封静压及流线分布

图 5－20 表示了刷式密封的刷丝束的上表面、下表面、上游面和下游面的位置。图 5－21 给出了数值模拟的刷丝束上表面和下表面的轴向静压分布。刷丝束上表面静压近似为刷丝束上游压力值，但刷丝束下表面静压沿轴向从上游值均匀下降到下游值。刷丝束上表面与下表面间存在压差，这是泄漏气流在刷丝束内径向流动的原因，刷丝在气动力的作用下产生吹闭效应。刷丝束上下表面的压差从刷丝束上游到下游沿轴向逐渐增大，并会随着刷丝束前

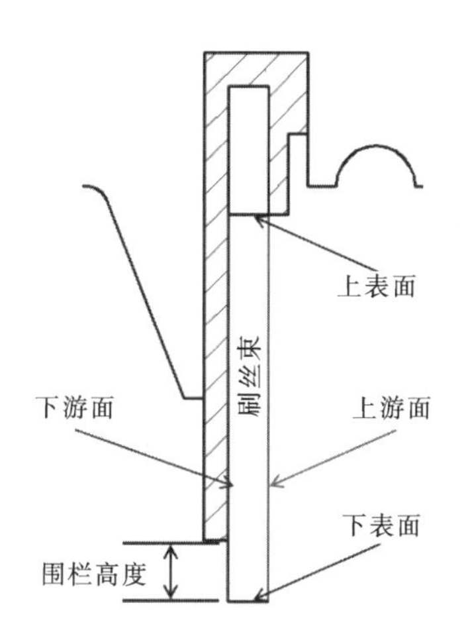

图 5－20　刷丝束的上表面、下表面、上游面和下游面的位置示意图

后压比的增大而增大，因此这也可以解释刷丝吹闭效应会随着刷丝束前后压差增大而增强。

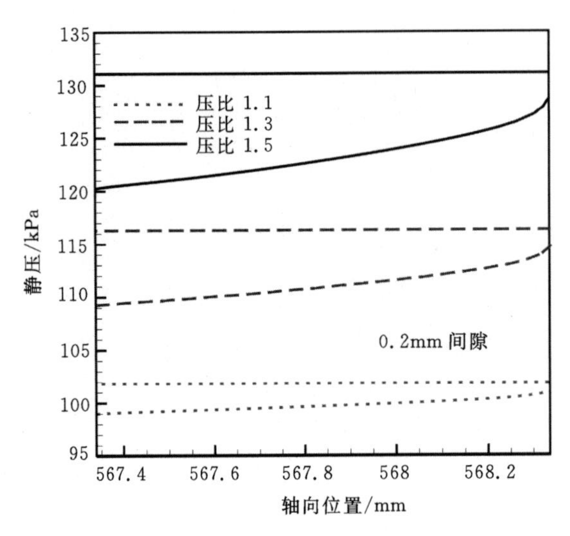

图 5-21　刷丝束的上表面和下表面静压分布数值模拟结果

图 5-22 给出了数值模拟的刷丝束上游面和下游面的径向静压分布。刷丝束上游面的静压近似为上游压力值。刷丝束围栏高度以外，刷丝束下游面的静压从上游值下降到下游值，并且静压下降主要集中在刷丝束围栏高度附近。刷丝束围栏高度以内，刷丝束下游面的静压近似为下游压力值。因此，刷丝束沿轴向的压力下降主要集中在刷丝束围栏高度以内。与径向压差一

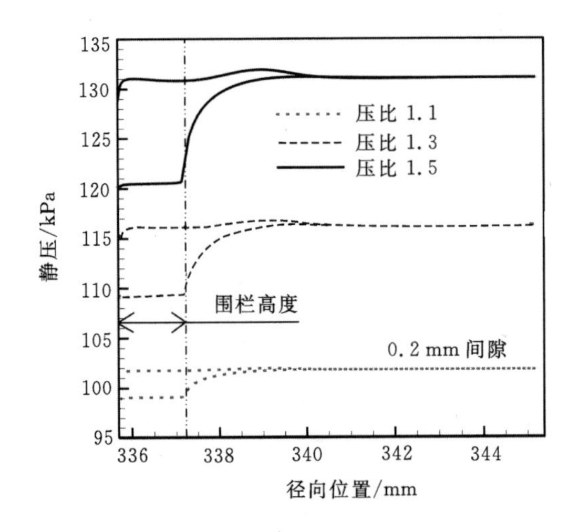

图 5-22　刷丝束的上游面和下游面静压分布数值模拟结果

样，在进出口压比较大时，刷丝束的轴向压差也相对较大。

5.3　多级刷式密封的泄漏特性

迷宫密封以其结构简单、成本低的特点广泛应用于透平机械领域。但是迷宫密封本身存在固有间隙，密封性能有限，而且当转子发生瞬时径向位移时，迷宫齿会产生永久性磨损，密封间隙增大，密封性能进一步降低。为了改善这一情况，可以尝试将多级迷宫密封的部分迷宫齿替换为刷丝束，组成混合式迷宫刷式密封，如图 5-23、图 5-24 所示。试验和数值研究证实，迷宫刷式密封不仅能够承受高压比的的工作负荷，而且具有优良和持久的封严性能(邱波，2013；Qiu，2014)。

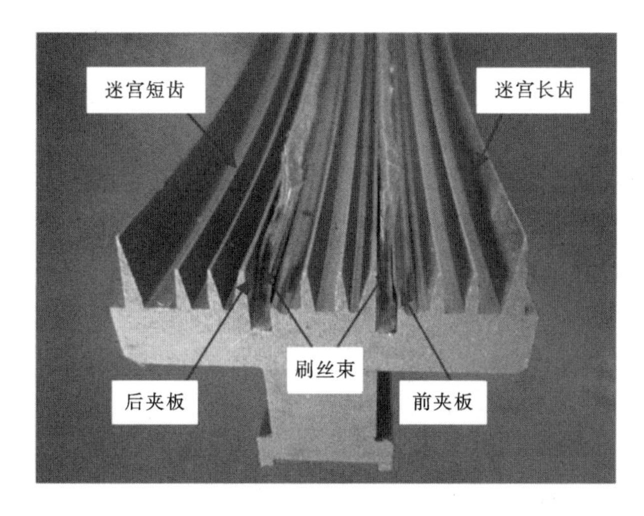

图 5-23　两级迷宫刷式密封

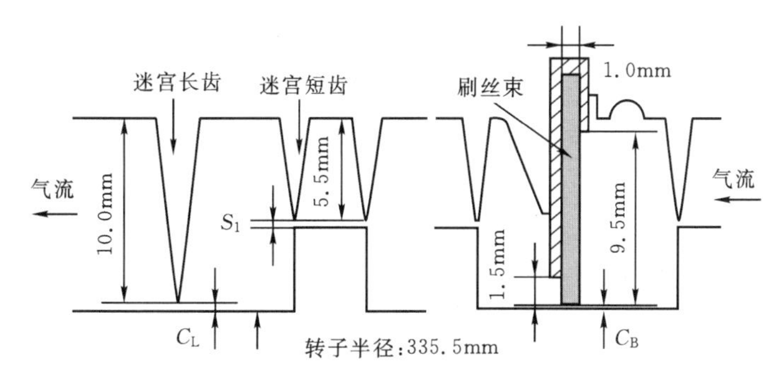

图 5-24　两级迷宫刷式密封几何尺寸

5.3.1 泄漏量

(1)采用刷式密封旋转试验台测量两级迷宫刷式密封在不同压比、转速和间隙下的泄漏量。同时采用多孔介质模型的方法数值预测了两级刷式密封的泄漏量。

数值预测迷宫刷式密封的泄漏量时,考虑转子离心伸长效应对密封间隙的影响。由于两级迷宫刷式密封中刷丝束承受的压比较小,刷丝的吹闭效应很弱,因此数值计算时不考虑刷丝束的吹闭效应。图 5-25 给出了转速为3000 r/min 时试验测量和数值预测的 3 种间隙下两级迷宫刷式密封的泄漏量随压比的变化关系。试验结果表明,两级迷宫刷式密封的泄漏量随着密封间隙的增大而显著增大,迷宫刷式密封的泄漏量随着压比增大而增大。图 5-25也同时给出了 2 种数值模型预测的刷式密封泄漏量。当不考虑转子离心伸长效应时,数值预测的 3 种间隙下迷宫刷式密封的泄漏量在整个压力范围内都明显高于试验值。这是由于转子离心伸长效应使刷式密封的实际径向间隙小于初始间隙。当考虑转子离心伸长效应时,数值预测的 3 种间隙下迷宫刷式密封的泄漏量在整个压力范围内都吻合良好。图5-26给出了压比为 1.42时两种数值方法预测泄漏量的误差。在不考虑转子离心伸长效应时,0.2 mm间隙下迷宫刷式密封的泄漏量最大数值预测误差达到 18.86%。

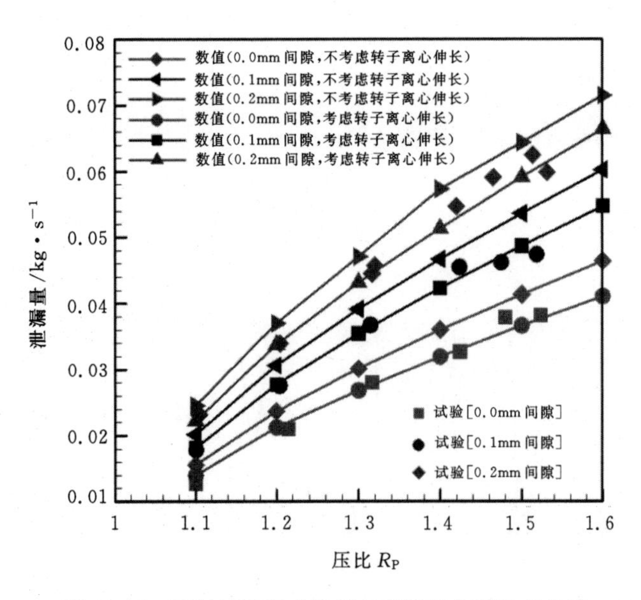

图 5-25 两级迷宫刷式密封的泄漏量与压比的关系

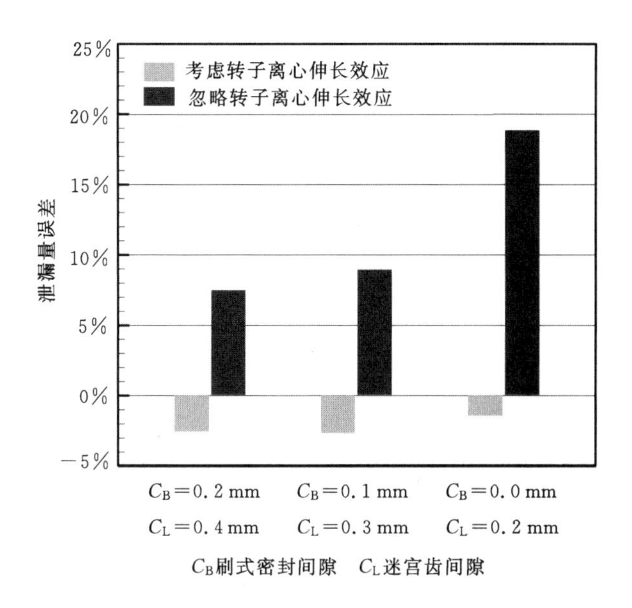

图5-26 数值预测误差

图5-27给出了3种间隙下两级迷宫刷式密封的泄漏量随转速的变化。每种间隙下的泄漏量都是在相同压比和不同转速下测量的。试验和数值结果表明，迷宫刷式密封的泄漏量随着转速的升高而降低。这主要是由转子离心伸长效应和泄漏气流粘性耗散增强导致的。

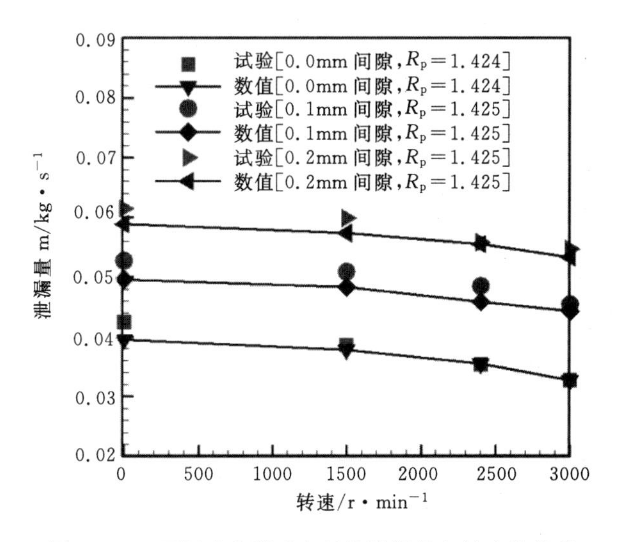

图5-27 两级迷宫刷式密封的泄漏量与转速的关系

(2)采用数值方法计算了 4 种多级刷式密封的泄漏量。

图 5 - 28 给出了两级刷式密封、两级迷宫刷式密封、三级迷宫刷式密封、四级迷宫刷式密封的结构示意图。图 5 - 29 为数值预测的这四种刷式密封和迷宫密封的泄漏量对比图。计算时密封的压比为 1.3,转速为 3000 r/min。刷式密封的泄漏量均小于传统迷宫密封。带迷宫齿的两级刷式密封的泄漏

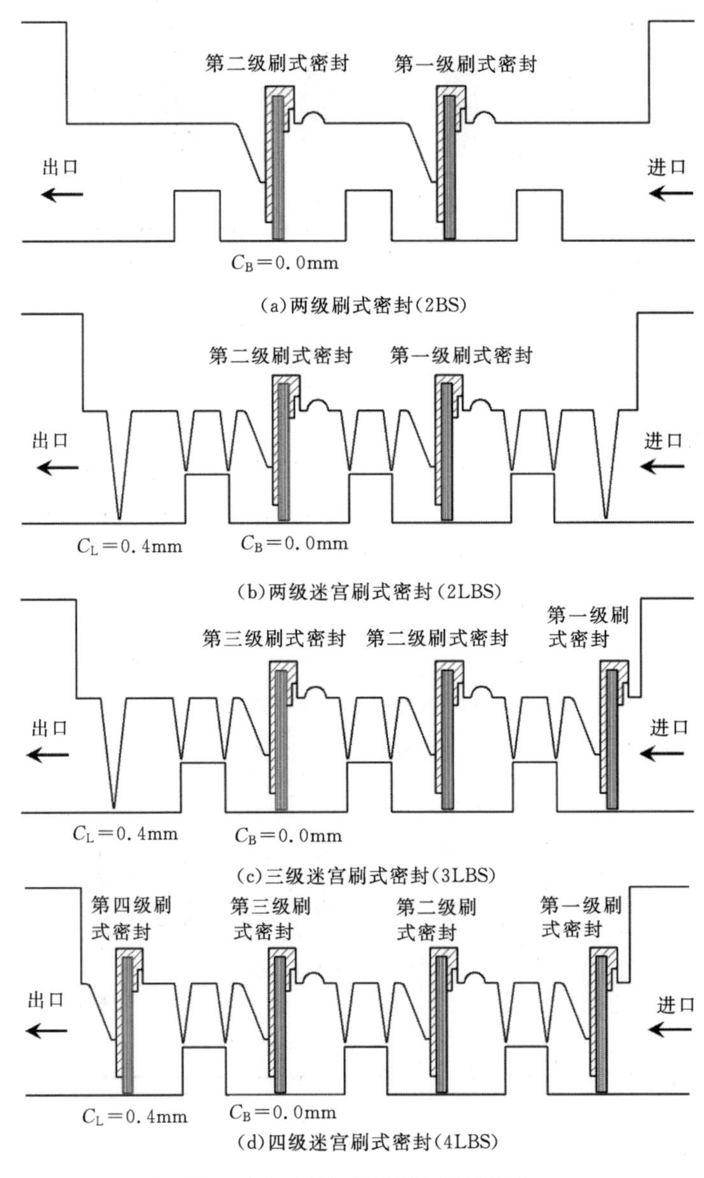

图 5 - 28　四种多级刷式密封结构

量小于不带迷宫齿的两级刷式密封。刷式密封的级数增加，泄漏量明显降低。四级迷宫刷式密封的泄漏量仅仅是迷宫密封的33.4%。因此，多级迷宫刷式密封具有更加优良的密封性能。

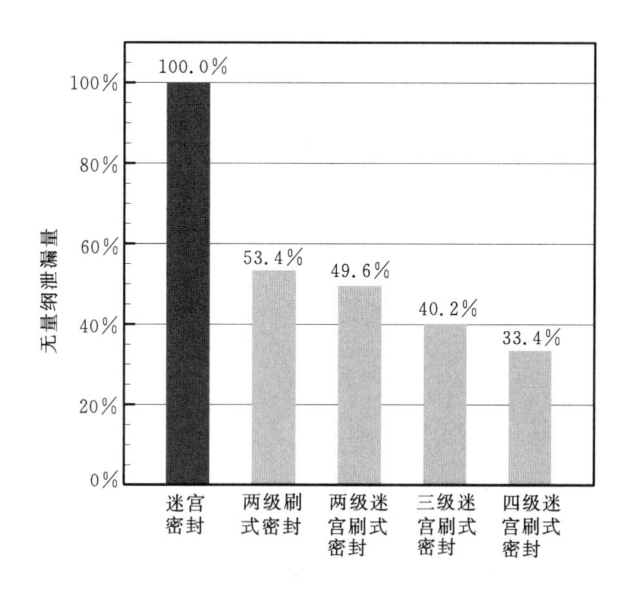

图5-29 无量纲泄漏量对比

5.3.2 流场及压力分布

图5-30给出了前述四种不同刷式密封结构的静压与流场分布。如图5-30(b)所示，静压从密封进口到出口呈阶梯式下降，刷丝束前后的静压下降大于迷宫齿前后的静压下降。泄漏射流从长齿间隙进入迷宫腔室，撞击到转子凸台上，由于长齿和凸台的作用，腔室内形成逆时针方向和顺时针方向的旋涡。泄漏射流发生偏转沿着凸台表面流动，然后通过短齿间隙进入相邻迷宫腔室，形成两个方向相反的旋涡。泄漏气流通过短齿间隙进入下一个相邻的密封腔室，一部分气流撞击到刷丝束上，通过刷丝之间的空隙渗透进入下游腔室，另一部分气流通过刷丝束与转子的间隙泄漏进入下游腔室。迷宫刷式密封的泄漏流动就是如此循环进行直到密封出口。正是由于这样的泄漏流动形成了密封腔室内的强烈的旋涡流动，泄漏射流的动能被有效地转化为热能，起到了增强密封的作用。

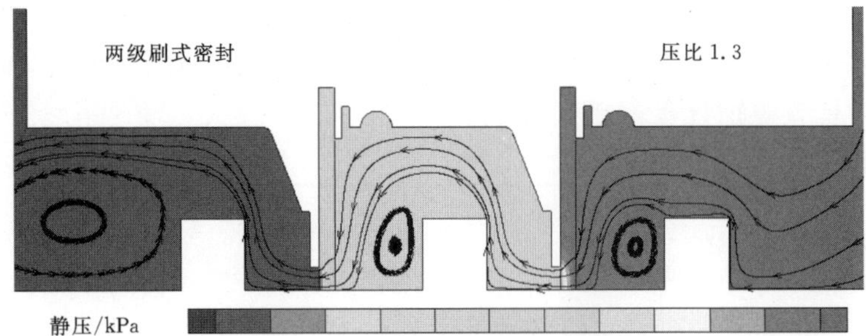

(a)两级刷式密封

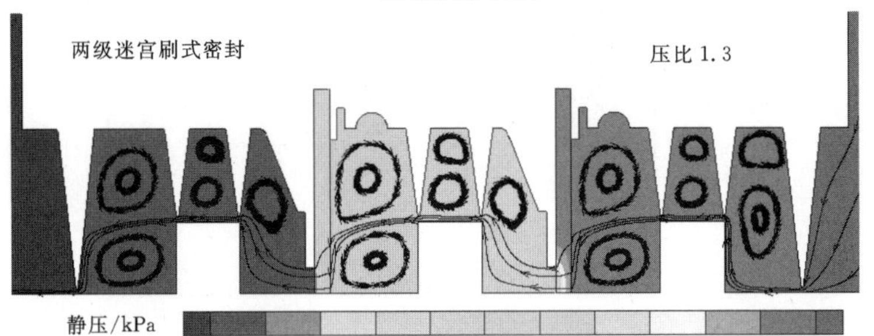

(b)两级迷宫刷式密封

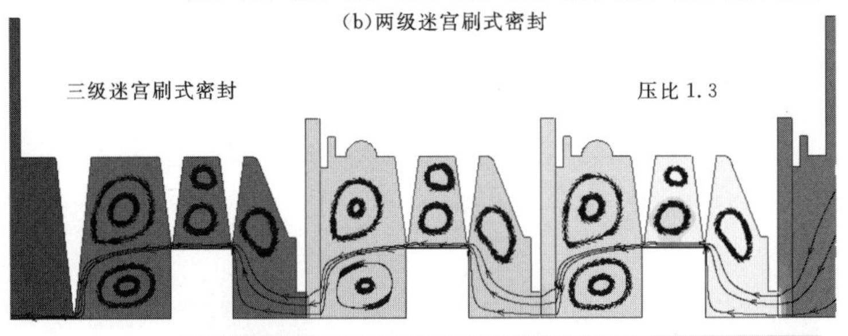

(c)三级迷宫刷式密封

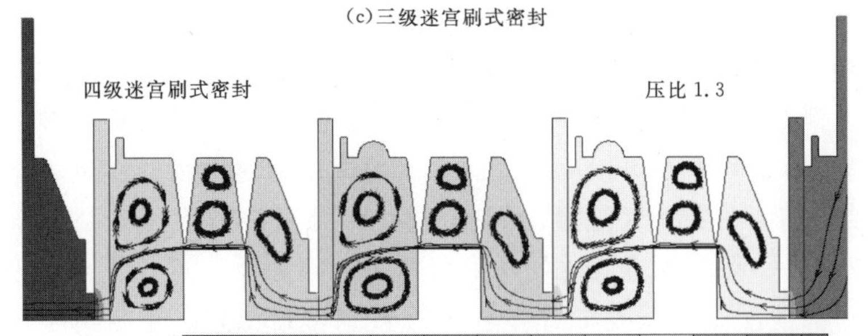

(d)四级迷宫刷式密封

图 5-30 多级刷式密封静压与流场分布

图 5 - 31 给出了四级迷宫刷式密封每级刷丝束上表面和下表面的轴向静压分布。图 5 - 32 给出了每级刷丝束上表面与下表面的径向压差。径向压差从刷丝束上游到下游沿轴向逐渐增大。下游刷丝束的上下表面的径向压差相比上游刷丝束的更大，末级刷丝束承受的压差最大。图 5 - 33 给出了四级迷宫刷式密封每级刷丝束上游面和下游面的径向静压分布。图 5 - 34 给出了

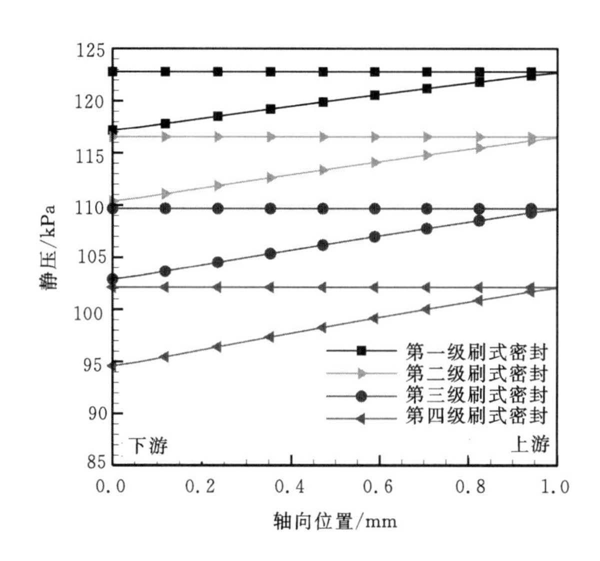

图 5 - 31　四级迷宫刷式密封中每级刷丝束上表面和下表面静压分布

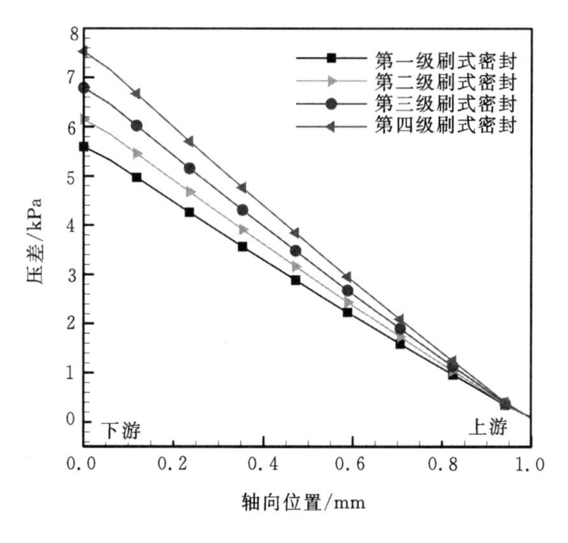

图 5 - 32　四级迷宫刷式密封中每级刷丝束上表面和下表面压差分布

每级刷丝束上游面与下游面的轴向压差。与径向压差一样，下游刷丝束轴向压差相比上游刷丝束的更大，末级刷丝束承受的压差最大。因此，末级刷丝束对迷宫刷式密封的封严性能影响最大。

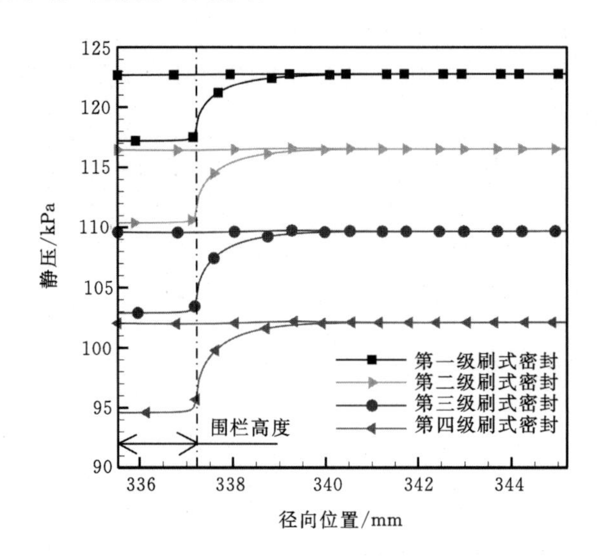

图 5-33 四级迷宫刷式密封中每级刷丝束上游面和下游面静压分布

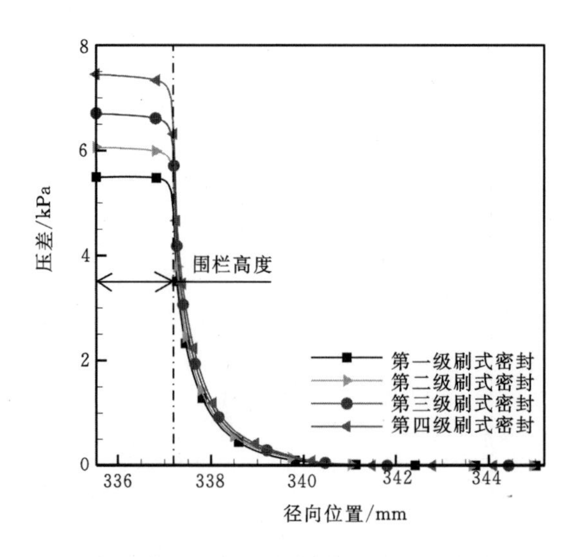

图 5-34 四级迷宫刷式密封中每级刷丝束上游面和下游面压差分布

图 5-35 和图 5-36 分别给出了四种多级刷式密封最末级刷丝束压差对比。两级迷宫刷式密封的刷丝束轴向和径向压差均小于不带迷宫齿的两级刷

式密封的压差。这说明迷宫齿可以分担刷丝束承受的压力负荷。刷式密封的级数增加,刷丝束的轴向和径向压差减小。在四种多级刷式密封中,四级迷宫刷式密封的刷丝束轴向和径向压差是最小的。因此,多级刷式密封相比单级刷式密封不仅密封性能更好,而且具有更高的承压能力。

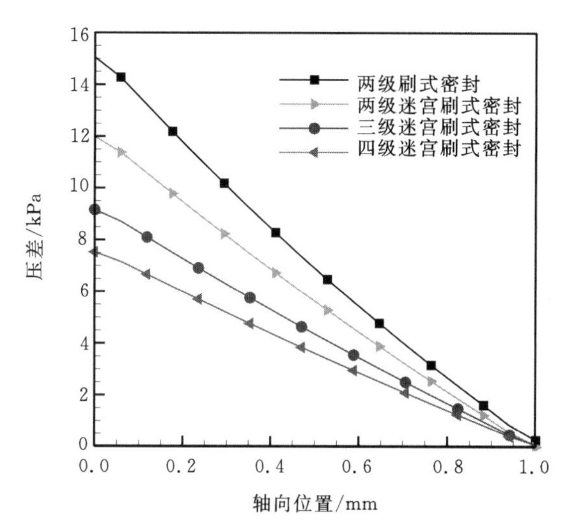

图 5-35　四种多级刷式密封中末级刷丝束上表面和下表面压差分布

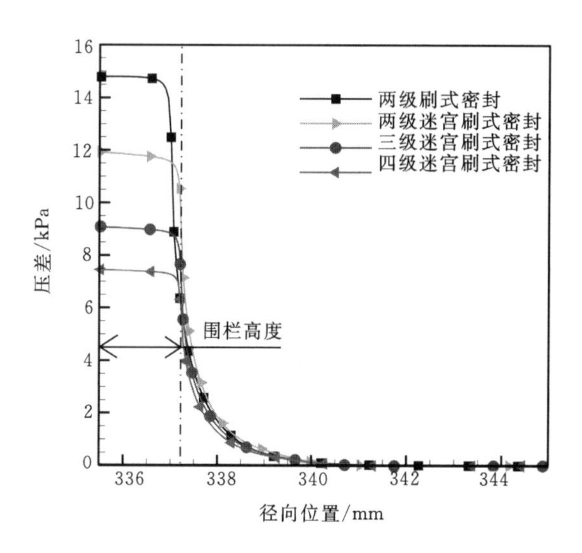

图 5-36　四种多级刷式密封中末级刷丝束上游面和下游面压差分布

5.4 刷式密封摩擦热效应及传热特性

刷式密封作为接触式动密封，柔软而纤细的刷丝与转子呈一定角度接触，能够很好地适应转子的瞬时径向位移。但刷丝束通常安装时与转子会有一定的干涉量，运行时刷丝与转子产生高速摩擦，滑动速度可达 300 m/s。刷丝不断地磨擦并伴随产生大量的热，刷丝自由端的温度急剧升高，甚至接近刷丝材料的熔点，这将影响刷丝的机械性能，加快刷丝的磨损速度。刷式密封的摩擦热效应严重影响其运行寿命和封严性能。同时转子表面的局部高温和磨损会对转子的稳定运行产生不同程度的影响。可以说，摩擦热效应使得温度升高是限制刷式密封应用的原因之一。因此，开展刷式密封传热特性的研究对提高其运行寿命和密封性能具有重要意义。

刷式密封基本传热规律如图 5-37 所示。刷丝束与转子表面的摩擦热可以近似看成位于刷丝束与转子表面之间的环形热源，这种摩擦热使得刷丝自由端顶部和转子表面的温度急剧升高。摩擦产生的一部分热量经由转子表面传入转轴内部，由转子表面与泄漏气流进行对流换热；另一部分热量沿着刷丝通过导热传入刷丝的低温部分，由刷丝与泄漏气流进行对流换热。刷丝与前后夹板间在直接导热的同时，还通过刷丝和前后夹板间隙中的气流进行换热。转子和前后夹板与气流进行对流换热，泄漏气流在此起到冷却刷丝、转轴和前后夹板的作用(邱波，2012)。

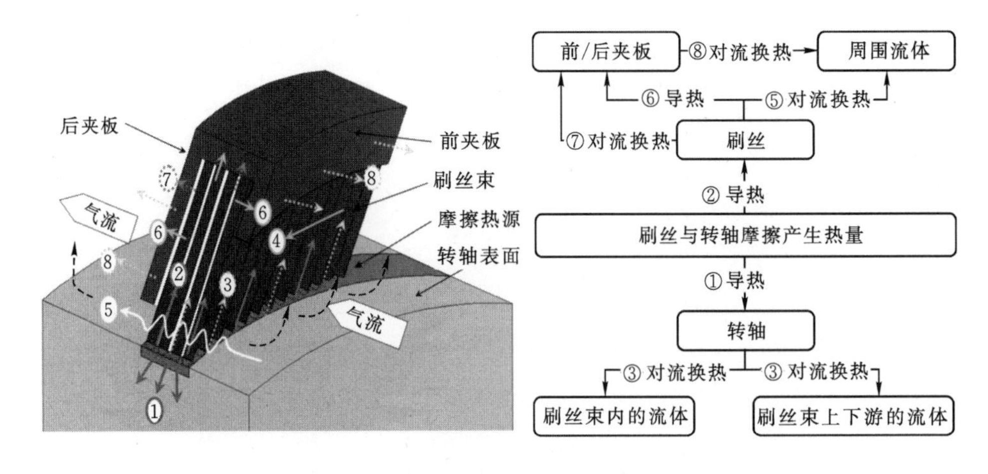

图 5-37 刷式密封基本传热规律

5.4.1　试验测量方法

目前针对刷式密封摩擦热效应及传热特性方面的试验研究还比较少。Demiroglu和Tichy(2007a)利用红外线温度测试仪和热成像照相机测得转子和刷丝束的温度分布，如图5-38所示。图5-39为在没有泄漏气流通过时刷式密封的温度分布，刷式密封与转子接触附近区域温度升高非常明显。试

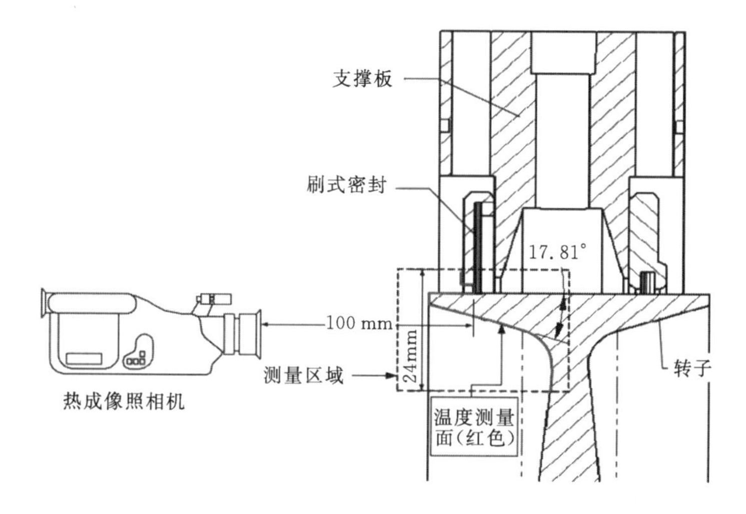

图5-38　刷式密封温度测量试验系统(Demiroglu M，2007a)

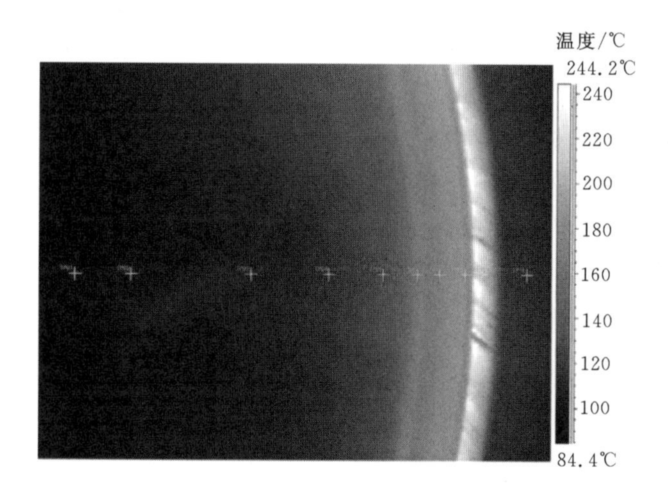

图5-39　没有泄漏气流通过时刷式密封的温度分布(Demiroglu，2007a)

验测量时刷式密封的干涉量为 0.38 mm，滑动速度为 67 m/s。图 5-40 为不同转速下刷式密封和转子的径向温度分布，图中横坐标代表测量温度的径向位置与刷式密封和转子接触位置的距离，刷丝与转子接触的位置温度最高，并且最高温度会随着转速的升高而增大。

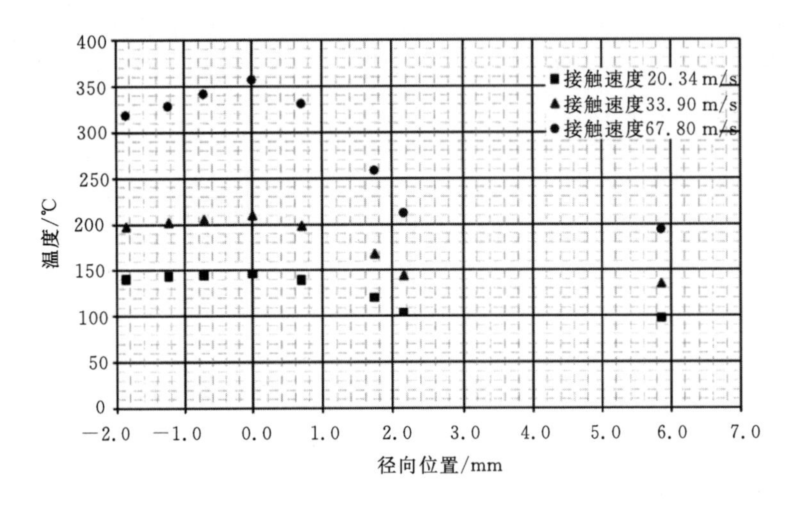

图 5-40 不同转速下刷式密封和转子的径向温度分布(Demiroglu, 2007a)

5.4.2 数值预测方法

刷式密封传热特性分析是一个非常复杂的流固耦合问题，涉及到刷丝与转轴表面的摩擦，泄漏气流与刷丝、转轴、前后夹板的对流换热，刷丝与转轴、前后夹板的导热等问题。有学者将刷丝简化为交错排列的圆柱体，数值预测刷丝的温度分布。刷式密封的刷丝束是由排列紧密的纤细刷丝层叠构成。气流只能通过刷丝间随机分布的微小空隙泄漏通过。因此，目前模拟刷式密封换热特性比较有效的方法是把刷丝束简化为多孔介质(Dogu, 2006; QIU, 2013)。

1. 刷丝束局部非热平衡双能量方程

多孔介质内部传热过程可分为两种情况：一种情况是多孔介质内部流体不流动或缓慢流动，流体与固体之间温差较小，或者流体与固体之间没有温差。此时，一般把多孔介质的流体相和固体相按整体处理，运用局部热平衡模型和等效导热系数来描述多孔介质的换热。另一种情况是多孔介质内流动强烈，流体与固体之间存在一定温差，需要考虑强制对流换热。这时就要用局部非热平衡模型，分别建立流体相和固体相的能量方程来描述多孔介质的

换热(刘伟，2006)。在平均容积法的基础上,对固体相建立能量平衡关系式

$$(1-\varepsilon)(\rho c)_{s}\frac{\partial T_{s}}{\partial t}=(1-\varepsilon)\nabla\cdot(k_{s}\nabla T_{s})+Q_{sf} \tag{5-16}$$

同理,对流体相有

$$\varepsilon(\rho c)_{f}\frac{\partial T_{f}}{\partial t}+(\rho c)_{f}\mathbf{V}\cdot\nabla T_{f}=\varepsilon\nabla\cdot(k_{f}\nabla T_{f})+Q_{fs} \tag{5-17}$$

式中:下标 s 和 f 分别表示固相和流体相;c 为比热容;k 为导热系数;Q_{sf} 为固体与流体间对流换热量;ε 为孔隙率。

$$Q_{sf}=-Q_{fs}=h_{fs}A_{fs}(T_{s}-T_{f}) \tag{5-18}$$

式中:h_{fs}为固体与流体的表面传热系数;A_{fs}为固体的比表面积。对于圆柱体形的刷丝,则有

$$A_{fs}=(1-\varepsilon)\frac{\pi dl}{(\pi d^{2}/4)l}=\frac{4(1-\varepsilon)}{d} \tag{5-19}$$

式中:下标 s 代表刷丝;f 代表气流;d 为刷丝直径;l 为刷丝长度。

在多孔介质区域依然需要采用有效导热系数来描述刷丝和气流的导热。考虑到刷丝束多孔介质区域内,导热沿刷丝排列方向和垂直于刷丝排列方向有明显的区别。刷丝束内相邻的刷丝几乎是平行排列的。当热流的传递方向与刷丝排列方向平行,那么刷丝的导热与气流的导热同时发生,类似并联热阻,则有效导热系数为(Nield, 2002):

$$k_{eff}=\varepsilon k_{f}+(1-\varepsilon)k_{s} \tag{5-20}$$

式中:k_{eff}为有效导热系数;k_{s} 为刷丝的导热系数;k_{f} 为气流的导热系数。

当热流方向垂直于刷丝方向,刷丝和气流就可以看成两个串联的热阻,则有效导热系数为(Nield, 2002):

$$\frac{1}{k_{eff}}=\frac{\varepsilon}{k_{f}}+\frac{(1-\varepsilon)}{k_{s}} \tag{5-21}$$

如果 $T_{s}=T_{f}=T$,将式(5-16)和(5-17)相加,固体相与流体相对流换热项 Q_{sf}抵消,则有:

$$(\rho c)_{eff}\frac{\partial T}{\partial t}+(\rho c)_{f}\mathbf{V}\cdot\nabla T=\nabla\cdot(k_{eff}\nabla T) \tag{5-22}$$

将$\nabla\cdot(k_{eff}\nabla T)$展开,则有:

$$\nabla\cdot(k_{eff}\nabla T)=\frac{\partial}{\partial m}(k_{m}\frac{\partial T}{\partial m})+\frac{\partial}{\partial n}(k_{n}\frac{\partial T}{\partial n})+\frac{\partial}{\partial z}(k_{z}\frac{\partial T}{\partial z}) \tag{5-23}$$

根据式(5-20),则有:

$$k_{m}=\varepsilon k_{f}+(1-\varepsilon)k_{s} \tag{5-24}$$

根据式(5－21)，则有：

$$k_n = k_z = \frac{k_f k_s}{\varepsilon k_s + (1-\varepsilon)k_f} \tag{5-25}$$

当在局部非热平衡的条件下 $T_s \neq T_f$，式(5－16)和(5－17)就不能相加合并，可用下边的两式来代替式(5－16)和(5－17)：

$$(1-\varepsilon)(\rho c)_s \frac{\partial T_s}{\partial t} = (1-\varepsilon)\left\{\frac{\partial}{\partial m}(k'_m \frac{\partial T_s}{\partial m}) + \frac{\partial}{\partial n}(k'_n \frac{\partial T_s}{\partial n}) + \frac{\partial}{\partial z}(k'_z \frac{\partial T_s}{\partial z})\right\} + h_{fs}A_{fs}(T_s - T_f) \tag{5-26}$$

$$\varepsilon(\rho c_p)_f \frac{\partial T}{\partial t} + (\rho c_p)_f V \cdot \nabla T_f = \varepsilon\left\{\frac{\partial}{\partial m}(k''_m \frac{\partial T_f}{\partial m}) + \frac{\partial}{\partial n}(k''_n \frac{\partial T_f}{\partial n}) + \frac{\partial}{\partial z}(k''_z \frac{\partial T_f}{\partial z})\right\} + h_{fs}A_{fs}(T_f - T_s) \tag{5-27}$$

$$k'_m = k_s, k''_m = k_f \tag{5-28}$$

$$k'_n = k''_n = k'_z = k''_z = \frac{k_f k_s}{\varepsilon k_s + (1-\varepsilon)k_f} \tag{5-29}$$

式中：下标 m 表示沿刷丝方向；n 表示垂直于刷丝方向；z 表示转子轴向；

式(5－26)和(5－27)就是刷式密封在局部非热平衡条件下的双能量方程，该方程既考虑了刷丝与气流间的对流换热，同时还考虑了刷丝束内导热过程的各向异性。

2. 刷丝表面传热系数

流体横掠管束在传热工程领域应用非常广泛，研究人员根据试验总结了许多可靠的试验关联式来评估管束的平均传热性能。管束的平均传热性能主要受流体的雷诺数 Re、普朗特数 Pr 的影响，同时排列方式、管距对传热也有一定影响。流体经过管束沿主流方向的平均流速不断发生变化，需要选取一个特征流速雷诺数 Re，一般都选取为管束中流体的最大速度。茹卡乌斯卡斯(Bergman, 2011)总结了一套流体横掠叉排管束的努赛尔数计算公式：

$$Nu_d = \frac{h_{fs}d}{k_f} = C_2 C_1 Re_{d,\max}^{0.4} Pr^{0.36} \left(\frac{Pr}{Pr_s}\right)^{0.25} \tag{5-30}$$

$$Re_{d,\max} = \frac{\rho V_{\max} d}{\mu} \tag{5-31}$$

式中：C_2 为管排修正系数；C_1 是根据雷诺数和排列方式选取的修正系数；Pr_s

根据管束平均壁温所确定；Pr 根据管束进出口流体平均温度来确定；雷诺数 $Re_{d,\max}$ 是根据管束中最小截面处的最大流速所确定。

考虑到上游气流都是从围栏高度横掠刷丝束通过，因此可以通过泄漏量和围栏高度以下区域的通流面积计算出泄漏气流的平均流速：

$$\overline{V} = \frac{m_{\mathrm{f}}}{\rho\pi((R+H)^2 - R^2)} \tag{5-32}$$

式中：H 代表围栏高度；R 代表转子半径。

对于刷丝束来说，刷丝呈叉排排列。如图 5-41 所示，最大流速 $V_{\max}$ 可能出现在截面 A_1 或者对角线截面 A_2 处。如果出现在对角线截面 A_2 处，刷丝的间距满足：

$$2(S_D - d) < 2(S_T - d) \tag{5-33}$$

或者：

$$S_D = \left[S_L^2 + \left(\frac{S_T}{2}\right)^2\right]^{1/2} < \frac{S_T + d}{2} \tag{5-34}$$

这时，最大流速 $V_{\max}$ 可以写为：

$$V_{\max} = \frac{\overline{V} S_T}{2(S_D - d)} \tag{5-35}$$

如果最大流速 $V_{\max}$ 出现在截面 A_1，最大流速 $V_{\max}$ 可以写为：

$$V_{\max} = \frac{\overline{V} S_T}{S_T - d} \tag{5-36}$$

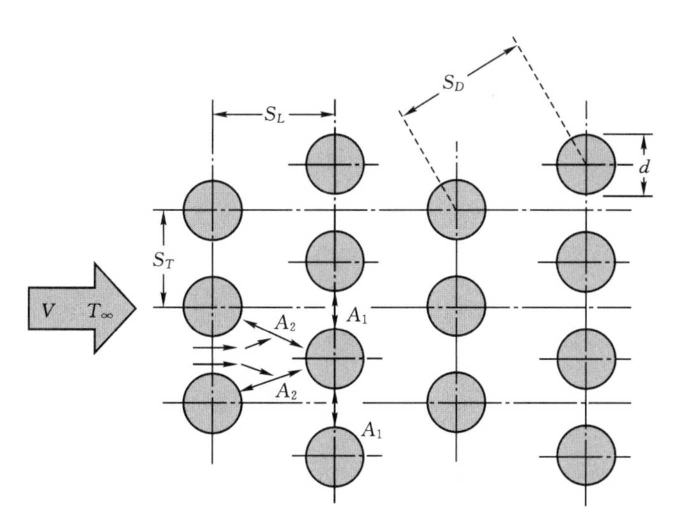

图 5-41　叉排管束

3. 摩擦生热量

数值预测刷式密封的温度分布时，将刷丝束与转子摩擦热看成位于刷丝束与转子交界面上的环形热源。摩擦热量的大小由刷丝与转轴的摩擦力和相对滑动确定。刷丝与转轴摩擦力由摩擦系数和法向接触力确定。摩擦生热量为

$$Q_h = F_f v = \mu F_n v \tag{5-37}$$

式中：F_f 是刷丝束与转轴的摩擦力；v 是刷丝束与转轴表面的相对滑动；μ 是摩擦系数；F_n 是刷丝束与转轴法向的接触力。

4. 计算模型及边界设置

图 5-42 给出了模拟刷式密封换热的计算流程。计算刷丝与转子的摩擦力时需要考虑流体对刷丝的作用力。气动力实际上就等于刷丝对泄漏气流的流动阻力，可以从刷式密封泄漏特性的 CFD 计算中获得。将流体对刷丝的气动力作为中间变量，使刷式密封的 CFD 模型和 FEM 模型相互迭代获得刷丝束的摩擦力，进而得到刷式密封的摩擦生热量。刷丝与转子接触力的计算方法在下一节中详细介绍。

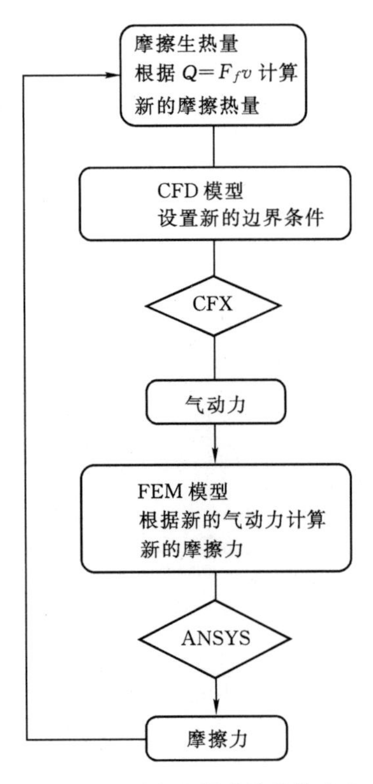

图 5-42　刷式密封传热计算流程

计算时刷式密封沿转子轴向的刷丝排数为11，刷丝间隙为$d/13$，其余几何尺寸与文献(Bayley，1993)中相同。图5-43给出了模拟刷式密封传热的计算区域，包括周向截面内的刷丝束、前后夹板和转子的固体区域和流体区域。由于刷式密封的结构和流动在周向呈周期性，因此可以取一部分弧段作为研究对象。弧段的两侧采用周向周期性边界。采用商用软件ANSYS-CFX对刷式密封进行传热计算。工质为理想空气；进口给定总压总温；出口给定静压；转子给定转速；转子与刷丝束接触区域给定摩擦热量；转子面和前后夹板壁面等所有固体与流体的交界面设置为耦合传热壁面。刷丝束以外的流体区域选用SST(shear stress transport)湍流模型。由于刷丝束内部的流速较低，雷诺数也相对较低，刷丝束多孔介质区域采用层流模型。

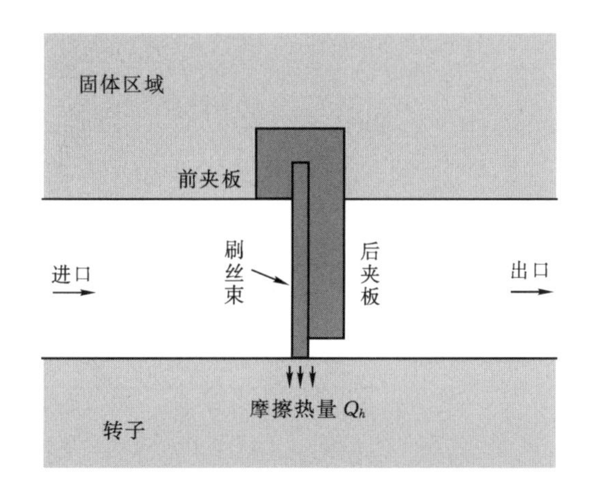

图5-43　刷式密封计算区域

刷式密封刷丝材料选用Haynes 25，比热容385 J/(kg·K)，导热系数随温度变化表达式为：

$$K_b = 3.337 + 0.02004T \tag{5-38}$$

转子材料为CrMoV钢，比热容为463 J/(kg·K)，导热系数随温度变化的表达式为：

$$K_r = 13.107 - 0.00684T \tag{5-39}$$

前后夹板材料选为AISI304钢，比热容为505 J/(kg·K)，导热系数随温度变化表达式为：

$$K_p = 9.58 + 0.015T \tag{5-40}$$

5. 网格无关性

采用 ANSYS ICEM CFD 生成刷式密封的多块结构化网格，网格沿周向弧度为1°，如图 5-44 所示。表 5-1 列出了 3 种不同计算网格数得到的刷式密封泄漏量和刷丝最高温度。计算的压比为 2，转速为 9000 r/min。对于本节刷式密封的传热计算，当网格数达到 47 万时基本可以获得网格无关解。

图 5-44 刷式密封计算网格

表 5-1 不同网格数的计算结果

网格数/万	泄漏量/(kg·s)	刷丝最高温度/K
28	0.00373	567.028
47	0.00350	571.816
64	0.00349	571.891

5.4.3 表面传热系数及温度分布

图 5-45 给出了不同压比下刷丝束的表面传热系数。刷丝束的表面传热系数随压比增大而不断增大。这主要是由于压比增大使通过刷丝束的泄漏量增大，泄漏气流在孔隙中的流速增大，气流与刷丝的对流换热增强。

图 5-46 和图 5-47 给出了转速为 9000 r/min、压比分别为 2、3 时刷式密封的温度分布，图中刷丝束区域的温度为刷丝的固体温度。刷丝与转子摩擦使刷丝自由端顶部和转子表面附近区域的温度急剧升高。摩擦热量沿径向以导热的方式向刷丝的低温部分传递。同时上游气流渗透通过刷丝束并

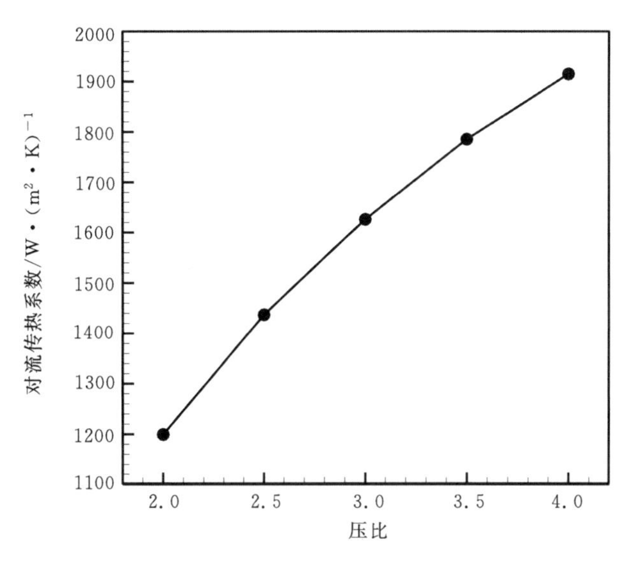

图5-45 刷丝表面传热系数

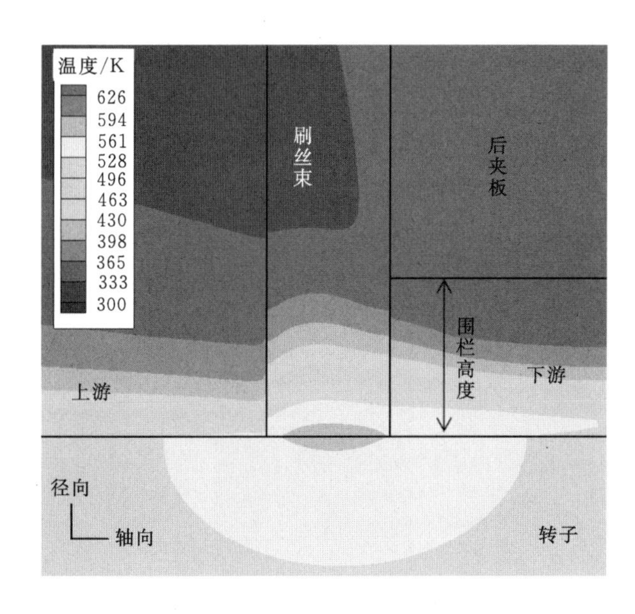

图5-46　刷丝、转子及上下游温度云图($\pi=2$)

在围栏高度以下区域进行膨胀加速，泄漏气流与刷丝发生强烈的对流换热，这使位于围栏高度以下区域的刷丝温度沿径向呈指数迅速下降。刷丝的高温区域主要位于围栏高度线以下。摩擦热量在转子内部以导热的方式向周围扩散，温度近似呈半椭圆形分布。气流与刷丝和转子面发生对流换热，温度升高明显。刷丝与后夹板温度非常接近，这是由它们之间的导热作用所致。此外，泄漏气流与后夹板也发生对流换热，两者温度非常接近。

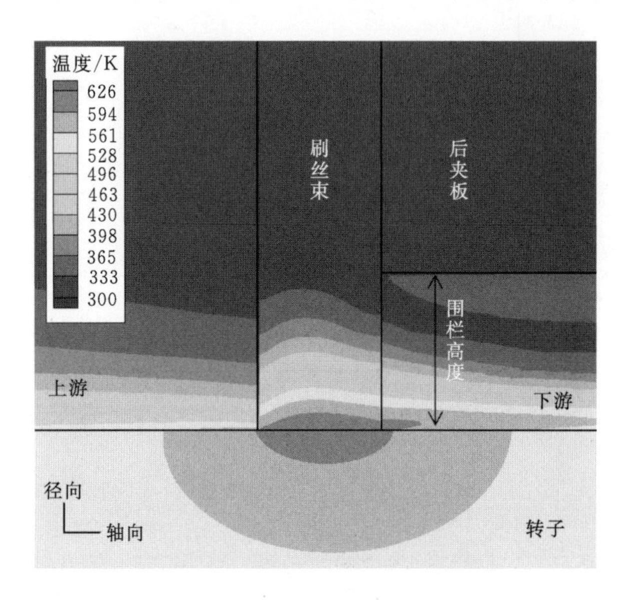

图 5-47 刷丝、转子及上下游温度云图($\pi=3$)

图 5-48 给出了转速为 9000 r/min、压比为 3 时刷丝束围栏高度附近区域的压力、流线和温度分布。泄漏气流先是沿转子轴向渗透进入刷丝束，随后发生偏转从围栏高度以下泄漏进入刷丝束下游。由于气流和刷丝间强烈的对流换热，刷丝的温度分布和气流的温度分布非常相近。渗透进入刷丝束的

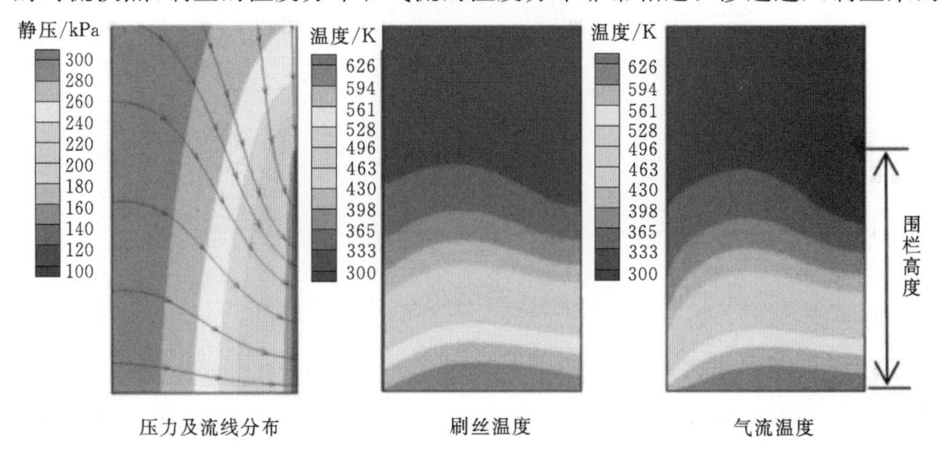

图 5-48 围栏高度附近压力、流线及温度分布($\pi=3$)

气流受到上游端前排刷丝的加热，温度升高，对流冷却作用减弱。因此，在相同的径向高度下，刷丝束中部的刷丝温度略高于前排刷丝的温度。而后排刷丝会受到径向低温气流的冷却作用，后排刷丝的温度也略低于中部刷丝的温度。

5.4.4　刷丝最高温度和平均温度

在刷丝与转子高速摩擦时，刷丝顶端的最高温度甚至有可能达到刷丝材料的熔点，因此刷丝的最高温度是关系到刷式密封稳定运行的一个重要参数。此外，刷丝的高温区域主要位于围栏高度以下，因此以围栏高度以下区域的刷丝平均温度作为评估摩擦热效应的一个指标。图 5-49 给出了转速为 9000 r/min 时刷式密封在不同压比下的刷丝最高温度和围栏高度线以下区域的刷丝平均温度。刷丝的最高温度随压比增大而升高。但围栏高度线以下区域的刷丝平均温度随压比增大而减小。这主要是由两方面的原因造成的。压比增大时，刷丝承受的气动载荷增大导致刷丝与转子的接触力增大，从而刷丝与转子的摩擦产热增加。另一方面，压比增大时，泄漏量增加，同时泄漏气流速度增大，刷丝的表面传热系数增大，泄漏气流对刷丝的冷却能力增强。泄漏气流冷却能力的增强可以使围栏高度以下区域的刷丝平均温度降低，但在刷丝顶端附近还会形成局部高温，刷丝的最高温度升高，这也可以从图 5-46 和 5-47 中观察到。

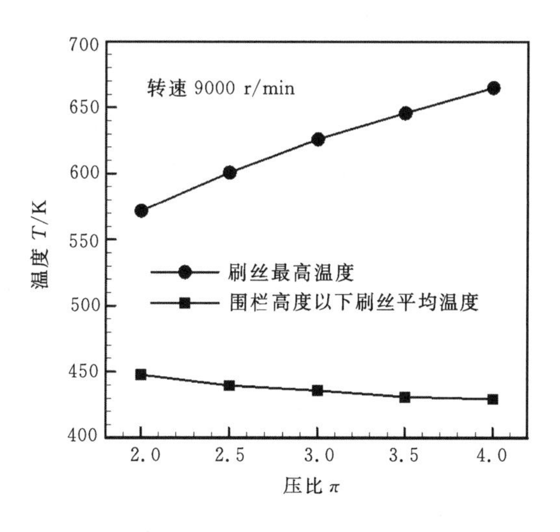

图 5-49 刷丝最高温度和围栏高度以下平均温度随压比的变化

图 5-50 给出了压比为 3 时刷式密封在不同转速下的刷丝最高温度、围栏高度以下区域的刷丝平均温度和泄漏量。刷丝的最高温度和围栏高度以下区域的平均温度均随转速升高而增大，这是由于转速升高使刷丝与转子摩擦产热增加而造成的。此外，随着转速升高，刷式密封的泄漏量明显降低，这主要是由于摩擦热效应使通过刷式密封的泄漏气流温度升高，出口气流的密度减小，质量流量降低。另一方面，转速升高使得气流在密封中的粘性耗散效应增强，也会使刷式密封的泄漏量减少。但由摩擦热效应引起的刷式密封内泄漏气流的温升效应是泄漏量减小的主要原因。

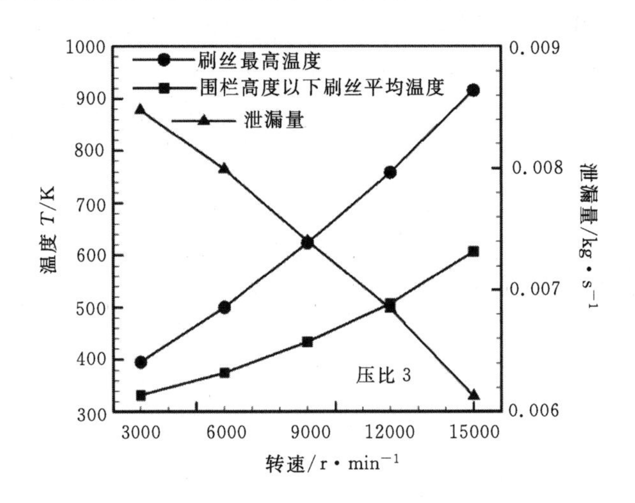

图 5-50 刷丝最高温度、围栏高度以下平均温度和泄漏量随转速的变化

5.5 刷式密封的接触力

刷式密封在运行时，刷丝受到转子的摩擦力、后夹板支撑力、气动力共同作用，会发生刚化效应、迟滞效应、吹闭效应、刷丝悬挂等复杂的力学行为。这些力学行为都会对刷式密封的密封性能和使用寿命产生重要影响。本节将对刷式密封中刷丝束与转子接触力进行介绍。

通常情况下刷式密封在安装后，刷丝与转子具有一定的干涉量，目的是为了使刷式密封在运行时刷丝束可以紧贴转子表面，保持良好的封严性能。刷丝与转子表面的接触力直接决定着刷丝的磨损速率、刷丝与转子的摩擦产热量、刷丝的变形量、刷丝束径向刚度等。刷丝的磨损速率将直接决定刷式密封封严性能和使用寿命。刷丝束径向刚度由接触力和径向位移确定，刷式密封保持合适的刚度是转子稳定运行的必要条件。因此,刷丝束与转子的接触力分析是提高刷式密封性能的关键。刷丝与转子的接触力主要由刷丝与转子的干涉量、刷丝直径、刷丝材料属性以及压差等参数决定。

5.5.1　单根刷丝与转子接触力

图5－51给出了典型刷式密封结构及单根刷丝的受力图(陈春新,2011a)。如图所示,长度为L的刷丝以倾角θ安装在半径为R_s的转子上,刷丝与转子之间采用干涉量为Δ^*的过盈装配。刷丝在转子横截面中受到径向流动流体的作用力,根据文献(Zhao, 2004),此作用力可以简化为垂直作用于刷丝上的均布力q_0。刷丝与转子相互接触,其接触力包括法向支持力F_n和切向摩擦力F_τ两个部分。刷丝在均布力q_0和接触力F_{res}的共同作用下发生变形(见图5－51(c))。

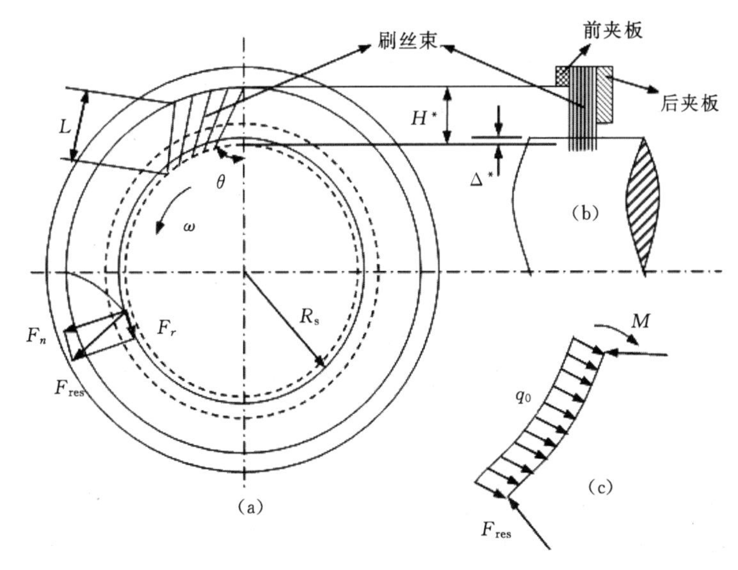

(a)横截面及相应的接触力F_{res}　(b)轴截面　(c)单根刷丝在转子横截面中的受力

图5－51　典型刷式密封结构及刷丝受力情况

图5－52给出了任意单根刷丝的受力图及其在刷丝坐标系下的有限单元图(陈春新,2010),图中刷丝可以简化为悬臂梁,在接触力F_{res}和均布力q_0的

作用下发生变形。

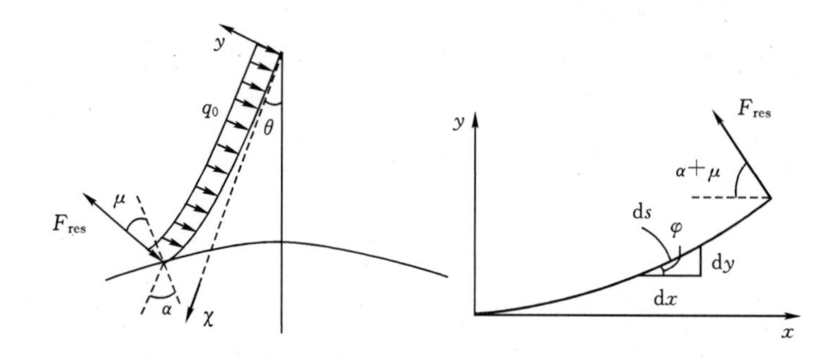

(a)刷丝受到 q_0 和 F_{res} 作用的变形 (b)坐标系下的刷丝有限单元图

图 5-52 单根刷丝的受力分析图

由于刷丝的长径比很大,整体刚度相对较小,容易产生较大变形,需要采用大变形理论进行分析,其控制方程为:

$$EI\frac{\mathrm{d}\varphi}{\mathrm{d}s}+M_q+M_F \tag{5-41}$$

式中:M_q 为均布力 q_0 产生的弯矩,N·m;M_F 为接触力 F_{res} 产生的弯矩,N·m。

从图 5-52(b)中可以得到:

$$\mathrm{d}M_q = q_0(L-s)\mathrm{d}x \tag{5-42}$$

$$\mathrm{d}M_F = -F_{res}\sin(\varphi+\alpha+\mu_0)\mathrm{d}s \tag{5-43}$$

式中:α 为转子法向与 x 轴的夹角/°。

图 5-52(b)中存在关系式:$\mathrm{d}x=\mathrm{d}s\cos\varphi$,$\mathrm{d}y=\mathrm{d}s\sin\varphi$,将其和式(5-42)、式(5-43)代入式(5-41)可以得到刷丝变形的控制微分方程:

$$EI\frac{\mathrm{d}^2\varphi}{\mathrm{d}s^2}=q_0(L-s)\cos\varphi-F_{res}\sin(\varphi+\alpha+\mu_0) \tag{5-44}$$

控制微分方程的边界条件是:

(1)刷丝初始端固定:$s=0$ 时,$\varphi=0$。

(2)刷丝的尖端所受弯矩为零:$s=L$ 时,$\mathrm{d}\varphi/\mathrm{d}s=0$。

(3)刷丝自由端的接触协调条件。

接触协调条件按增强的拉格朗日法进行处理。

图 5-53 给出了采用增强的拉格朗日法处理刷丝与转子接触的示意图。转子运行过程中刷丝末端一直与转子保持接触。由于这个接触是高度非线性的,故采用下面迭代方法进行求解。设定接触刚度 k,任取初始接触力 F_0,

计算出刷丝尖端相对于转子表面的偏移量 Δt_0，取 $F_n = K_n \Delta t_{n-1}$，反复迭代，直到得到收敛值 Δt。将 Δt 与给定的容差 ε 比较，如果 $\Delta t > \varepsilon$，增大所设定的接触刚度 K_n，继续进行上面的迭代，直到 $\Delta t < \varepsilon$，最后的 F_n 就是所求的合力 F_{res}。接触模型将转子简化为刚性圆柱面，采用增强的拉格朗日法在圆柱面与刷丝自由端之间施加接触协调条件，保证刷丝自由端相对于转子表面的穿透量在容许范围之内。

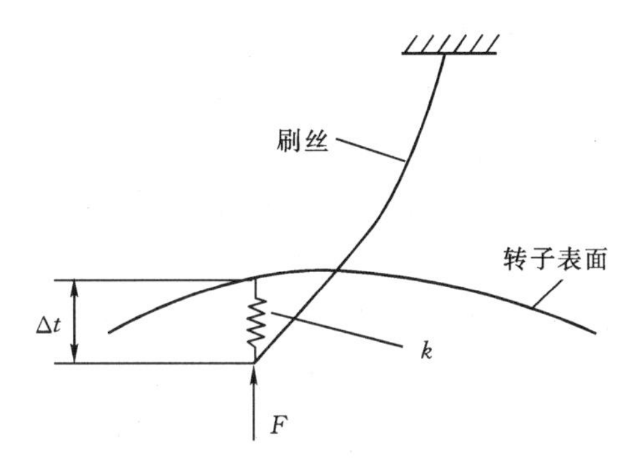

图 5-53　刷丝末端边界处理

图 5-54 给出了数值模拟刷丝变形的步骤。按照图中的加载过程，圆柱面开始有一定的偏移量，不和刷丝产生接触，然后运动到使刷丝产生相应变形的最终位置 b，圆柱面运动的方向决定了摩擦力的方向，必须使圆柱面运动时产生摩擦力的方向与转子正常运行时产生的摩擦力的方向相同。当圆柱面处于最终位置时，刷丝自由端变形后与变形前位置的径向距离称为干涉量，刷丝与圆柱面之间的接触力就是该干涉量下的刷丝与转子之间接触的合

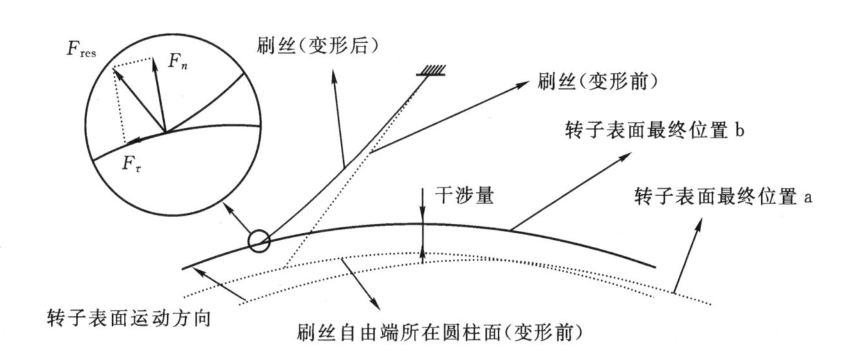

图 5-54　刷丝变形过程的数值模拟

力。按照以上步骤分别计算出各干涉量下刷丝与转子之间接触力的合力，就可以作出合力与干涉量之间的关系曲线。

本节使用通用有限元软件 ANSYS 建立单根刷丝的悬臂梁模型(BEAM188)，刷丝与转子表面的接触采用点与刚性面的接触(CONTACT175、TARGET170)，q_0 采用垂直刷丝初始形状的均布力(SFBEAM)进行模拟，采用大变形理论和增强的拉格朗日法对刷丝进行非线性分析，进而计算出刷丝与转子之间的接触力。

Stango 和 Zhao(2003)在高精度的电子天平上放置一个具有水平和垂直正交表面的 L 型板，采用三轴联动机床控制刷丝以一定倾角和干涉量分别沿型板两正交表面运动(见图 5-55)。当刷丝沿型板的水平表面运动时，电子天平测量的是刷丝与型板接触的正压力 F_n；当刷丝沿型板的垂直表面垂直运动时，电子天平测量的就是刷丝与型板接触的切向摩擦力 F_τ。通过测量的一系列 F_n 和 F_τ 可以计算出刷丝与型板的平均摩擦系数为 $\mu=0.21$。

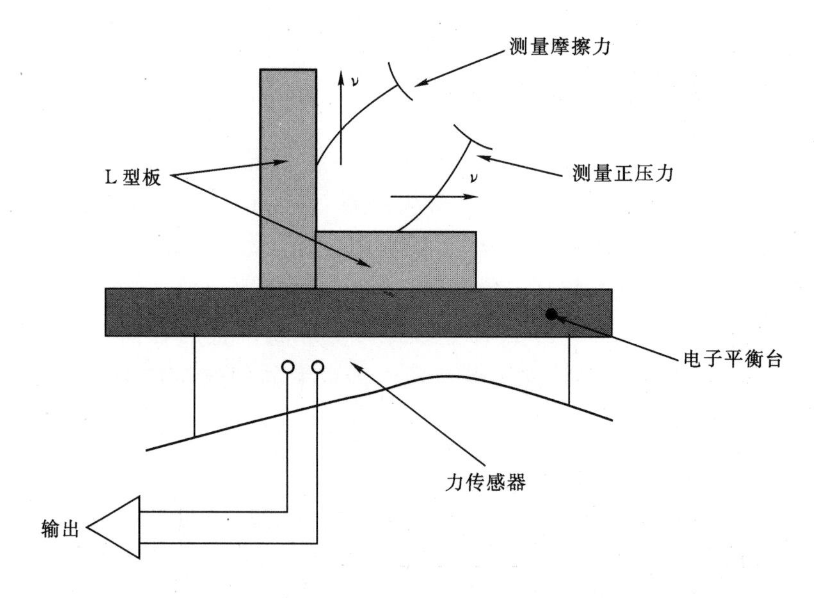

图 5-55 刷丝与转子接触力测量装置(Stango, 2003)

图 5-56 给出了数值方法计算出的刷丝与型板接触的正压力与试验数据的对比(陈春新，2010)，结果显示了当 Δ^* 在 0～8 mm 范围内变化时，数值结果与试验测量的最大相对误差不超过 10%。在实际工程应用中，刷式密封中 Δ^* 一般在2.5 mm以内。可以看出，数值结果和试验数据在 2.5 mm 以内非常接近。

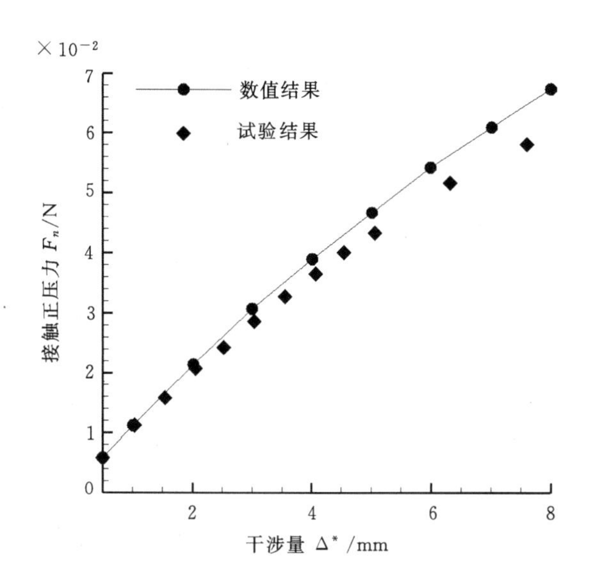

图5-56　接触正压力的数值结果与试验结果的对比

5.5.2　多排刷丝与转子的接触力及刷丝变形

在实际运行中，刷式密封中存在复杂的摩擦力作用，包括刷丝与转子的摩擦、刷丝与后夹板的摩擦以及刷丝之间的摩擦，此外，刷丝束会受到泄漏气流气动力的作用，这些摩擦作用和气动力对刷式密封的接触力具有非常重要的影响。建立合理的接触模型是对刷丝进行力学分析的关键。刷式密封内部主要存在三种接触：刷丝束与转子之间的接触、刷丝与后夹板之间的接触、刷丝相互之间的接触。

(1)刷丝与转子之间的接触。一般情况下安装好的刷式密封与转子是有一定的干涉量的，这个干涉量可以使转子在任何工况下都可以很好地贴紧转子表面，减小泄漏量，保持良好的密封效果。另外，刷丝吹闭效应、热膨胀和转子旋转时的膨胀效应都可以增强刷丝与转子之间的接触。由于刷丝很细，刷丝与转子的接触面积很小，一般可以认为刷丝与转子表面的接触为点与面接触。

(2)末排刷丝与后夹板的接触。刷丝束在密封上下游压差的作用下向背板弯曲，末排刷丝就会与后夹板产生接触，此接触可以简化为梁与平面的接触。

(3)刷丝之间的接触。泄漏气流会使刷丝束向一起挤压，刷丝之间不可避免会产生接触，由于相邻的刷丝接近平行，可以简化为两根互相平行的梁之间的接触。

(4)气动力。刷丝受到的气动力实际等于刷丝对泄漏气流的流动阻力，可以从刷式密封泄漏特性的 CFD 计算中获得。

刷丝与转子的接触采用点-面接触(见图 5-57(a)，CONTA175 接触单元)；刷丝之间的接触采用梁-梁平行接触(见图 5-57(b)，CONTA176 接触单元)；刷丝与后夹板之间的接触采用线-面接触(见图 5-58(c)，CONTA177 接触单元)。其中：n 为接触面的法向，d 为接触单元与目标单元之间的距离，r_c 和 r_t 分别为接触单元和目标单元的半径。

当模型发生贴合或重叠，模型之间就会产生接触作用。对于点-面接触(见图 5-57(a))，当 $d \leqslant 0$ 时就产生接触；对于梁-梁接触(见图 5-57(b))，当 $d-(r_c+r_t) \leqslant 0$ 时就产生接触。模型在接触过程中必须满足不穿透的接触协调条件，为使接触面不发生相互穿透，接触处会产生法向接触力。法向接触力可以将接触穿透控制在可接受的数值水平，法向接触力满足：

$$F_n = \begin{cases} 0, & u_n > 0 \\ K_n u_n, & u_n \leqslant 0 \end{cases} \tag{5-45}$$

其中：F_n 为法向接触力；K_n 为法向接触刚度；u_n 为接触间隙。

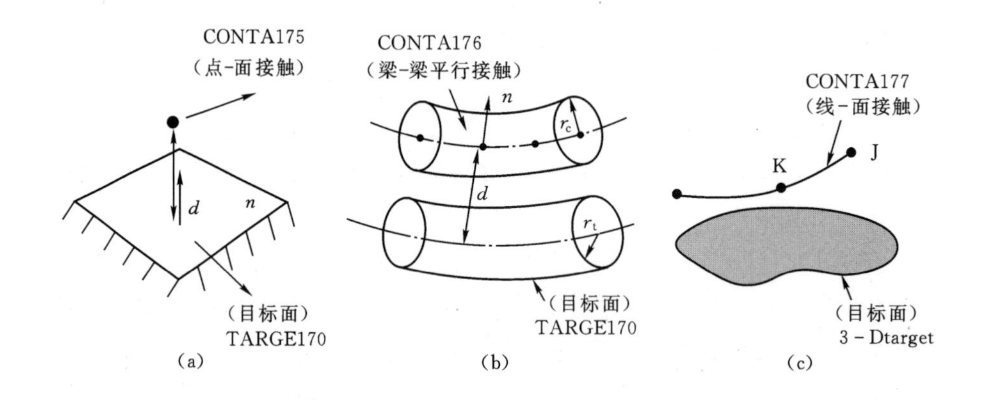

图 5-57 刷式密封中的接触模型

由于存在摩擦作用，在接触处还存在平行于接触面的切向摩擦力，根据接触状态的不同，摩擦力可取不同的数值：

$$F_\tau = \begin{cases} K_\tau u_\tau, & |F_\tau| - \mu F_n < 0(\text{粘结}) \\ \mu K_n u_n, & |F_\tau| - \mu F_n = 0(\text{滑动}) \end{cases} \tag{5-46}$$

图5-58给出了刷式密封非线性接触有限元模型(邱波，2013)。模型在通用有限元软件ANSYS中进行求解，接触算法采用增强的拉格朗日法。如图所示，刷丝束沿着转轴轴向有13排刷丝，沿着转轴周向有3排刷丝，共39根刷丝呈交叉排列。根据转子、刷丝和后夹板的材料特性，选取刷丝与转子之间的摩擦系数为0.24，刷丝之间的摩擦系数为0.2，刷丝与后夹板之间的摩擦因数为0.28，刷丝的弹性模量为2.0685×10^{11} Pa。计算时设置流体对刷丝的作用力，刷丝与转轴的干涉量，转轴表面给定转速。

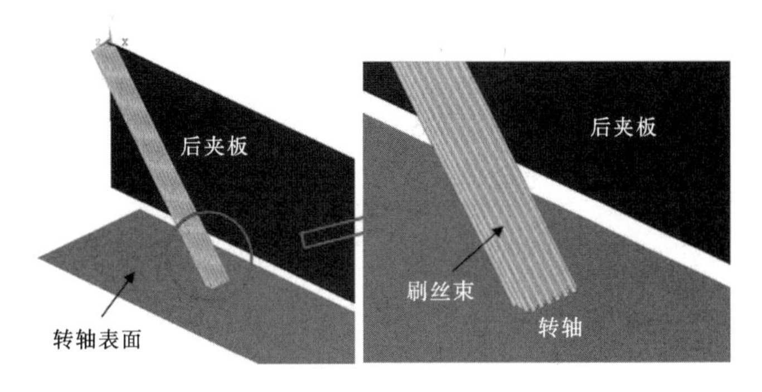

图5-58 刷式密封非线性接触FEM模型

图5-59为计算得出的刷丝与转子法向接触力和摩擦力随压差的变化，计算时刷丝与转子干涉量为0.3 mm。随着压差增大，流体对刷丝作用力增大，刷丝排列更加紧密，刷丝束刚度增大，刷丝之间和刷丝与后夹板摩擦力增大，刷丝与转子法向接触力和摩擦力随压差增大呈线性增加，这种变化趋势

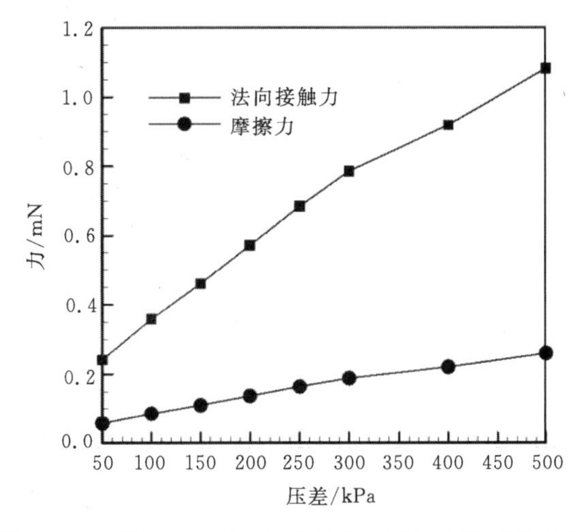

图5-59 刷丝与转子法向接触力和摩擦力随压差变化

与试验测量的结果(Demiroglu, 2007b; Crudgington, 2009)相吻合。

图 5-60 给出压差为 500 kPa 时刷丝束的轴向变形情况。如图所示,在流体的气动力和后夹板的支撑力共同作用下,刷丝束发生轴向弯曲,末排刷丝与后夹板之间会形成一个间隙。压差较大时,刷丝的轴向弯曲更加明显,如图 5-61 所示。图 5-62 给出刷丝变形后刷式密封的静压和流线分布。部分泄漏气流进入末排刷丝与后夹板间的间隙,并在间隙内沿着后夹板向围栏高度以下区域流动,最终进入刷丝束下游。

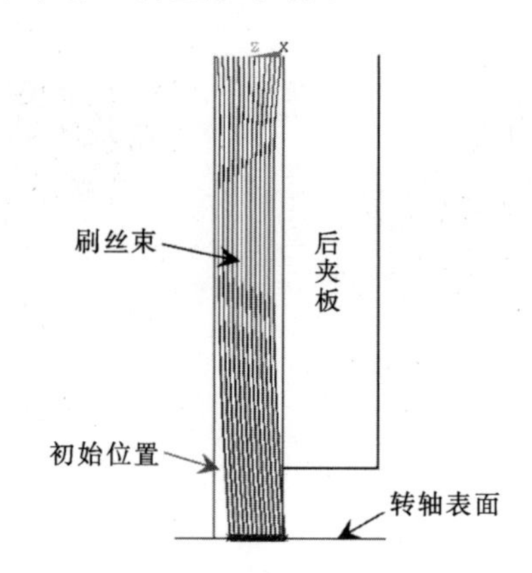

图 5-60 刷丝束变形(ΔP=500 kPa)

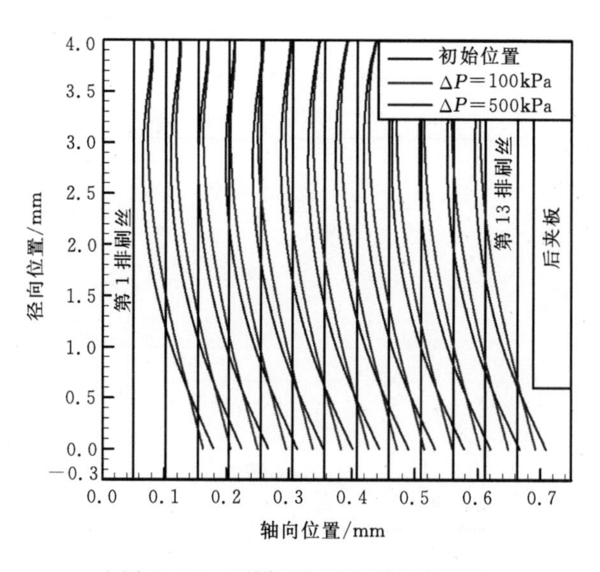

图 5-61 不同压差下的刷丝变形量

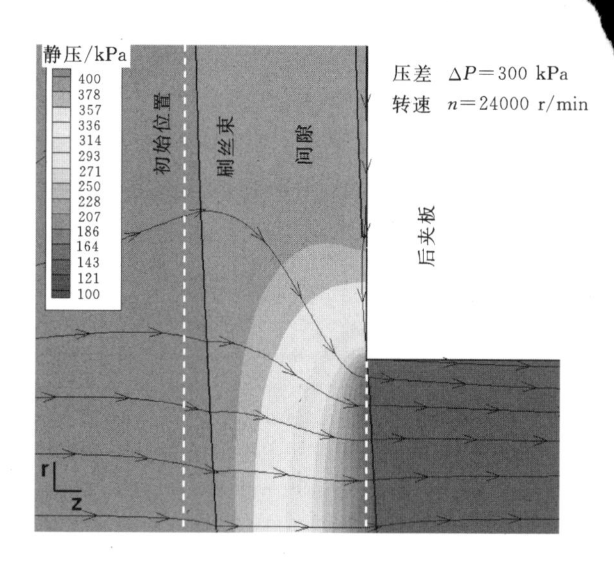

图 5-62　刷丝变形后刷式密封的静压和流线分布

5.6　刷式密封的迟滞效应

刷式密封在转子发生径向偏移或升速时，刷丝由于摩擦力的作用不能及时偏移，好比刷丝的瞬时刚度增加，这称作刷丝的刚化效应。刚化效应会使刷丝与转子的接触力增大，刷丝与转子的摩擦热效应增强，刷丝的磨损速率增加，进而刷式密封的封严性能和使用寿命下降。当转子从偏心位置恢复或降速时，由于刷丝束与后夹板间的摩擦力以及刷丝之间摩擦力的作用，变形的刷丝束不能及时地跟随转子表面仍保持一定的偏移位置。此时刷丝与转子的接触力与转子产生偏移或升速时不同，也就是说刷丝与转子的接触力在转子偏移或升速时与转子从偏移位置恢复或降速时的变化不一致，这种与载荷历史有关的差异叫做刷式密封的迟滞效应。此外，刷式密封的泄漏量随压差的变化曲线也与压差的加载过程有关，也反映了刷式密封的迟滞效应。

5.6.1　刷式密封迟滞效应的试验研究

图 5-63 给出试验测量得到的典型刷式密封迟滞特性曲线(Crudgington, 2002)。图中纵坐标代表干涉量，横坐标代表刷丝与转子的接触力，转子在加载干涉量时，刷丝与转子的接触力随干涉量增大而呈线性增大。转子在卸载干涉量时，由于刷丝之间的摩擦力以及刷丝与后夹板的摩擦力的作用，

的跟随转子，接触力减小非常快，也就是说在相同的干涉量下，的接触力大于卸载过程中的接触力。刷式密封的迟滞效应会使子之间存在运行间隙，严重影响刷式密封的封严性能。

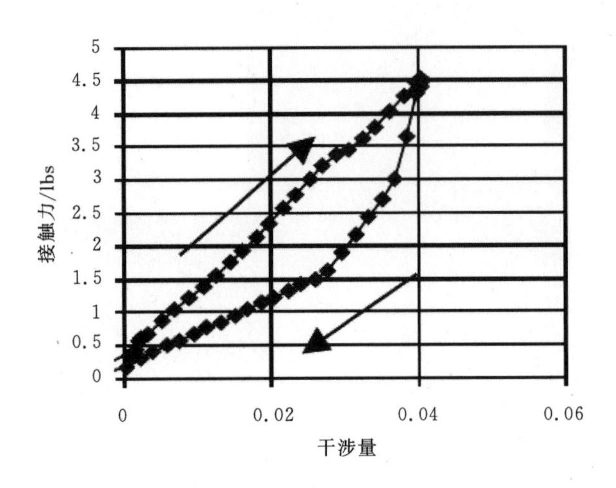

图 5-63　典型刷式密封迟滞效应曲线(Crudgington PF, 2002)

转子旋转会使刷式密封的迟滞效应减弱。Aksoy 和 Aksit(2010)通过试验发现在转子旋转和静止时刷式密封的迟滞特性曲线有所不同。图 5-64 为通过试验测量获得的转子静止时刷式密封的迟滞特性曲线。图 5-65 为转子转速为 3000 r/min 时刷式密封的迟滞特性曲线。当转子静止时，在转子径向干涉量加载过程中，刷丝与转子的接触力会突然大幅增加，随后缓慢增加。而卸载径向干涉量时，刷丝与转子的接触力会突然大幅减小，随后缓慢减小。当转子转速为 3000 r/min 时，加载和卸载径向干涉量过程中，刷丝与转子的

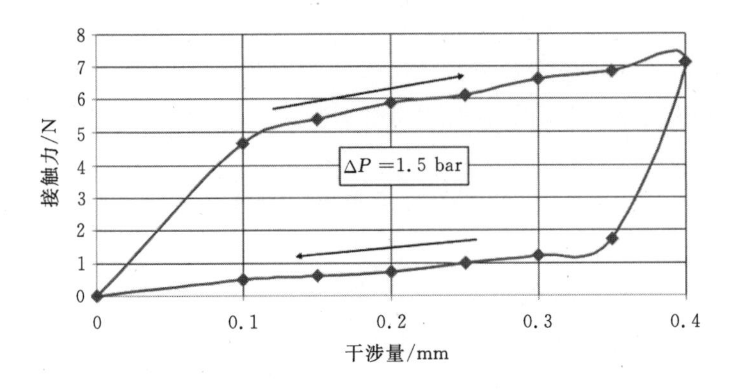

图 5-64　转子静止时刷式密封的迟滞特性曲线(Aksoy, 2010)

接触力在加载和卸载开始时不会出现突然大幅增加或者减小，整个过程都是均匀变化的，也就是说转子旋转会使刷式密封的刚化效应和迟滞效应减弱。

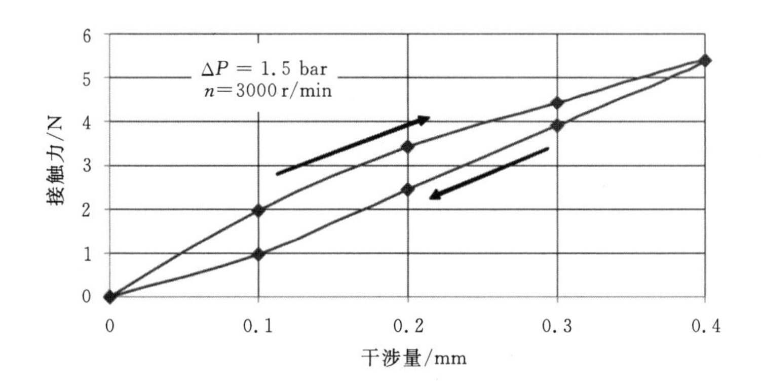

图 5-65　转速为 3000 r/min 时刷式密封的迟滞特性曲线(Aksoy, 2010)

为了减小刷式密封的刚化效应和迟滞效应并延长刷式密封的使用寿命，研究人员设计了压力平衡型低迟滞刷式密封结构(Short, 1996)，如图 5-66 所示。低迟滞刷式密封与传统刷式密封结构基本相同，只是在后夹板与刷丝束间设计了一个环形减压槽。减压槽使刷丝束与后夹板之间的接触力大幅降低，进而使刷式密封的迟滞效应减弱。

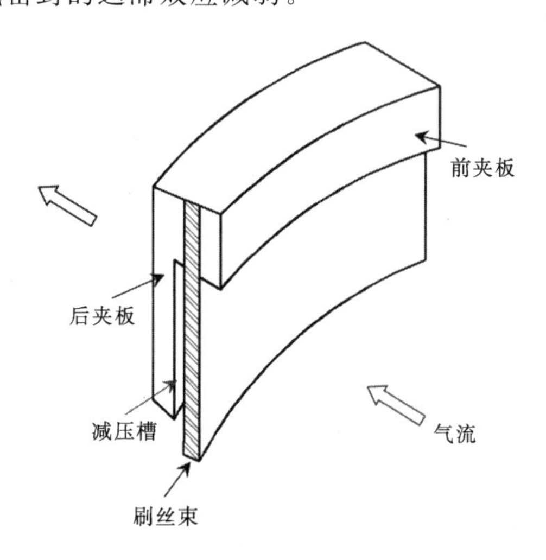

图 5-66　低迟滞刷式密封结构(Short, 1996)

5.6.2 刷式密封迟滞效应的数值研究

1. 数值方法及计算模型

图 5－67 给出了刷式密封在不考虑摩擦作用时的受力图。图中：L 为刷丝的长度，m；θ_s 为刷丝在转子表面处的安装角度，°；δ_r 为转子的径向位移，m；F_n 为刷丝与转子表面的法向接触力，N。

由细长梁的线性纯弯曲理论（刘鸿文，2004）及由图中几何条件可知：

$$F_n = \frac{3EI\delta_r}{L^3 \sin^2\theta_s} \tag{5-47}$$

式中：E 为刷丝的弹性模量；I 为刷丝的截面惯性矩。

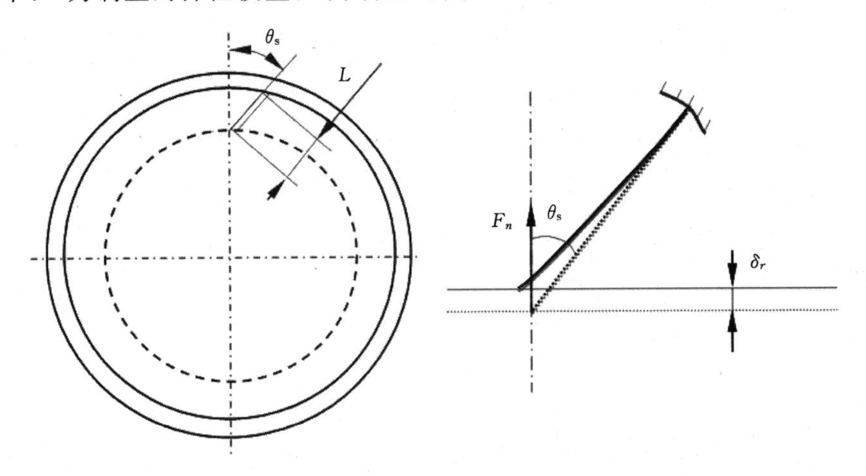

图 5－67 单根刷丝理想情况下的受力图

刷丝的截面为圆形：

$$I = \frac{\pi d^4}{64} \tag{5-48}$$

式中：d 为刷丝的直径。

刷丝端部与转子的接触面积 WTA（wire tip area）为：

$$WTA = \frac{\pi d^2}{4\cos\theta_s} \tag{5-49}$$

计算可得刷丝的径向刚度 K_r，即刷丝端部每发生单位径向位移时接触力的变化：

$$K_r = \frac{F_n}{\delta_r} = \frac{Ed^4}{6.79L^3 \sin^2\theta_s} \tag{5-50}$$

为了便于不同直径刷丝之间的比较，一般采用刷丝端部压力(bristle tip pressure，BTP)替代刷丝的径向刚度，BTP 表示刷丝端部每发生单位径向位移时接触压力的变化，不考虑摩擦时，BTP 的理论计算式如下：

$$BTP_{\text{theory}} = \frac{K_r}{WTA} = \frac{Ed^2\cos\theta_s}{5.333L^3 \sin^2\theta_s} \tag{5-51}$$

为了更好地评定刷式密封的迟滞效应，引入相同径向位移下 BTP 数值结果与理论结果的比值 R_{BTP}，计算公式如下：

$$R_{BTP} = \frac{BTP_{\text{mumerical}}}{BTP_{\text{theory}}} \tag{5-52}$$

刷式密封的迟滞效应主要是由于摩擦作用造成的，BTP 理论值是不考虑摩擦作用的理想值，数值结果是考虑摩擦作用的，所以采用数值结果与理论结果的比值 R_{BTP} 可以更好地描述刷式密封的迟滞效应。

实际计算时采用单排五根刷丝的计算模型(见图 5-68)，未考虑气动力的作用，其他具体数值方法与上节相同。计算时先在转子表面施加径向位移，然后释放，记录刷丝与转子之间接触力的变化。模型通过通用有限元软件 ANSYS 进行求解，接触算法采用增强的拉格朗日法(陈春新，2011b)。

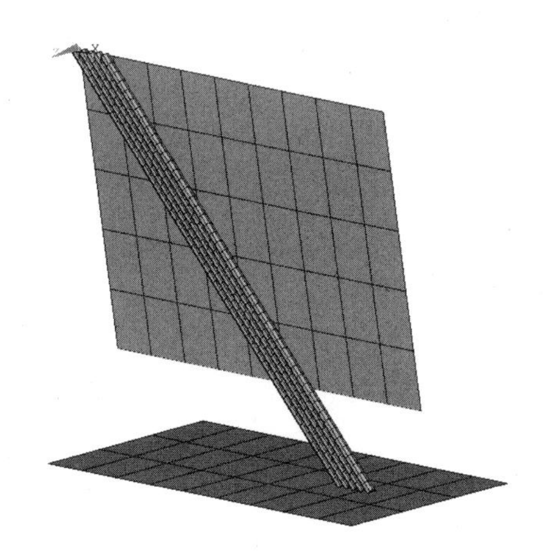

图 5-68　刷丝迟滞特性的有限元计算模型

2. 数值方法验证

图 5-69 给出了文献(Demiroglu，2007b)的试验测量步骤，其中测量块

是直径为 129.54 mm、周向宽度为 12.7 mm 的环形金属块，试验过程中保持刷式密封圈不动，测量块沿刷式密封径向以 0.2 mm 的速率运动，当测量块压向刷丝时视为加载，反之就是卸载。

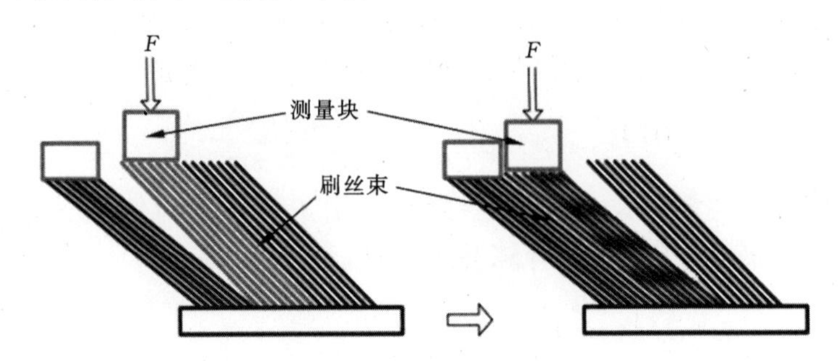

图 5-69 试验测量步骤

图 5-70 给出了试验测量步骤以及数值模拟得到的刷式密封迟滞特性曲线与文献试验结果的比较。计算模型中摩擦系数根据常用刷丝材料属性取 $\mu=0.21$，其余计算参数来自文献(Demiroglu, 2007b)。从图 5-70 可以看出，加载过程中的数值计算结果与试验计算结果几乎相同，误差很小。但是在卸载过程中数值结果相对于试验结果有较大误差。这是因为试验结果是在确定的加载和卸载速率情况下得出，而数值模拟时转子表面在径向运动的过程中分成很多载荷步，每一载荷步计算的都是平衡态结果，没有考虑运动和变形的时间效应，相当于加载与卸载速率无限慢、时间无限长。试验时刷

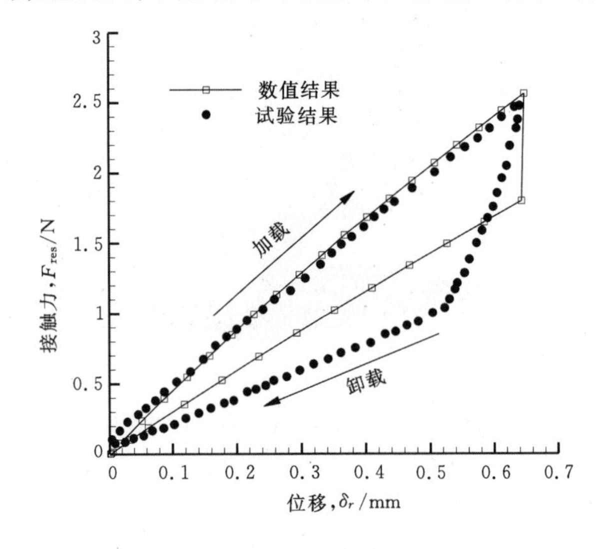

图 5-70 刷式密封迟滞特性曲线数值结果与试验结果的对比

丝在卸载过程中不能及时跟随转子表面造成刷丝与转子表面的接触力相对于数值结果偏小。

3. 计算结果分析

影响刷式密封迟滞特性的因素很多，包括刷丝角度、刷丝长度、刷丝直径、刷丝材料特性以及实际工况，本节主要介绍刷丝角度、刷丝长度以及刷丝直径的变化对刷式密封迟滞特性的影响(陈春新，2011b)。为便于比较，取刷丝的径向刚度为定值。计算中采用的基本参数来自文献(Crudgington，2002)。其中刷丝角度、刷丝直径和刷丝长度分析范围综合参考文献和实际应用进行选取。刷式密封的迟滞特性主要是由于刷式密封内部各种摩擦作用造成的，式(5-51)是不考虑摩擦作用的理论值，本节还采用了考虑摩擦作用的数值结果与不考虑摩擦作用的理论结果的比值 R_{BTP} 来评定刷式密封迟滞特性的大小。

(1)刷丝长度和刷丝角度对刷式密封迟滞特性的影响。

取刷丝直径为 $d_b=0.142$ mm，按表5-2中给出的参数计算五组刷式密封的迟滞特性曲线，图5-71～图5-74分别给出了这五组刷式密封在加载和卸载过程中的迟滞特性曲线、作用力差值、BTP 值和 R_{BTP} 值随径向位移的变化曲线。

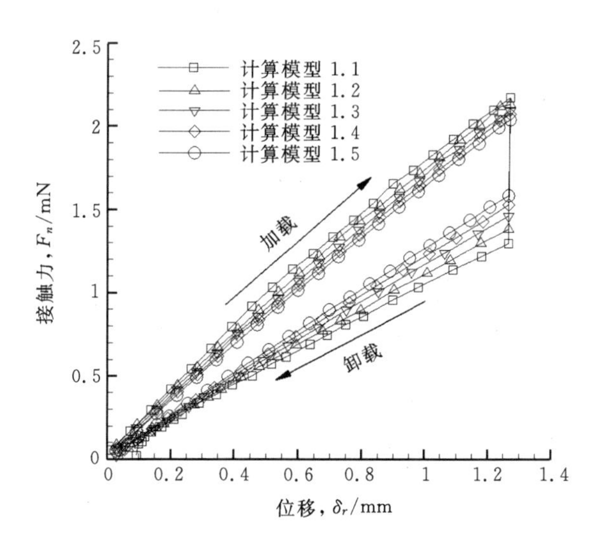

图5-71　不同刷丝长度和刷丝角度时的迟滞特性曲线

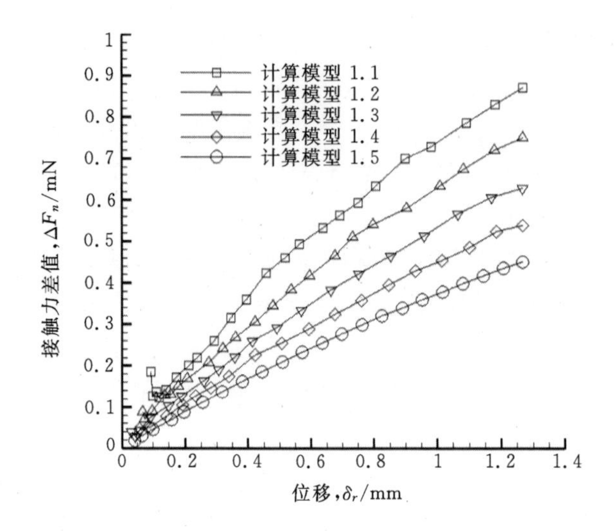

图 5-72　不同刷丝长度和刷丝角度时接触力差值曲线

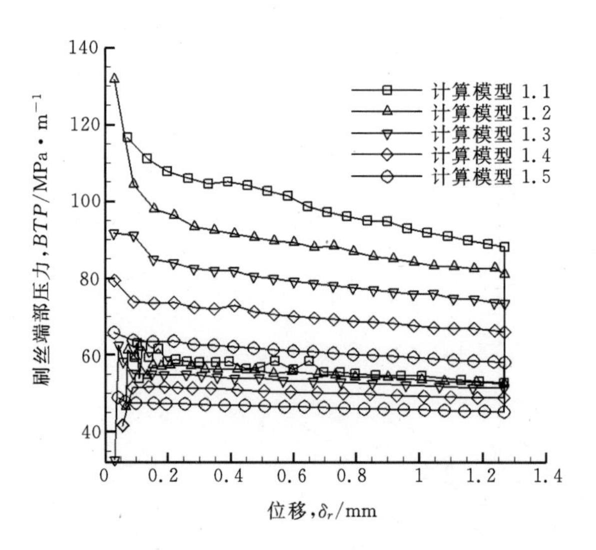

图 5-73　不同刷丝长度和刷丝角度时的 BTP 值变化

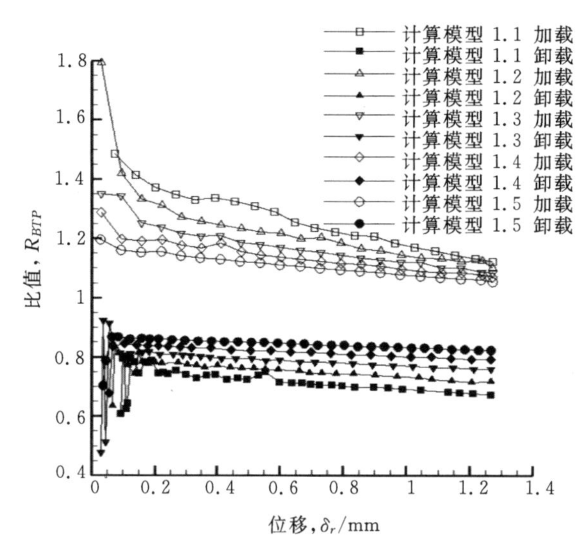

图 5-74 不同刷丝长度和刷丝角度时的 *BTP* 比值变化

加载和卸载过程中法向接触力和 R_{BTP} 比值的差值可以很明显地判断刷式密封迟滞特性的大小。在刷丝径向刚度一定的情况下，随着刷丝角度的增加和刷丝长度的减小，刷丝在加载和卸载过程中的接触力和 R_{BTP} 的差值越来越小，表明刷丝的迟滞特性越来越弱。

表 5-2 计算参数

case	L/mm	θ_s/°	K_r/N·m^{-1}	BTP_{theory}/MPa·m^{-1}
1.1	29.200	35	1.523	78.5
1.2	27.066	40	1.523	73.3
1.3	25.400	45	1.523	67.6
1.4	24.079	50	1.523	61.6
1.5	23.028	55	1.523	54.8

接触力受刷丝端部相对于转子表面的倾斜角度的影响，刷丝角度越小，摩擦力与刷丝越接近垂直，摩擦力的作用效果就越明显，迟滞特性就越强。然而 *BTP* 曲线中也可以推测出上述结论，但是并不明显，差值的大小是通过目测估计的，差值在较小时并不能分辨出来。从图中还可以看到在加载过程中，随着径向位移的增加，不同刷丝角度刷式密封的 *BTP* 数值结果与试验结果的比值差别越来越小，而在卸载过程中这种差别越来越大。

图 5-73 中的 *BTP* 值和图中的 R_{BTP} 值在径向位移较小时出现较大的波动，这是因为 *BTP* 是定义为单位径向位移时的刷丝端部压力，在 *BTP* 和

R_{BTP}的计算过程中径向位移是作为除数的，所以这种波动在径向位移较小时出现是很正常的，后面的图例中均会存在相同的现象。

(2)刷丝直径和刷丝角度对刷式密封迟滞特性的影响。

取刷丝长度 $L=2.54$ mm，按表 5-3 中给出的参数计算五组刷式密封的迟滞特性曲线，图 5-75～图 5-78 分别给出了这五组刷式密封在加载和卸载过程中的迟滞特性曲线、作用力差值、BTP 值和 R_{BTP} 值随径向位移的变化曲线。

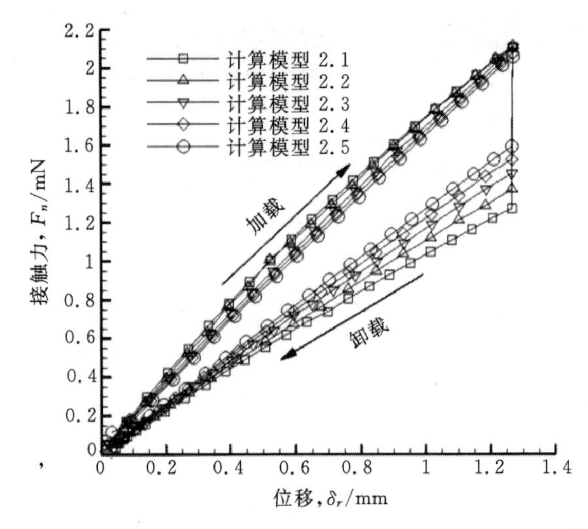

图 5-75 不同刷丝直径和刷丝角度时的迟滞特性曲线对比

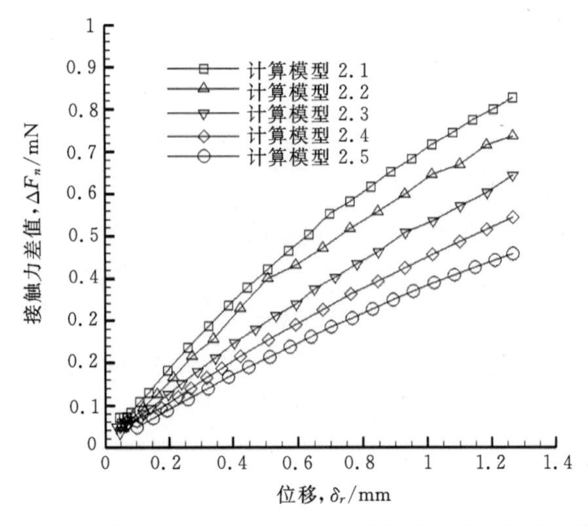

图 5-76 不同刷丝直径和刷丝角度时接触力加载和卸载时的差值

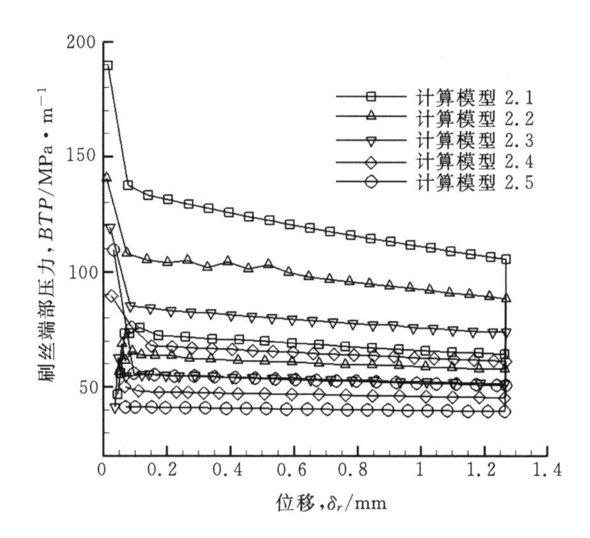

图 5-77 不同刷丝长度和刷丝角度时的 BTP 值

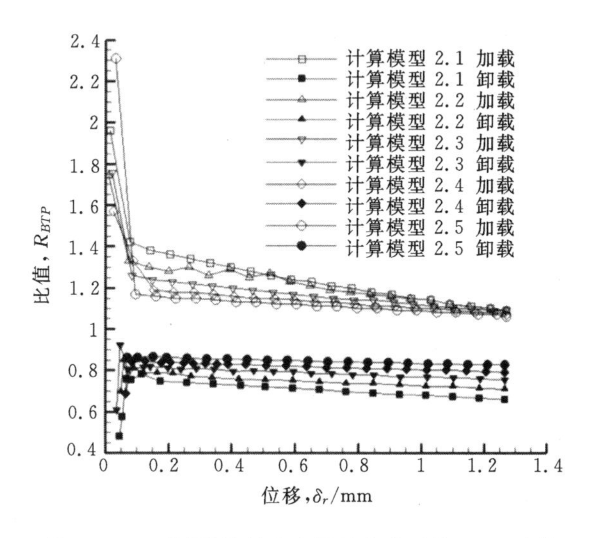

图 5-78 不同刷丝长度和刷丝角度时的 BTP 比值

这五组刷式密封显示的现象与前面五组的现象非常相近,在刷丝的径向刚度和刷丝长度一定的情况下,随着刷丝角度的增加和刷丝直径的增加,刷丝在加载和卸载过程中的接触力和 R_{BTP} 的差值越来越小,表明刷丝的迟滞特性越来越弱。同时对比上一节,它们唯一的不同就是前者是刷丝长度变化,后者是刷丝直径变化,一定程度上说明在刷丝角度和刷丝径向刚度相同的情况下,刷丝直径和刷丝角度对刷式密封迟滞特性的影响较小。

从图中还可以看出在加载过程中随着径向位移的增加，不同刷丝角度时 BTP 比值的差别越来越小，当径向位移增大到 1.2 mm 时，不同刷丝角度下的 BTP 数值结果与理论结果的比值接近相同，差别主要体现在卸载过程。

表 5-3 计算参数

case	d_b/mm	θ_s/°	K_r/N·m^{-1}	BTP_{theory}/MPa·m^{-1}
2.1	0.128	35	1.523	96.9
2.2	0.136	40	1.523	80.8
2.3	0.142	45	1.523	67.8
2.4	0.148	50	1.523	56.9
2.5	0.153	55	1.523	47.5

(3)刷丝直径和刷丝长度对刷式密封迟滞特性的影响。

取刷丝角度为 $\theta_s=45°$，按表 5-4 中给出的参数计算五组刷式密封的迟滞特性曲线，图 5-79～图 5-82 分别给出了这五组刷式密封在加载和卸载过程中的迟滞特性曲线、作用力差值、BTP 值和 R_{BTP} 值随径向位移的变化曲线图中的接触力曲线不能明显说明不同刷丝长度和刷丝直径时刷式密封迟滞特性的大小。从图 5-79 中可以看出，随着 L 和 d 的增加，加载与卸载过程中接触力差值是越来越大的；但是图 5-82 显示不同直径和长度的刷式密封在径向刚度和刷丝角度相同的情况下的 BTP 比值基本相同，从图 5-79 和图 5-82 中得出的结论相冲突。事实上，图 5-80 中的接触力差值曲线，没

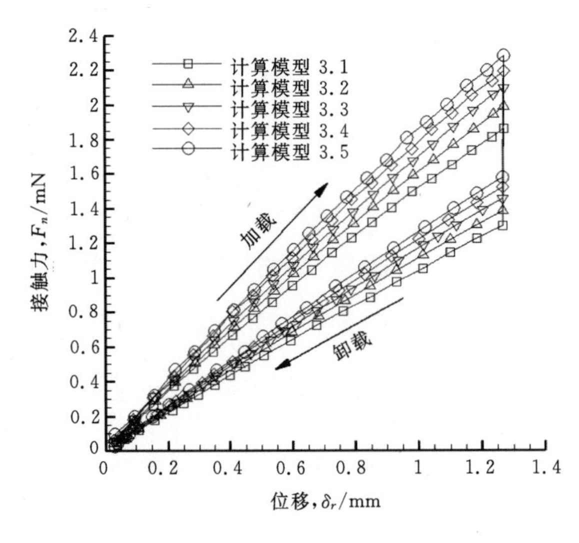

图 5-79 不同刷丝长度和刷丝直径时的迟滞特性曲线对比

有考虑刷丝与转子表面的接触面积，粗刷丝占据较大的接触面积，其较大的接触力不会产生大的迟滞特性，而 BTP 比值考虑了刷丝与转子表面的接触面积，对整个刷式密封的考虑更加全面，便于不同直径的刷丝进行比较。图5-81的 BTP 曲线虽然也考虑了刷丝与转子之间的接触面积，但是并不能表现迟滞效应的强弱。根据分析结果我们还可以知道，在不考虑流体作用力的情况下，刷丝径向刚度与刷丝角度对刷丝的迟滞特性有决定性的作用。

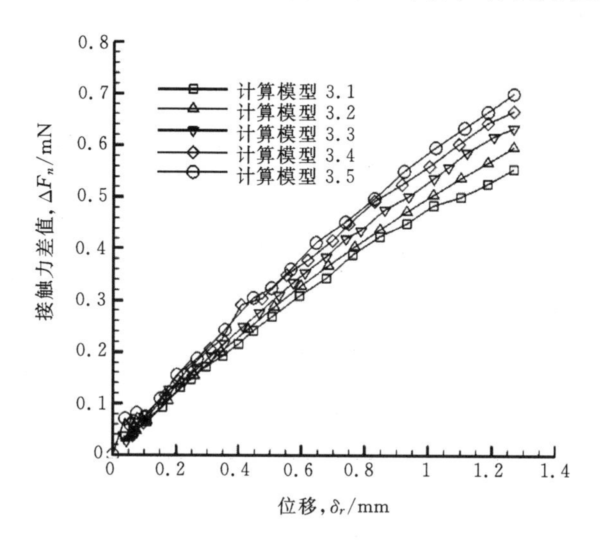

图5-80　不同刷丝长度和刷丝直径时接触力加载和卸载时的差值

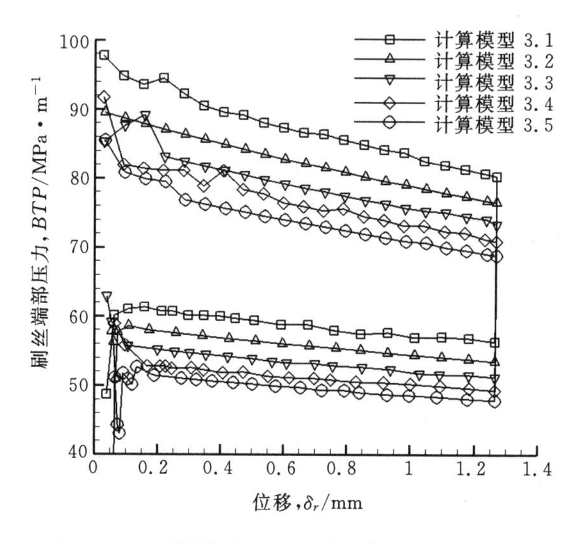

图5-81　不同刷丝长度和刷丝直径时的 BTP 值

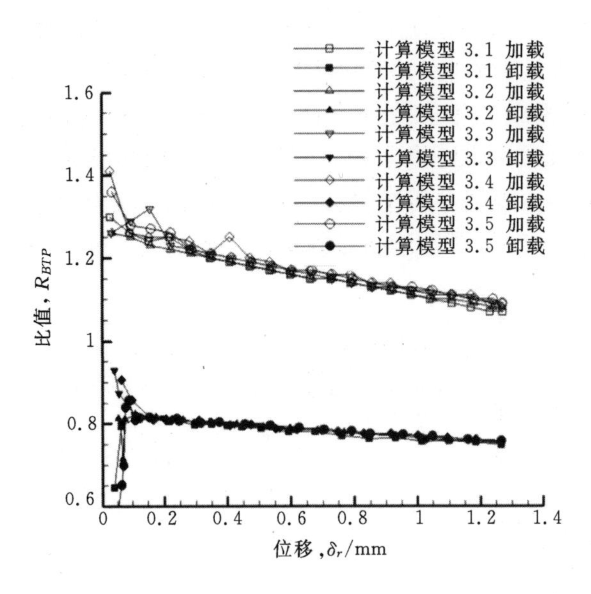

图 5-82 不同刷丝长度和刷丝直径时的 BTP 比值

表 5-4 计算参数

case	d_b/mm	L/mm	K_r/N·m^{-1}	BTP_{theory}/MPa·m^{-1}
3.1	0.128	22.876	1.523	83.6
3.2	0.136	24.217	1.523	74.6
3.3	0.142	25.400	1.523	67.8
3.4	0.148	26.438	1.523	62.6
3.5	0.153	27.339	1.523	58.5

5.7 刷式密封的设计与工艺要求

刷式密封安全可靠的运行是刷式密封设计人员和用户最关心的问题。刷式密封的设计、加工工艺、材料选择、强度、刚度计算与试验、刷式密封条的牢固性试验、交变温度下刷丝的牢固性试验、在转轴高速旋转时刷丝束与转轴表面相互作用的研究和模拟试验、刷式密封在工作状态下流动的数值试验、刷式密封的质量保证、刷式密封在机组上的安装工艺、刷式密封在机组上使用效果的测量以及刷式密封的寿命和持久效率等方面都需要进行相关的研究工作。近年来，刷式密封开始应用于更复杂的环境，比如高转速

(＞400 m/s)高温(＞650℃)以及不连续的接触表面,如透平叶片等。

设计人员首先需要具备刷式密封机械设计的多方面专业知识,其中关键知识之一就是刷丝和转子摩擦面材料的选取。选取的材料必须有足够的抗摩擦性能,满足机器经久耐用的要求。另一个关键问题是夹板和转子之间必须有足够的间隙。间隙的设计需要考虑转子和静子之间瞬时的静态特征以及动态特征。转子表面是不允许与夹板有接触的。对于一个密度、直径和材料已确定的刷丝束,密封能承受的最高压差也就确定,以防止轴向变形过大。一旦刷丝出现严重的轴向变形,刷式密封的密封效果就大大降低。压差的要求决定了密封刷丝的直径、密度以及多少个刷式密封需要用在一台给定的设备上。另外一个主要问题是摩擦热量。刷丝与转子表面摩擦产生的热量必须通过对流传热而消除。摩擦产生的热量会使刷丝过早地腐蚀损坏,严重时会使密封出现热不稳定现象(例如:摩擦热会使转子受热膨胀,导致摩擦加剧,热量增加,直至和背板接触摩擦,致使密封损坏)。

密封的设计必须满足设备各种工况的运行要求,因为密封和设备的流动系统的许多参数调控位于密封区域,例如在主气流流动的控制方面,对转子温度、排气、冷却等参数必须满足。目前,磨损测试标准已经建立,可用来确定密封设计的可行性和在设备中的磨损率。密封设计工作完成后,下一步就是将密封整合到设备中,这就涉及到旋转特征、各级的详细工况、旋转公差、机械振动和停机等问题。密封的安装、调整、数据采集、运行测试及二次流优化利用系统的调试是密封正式投入运行之前需要进行的工作。

制定密封各项性能设计要求准则在设计过程中是很重要的。例如:必须的泄漏量、密封设计和运行的强度、密封突然爆裂(在流场中偏离转子表面)的防止、允许产生的热量值、刷丝顶端的温度、转子热量的稳定性、密封的氧化和蠕变等,为此需要对刷式密封的动力学有深入的了解并掌握运行系统的反馈信息。在密封设计初期需要对密封的运行工况有全面的了解,掌握主要的运行参数,如压力、温度、表面转速、转子材料、转子直径、散热特性等。在设计和整合到设备的工作时,需要知道更多的运行工况的细节,比如复杂的密封逆流、涡流、振动和安装公差等。目前已经发展出许多设计手段来计算刷式密封的特性,像压力性能、泄流量、径向强度、刷丝的强度、刷丝的自然频率等。

刷式密封的允许压差是一个重要的设计参数。刷丝的封装靠前板的保护和背板的支撑,刷丝在压力接触点是悬空的。从负载的角度看,刷丝能分成两部分:下端部分,即从转子表面到背板内径的部分;上游部分,即从背板内径到刷丝被夹紧部分的外端。刷丝的下端部分承担着最主要的压力负荷，这是密封压差的主要来源。泄漏量的测定主要是由一系列的各级刷丝和转子的配合试验来测得的。静态测试用来获得对密封泄漏和允许压力的综合认识;动力学测试能够取得密封确切的动态情况;转动试验也能显示出密封对转子的作用,因为转子对摩擦热量是很敏感的。在静态和动态测试中,流量是由密封的压差来计算的,密封效率是在转子直径的基础上计算得出的。根据密封泄漏量的测定数据,可以推断出密封在各种装配情况下的泄漏量。

在密封制造中,实际的工艺参数例如:焊接要求、关键尺寸的装配公差等对制造商甚为重要。例如,刷丝顶端的部分是刷丝的关键部分。这部分工艺参数的轻微改动都能使硬度加倍。掌握各个工艺参数对密封性能影响的程度很重要,因为它们在制造时是可以控制的。密封制造的细节和功能要求必须通过质量保证。在全部设计完成之后,原型在发动机上的安装和运行前后的测试与调整是确定其有效性和投入运行前的最后步骤,也是最重要的步骤。基本型刷式密封孔直径一般在 50～1000 mm 之间。前夹板的主要作用是夹持钢丝,前夹板的径向高度尺寸应大于焊透区尺寸,前夹板的厚度一般在 1.6～2.5 mm 之间。后夹板的最小厚度要根据气体上、下游压差和工作温度进行计算。后夹板的围栏高度是影响密封特性的主要因素。围栏高度增大,会使密封性能显著下降;而围栏高度太小,会造成后夹板内径与转轴表面摩擦,损坏密封,降低性能。围栏高度不应大于 2.7 mm,当超过此值时,密封性能会显著下降。前夹板和后夹板的材料主要取决于刷式密封的工作温度,一般选用焊接性能良好的不锈钢和耐热合金钢。常规单级刷式密封能承受的最大上下游压差约为 0.3～0.35 MPa,气体温度为 650℃,密封直径处切线速度为 300 m/s。按照上下游压差来决定刷式密封级数。当压差大于 0.35 MPa 时,需要考虑采用多级刷式密封设计。

5.8 本章小结

刷式密封作为接触式动密封具有优秀、稳定和持久的封严性能,不仅可以大大降低透平机械的泄漏损失,而且可以改善转子运行的稳定性。刷式密封技术是未来提高透平机械工作效率和运行稳定性的关键技术之一。本章从刷式密封的泄漏流动特性、力学特性、摩擦热效应以及传热特性等方面对刷式密封的研究现状和进展进行了介绍。为了进一步提高刷式密封的性能以及拓宽其在透平机械领域的应用范围,今后刷式密封技术的研究还需要重点关注以下几个方面：

(1)刷式密封的流动、传热、摩擦、变形的流固耦合机理的研究。目前研究人员大都是独立的研究刷式密封泄漏流动特性或者力学特性，不考虑刷丝变形等流固耦合效应。实际上刷式密封内部流体与固体间的流固耦合效应会对其泄漏流动特性和力学特性产生非常重大的影响。因此，需要采用流热耦合和流固耦合的方法建立和健全刷式密封的数值预测模型，研究刷式密封的泄漏流动与传热、摩擦热效应、刷丝变形、迟滞特性的基本机理，为开发高性能的刷式密封提供理论指导。

(2)刷式密封摩擦热效应的研究。刷式密封的摩擦热效应关系到刷式密封的封严性能、使用寿命以及应用范围，但在以往的研究中没有受到足够的重视。因此，还需要通过试验测量和数值模拟的方法进一步研究刷式密封的几何结构参数和运行参数对摩擦热效应和传热特性的影响规律，进而改进刷式密封的结构，尽可能地避免刷式密封在运行时刷丝温度过高。

(3)刷式密封转子动力特性的研究。先进的动密封技术不仅要求泄漏量低，而且需要密封系统能保证和增强转子系统的稳定性。刷式密封作为一种高效阻尼的接触式密封，在转子发生径向变形或偏心运行时，刷式密封具有很强的适应性，能保持优良的密封性能并改善转子运行的稳定性。但目前有关这方面的研究还非常少，因此，需要通过试验测量的方法对刷式密封的转子动力特性进行详细研究，发展评估刷式密封转子动力特性快速准确的数值预测方法，这对于完善刷式密封的设计理念和提高设计水平有重要的意义。

(4)通过改进刷式密封的结构，提高刷式密封的性能，拓宽刷式密封的应用范围。刷式密封的摩擦热效应、迟滞效应、刚化效应等都对刷式密封的封严性能和使用寿命产生不利影响，限制了刷式密封的应用范围。在掌握刷式密封的泄漏控制机理、摩擦与传热机理、接触力和刷丝变形机理的基础上，研究如何通过改进刷式密封的结构和形式，降低刷丝磨损、刷丝与转子的摩擦热效应、迟滞效应等对密封性能的不利影响，例如，发展低迟滞刷式密封、可径向移动的刷式密封等，为透平机械提供更先进的刷式密封。

参考文献

陈春新，2011a. 刷式密封内部接触力及迟滞特性的研究[D]. 西安：西安交通大学.

陈春新，邱波，李军，等，2011b. 刷式密封迟滞特性的数值研究[J]. 西安交通大学学报，2011，45(5):36 - 41.
陈春新，李军，丰镇平，2010. 刷式密封刷丝束与转子接触力的数值研究[J]. 西安交通大学学报，44(7):23 - 27.
李军，晏鑫，丰镇平，等，2007a. 基于多孔介质模型的刷式密封泄漏流动特性研究[J]. 西安交通大学学报，41(7) :768 - 771.
李军，晏鑫，丰镇平，2007b. 刷式密封泄漏流动特性影响因素的研究[J]. 热能动力工程，22(3):250 - 254.
刘鸿文，2004. 材料力学[M]. 北京:高等教育出版社:176 - 194.
刘伟，范爱武，黄晓明，2006. 多孔介质传热传质理论与应用[M]. 北京:科学出版社.
邱波，李军，2011. 刷式密封传热特性研究[J]. 西安交通大学学报，45(9):94 - 100.
邱波，李军，陈春新，等，2012. 基于CFD和FEM方法的刷式密封传热特性研究[J]. 工程热物理学报，33(12):2067 - 2071.
邱波，李军，丰镇平，2013a. 考虑刷丝变形的刷式密封摩擦热效应研究[J]. 工程热物理学报，34(11):1 - 5.
邱波，李军，冯增国，等，2013b. 两级刷式密封泄漏特性的实验与数值研究[J]. 西安交通大学学报，47(7):7 - 12.
Aksoy S, Aksit M F, 2010. Evaluation of pressure-stiffness coupling in brush seals[C]. AIAA Paper: 2010 - 6831.
Bayley FJ, Long CA, 1993. A combined experimental and theoretical-study of flow and pressure distributions in a brush seal[J]. ASME Journal of Engineering for Gas Turbines and Power, 115 (2):404 - 410.
Bergman T L, Lavine A S, Incropera F P, Dewitt D P, 2011. IntroductiontoHeatTransferSixthEdition[M]. Hoboken:John Wiley & Sons, Inc.
Bo QIU, Jun LI, 2013. Numerical Investigations on the Heat Transfer Behavior of Brush Seals Using Combined Computational Fluid Dynamics and Finite Element Method[J]. ASME Journal of Heat Transfer, 135:122601 - 1 - 10.
Bo QIU, Jun LI, Xin YAN, 2014. Investigation into the flow behaviorof multi-stage brush seals[J]. Proc. IMechE J. Power and Energy, 228(4): 416 -428.
Braun M J, Kudriavtsev V V, 1995. A numerical simulation of a brush seal

section and some experimental results[J]. ASME Journal of Turbomachinery, 117:190 - 202.

Carlile J A, Hendricks R C, Yoder D A, 1993. Brush seal leakage performance with gaseous working fluids at static and low rotor speed conditions[J]. ASME Journal of Engineering for Gas Turbines and Power, 115 (2): 397 -403.

Chupp R E, Hendricks R C, Lattime S B, Steinetz, et al, 2006. Sealing in turbomachinery[J]. Journal of Propulsion and Power, 22(2):313 - 349.

Crudgington P F, Bowsher A, 2002. Brush seal pack hysteresis[J]. Joint Propulsion conference & Exhibit: 7 - 10.

Crudgington P, Bowsher A, Lloyd D, 2009. Bristleangle effects on brush seal contact pressures[C]. AIAA Paper: 2009 - 5168.

Demiroglu M, Tichy J A, 2007a. An investigation of heat generation characteristics of brush seals[C]. ASME Paper: GT2007 - 28043.

Demiroglu M, Gursoy M, Tichy J A. 2007b. An investigation of tip force characteristics of brush seal[C]. ASME Paper: GT2007 - 28042.

Dogu Y, Aksit M F, 2006. Brush Seal Temperature Distribution Analysis [J]. ASME Journal of Engineering forGas Turbines and Power, 128(3):599 - 609.

Ergun S, 1952. Fluid flow through packed columns[J]. Chem. Eng. Prog. 48:89 - 94.

Ferguson J G, 1988. Brushes as high performance gas turbine seals[C]. ASME Paper: 88 - GT-182.

Jun LI, Bo QIU, 2012. Zhenping FENG. Experimental and numerical investigations on the leakage flow characteristics of the labyrinth brush seal[J]. ASME Journal of Engineering for Gas Turbines and Power, 134(10):102509 - 1 - 9.

Jun LI, S Obi, Zhenping FENG, 2009. The Effects of Clearance Sizes on Labyrinth Brush Seal Leakage Performance Using a Reynolds-averaged Navier-Stokes Solver and Non-Darcian Porous Medium Model[J]. Proc. IMechE J. Power and Energy, 223:953 - 964.

Jun LI, Yangzi Huang, Zhigang LI, et al, 2010. Effects of clearances on the leakage flow characteristics oftwo kinds of brush seal and referenced labyrinth seal. In:ASME Paper GT-2010 - 22877.

Nield D A, 2002. A note on the modeling of local thermal non-equilibrium in a structwred porous mediun [J]. International Journal of Heat and Mass Transfer, 45:4367 - 4368.

Short, J F, Basu P, Datta A, et al, 1996. Advanced brush seal development [C]. AIAA Paper 96 - 2907.

Stango R J, Zhao H F, Shia C Y, 2003. Analysis ofcontact mechanics for rotor-bristle interference ofbrush seal[J] . Journal of Tribology,125 (2):414 - 420.

Zhao H F, Stango R J, 2004. Effect of flow-induced radial load on brush seal/rotor contact mechanics[J]. ASME Journal of Tribology-Transactions, 126 (1):208 - 215.

索 引